原子量 a)　　$A_r(^{12}C) = 12$

9	10	11	12	13	14	15	16	17	18
8		1B	2B	3B	4B	5B	6B	7B	0
									ヘリウム ²He 4.003
				ホウ素 ⁵B 10.81	炭素 ⁶C 12.01	窒素 ⁷N 14.01	酸素 ⁸O 16.00	フッ素 ⁹F 19.00	ネオン ¹⁰Ne 20.18
				アルミニウム ¹³Al 26.98	ケイ素 ¹⁴Si 28.09	リン ¹⁵P 30.97	硫黄 ¹⁶S 32.07	塩素 ¹⁷Cl 35.45	アルゴン ¹⁸Ar 39.95
コバルト ₇Co 58.93	ニッケル ²⁸Ni 58.69	銅 ²⁹Cu 63.55	亜鉛 ³⁰Zn 65.39	ガリウム ³¹Ga 69.72	ゲルマニウム ³²Ge 72.61	ヒ素 ³³As 74.92	セレン ³⁴Se 78.96	臭素 ³⁵Br 79.90	クリプトン ³⁶Kr 83.80
ロジウム ₅Rh 102.9	パラジウム ⁴⁶Pd 106.4	銀 ⁴⁷Ag 107.9	カドミウム ⁴⁸Cd 112.4	インジウム ⁴⁹In 114.8	スズ ⁵⁰Sn 118.7	アンチモン ⁵¹Sb 121.8	テルル ⁵²Te 127.6	ヨウ素 ⁵³I 126.9	キセノン ⁵⁴Xe 131.3
イリジウム ₇Ir 192.2	白金 ⁷⁸Pt 195.1	金 ⁷⁹Au 197.0	水銀 ⁸⁰Hg 200.6	タリウム ⁸¹Tl 204.4	鉛 ⁸²Pb 207.2	ビスマス ⁸³Bi 209.0	ポロニウム ⁸⁴Po (210)	アスタチン ⁸⁵At (210)	ラドン ⁸⁶Rn (222)

ユウロピウム ₃Eu 152.0	ガドリニウム ⁶⁴Gd 157.3	テルビウム ⁶⁵Tb 158.9	ジスプロシウム ⁶⁶Dy 162.5	ホルミウム ⁶⁷Ho 164.9	エルビウム ⁶⁸Er 167.3	ツリウム ⁶⁹Tm 168.9	イッテルビウム ⁷⁰Yb 173.0	ルテチウム ⁷¹Lu 175.0
アメリシウム ₅Am (243)	キュリウム ⁹⁶Cm (247)	バークリウム ⁹⁷Bk (247)	カリホルニウム ⁹⁸Cf (252)	アインスタイニウム ⁹⁹Es (252)	フェルミウム ¹⁰⁰Fm (257)	メンデレビウム ¹⁰¹Md (258)	ノーベリウム ¹⁰²No (259)	ローレンシウム ¹⁰³Lr (262)

を示さない元素では，その元素のよく知られた放射性同位体の中から1種を選んで
素の原子量と同等に取り扱うことはできない．

元素の事典

縮刷版

馬淵久夫
[編集]

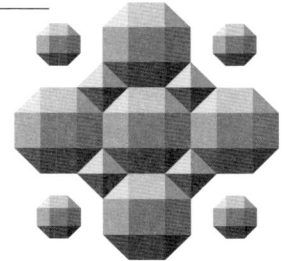

朝倉書店

編 集 者

馬 淵 久 夫　東京国立文化財研究所名誉研究員
　　　　　　東京芸術大学客員教授
　　　　　　くらしき作陽大学教授

執 筆 者
（五十音順）

高 木 仁三郎　原子力資料情報室
冨 田 　 功　お茶の水女子大学
古 川 路 明　四日市大学
馬 淵 久 夫　くらしき作陽大学

執筆協力者

高 橋 　 宏　古河電気工業㈱

まえがき

　元素の本格的な事典を編纂してはどうかとの打診を朝倉書店編集部から受けたのは 1986 年であった．昔，無機化学・放射化学の研究室で同じ釜の飯を食い，現在ではまったく異なった分野で研究に従事しているわれわれが，それぞれの経験によって得た知識と智恵を寄せ合えば何か面白いものができるだろう，と簡単にお引き受けはしたものの，始めてみると，なかなか大変な仕事であった．

　今日，化学はマテリアル・サイエンスの中心的な学問として，理学・工学は言うに及ばず，農学・医学・薬学，さらに人類学・考古学を中心とした史学など，あらゆる分野に浸透している．日常生活においても，身の回りを見渡すと，ほとんどすべてのものが大なり小なり近代化学の産物といって過言でない．飲む水は化学薬品によって殺菌され，口にする食物には色素として，また防腐剤として，化学合成品が添加されている．片や人間の生活・文化の向上に役立つ面があると同時に，人類を破滅に導く恐れのあるマイナス要因も顕著になってきている．これらのメリット・デメリットは化学物質の最小単位である元素に必ず関わってくるが，社会生活に入り込んだ元素についての溢れるような情報をすべて把握することは実際上不可能であり，また情報を入手してもどこまで取り入れて事典の中で記述するかの判断は難しいものであった．

　結局，われわれがとった方法は，まず主執筆者である 4 名（高木，冨田，古川，馬淵）が，それぞれの得手とする元素について分担執筆し，第 2 段階では古川が全元素を通覧して補い，最終段階で馬淵が再度通覧して，主執筆者と相談しながら補足訂正するという方式であった．情報の取捨選択は第 1 執筆者の考えに任せたが，この方式によって，主執筆者の個性を尊重しながらも，偏りのいくぶんかは矯正できたのではないかと考えている．新素材など最近の材料面については，高橋宏が主執筆者に情報を提供した．

　本事典には読者の便宜のために工夫したいくつかの事項がある．

① 元素名は日・英・独・仏に，今後の学術交流の動向を考慮してロシア語・中国語を加えた．主として馬淵が担当した．
② すべての元素に，最新の同位体表と元素の数値的属性をまとめたデータ・ノートを付けた．主として古川が担当した．
③ 多くの元素に［トピックス］［コラム］を設けて，当該元素にまつわる社会的・文化的・学問的な話題を読み物として提供した．

ギリシャの哲人が求めた究極物質（粒子）としての元素（原子）は，18世紀末に一応の具体化をみたが，19世紀末のX線と放射能の発見に端を発した物理学の展開によって，素粒子そしてクォークに座を譲ってしまった．しかし，これは物理学ないし哲学の世界の話であって，われわれが手に触れる物質世界の最小単位は，相変らず元素あるいは元素を構成する原子であって，それらを素にしてわれわれの宇宙が成り立っていることに変りはない．本事典は，その点を考慮して，化学の研究者や専攻の学生だけでなく，社会の各分野で活躍する方々が，手元に置いて役に立つように工夫した積りである．内容および文章には誤りがないよう努めたが，なお至らぬ点や誤りがあるに違いない．忌憚のないご批判，ご指導をいただければ幸いである．

最後に，朝倉書店編集部には企画立案から完成まで一方ならぬお世話になった．編集部の鞭撻がなければ本事典は日の目を見ることがなかったであろう．厚くお礼申し上げる．

1994年4月

馬　淵　久　夫

目　　次

本書の使い方…v
元素とは（付．元素発見年表）…vi

1 水　素…2／2 ヘリウム…8／3 リチウム…10／4 ベリリウム…12／5 ホウ素…14／6 炭素…18／7 窒　素…24／8 酸　素…30／9 フッ素…34／10 ネオン…38／11 ナトリウム…40／12 マグネシウム…44／13 アルミニウム…48／14 ケイ素…52／15 リ　ン…58／16 硫黄…64／17 塩　素…68／18 アルゴン…72／19 カリウム…74／20 カルシウム…78／21 スカンジウム…82／22 チタン…84／23 バナジウム…86／24 クロム…90／25 マンガン…94／26 鉄…98／27 コバルト…102／28 ニッケル…106／29 銅…110／30 亜　鉛…114／31 ガリウム…118／32 ゲルマニウム…122／33 ヒ　素…124／34 セレン…128／35 臭　素…130／36 クリプトン…132／37 ルビジウム…134／38 ストロンチウム…136／39 イットリウム…138／40 ジルコニウム…140／41 ニオブ…144／42 モリブデン…146／43 テクネチウム…150／44 ルテニウム…152／45 ロジウム…154／46 パラジウム…156／47 銀…158／48 カドミウム…160／49 インジウム…162／50 ス　ズ…164／51 アンチモン…168／52 テルル…170／53 ヨウ素…172／54 キセノン…176／55 セシウム…178／56 バリウム…182／57 ランタン…184／58 セリウム…190／59 プラセオジム…192／60 ネオジム…194／61 プロメチウム…196／62 サマリウム…198／63 ユウロピウム…200／64 ガドリニウム…202／65 テルビウム…204／66 ジスプロシウム…206／67 ホルミウム…208／68 エルビウム…210／69 ツリウム…212／70 イッテルビウム…214／71 ルテチウム…216／72 ハフニウム…218／73 タンタル…220／74 タングステン…222／75 レニウム…224／76 オスミウム…226／77 イリジウム…228／78 白　金…230／79 金…234／80 水　銀…238／81 タリウム…242／82 鉛…244／83 ビスマス…248／84 ポロニウム…250／85 アスタチン…252／86 ラドン…254／87 フランシウム…256／88 ラジウム…258／89 アクチニウム…260／90 トリウム…262／91 プロトアクチニウム…264／92 ウラン…266／93 ネプツニウム…270／94 プルトニウム…272／95 アメリシウム…276／96 キュリウム…278／97 バークリウム…280／98 カリホルニウム…282／99 アインスタイニウム…284／100 フェルミウム…

iv 目　　次

286／101 メンデレビウム…287／102 ノーベリウム…288／103 ローレンシウム…289／104 番以降の元素…290

解説および出典…292
索　引…297

[コラム] 目次

元素の宇宙存在度と合成理論　6／ヘリウムの生成　9／原子量の決定　17／オゾン層破壊　33／ハロゲン　36／周期表とネオンの発見　39／アルカリ金属　43／アルカリ土類金属　47／有機ハロゲン化合物　70／海水中の元素の存在量　71／放射能を用いる年代の決定　76／マジックナンバー　80／希土類鉱物の宝庫スカンジナヴィア半島　83／原子核の安定性と放射能　88／銘文をもつ鉄の刀剣　101／隕石の化学組成　108／足尾鉱毒事件　112／銅鐸　113／金属亜鉛の起源　117／周期表の完成　121／地殻中の元素存在量　142／中性子数のマジックナンバー　143／生物を構成する元素と生物濃縮　148／スズのめっき　167／消滅放射性核種　175／核分裂と放射能の生成　180／ランタニドとランタノイド　189／希土類元素の酸化数　193／^{147}Sm-^{143}Nd 年代測定法　199／白金族元素　232／金印偽物説　236／練丹術・道教・化学　241／重い元素とマジックナンバー　246／古代ローマの水道　247／85, 87 番元素の発見まで　253／天然放射壊変系列　256／アクチノイド元素　261／核燃料サイクル　269／プルトニウムと社会　275／ネプツニウム系列　281／熱核兵器実験と超ウラン元素の生成　285／超アクチノイド元素の命名法　291

[トピックス] 目次

水素吸蔵合金　5／ヘリウムの液化　9／二酸化炭素問題　23／資源としての大気　29／オゾン O_3　32／水 H_2O　32／フッ素の功罪　36／ネオンの安定同位体　38／高速増殖炉　42／クラウンエーテル錯体　46／隕石中の ^{26}Al　51／半導体とは　57／DNAとRNA　63／歴史の中の硫黄　66／塩素と太陽ニュートリノ　70／アルゴン発見の意義　73／炭酸カルシウムから古環境を解析する　80／六価クロムの毒性　93／マンガン団塊　97／ヘモグロビン　101／地球外からきた資源　108／ブロンズ病　112／古代中国青銅器の真贋　116／毒物としてのヒ素　126／セレンと現代の技術　129／臭素と紫色の染料　131／^{85}Krの大気汚染　133／地球最古の岩石　135／大理石像の真贋判定　137／銀銭「和同開珎」　159／イタイイタイ病　161／オルガンのパイプ　167／有機スズ化合物の害　167／興味深いテルルの同位体　171／放射性ヨウ素の問題　174／隕石中のキセノン同位体　177／セシウム-137　180／ランタノイド収縮　188／希土類元素と放射能　197／宇宙時計 ^{187}Re-^{187}Os　225／恐竜の絶滅と天変地異　229／科学の発達と白金　232／アンデスの金冠　236／水俣病　240／鉛同位体比による考古試料の産地推定　246／キュリー夫人　251／ラドンと肺がん　255／トリウムから生まれる核燃料　263／原子力発電と ^{237}Np の生成　271／使用済み燃料の再処理　275／^{244}Pu 年代　275／プルトニウム中の ^{241}Am　277／月表面の化学分析と ^{242}Cm　279／超新星とカリホルニウム　283／初の熱核兵器実験 "Mike"　284

本書の使い方

　この本では,「元素」を原子番号の順にならべ,元素に関するさまざまなデータと情報を記して,その元素に関わる問題について説明している.

　各元素についての説明は,原則として,「起源」,「存在」,「同位体」,「製法」,「性質」,「主な化合物」,「用途」の順に配置した.その元素に関係が深い話題については「トピックス」,より広範囲の元素と関連する項目については「コラム」として,学術的,社会的および文化的な視点も含めて一般的な興味をひきそうな話題を書き加えた.

　以下に各々の項目の概略について述べ,さらに詳しい説明は巻末においた.

　数値などを表すときの単位は,原則としてSI単位系 (International System of Units) を用いた.ただし,温度を表すにはK (ケルビン) の代りに℃を,圧力については気圧 (atm) あるいはmmHgを用いたことが多い.

a．元素名　一行目に,原子番号,元素名および元素記号を記した.その下に,英語,ドイツ語,フランス語,ロシア語,中国語とその読み (ピンイン) を付記した.

b．起源　その元素の存在を人類が知るまでの経過と,その後の発展の概要を述べた.この項の執筆にあたっては,「元素発見の歴史」[1] を参照したことが多い.

c．存在　主として,地表付近の元素の存在量について説明し,濃度の単位は%とppm (10^{-4}%, 10^{-6}g/g) を併用した.鉱物名は「地学辞典」[2] によった.

d．同位体　「同位体表」を参照しながら,安定同位体と主な放射性同位体について,特記すべき事項などを説明した.

e．製法　一つの元素のみからなる物質 (単体) の現在の製法について述べた.

f．性質　元素の性質を,原則として,物理的性質,化学的性質の順序で記した.単体の結晶構造は,代表的な例についてのみ述べた.ときには生物と関連する問題の説明もとり上げた.

g．主な化合物　その元素の化合物でとくに重要なものを選びだし,主要な性質などについて述べた.元素ごとに化合物の選択はさまざまであるが,一般的な興味に重点があることでは共通している.化合物の用途について記した場合もある.

h．用途　単体の最近の利用例の説明に重点をおき,その元素と人間活動との関わりについて述べたが,化合物として利用されることが重要なときは,それらも取り扱った.

i．同位体表　現在知られている同位体の中から主要なものを選び,質量数,天然同位体存在度,放射性同位体の半減期,放射壊変様式,それらの分岐比を記した.

j．データ・ノート　元素のさまざまな性質の中から原子量,存在度 (地殻,宇宙),電子構造,原子価,イオン化ポテンシャル,イオン半径,密度,融点,沸点,線膨張係数,熱伝導率,電気抵抗率,地球埋蔵量,年間生産量を記した.

1) M. F. Weeks, H. M. Leicester, "Discovery of the Elements" 7 th Ed., Journal of Chemical Education. (1968). (元素発見の歴史,大沼正則監訳,朝倉書店,1988)

2) 地学辞典,改訂版,平凡社 (1981).

元　素　と　は

　現在，われわれは100種類を超す元素 element を知っている．この場合の元素とは，厳密には化学元素 chemical element と呼ばれるもので，「ある特定の原子番号をもつ原子によって代表される物質種」と定義される．このような定義にたどり着くまでには，いくつもの元素観が，交錯して現れ，やがて消えていった．その歴史的変遷を眺め，100余の元素を発見するに至った道筋をたどってみよう．

a. **元素の概念の発生**

　森羅万象の中に"根源的なもの"があるはずだという考えは，それ自体が高度に進化した知能の現れである．人類の知能の発現は，数百万年前の石器使用（ホモ・ハビリス）から始まり，約50万年前の火の使用（原人），7～4万年前の埋葬儀礼（旧人），約3万年前の芸術の萌芽（新人）と進んでいった痕跡が残っているが，"根源的なもの"を求めた記録は，かなり下って2700年前頃からギリシャ・インド・中国といった古代文明の発祥の地で見つかっている．それは，文字の発明を前提とし，抽象的思考をする人，つまり哲学者が生まれ育つ環境が整ってからのことであった．興味深いことに，紀元前7～4世紀頃の"文明人"は，現代のわれわれが元素と認識している炭素・銅・金・銀・鉛・スズ・鉄・硫黄などを単体として使用していたにもかかわらず，"根源的なもの"すなわち元素とは認識していなかった．むしろ，身の回りにある水・空気・火・土・木・風などに着目していた．ここで注意すべきは，火や風といった人間が感知する現象も物質と混同していたことである．

b. **古代ギリシャの元素観**

　まず，1種類の'元素'が生生流転するという一元論が生まれ，前7～6世紀に支配的だった．

　前7世紀にホメロスと並び称された大詩人ヘシオドスは，その「神統記」の中でガイア（大地）を謳い，重要なものとみなした．これは哲学的な学説ではないが，'地'を中心に据えており，思想的には後の一元論と相通じるものがある．

　前6世紀になって，イオニア学派の創始者で'七賢人'の一人と数えられるタレスは，水こそは万物の根源であり，自然界に存在するものは水から生まれ，最後は水

に還る，と説いた．彼は，物質のみならず生命も水が基本であることを主張している．

少し遅れて，前6世紀半ばに活動していたアナクシメネスは，空気が宇宙全体を包括するものであり，根源であると説いた．彼は，空気の濃度の違いで雲や水や土や石ができ，さらに生命のもとも空気であると説明した．

前500年頃，ヘラクレイトスは，火が万物のもとと考えた．火と水，水と土はそれぞれ対立して異なるが，実は火は水に，水は火に転化し，また水は土に，土は水に転化する．そのような宇宙論的転化の過程から，火・水・土は一つであって，それらを支配する道理はロゴスであると彼は説いた．この説はあまり人々に理解されなかったようである．

古代ギリシャの元素観

論者		時期	根源なるもの
ヘシオドス	Hēsiodos	～700 B.C	地
タレス	Thalēs	～580 B.C	水
アナクシメネス	Anaximenēs	～546 B.C	空気
ヘラクレイトス	Hērakleitos	～500 B.C	火
エンペドクレス	Empedoklēs	ca. 493～433 B.C	地，水，火，風
アリストテレス	Aristotelēs	384～322 B.C	第5元質 quinta essentia (熱・冷・乾・湿)

これら互いに対立する一元論を統一したのが前5世紀中葉に活躍したエンペドクレスである．後世になって，ニーチェがこの人を評して「医師と魔術師，詩人と雄弁家，神と人，学者と芸術家，政治家と僧侶．これらのいずれとも定めかねる中間的人間」と言っているくらい多芸多才の人だった．エンペドクレスの著作『自然について』は地・水・火・風の四元論を展開している．

「宇宙は4元素と，愛と憎という二つの力で4期にわたって流転する．愛は4元素を結合し，憎は分離する力である．宇宙の第1期には愛が支配し，4元素は結合し巨大な球となる．第2期には愛に憎が入り込み，いろいろな分離と合成が起こる．第3期には憎が支配し，4元素はばらばらになる．第4期には憎に愛が入り込み，第2期と同じ状態になる．このようにして宇宙は永遠に回帰する．」

この説はその後何世紀もの間，強い影響力をもち続けた．

前4世紀のアリストテレスは第5元質，つまり地・水・火・風とは別の目に見えない第5番目の重要なもの，を想定し，これに熱・冷・乾・湿という性質のうちの二つが加わると，地・水・火・風ができると考えた．彼によると，"元素"である第5元質 (q.e.) は実験的に検出できる物質ではなく，次のように性質が加わって初めて目に見えるものになる．

viii 元素とは

q. e.+乾+熱＝火　q. e.+熱+湿＝空気　q. e.+湿+冷＝水
q. e.+冷+乾＝土

と4通りの組合せでエンペドクレスの4元素ができることになる．また，これらの性質が組み合わさって，水的な発散物と煙的な発散物になり，地球から立ち上ったり，地球の中で結びついて複雑な自然物になると考えた．アリストテレスの説は中世に至るまで長い間信じられていた．

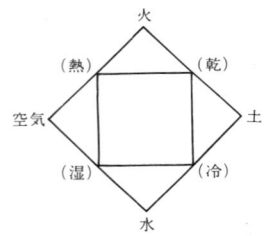

c. 古代インドの元素観

前7~6世紀にカピラ Kapila を開祖とする哲学者たちや，前6~5世紀にカナーダ Kanāda らが唱えた四大の説も，万物は地・水・火・風から成るとした．前6世紀初めに釈迦は四大に空を加えて五大とした．四大ないし五大のインドの元素観は，四元論や第5元質説よりも時期的に若干早いので，あるいはギリシャに影響を与えたのかもしれない．

d. 古代中国の元素観

夏王朝（約前21世紀~前16世紀）から商（殷）王朝（約前16世紀~前11世紀）の頃に発達した陰陽道は周王朝の時代（前11世紀~前221年）に完成した．その思想の中心になるのは陰陽五行の説で，月（陰）日（陽）と火・木・土・金・水が万物生成の主要素と考えた．ギリシャとインドの"元素"に較べて，木と金が入っていることが注目される．陰陽道はやがて十干十二支の説と結びつき，複雑な歳月・日時・方位の占星術的様相を帯びていき，古代漢民族社会のみならず，日本を含む周辺諸国の生活一般に大きな影響を与える．また一方では，東洋の錬金術である錬丹術とも結びついて長生不死の丹薬を求める理論的基礎にもなった．陰陽道も錬丹術も道教と深く関わりをもち，中国と日本の長い歴史の中では，それぞれ道教の中の一部分を成しているとも言える．

e. 錬金術師の時代

化学の前史として知られ，また chemistry の語源になったとされる錬金術

元素とは ix

alchemyの起源は古く，古代のエジプト・ギリシャ・中国などと説が分れている．アラビア語の定冠詞alからするとアラビア起源のように思えるが，肝心のchemyは，エジプト語のkhemer（黒い土）から低地ギリシャ語のkhemia（黒い魔法）を経てアラビア語に入ったとする説，ギリシャ語のchumeia（調合）からとする説，さらに中国語の"金"とする説まである．

　錬金術の一つの目標は，銅・鉄・鉛・スズのような卑金属を金・銀のような高次元の貴金属に変えることであり，古代アラビアの錬金術師たちの指導原理は，物質変成の理論を唱えた原子論哲学者のデモクリトス Dēmokritos（前460頃-前370頃）やアリストテレスの元素観であった．彼らは，現代の知識から見れば明らかに"元素"であるものを扱いながら，古代ギリシャの観念的な元素観に縛られて一つの金属から他の金属に変ることを疑わなかった．もっとも，彼らの実験の中には一見，変換説を裏付けるものもあった．たとえば，イラクのある錬金術師の記録に，"鉛を火に投入すると，火は鉛を純化し，鉛の大部分は燃え去るが，一部分が銀として残る"とある．この観察は誤りではない．鉛が銀に変ったのではなく，昔の製錬法による鉛に常に含まれている不純物の銀が，蒸発しないで残ったまでのことである．

　　金　　　　銀　　　　銅　　　水銀　　　　鉄　　　　スズ　　　　鉛　　　硫黄

　アラビアの錬金術師として最も著名なジャービル Jabir ibn Hayyan（760頃-815頃）は，根源的物質として水銀と硫黄を想定し，両者の結びつきで金属になると考えた．どちらも現代の元素であり，一見，近代化学のはしりのようにみえるが，実は水的な発散物（流動性原質）を水銀，煙的な発散物（可燃性原質）を硫黄とした，アリストテレスの元素観の一つの変形であった．

　中世ヨーロッパの錬金術師はジャービルの理論を受け継いだ．パラケルスス Philippus Aureolus Paracelsus（1493-1541）は700年後に，もう一つの根源的物質として塩を付け加え，三元論を唱えた．パラケルススは錬金術的医師で，ルネッサンスに派生する人文主義精神に基づき，"錬金術の効用は，黄金を作ることではなく，医薬を作ることにある"という信念をもっていたという．彼の水銀―塩―硫黄の三元論にはキリスト教の三位一体論の影がある．いずれにしても，17世紀までには錬金術師によるさまざまな実験観測が行われ，先述の金属や炭素・硫黄以外にも，亜鉛・ヒ素・ビスマス・アンチモン・リンが知られていたが，なおもそれらが"元素"であるという認識はなかった．

x　元素とは

f. ボイルからラヴォアジエへ　1661〜1774

　アリストテレスの第5元質やパラケルススの三元論に疑問を抱いたのは，ボイル-シャルルの法則で有名な Sir Robert Boyle (1627-1691) である．その著書 *The Sceptical Chymist*（懐疑的な化学者，1661年）の中で，も̇の̇を熱したときの生成物が，アリストテレスやパラケルススが言うような形でそのものの中に潜んでいたとは考えられないことを述べ，抽象的議論ではなく実験事実を重視すべきことを主張した．彼は，元素とはいかなる手段によってもそれ以上分割できない物質で，多数存在するはずだと信じていた．ボイルの意味する元素は単体と同じであって，その後の混乱の因になったが，大勢としては，近代化学への道が彼によって開かれたことになる．

　ボイルの近代的元素観が発表された後も，直ちに古い元素観が一掃されたわけではなく，アリストテレスやパラケルススの改定版が唱えられていた．17世紀から18世紀にかけての諸説の中で，誤ってはいるが重要な意味をもつのはシュタール Georg Ernst Stahl (1660-1734) のフロジストン説である．

　phlogiston（燃素）はギリシャ語の炎 phlog から作った語で，錬金術師の可燃性原質である硫黄の代りに想定したものである．現代の化学を知っているわれわれには，かえってわかりにくいが，可燃性物質の中にはフロジストンが含まれていて，たとえば，金属が燃えて灰（酸化物）になるときにはフロジストンが出ていく．また灰をフロジストンに富む炭素と加熱すると，フロジストンが灰に移って金属が再生されるというのである．この説は18世紀の化学では広く信じられていたらしい．その証拠に，1773〜1774年に独立に，初めて酸素を遊離したイギリスのプリーストリー Joseph Priestley (1733-1804) とスウェーデンのシェーレ Carl Wilhelm Scheele (1742-1786) は，いずれもフロジストン説に基づいて，その気体を"脱フロジストン空気"として発表している．

　同じ頃，燃焼の現象を研究していたフランスのラヴォアジエ Antoine Laurent Lavoisier (1743-1794) は，1775年の論文で，金属の燃焼によって生成した灰は重量が増し，フロジストン説と矛盾することから，「金属と結合してその重量を増加させる原質は，空気の健康によい一部分で，金属と結合して固定されていたこの"空気"が再び遊離されれば，呼吸しやすく，かつ物質の発火と燃焼を助けるという点で，空気より適したものである」と発表した．彼はこの"空気"を元素と考え，酸をつくる素という意味で oxygène と名付けた．ラヴォアジエによってとどめを刺されたフロジストン説は，結果として，自然の正しい理解に到達するための踏み台になったわけである．

元素とは　xi

g. 分析化学的手法による新元素の発見　1774〜1800

　研究のための資金調達を目的に入会した徴税組合の会員だったがゆえに，フランス革命の群衆から告発され，51歳で断頭台の露と消えるまでに，ラヴォアジエは，まず燃焼理論でフロジストン説を退け，第2に水の組成を決定し，第3に有名な質量保存則を打ち立て，第4にボイルが首唱した意味での元素の概念を確立した．これによって，イギリスで分離されていた水素と窒素も元素であることがわかり，錬金術師時代から培ってきた分析化学的手法で，化合物から単体をとり分けることが盛んに研究された．元素発見年表を見ると，18世紀後半になって，急速に元素の数が増えることがわかるであろう．18世紀の最後の四半世紀は，化学が正しい軌道に乗って走り出した時期であった．

h. 電気化学の登場　1800〜1850

　電気現象は古くから知られていたが，根本的な新発見が出るようになるのは18世紀になってからである．フランクリン，キャベンディッシュ，クーロン，ガルヴァーニ，ボルタなど，教科書に残る科学者が現れるのはこの時代である．電気を利用して元素を遊離し，発見に導いた功労者はイギリスのデーヴィー卿 Sir Humphry Davy（1778-1829）である．

　デーヴィーは1807年，ボルタの電池を使って溶融状態の苛性カリからカリウムを単離することに成功した．水の存在が電気分解を邪魔するように見えたので，溶融塩に切り換えたのが成功の鍵だった．この手法を使って，彼はナトリウム，バリウム，ストロンチウム，カルシウム，マグネシウムを分離し，人々の注目を浴びた．

　もちろん，この間にも伝統的な鉱石の化学分析によって，元素の数は着々と増えて，1850年には58種が知られていた．

　一方，元素の本質に関する有名なドルトンの原子説が提出されたのもこの時期である．John Dalton（1766-1844）はイギリスの化学者で，マンチェスターで数学と物理の教師をしていたが，1803年に「すべての物質は，それ以上分割できない原子 atom という粒子からなる」という，デモクリトス以来，繰り返し提案されてきた粒子説を説得力ある理論づけで集大成した．彼は，元素と原子の関係については「同じ元素の原子は，質量や性質が等しく，異なる元素の原子は，これらが異なる」といい，また「化合物は異なる元素の原子がきまった数の割合でできている」といった．こう考えると，質量保存の法則や定比例の法則が説明できるとともに，倍数比例の法則が自ずから出てくるのである．ドルトンの原子説は，20世紀になってから，ボーアの原子模型によって具体化する．

i. 分光学の威力　1850〜1898

ナトリウムの炎色反応は，すでに18世紀半ばに知られていた．1814年，ドイツの物理学者フラウンホーファー Joseph von Fraunhofer (1787-1826) は，精巧なプリズムをつくり，初めて太陽光の中に暗線を観測した．1854年，アメリカ合衆国のオルター David Alter (1807-1881) は，元素が高温でそれぞれ固有のスペクトルを発することを示し，分光学の基礎を築いた．1860年，ブンゼン Robert Wilhelm Bunsen (1811-1899) とキルヒホフ Gustav Robert Kirchhoff (1824-1887) は，共同で鉱泉水の蒸発残渣から新しい輝線を発するアルカリ元素を発見，セシウムと名付けた．

この手法は元素発見の新しい道を開いた．翌年，彼らはルビジウムを発見．分光器はヨーロッパの多くの研究室で元素確認に使われるようになり，タリウムとインジウムがフランス，イギリス，ドイツで発見された．

この時期のもう一つの進歩は，1869年にマイヤー Julius Lothar Meyer (1830-1895) とメンデレーエフ Dimitri Ivanovich Mendeleev (1834-1907) が周期表を提案したことである．元素探索の指導原理ができて，無駄な労力が省かれるのは大きなことであった．周期表に空白であったガリウム，スカンジウム，ゲルマニウムがメンデレーエフの予言の通り発見された．またこの時期には，希土類元素の多くと，ラドンを除く希ガス元素のすべてが発見されている．

j. X線と放射能　1898〜1925

レントゲン Wilhelm Konrad von Röntgen (1845-1923) が1895年に発見したX線と，ベクレル Antoine Henri Becquerel (1852-1908) が1896年に発見した放射能は，ともに原子の仕組みを解明するきっかけになると同時に，元素発見の手法を与えたが，先に元素発見に使われたのは放射能の方だった．

そもそもウランは，クラプロート Martin Heinrich Klaproth (1743-1817) によって1789年に確認されていた．キュリー夫妻 Pierre & Marie-Sklodowska Curie (1859-1906 & 1867-1934) は，放射能を検出指標にする放射化学的手法を使って，ウラン鉱物ピッチブレンドからポロニウムとラジウムを発見した．1898年のことで，放射性元素発見の幕開けであった．この手法でウランの娘核種の中から，新元素としてアクチニウム (1899)，ラドン (1900)，プロトアクチニウム (1918) が確認され，同時に天然のウラン系列・アクチニウム系列・トリウム系列の大筋が解明されていった．

天然放射性系列の解明の間に，元素に関する重要な認識が提案された．放射性同位体の概念である．これは，化学的手段では分離できない複数の放射性元素として，1913年，ラッセル Alexander Smith Russel (1888- ?)，ソディー Frederick Soddy

(1877-1956), ファヤンス Kasimir Fajans (1887-1975) によって独立に発表された.

X線による元素発見は, 27歳で戦死したイギリスの物理学者モーズリー Henry Gwyn Jeffreys Moseley (1887-1915) の研究が媒介になって行われた. 彼は 1913 年, 陰極線を種々の元素に当てたとき放出される K および L 系列の特性 X 線の振動数 ν とその元素の原子番号 Z の間に

$$\sqrt{\nu} = a(Z-b)$$

という簡単な関係が成り立つことを報告した. このモーズリーの法則によって, 元素の原子番号の意義が確立されるとともに, ν を調べて Z を確定することができるようになった. 1913 年の時点で, メンデレーエフの周期表に空白として残されていたのは 43, 61, 72, 75, 85, 87, 91 番であった.

同じ頃, デンマークのボーア Niels Henrik David Bohr (1885-1962) は量子論を取り入れた原子模型を提案し, 1922 年にはその模型に基づいて周期表の理論的裏付けを行った.

1923 年, コスター Dirk Coster (1889-1950) とフォン・ヘヴェシー Gyorgy von Hevesy (1885-1966) はジルコニウム鉱物の中から 72 番元素を発見, また長い探索の結果, 1925 年ノダック夫妻 Walter Noddack (1893-1960) & Ida Tacke (1896-1978) は 75 番元素を発見した. これら, ハフニウムとレニウムは従来の方法では見つからなかったものであるが, モーズレーの法則とボーアの原子模型のおかげで発見にこぎつけられたのである.

k. 20 世紀の錬金術, 原子核変換 1925〜

20 世紀の最初の四半世紀の間に, 物理学はプランク Max Planck (1858-1947) の量子論とアインシュタイン Albert Einstein (1879-1955) の相対性理論の登場によって革命的な変貌を遂げた. 元素を変えるという, 中世の錬金術師が夢見た事象も可能になった.

1919 年, ニュージーランド生まれでマンチェスター大学物理学教授のラザフォード卿 Sir Ernest Rutherford (1871-1937) は, 窒素が高速の α 粒子照射で酸素に変る現象を発見した.

$$^{14}N + ^{4}He = ^{17}O + ^{1}H$$

1934 年, この発見に刺激されたジョリオ・キュリー夫妻 Jean Frédéric (1900-1958) & Irène (1897-1956) Joliot Curie は, いろいろと核変換の実験を重ねた結果, ある種の変換において放射性元素が生成することを報告した.

$$\text{例} \quad ^{10}B + ^{4}He = ^{13}N + ^{1}n$$

これは, 人工放射性元素の幕開けとなる重要な発見であった. ギリシャ時代から探

索してきた，森羅万象の中の根源的な element ではなく，数十億年の昔は別として，現在では自然界に存在しない元素を作り出すドラマの幕開けであった．このドラマでは，20世紀の物理学と19世紀までに積み重ねられた化学の結婚によって生まれた放射化学・核化学，それに巨大なマシンを作り出す工学が，推進役になるであろう．

元素の変換には，核を破壊する弾丸の役目をする粒子と，鉄砲の役目をする加速器が必要であった．ラザフォードやジョリオ・キュリーは，原子核自身で加速された α 粒子（^{4}He）を用いていたが，1932年に中性子がイギリスのチャドウィック James Chadwick (1891-1974) によって発見された．1935年頃には粒子加速器サイクロトロンがアメリカのローレンス Ernest Orland Lawrence (1901-1958) によって発明されており，水素を加速した陽子（p, ^{1}H）と重水素を加速した重陽子（d, ^{2}H）が使えるようになる．このようにして，n・p・d・α の4粒子が，まず元素合成の弾丸になった．

花々しいドラマの蔭に隠れて目立たないが，1939〜1940年の期間に放射化学的方法での元素の発見があった．87番フランシウムと85番アスタチンである．これらは天然放射性系列の中に存在しながら，短寿命の核種しかないために発見が難しかったのである．

1936年，カリフォルニア大学でローレンスが造ったサイクロトロンにより，初めて新しい人工元素が合成された．43番元素テクネチウムである．発見の栄誉は重水素で照射したモリブデンから放射化学的方法で新元素を確認したイタリアのセグレ Emilio Gino Segré (1905-1989) とペリエ Carlo Perrier に与えられた．かくして1940年には，周期表で92番ウランまでの元素は，61番を除いてすべて見つかったことになる．

1938年，ハーン Otto Hahn (1879-1968) とシュトラスマン Fritz Strassmann (1902-1980) によって発見された核分裂は，エネルギー問題のみならず元素合成においても大きな役割を果たすことになる．1940年以降，核分裂を利用した原子炉と原子爆弾，さらに原子爆弾を起爆剤とする水素爆弾さえも，元素合成の場となっていく．92番を超す，いわゆる超ウラン元素は，主としてこれらの合成の手段を所有するカリフォルニア大学バークレー校で，シーボーグ Glen Theodore Seaborg (1912-) を中心とする研究グループによって推進された．

元素合成も100番元素あたりになると短寿命の核種が多くなり，原子炉中で重い原子核に連続して中性子を捕獲させて新元素をつくる方法が困難になる．そこで再び加速器が登場し，たとえば ^{12}C 原子を加速して，すでに得られているできるだけ重

い超ウラン元素に衝突させるような，いわゆる重イオン衝撃法が用いられるようになった．この手法では，ソ連のドゥブナ原子核研究所グループも加わって競争が行われた．103番元素から先は，半減期が秒以下のオーダーになり，化学的性質を調べるのは困難になる．1994年現在で，109番までの報告がある．理論的には114番以上に安定の島があるのではないかといわれ，超重元素 Superheavy Elements と呼ばれているが，まだ決定的な報告はない．

l. 究極物質を求めて

いま振り返ると，ラヴォアジエが確立した"元素"が根源的物質だと思われていたのは，わずか100年のことで19世紀末までであった．ベクレルの放射能発見に始まる20世紀の100年は，すべての科学者が意図したかどうかは別として，新しい究極物質の探索に勢力が傾けられた．

原子が核と電子で構成され，核が陽子と中性子からなることがわかった1930年代から，新元素探索とは違った方向での究極物質探索が活発になった．現在では，ゲージボソン（光子など），軽粒子（ニュートリノ，電子など），中間子（π中間子，K中間子），重粒子（陽子，中性子，Λ粒子，Σ粒子，Ξ粒子，Ω粒子）と質量の違う素粒子が知られており，さらにハドロンと総称される中間子と重粒子はクォークという基本粒子からなる複合体であることが知られている．クォークにはアップ，ダウン，ストレンジ，チャーム，ボトム，トップの6種があり，トップ以外は確認されている．このように巨大加速器を使っての究極物質探索のチャレンジは今も営々と続いている．

哲学者から始まって，錬金術師，化学者と受け継がれた宇宙の根源を探る知的営みは，ついに物理学者を中心とする総合科学技術にバトンが渡った．次は再び哲学者の下に還るのだろうか．　　　　　　　　　　　　　　　　　　　　（馬淵）

xvi 元素とは

付. 元素発見年表

発見年	Z	元素名	記号	発見者	発見年	Z	元素名	記号	発見者
太古 錬金術時代	6	炭素	C		1798	4	ベリリウム	Be	ヴォークラン(フランス)
	16	硫黄	S		1801	23	バナジウム	V	デル・リオ(スペイン)
	29	銅	Cu			41	ニオブ	Nb	ハッチェット(イギリス)
	79	金	Au						
	47	銀	Ag		1802	73	タンタル	Ta	エーケベリ(スウェーデン)
	50	スズ	Sn		1803	45	ロジウム	Rh	ウォラストン(イギリス)
	82	鉛	Pb			46	パラジウム	Pd	ウォラストン(イギリス)
	26	鉄	Fe			58	セリウム	Ce	クラプロート(ドイツ)
	80	水銀	Hg						J. J. ベルセリウス(スウェーデン)
	30	亜鉛	Zn						
	33	ヒ素	As			76	オスミウム	Os	テナント(イギリス)
	83	ビスマス	Bi			77	イリジウム	Ir	テナント(イギリス)
	51	アンチモン	Sb						
1669	15	リン	P	H. ブラント(ドイツ)	1807	19	カリウム	K	デーヴィー(イギリス)
1735	27	コバルト	Co	G. ブラント(スウェーデン)		11	ナトリウム	Na	デーヴィー(イギリス)
1748	78	白金	Pt	デ・ウロア(スペイン)	1808	5	ホウ素	B	デーヴィー(イギリス)
1751	28	ニッケル	Ni	クローンステッド(スウェーデン)		12	マグネシウム	Mg	デーヴィー(イギリス)
1766	1	水素	H	キャヴェンディッシュ(イギリス)		20	カリシウム	Ca	デーヴィー(イギリス)
1772	7	窒素	N	D. ラザフォード(イギリス)		38	ストロンチウム	Sr	デーヴィー(イギリス)
1774	8	酸素	O	シェーレ(スウェーデン) プリーストリー(イギリス)		56	バリウム	Ba	デーヴィー(イギリス)
	25	マンガン	Mn	ガーン(スウェーデン)	1810	17	塩素	Cl	デーヴィー(イギリス)
1778	42	モリブデン	Mo	シェーレ(スウェーデン)	1811	53	ヨウ素	I	クールトア(フランス)
1782	52	テルル	Te	ミュラー(ドイツ)	1817	3	リチウム	Li	アルフェドソン(スウェーデン)
1783	74	タングステン	W	デ・エルヤルト兄弟(スペイン)		34	セレン	Se	J. J. ベルセリウス、ガーン(スウェーデン)
1789	40	ジルコニウム	Zr	クラプロート(ドイツ)		48	カドミウム	Cd	シュトロマイヤー(ドイツ)
	92	ウラン	U	クラプロート(ドイツ)					
1791	22	チタン	Ti	グレゴール(イギリス)	1823	14	ケイ素	Si	J. J. ベルセリウス(スウェーデン)
1794	39	イットリウム	Y	ガドリン(フィンランド)	1825	13	アルミニウム	Al	エールステッド(デンマーク)
1797	24	クロム	Cr	ヴォークラン(フランス)					

年	番号	元素名	記号	発見者(国)	年	番号	元素名	記号	発見者(国)
1826	35	臭素	Br	バラール (フランス)	1895	2	ヘリウム	He	ラムゼー (イギリス)
1828	90	トリウム	Th	J. J. ベルセリウス (スウェーデン)	1898	10	ネオン	Ne	ラムゼー, トラヴァース (イギリス)
1839	57	ランタン	La	モサンデル (スウェーデン)		36	クリプトン	Kr	ラムゼー, トラヴァース (イギリス)
1843	68	エルビウム	Er	モサンデル (スウェーデン)		54	キセノン	Xe	ラムゼー, トラヴァース (イギリス)
	65	テルビウム	Tb	モサンデル (スウェーデン)		84	ポロニウム	Po	キュリー夫妻 (フランス)
1845	44	ルテニウム	Ru	クラウス (ロシア)		88	ラジウム	Ra	キュリー夫妻 (フランス)
1860	55	セシウム	Cs	ブンゼン, キルヒホッフ (ドイツ)	1899	89	アクチニウム	Ac	ドゥビエルヌ (フランス)
1861	37	ルビジウム	Rb	ブンゼン, キルヒホッフ (ドイツ)	1900	86	ラドン	Rn	ドルン (ドイツ)
	81	タリウム	Tl	ラミー (フランス) クルックス (イギリス)	1901	63	ユウロピウム	Eu	ドマルセイ (フランス)
1863	49	インジウム	In	ライヒ, リヒテル (ドイツ)	1907	71	ルテチウム	Lu	ユルバン (フランス) フォン・ウェルスバッハ (オーストリア)
1875	31	ガリウム	Ga	ド・ボアボードラン (フランス)	1918	91	プロトアクチニウム	Pa	ハーン (ドイツ) マイトナー (オーストリア) ソディー, クランストン (イギリス)
1878	70	イッテルビウム	Yb	ド・マリニャック (スイス)					
1879	21	スカンジウム	Sc	ニルソン, クレーヴェ (スウェーデン)	1923	72	ハフニウム	Hf	コスター (オランダ) フォン・ヘヴェシー (ハンガリー)
	62	サマリウム	Sm	ド・ボアボードラン (フランス)					
	67	ホルミウム	Ho	クレーヴェ (スウェーデン)	1925	75	レニウム	Re	ノダック夫妻, ベルク (ドイツ)
	69	ツリウム	Tm	クレーヴェ (スウェーデン)	1937	43	テクネチウム	Tc	セグレ, ペリエ (イタリア)
1880	64	ガドリニウム	Gd	ド・マリニャック (スイス)	1939	87	フランシウム	Fr	ペレイ (フランス)
1885	59	プラセオジム	Pr	フォン・ウェルスバッハ (オーストリア)	1940	93	ネプツニウム	Np	マクミラン, エーベルソン (アメリカ)
	60	ネオジム	Nd	フォン・ウェルスバッハ (オーストリア)		85	アスタチン	At	マッケンジー, コーソン, セグレ (アメリカ)
1886	9	フッ素	F	モアサン (フランス)		94	プルトニウム	Pu	シーボーグ, ケネディ, ウォール (アメリカ)
	32	ゲルマニウム	Ge	ヴィンクラー (ドイツ)					
	66	ジスプロシウム	Dy	ド・ボアボードラン (フランス)	1944	96	キュリウム	Cm	シーボーグ, ジェームズ (アメリカ)
1894	18	アルゴン	Ar	レーリー, ラムゼー (イギリス)					

xviii　元素とは

年	番号	元素名	記号	発見者		年	番号	元素名	記号	発見者
1945	95	アメリシウム	Am	シーボーグ, ジェームズ, モーガン, ギオルソ（アメリカ）		1953	100	フェルミウム	Fm	トンプソン, ハーヴェイ, ギオルソ, チョピン等（アメリカ）
1947	61	プロメチウム	Pm	マリンスキー, グレンデニン, コリエル（アメリカ）		1955	101	メンデレビウム	Md	ギオルソ, ハーヴェイ, チョピン, トンプソン, シーボーグ（アメリカ）
1949	97	バークリウム	Bk	トンプソン, ギオルソ, シーボーグ（アメリカ）		1958	102	ノーベリウム	No	ギオルソ, シッケランド, ウォルトン, シーボーグ（アメリカ）
1950	98	カルホルニウム	Cf	トンプソン, ストリート, ギオルソ, シーボーグ（アメリカ）		1961	103	ローレンシウム	Lr	ギオルソ, シッケランド, ラーシュ, ラリマー（アメリカ）
1953	99	アインスタイニウム	Es	トンプソン, ハーヴェイ, ギオルソ, チョピン等（アメリカ）		1964	104	ウンニルクアジウム	Unq	ドゥブナ原子核研究所（旧ソ連）

元素の事典

1 水 素 H

hydrogen　Hydrogen　Wasserstoff(m)　hydrogène　водород　氢 qīng

[**起 源**]　水素は，宇宙において最も存在度の大きい元素である．明確な物質としての水素は，1766 年 H. Cavendish によって発見された，とされているが，それ以前につくられていたことも事実である．たとえば，R. Boyle は 1671 年，鉄に希硫酸を作用させたときに可燃性の気体が生じることを見出している．Cavendish が見出したのは，酸と鉄，亜鉛，スズなどとの反応で生じた気体が空気よりはるかに軽いことなどであり，さらに 1781 年に至って，この気体が酸素と激しく反応して水が生じることを明らかにし，水が元素ではないことを示した．しかし当時はフロジストン説が根強く，学会への報告にも「脱フロジストンした空気は，フロジストンを失った水で，水はフロジストンと結合した脱フロジストン空気である」という表現が使われている．水素（hydrogen—水をつくるもの）という元素名は，フロジストン説を否定した A. L. Lavoisier によって 1783 年に与えられた．

水の電気分解によって水素と酸素が得られたのは 1800 年である．また，水素が酸に必須の元素と認めたのは H. Davy であった（Lavoisier は酸に必須な元素は酸素と考え，そう名づけたのであった）．

1878 年には，太陽の彩層中にスペクトル線として水素が見出されている．19 世紀末葉には液化も達成された．

20 世紀に入ると，S. P. L. Sørensen によって水素イオン濃度の pH スケールが導入され，1923 年，J. N. Brønsted は陽子を失う傾向のある化学種を「酸」と定義した．さらに，R. Mecke によってスペクトル的に発見されたオルト水素とパラ水素の生成が W. Heisenberg によって量子力学的に解釈された．

1932 年 H. C. Urey らは，重水素（^{2}H）を発見し，水素ガスの拡散や水の電解によってその濃縮に成功した．また 1934 年，E. Rutherford らは，D_3PO_4（D は ^{2}H）の D による衝撃によって三重水素（^{3}H，トリチウム）の存在を確認した．

$$^2H + {}^2H \longrightarrow {}^3H + {}^1H$$

その後，トリチウムは放射性核種であることが判明した．1950 年には，トリチウムが大気中の水素からも検出された．

[**存 在**]　水素より重い元素の原子核は，水素を出発物質として星の中で核反応でつくられたとされ，太陽系の中でも最も多量に存在する元素は水素であり，原子数にすれば 98% 以上を占めている．

地表では，酸素，ケイ素に次いで 3 番目に多い元素で，化学的に結合した形で地殻および大洋の原子の 15.4% を占める．質量百分率では 0.9% で，9 番目となり，地殻岩石では，0.15% と少なく，10 番目に下がる．

天然物，合成物を含め，他のいかなる元素よりも（炭素よりも）多くの化合物が知られている．

水素　3

データ・ノート

原子量	1.00794
存在度　地殻	1520 ppm
宇宙（Si = 10⁶）	2.7×10^{10}
原子構造	1s
原子価	0, 1
イオン化ポテンシャル (kJ mol⁻¹)	1312.0
イオン半径 (pm)	154
密　度 (kg m⁻³) 0.08988 (気)	76.0 (固)
融　点 (°C)	−259.19
沸　点 (°C)	−252.76
線膨張係数 (10^{-6} K⁻¹)	—
熱伝導率 (W m⁻¹K⁻¹)	0.1815
電気抵抗率 (10^{-8} Ωm)	—
地球埋蔵量 (m³)	無限
年間生産量 (m³)	3.5×10^{11}

　地球の重力は，水素を H_2 の形で留めるには十分とはいえないが，水 H_2O として保つには十分である．生命を生み，育むための環境が地球にあったといえよう．

　2個の水素原子が結合すると，安定な水素分子 H_2 ができる．このとき，核スピンが平行に結合し，三つの可能な量子状態（三重項状態）をもつオルト水素と，反平行に結合して一重項状態をつくるパラ水素との二通りが可能であり，常温ではオルト水素とパラ水素の比は3:1である．エネルギー状態の低いパラ水素は低温で優勢となる（20Kでは99.8%）．パラ水素の熱伝導度はオルト水素のそれより50%以上高く，これが混合物を分析する良い手段となる．

[**同位体**]　同位体には，^1H，$^2H(D)$，および $^3H(T)$ の3種類がある．^1H と ^2H は安定核種で，^2H は地球上の水素の0.015%を占める．3種の同位体は，他の元素の同位体に比べて，相対質量差が大きく，沸点，融点などの物理定数もかなり異なる（T_2 の融点は20.62Kで，H_2 の沸点20.39Kより高い）．^3H は放射性であり，^6Li の中性子照射でつくられる．半減期12.33年で β^- 壊変し，1gの放射能は 3.6×10^{14} ベクレルに達する．天然には，大気上層で宇宙線による核反応で生成し，地表大気中では ^1H に対するモル比で 10^{-18} 程度存在する．

[**製　法**]　実験室で H_2 をつくるには，ナトリウムアマルガムやカルシウムを水と作用させるか，亜鉛に塩酸を作用させるなどの方法がある．アルミニウムに水酸化ナトリウムを作用させてもよい．金属水素化物の加水分解によれば，水素化物に含まれる水素の倍量の水素が得られる．

$$CaH_2 + 2H_2O \longrightarrow Ca(OH)_2 + 2H_2$$

　水の電気分解も有効である．工業規模ではニッケル電極を用いて，水酸化バリウムの温溶液を電気分解すると純度の高い水素が得られる．

　炭化水素またはコークスに水蒸気を反応させる方法も一般的である．

$$C_3H_8 + 3H_2O \xrightarrow[触媒]{900°C} 3CO + 7H_2$$

$$CH_4 + H_2O \xrightarrow{1100°C} CO + 3H_2$$

$$C + H_2O \xrightarrow{1000°C} CO + H_2$$

$$CO + H_2O \xrightarrow[触媒]{400°C} CO_2 + H_2$$

どの方法を用いるかは，必要とする量や純度，またどの原料が利用できるかによって決まる．

表 1.1　水素の同位体

同位体	半減期 存在度	主な壊変形式
H-1	99.985%	
2	0.015%	
3	12.33 y	β^-, no γ

4 水素

[**性　質**]　単体 H_2 は，無色可燃性の気体で，すべての物質中で最も軽い．H—H の結合エネルギー（298.2 K での解離エネルギーは 435.9 kJ mol^{-1}）は単結合のものとしては非常に大きく，室温では単体は比較的安定である．たとえば O_2 との混合物を放置しても変化しない．もちろん，O_2 と H_2 の混合物に点火すれば爆発的に反応して水になる．しかし，フッ素とは暗所でも化合するし，塩化パラジウム（II）の水溶液に作用させれば，パラジウムを析出する（水素の検出に用いられる反応である）．塩素とは光の存在で反応して塩化水素を生じ，また，他の金属や非金属と加熱，放電その他の条件下で反応する．アルカリ金属の水素化物は食塩型の結晶構造をもち，H^- のような水素化物イオンの存在を示している．

H_2 はパラジウムや白金にきわめてよく吸収される．パラジウムではその体積の 800 倍の H_2 を吸収する．H_2 はまた数千 °C 以上では原子状になり，これは温度を下げてもその状態を保つ．原子状水素は室温で他の元素や化合物と化合しやすい．

水素イオン H^+ は陽子そのもので電子をもたないが，通常の原子やイオンに比べて極端に小さいため，固相，液相などの凝縮系では他の原子や分子と会合している．化学種間における陽子のやりとりが酸塩基反応の基礎になる．Brønsted は，陽子を供与する傾向のある化学種を酸，陽子を受容する傾向のある化学種を塩基と定義した．たとえば強酸といわれる過塩素酸 $HClO_4$ は，水溶液中で溶媒の水に陽子を与え，自らは ClO_4^- となっている．

$$HClO_4 + H_2O \longrightarrow H_3O^+ + ClO_4^-$$

H_3O^+（オキソニウムイオン）は他に陽子を与えれば H_2O になるから Brønsted の定義では酸（H_2O は共役塩基）である．すなわち $HClO_4$ は水溶液中で，溶媒の水に陽子を与え，より弱い酸の H_3O^+ となる．いい換えれば強酸は水溶液中では，すべて H_3O^+ になって「水平化」される．酸・塩基の強弱は，溶媒分子との関連で論ぜられるべきである，というのが Brønsted 理論の基本である．

一方，酸素や窒素など電気陰性度の大きい原子と共有結合した水素原子は，共有電子対を相手原子のほうへ引きつけられるため，自身は電気的に陽性となる．このため他分子の酸素や窒素などとの間に水素結合といわれる弱い静電的な結合が生まれる．氷や水の中で水素結合が働くために，水は分子量の小さいわりに融点や沸点が高い．また，他の化学結合が影響されないようなおだやかな条件下で，水素結合の開裂や再結合が起こり得ることは，生体内における化学反応で，水素結合がきわめて重要な役割を担うことと深く関連している．

[**主な化合物**]　水素化物は大別して 3 種ある．共有結合性のもの，塩型のもの，そして金属性のもの，である．共有性のものの例としては水素化ホウ素，アルミニウムの水素化物，炭素・ケイ素の水素化物，ゲルマニウムなどの水素化物，アンモニアをはじめとする 15 族元素の水素化物，水，硫化水素など 16 族元素の水素化物，ハロゲン化水素などがある．このうち工業的に最も重要なものはアンモニアである．

塩型水素化物の例は，アルカリ金属やアルカリ土類金属を水素気流中で加熱してつくられる結晶性化合物である．アルカリ金属塩 MH は食塩型構造をもつ．アルカリ土類金属塩 MH_2 も，この一般式で表される組成をもつ．これらの中では Li, Ca, Sr の

水素化物が安定である.

金属型水素化物とは,金属が水素を可逆的に吸着または吸蔵するもので,遷移金属とくにパラジウムやチタンが顕著な例である.塩型と異なり,簡単な組成式では表せない.金属に似て不透明で,電気伝導性がある.金属の格子の空隙に原子状水素または陽子があり,電子は金属の伝導電子として働くと考えられる.

このほか,上記のいずれにも属さない境界水素化物があり,CuH, ZnH_2, CdH_2, HgH_2 などがその例である.多くは固体高分子である.

[**用　途**] 工業的につくられる水素の最も大きな用途はアンモニアの製造である.また,有機化学工業における水素添加反応にも広く用いられる.これには,不飽和の液体植物油を固体食用脂(マーガリン)にしたり,コバルト触媒下で一酸化炭素に水素添加しメタノールにするなどの反応が含まれる.塩素との直接反応による塩化水素の合成は塩酸製造の主過程である.このほか金属酸化物を金属に還元(モリブデン,タングステンなど)するのに用いられたり,鉄鉱石の還元に利用されつつある.

水素と酸素を混合して燃焼させたときに得られる高温を用いて溶接や,白金あるいは石英の加工にも用途がある.液体水素は宇宙計画で酸素とともにロケット燃料として用いられる.学術的な応用としては,高エネルギー粒子の研究のための泡箱に液体水素が使われた.また,「核融合」によるエネルギーの取出しにはDとT,すなわち重水素とトリチウムの反応が有望と考えられている.

$$^3H + {}^2H \longrightarrow {}^4He + n$$

アポロ計画で水素―酸素型燃料電池が用いられて以来,石油や原子力を使わない発電装置としての燃料電池が注目されるようになった.簡単にいうと,水の電気分解の逆過程によって,化学エネルギーを直接,電気エネルギーに変換するもので,燃料(水素)と酸化剤(酸素または空気)を供給しながら長時間の発電を行う.燃料電池には用いる電解質によって何種類かあり,第一世代のリン酸を用いるものでは,電荷の担い手は H^+ で,電解質溶液中を負極から正極へ移動し,正極から酸化生成物の水が出る.第二世代では融解炭酸塩を電解質とするものがあり,電荷の担い手は $CO_3{}^{2-}$ で,負極から水を生じる.アルカリ水溶液を用いるものの開発も進められており,次のような電極反応が考えられる.

負極 $H_2|KOH_{aq}$ または $NaOH_{aq}|O_2$ 正極
負極で $2H_2 + 4OH^- \longrightarrow 4H_2O + 4e^-$
正極で $O_2 + 2H_2O + 4e^- \longrightarrow 4OH^-$

起電力は約1Vであるが,直列に接続させて実用にあてる.数キロワットから数千キロワットの出力が可能で,無公害の大型発電装置,水中動力源,宇宙開発用,電気自動車など注目すべき応用面が開けている.

[**トピックス**] 水素吸蔵合金

われわれの使用するエネルギーは,熱の形で消費されることが多いが,熱エネルギーは貯蔵や輸送が困難である.この点,化学エネルギーは化合物などの形で蓄えられるので貯蔵や輸送に適している.エネルギーの相互変換機能をもつ材料として,水素吸蔵合金(hydrogen-storage alloy)がある.

$$\text{合金} + H_2 \underset{\text{吸熱}}{\overset{\text{発熱}}{\rightleftarrows}} \text{金属水素化物} + Q(\text{熱})$$

この種の水素化合物には各種のものが知られているが,La―Ni系($LaNi_5H_{6.0}$ など),

Ti—Fe系（TiFeH$_{1.9}$など），Mg—Ni系（Mg$_2$NiH$_{4.0}$など）がその例である．これらの合金は比較的低い圧力で水素を吸蔵・放出し，反応に際しては熱の出入りを伴う．平衡解離圧より高い水素圧で反応させれば水素化物の生成とともに発熱する（化学エネルギーの熱エネルギーへの変換，水素貯蔵の意味もある）．逆に，水素化物を加熱すると平衡圧に相当する水素が発生する（熱エネルギーの化学エネルギーへの変換）．

(冨田)

[**コラム**] 元素の宇宙存在度と合成理論

地球上には微量のものまで含めて，約90種の元素が見出されるが，太陽系に属する物質についても事情は同じである．図1.1に，始源的な隕石であるC1炭素質コンドライトの分析値に基づく「元素の宇宙存在度」を示す．この宇宙存在度の質量数（A）の増加にともなう変化にはいくつかの特徴が認められる．

1) ^{1}HからA〜100までの間は，指数関数的に存在度が減少し，A〜100以後はゆっくりと変化する．
2) α粒子のn倍の核種の量が多い．
3) 鉄付近に大きなピークがある．
4) 偶数のAをもつ元素の量が隣り合う奇数のAをもつ元素より多い．
5) リチウム，ベリリウム，ホウ素の存在度がいちじるしく低い．

元素合成に関する理論はこのような特徴を説明せねばならない．

全ての元素が宇宙開闢以来存在したとするより少数の元素から他の元素が生成したと考える方が自然である．1930年代に「元素合成」に関する理論研究が始まり，原子核の知識が深まるにつれて研究が進展した．1948年，R. A. Alpher, H. A. Bethe, G. Gamovの「$\alpha\beta\gamma$理論」が提出されたが，林忠四郎を含む何人かのその後の研究によって理論の完成度が高まった．現在の考え方は，E. M. Burbidge, G. Burbidge, W. A. Fowler, F. HoyleによるB^{2}FH理論（1957年）が基本になっている．

B^{2}FH理論では，元素は星の中で起こる核反応によって生成すると考える．^{1}Hの燃焼による^{4}Heの生成に始まり，温度上昇とともにさらに質量の大きい原子核も合成され，中性子による核反応の寄与によってウランに至る重い核種がつくられる．

1) 水素の燃焼：^{1}Hが融合して^{4}Heに変る．
$$4\,^1\mathrm{H} \longrightarrow\,^4\mathrm{He} + 2\,e^+ + 2\nu$$
この過程は恒星のエネルギー源として知られ，$10^9 \sim 10^{10}$年の間継続する．

2) ヘリウムの燃焼：星の進化とともに温度上昇が進み，10^8Kに達すると，^{4}Heの燃焼が起こり，^{12}C, ^{16}O, ^{20}Neなどの核種が生成する．

3) α過程：^{12}C, ^{16}O, ^{20}Neなどが燃焼して重い核種をつくる．

4) s過程：時間をかけた中性子捕獲の過程であり，生成核がβ^-壊変によって原子番号が1大きい元素に変る（sはslowを意味する）．

5) r過程：s過程ではU, Thは生成しない．最も重い安定核種^{209}Biの中性子捕獲反応で生じる^{210}Biのβ^-壊変生成核種^{210}Poがα粒子を放出するので，質量数210以上の核種には到達しない．そのような核種の生成には，β壊変の終了以前の中性子捕獲を考えねばならない（rはrapidを意味する）．

6) e過程：質量数〜60のピークは，系全体が高温の熱平衡状態にあり，最も

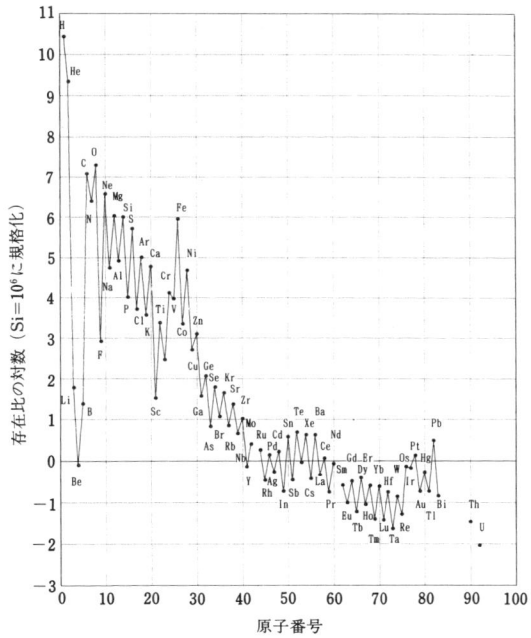

図 1.1 元素の宇宙存在度

安定な核種の存在度が高まったと考えると理解できる．

7) p過程：中性子数の非常に小さい核種（^{124}Xe, ^{126}Xe, ^{130}Ba, ^{132}Ba など）は，陽子を捕獲するか，中性子を放出する過程により生成する．

8) x過程：^{2}H, ^{6,7}Li, ^{9}Be, ^{10,11}B などは低エネルギーの陽子・中性子による核反応によって破壊され，星の中では存在しえない．B^{2}FH 理論では x 過程としてこのような核種の生成は恒星の中では起こらないとし，取扱いを限定している．現在でも，宇宙開闢の時点の合成機構にさかのぼるか，宇宙空間で起こる高エネルギー核反応に起源を求めている．

このような様々な過程がいつどこで起きたかについては多くの議論がある．水素の燃焼は現在太陽の中で進行し，ヘリウムの燃焼も進化のやや進んだ星の中で起きている．α過程は，^{12}C, ^{16}O, ^{20}Ne などの燃焼で理解し得る．s 過程と r 過程については，強度の強い中性子束が得られるかどうかが問題で，前者は星の中でも起こるが，後者の実現には超新星の爆発のような過激な過程を要する．e 過程もその条件を満たす場所は超新星以外には求めにくい．p 過程の存在についても議論が分かれるが，多くは超新星をその場と考えている． （古川）

2 ヘリウム He

helium　Helium　hélium　гелий　氦 hài

[**起　源**]　ヘリウムは，地上でその存在が認められる前に地球外で発見され命名された唯一の元素である．すなわち，1868年8月18日の皆既日食の際に，太陽紅炎の分光器による観測スペクトルの中に，新しい黄色線が発見された．J. N. Lockyer と E. Frankland はこれを新元素によるものと考え，ギリシャ語の helios（太陽）にちなんでヘリウムと命名した．

地上におけるヘリウムの発見は，W. Ramsay による．彼の希ガスに関する精力的な研究の過程で1895年，ウラン鉱の一種であるクレーブ石から分離され，分光学的にヘリウムにほかならないことが確かめられた．ウラン鉱中のヘリウムの存在は，ウランおよびその娘核種の α 壊変による（α 粒子はヘリウムの原子核）．この地上における分離と発見をもって，真の意味での新元素ヘリウムの発見とする見方も有力である．

[**存　在**]　宇宙存在度は水素に次いで2番目（重量で23%）だが，地球の重力ではこの気体を保持できなかったため，存在度は地殻中で約 8×10^{-7}%（重量），大気中で約 5×10^{-4}%（容量）にすぎず，それらも α 壊変による生成物である．クレーブ石，モナズ石などのウラン鉱，トリウム鉱には，1～10 ml/g のヘリウムが含まれる．

[**同位体**]　同位体としては質量数3から8までの6種が確認されているが，安定同位体の ^{3}He と ^{4}He 以外は重要ではなく，^{3}He の存在度も ^{4}He に比べてきわめて小さく（大気中で ^{4}He の70万分の1），ヘリウムといえば一般に ^{4}He のこととみてよい．^{3}He/^{4}He は，^{4}He の起源からみても明らかな通り，地球上試料中でも大きく変動する．

[**製　法**]　ヘリウムを得るには，一般に比較的ヘリウムを豊富に含む天然ガス中の他成分を，低温・高圧で液化すればよい．アメリカやヨーロッパに産出するガスには，ヘリウムを1～7%含むものが存在する．

[**性　質**]　ヘリウムは最も低い沸点と融点をもつ元素で，常圧では冷却によって固体化しえない唯一の元素である．固体化には1Kで25気圧を要する．この他にもヘリウムはきわめてユニークな物理的性質をもち，液体ヘリウム（^{4}He）は，冷却をしていくと2.2KでHe I から He II に転移する．He II はいわゆる超流動体で，粘性は実質的にゼロとなり，一方，熱伝導度は 10^6 W m^{-1}K^{-1} にも達する．He II はまた，2.2K以下に冷却されたすべての固体表面を覆い尽そうとする性質があり，容器の器壁を伝わって外に出ていくようなことが起こ

表 2.1　ヘリウムの同位体

同位体	半減期 存在度	主な壊変形式
He-3	0.000137%	
4	99.99986%	
6	0.807 s	β^-

データ・ノート

原子量	4.002602
存在度　地殻	—
宇宙 (Si=10^6)	2.2×10^9
電子構造	1 s^2
原子価	
イオン化ポテンシャル (kJ mol^{-1})	2372.3
イオン半径 (pm)	—
密度 (kg m^{-3})	0.1785 (気)
融点 (°C)	−272.2
沸点 (°C)	−268.9
線膨張係数 (10^{-6}K^{-1})	—
熱伝導率 (W m^{-1}K^{-1})	0.152
電気抵抗率 (10^{-8}Ωm)	—
地球埋蔵量 (t)	—
年間生産量 (t)	4.5×10^3

る．中性のヘリウム原子には，2個の電子のスピンの向きによって，オルトおよびパラの2種が存在する．

化学的性質は，典型的な希ガスのそれで，無色・無臭．化合物は知られていない．

[**用　途**]　水素に次いで軽い気体なので気球に用いられる．また極低温をつくることに液体ヘリウムがきわめて一般的に利用される．超伝導磁石を用いるには，液体ヘリウムがぜひ必要であり，最近では診断用の磁気共鳴吸収 (magnetic resonance imaging, MRI) の測定を行うために，医学でも利用されている．

アーク溶接や潜水夫用の通気ガスの成分としても用いられる．

[**トピックス**]　ヘリウムの液化

1877年に L. Cailletet と R. Pictet が独立に酸素の液化に成功して以来，低温達成の技術の開発とそれによる気体液化の競争が始まった．1898年に J. Dewar は水素の本格的な液化に初めて成功したが，最後に残ったヘリウムの液化に成功したのは，H. Kamerling‐Onnes で1908年のことであった．ヘリウムの液化は絶対零度への挑戦の偉大なステップであり，これとともに極低温物理学という，まったく新しい物理学と技術の分野が幕開けすることになった．超伝導や超流動などの現象の発見と研究は，ヘリウムの液化によって初めて可能となったのである．

[**コラム**]　ヘリウムの生成

地球上の存在量は少ないが，宇宙では原子数にして約10％のヘリウムが存在する．このヘリウムのほとんどは，宇宙創成のビッグ・バンの直後（数百秒後まで）に合成されたと考えられている．その後，太陽のような星の中でも核融合反応 (4^1H ⟶ ^{4}He) によって水素が燃えてヘリウムが生まれ，さらにヘリウム燃焼過程 (2^4He→^{8}Be, ^{8}Be→^{12}C⟶3^4He→^{12}C, ^{12}C→^{16}O) によって，重い元素に変っていく．

（高木）

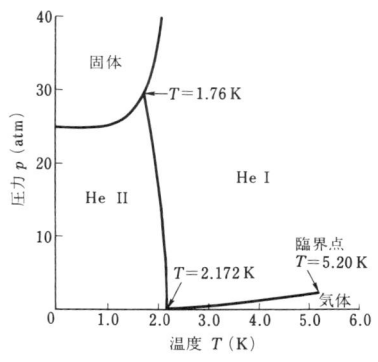

図 2.1　ヘリウムの状態図

3　リチウム Li

lithium　Lithium　lithium　литий　锂 lǐ

[起源]　1817年，J. J. Berzeliusの助手であった J. A. Arfvedsonによって新しいアルカリ金属元素として発見された．彼は，ペタル石（petalite (Li, Na)[AlSi$_4$O$_{10}$]）の分析によって新元素を見出し，リチア輝石（spodumene, LiAlSi$_2$O$_6$）やウロコ雲母（lepidolite, K$_2$Li$_3$Al$_4$Si$_7$O$_{21}$(OH, F)$_3$）にも同じ元素が存在することを確かめた．ナトリウムやカリウムが動植物界に広く存在するのに対し，この元素は鉱物から発見されたので，ギリシャ語のlithos（石）にちなんでlithiumと命名された．その後1818年に H. Davy が融解した酸化リチウム Li$_2$O の電解によって金属を単離した．

[存在]　地殻中の存在度は20ppmで，量は少ないが分布は広く，ほとんどの火成岩や多くの鉱泉水中に見出される．主要鉱物はウロコ雲母，リチア輝石，ペタル石やアンブリゴ石（LiAl[F/PO$_4$]）などである．アメリカではカリフォルニア州のSearles Lakeやネバダ州のClayton Valleyの天然のカン（鹹）水から回収されている．

[同位体]　天然に存在する安定同位体は ^{6}Liと^{7}Liである．同位体効果のため，同位体比は出所によってかなり変動し，精度の良い原子量値が与えられない．

[製法]　金属リチウムは融解塩電解によってつくる．55% LiClと45% KClの融解混合物を450℃程度で電解して製造することができる．LiClの製法としてはたとえばリチア輝石を加熱処理して粉末化し，硫酸で洗ってLi$_2$SO$_4$·H$_2$Oを得たのち，Na$_2$CO$_3$と塩酸で処理してLi$_2$CO$_3$とLiClを得る．

[性質]　単体は銀白色で，すべての金属中で最も軽い．面心立方格子．$a = 437.9$ pm．反応性は大きいが，水との反応などはナトリウムほど激しくない．炎色反応は深紅色（$\lambda = 670.8$ nm）で，原子スペクトルではなく，短寿命化学種LiOHによる．

リチウムは原子半径やイオン半径が小さいことのためにアルカリ金属の中でも特異な性質をもつ．たとえば，ナトリウムとは380°以上でのみ混ざり合うが，融解したカリウム，ルビジウム，セシウムとは混ざり合わない（他のアルカリ金属どうしは互いに任意の割合で混ざり合う）．またLi$^+$イオンの半径（74pm）は，Mg^{2+}のイオン半径（78pm）に近く，種々の点でこの両者は類似性を示す（周期表上の対角線の関係）．たとえば，LiOHやLi$_2$CO$_3$は，ナトリウムやカリウムの水酸化物や炭酸塩に比べて溶解度がずっと低く，炭酸塩はMgCO$_3$と同様にたやすく熱分解する．逆に，ClO$_4^-$のよう

表 3.1　リチウムの同位体

同位体	半減期 存在度	主な壊変形式
Li-6	7.5%	
7	92.5%	
8	0.838 s	$\beta^-\ 2\alpha$
9	0.178 s	$\beta^-\ 50.5\%$, β^-n 49.5%

データ・ノート

原子量	6.941
存在度　地殻	20 ppm
宇宙 ($Si=10^6$)	60
電子構造	2s
原子価	1
イオン化ポテンシャル ($kJ\ mol^{-1}$)	513.3
イオン半径 (pm)	1^+74
密　度 ($kg\ m^{-3}$)	534
融　点 (°C)	180.5
沸　点 (°C)	1347
線膨張係数 ($10^{-6}\ K^{-1}$)	56
熱伝導率 ($W\ m^{-1}\ K^{-1}$)	84.7
電気抵抗率 ($10^{-8}\ \Omega m$)	8.55
地球埋蔵量 (t)	7.3×10^6
年間生産量 (t)	3.9×10^4

な大きく,非分極性の陰イオンのリチウム塩は,他のアルカリ金属塩よりはるかに溶けやすい.Li^+イオンは溶媒和エネルギーが大きく,多くのリチウム塩は水和物である.無水物はきわめて吸湿性が大きい($LiCl$,$LiBr$など).

硫酸リチウムは,他のアルカリ金属の硫酸塩と異なり,ミョウバン$[M(H_2O)_6^+][Al(H_2O)_6^{3+}][SO_4^{2-}]_2$をつくらない.これも水和リチウムイオンが小さすぎてミョウバンの構造中で適切な位置を占められないためである.

リチウムは窒素と直接反応して窒化物Li_3Nをつくるが,この点もマグネシウムに似ており,他のアルカリ金属と異なる.

[**主な化合物**]　最近20年間に世界のリチウム生産量は急激に増加したが,これはリチウム化合物の広範な利用によるところが多い.リチウムの産業的利用の主なものは潤滑剤としてのステアリン酸リチウムである.これは水酸化物$LiOH \cdot H_2O$と牛脂などの天然脂肪からつくられ,多目的なグリースとして,耐水性,$-20°C$から$150°C$以上の範囲にわたる安定性などの優れた性質を示す.

窯業面での炭酸リチウムLi_2CO_3の利用も見逃せない.ほうろうびきの融剤として,また特殊な強化ガラスの製造に用途をもつ.またアルミニウム製錬の際のフッ化物融剤に代るものとしてLi_2CO_3の使用が近年急速に伸びている.

$LiOH$は宇宙船や潜水艦のような密閉系でのCO_2吸収剤にも用いられる.また,水素化リチウムLiHは気象学上や軍用で水素の発生用に使われる.重水素化物LiDは核兵器としての応用もある.

生産高としては多くないが,水素化アルミニウムリチウム$LiAlH_4$は,有機化学における還元剤として重要である.このほか,強誘電性物質のタンタル酸リチウム$LiTaO_3$,熱発光材料のLiFなども特殊な用途をもつ.

きわめて特殊な利用例としては,躁鬱病の治療にLi_2CO_3の服用が有効であることが知られている.

[**用　途**]　金属リチウムは青銅などの金属材料の脱酸素剤として用いられることもある.しかし,最近は電池の負極としての利用がめざましい.$Li \longrightarrow Li^+ + e^-$の電極反応の標準電極電位は,$-3.045 V$で金属中で最も卑であり,リチウム負極を用いると高い電圧の電池が期待できる.また単位重量当りの電流容量も亜鉛などよりはるかに大きく,高エネルギー密度の電池ができる.ただし,常温で水と反応するので,有機電解質などの非水電解液を必要とする.

(冨田)

4 ベリリウム Be

beryllium　Beryllium　béryllium　бериллий　铍 pí

[起源] 鉱物学者 R. J. Haüy は緑柱石とエメラルドとの間の類似性を認め，L. N. Vauquelin（仏）に化学分析を依頼した．1798 年 Vauquelin は，両鉱物とも，それまで知られていたアルミナやシリカ以外に新しい元素の酸化物のあることを示した．このものはアルミナに類似するがミョウバンをつくらず，過剰の水酸化カリウムに溶けなかった．また，渋味がなくあま味があった．そのため，フランスではこの元素をギリシャ語の glykys（甘い）に基づいて Glucium と呼んでいた．ベリリウムという元素名は，1828 年に初めて単体を単離した F. Wöhler が鉱物名 beryl（緑柱石）にちなんで提案した（この年 Wöhler は有機化合物，尿素，を無機物から合成している）．

[存在] 地殻におけるベリリウムの存在度は低いが，30 種ほどの鉱物種に見出され，重要なものに緑柱石 $Al_2Be_3(Si_6O_{18})$，ベルトランド石 $Be_4(OH)_2(Si_2O_7)$，金緑石（クリソベリル，Al_2BeO_4），フェナス石 $Be_2(SiO_4)$ などがある．なお，宝石として用いられるエメラルドやアクアマリンは緑柱石の一種である．

[同位体] 安定核種は ^9Be のみである．^7Be は大気，降水中に存在し，^{10}Be は比較的長寿命で海底土中に見出される．

[製法] ベリリウムは，緑柱石を 700～750°C で Na_2SiF_6 と焙焼し，可溶性の BeF_2 を水で抽出し，pH 12 で水酸化物を沈殿させて得る．単体は BeF_2 をマグネシウムで 1300°C で還元するか，$BeCl_2$ と塩化アルカリの混合融解物の電解によってつくられる．

[性質] 単体ははがね色（steel gray）の金属である．六方最密格子．$a=228.6$ pm，$c=358.3$ pm．金属の中でも軽い部類に入るが，高い融点をもち，弾性が大きい．熱伝導率が高く，磁性をもたない．X 線をよく透過する．ラジウムやポロニウムから放出される α 線をベリリウムに当てると，中性子を発生する．

金属は室温で比較的反応しにくく，600°C 以下では空気中で酸化されない（表面に酸化皮膜ができて内部を保護すると考えられる）．赤熱しても水や水蒸気と反応しない．細粉にすると，空気中で光を放って燃え，酸化物や窒化物ができる．濃硝酸には不動態となって侵されにくいが，希酸（塩酸，硫酸，硝酸）に溶けて水素を発生する．アルカリ水溶液と反応しても水素を発生するが，この点はアルミニウムと同様に両性金属の性質であり，他の同族元素と異なる．

水溶液中での原子価は +2 であるが，ベ

表 4.1 ベリリウムの同位体

同位体	半減期 存在度	主な壊変形式
Be- 7	53.3 d	EC
9	100%	
10	1.51×10^6 y	β^-, no γ

データ・ノート

原子量	9.012182
存在度　地殻	2.6 ppm
宇宙 ($Si=10^6$)	0.78
電子構造	$2s^2$
原子価	2
イオン化ポテンシャル (kJ mol^{-1})	899.4
イオン半径 (pm)	$^{2+}34$
密　度 (kg m^{-3})	1848
融　点 (°C)	1278
沸　点 (°C)	2970
線膨張係数 (10^{-6} K^{-1})	11.5
熱伝導率 (W m^{-1} K^{-1})	200
電気抵抗率 (10^{-8} Ωm)	3.0
地球埋蔵量 (t)	4.0×10^5
年間生産量 (t)	3.6×10^2

リリウム化合物の化学結合は、同族元素の化合物に比べて共有性が強く、イオン性に乏しい。ベリリウムとマグネシウムはその性質が他の同族元素 (Ca, Sr, Ba, Ra) と種々の点で異なるので、アルカリ土類金属に含めないことが多い。

[主な化合物] 酸化ベリリウム BeO は、ウルツ鉱型構造をもち (同族元素の酸化物はすべて塩化ナトリウム型構造)、きわめて耐火性で、熱伝導性が良く、化学的に安定である。他の同族元素の酸化物は水と化合して水酸化物となるが、ベリリウムは安定である。2 (2 A) 族の水酸化物は原子番号の増加に従って、溶解度、アルカリ性などが増加する。Be(OH)$_2$ の水への溶解度は 3×10^{-4} g/l 程度であり、両性を示す。一般に、ベリリウムの塩は水中で速やかに加水分解し、ヒドロキソ錯体を生じるが、さらにアルカリを加えると再溶解し、最終的には [Be(OH)$_4$]$^{2-}$ のようなベリリウム酸イオンになる。

ベリリウムは共有結合性の化学結合をつくりやすく、多くの有機金属化合物が知られている。

[用途] ベリリウムの最大の用途は、銅あるいはニッケルとの強力な合金である。2% のベリリウムを含む銅は、純銅よりも 6 倍の強度をもつ。この合金は電気伝導性に優れ、摩損に耐え、弾性があり、磁性がないなどの優れた特徴をもつ。航空機のエンジンの可動部分の部品や精密機器、電子部品、ミサイル、通信衛星などに広く利用される。2% のベリリウムを含むニッケル合金は、高温用ばね、ベロー、電気的コネクターなどに用いられる。

ベリリウムは、中性子の減速材や反射材として適しており、原子炉材料としても重要である。また X 線をよく通すので、X 線管の窓にはなくてはならない。特殊な用途としては、実験室用の中性子源に、α 放射体とベリリウム化合物の混合物が用いられる。^{241}Am などからの α 線が ^{9}Be(α, n)^{12}C の核反応の結果、中性子を放出させる。中性子の発見 (Chadwick, 1932 年) は、この核反応によった。酸化ベリリウムは理化学用の特殊磁器に使われることがある。ベリリウムは密度がアルミニウムやチタンより小さく、弾性率がアルミニウムの 4 倍もあること、剛性はタングステンをしのぎ、金属中で最大である点は、音響用材料とくに振動材料として最適であるが、やや加工性に難点があり、高価である。

ベリリウムやその化合物は毒性があり、取扱いに注意を要する。発見当初からその甘味が知られているが、決して味わうべきではない。空気中のベリリウム塵は 0.002 mg/m^3 以下に抑えられるべきである。

(冨田)

5 ホウ素 B

boron Bor bore бор **硼** péng

[**起　源**] ホウ素の化合物, ホウ砂 borax が錬金術の時代から知られていた. 1808 年に H. Davy が, ホウ酸溶液の電解によって, 単体のホウ素 (無定形) を得た. 同じ頃に J. L. Gay-Lussac と L. J. Thénard も, ホウ酸を金属カリウムで還元して単体を得たが, いずれも純粋なものではなかった. 95〜98% の純度をもつホウ素は 1892 年 H. Moissan が酸化ホウ素 B_2O_3 をマグネシウムで還元して得たのが初めてである. もっと純度のよいものがつくられたのは今世紀に入ってからである. boron という名称は Davy によって提案されたが, 初め borax にちなんで boracium としていた. しかし炭素 (carbon) に似ていることから boron とされた. 東洋でも 10 世紀頃から borax はホウ砂と呼ばれており, 元素もホウ素 (硼素) と名づけられた.

[**存　在**] 地殻中での存在度はそれほど高いものではなく, 鉛 (14 ppm) やトリウム (12 ppm) と同程度である. ホウ酸塩鉱物またはホウケイ酸塩鉱物として産するが, 基本基としてどのようなホウ酸基を含むかによって多数の鉱物ができる. ホウ酸塩鉱物は世界的にみて, 火山活動のあった地域に産し, 温泉の水を伴って堆積したと思われる. 主要なものには, ホウ砂 $Na_2B_4O_7 \cdot 10H_2O (\equiv Na_2[B_4O_5(OH)_4]) \cdot 8H_2O$, コールマン石 $Ca[B_3O_4(OH)_3] \cdot H_2O$, Ulexite $NaCa[B_5O_6(OH)_6] \cdot 5H_2O$, カーン石 $Na_2[B_4O_6(OH)_2] \cdot 3H_2O$, ホウ酸石 H_3BO_3 などがあり, 日本人の名のついた小藤石 Kotoite $Mg_3(BO_3)_2$, 神保石 Jinboite $Mn_3(BO_3)_2$ なども知られている. ホウケイ酸塩としては電気石 $NaMg_3Al_6(BO_3)_3Si_6O_{18}(OH)_4$, ダトー石 $CaBSiO_4(OH)$ などがある.

世界最大のホウ酸塩鉱物資源は, アメリカ California 州 Boron 地方にあり, 長さ 6.5 km, 幅 1.5 km, 厚さ 20〜50 m で主にホウ砂とカーン石から成っている. この他, トルコ, 旧ソ連にも大きな資源がある.

[**同位体**] 天然に存在する同位体は ^{10}B と ^{11}B の 2 種である. カリフォルニア産のホウ素には ^{10}B が少なく, トルコ産のものには ^{10}B が多いので, 原子量を詳細に記載できない.

[**製　法**] 高純度の結晶性ホウ素は, 三塩化ホウ素または三臭化ホウ素と水素とを電熱フィラメント上で気相還元することによってつくられる. やや不純なホウ素 (無定形) は, 三酸化ホウ素をマグネシウム粉末と加熱して得られる. 無定形のものは, 花火の緑色をつくるのに使われ, またロケッ

表 5.1 ホウ素の同位体

同位体	半減期 存在度	主な壊変形式
B-10	19.9%	
11	80.1%	
12	20.2 ms	$\beta^-, \beta^- 2\alpha$

データ・ノート

原子量	10.811
存在度 地殻	10 ppm
宇宙 ($Si=10^6$)	24
電子構造	$2s^2 2p$
原子価	3
イオン化ポテンシャル ($kJ\ mol^{-1}$)	800.6
イオン半径 (pm)	$3+23$
密度 ($kg\ m^{-3}$)	2340 (β)
融点 (℃)	2092
沸点 (℃)	4000
線膨張係数 ($10^{-6} K^{-1}$)	5
熱伝導率 ($W\ m^{-1} K^{-1}$)	27.0
電気抵抗率 ($10^{-8} \Omega m$)	—
地球埋蔵量 (t)	3×10^8
年間生産量 (t)	1×10^6

トの点火剤にも用いられる。

[**性 質**] 単体の物理的性質は、多形があることと、不純物による汚染のため、簡単に決めがたい。ホウ素は非常に硬い耐火性の固体で、融点が高く、低密度で、また電気伝導度は低い。結晶性ホウ素は黒灰色、粉末状のものは黒色である。電気的性質は半導体特性を示し、金属と非金属の中間の性質をもつが、ふつうは非金属元素として扱われる。化学結合は共有結合性のものが多い。

ホウ素の種々の同素体の基本となる構造単位は B_{12} の正二十面体である（図5.1）。この単位は、結晶構造の上で充填の仕方が効率的ではなく、規則的な空隙ができ、そこにまたホウ素原子が入り込める。ホウ素の最も高密度の α-三方晶系ホウ素でも原子占有率は37%に過ぎず、最密充填の74%と比べてはるかに小さい。この α-三方晶系ホウ素は最も構造の簡単なホウ素同素体で、ほとんど完全な B_{12} 正二十面体が、わずかに変形した立方最密構造をつくっている。熱力学的に最も安定なものは、β-三方晶系ホウ素で、はるかに複雑な構造をもち、単位胞に105個のホウ素原子を含む。1943年に初めてつくられたホウ素の結晶性多形は α-正方晶系ホウ素と呼ばれたが、炭素や窒素の不純物がないと生成せず、$B_{50}C_2$ または $B_{50}N_2$ のような組成のものと現在では考えられている。その他の多形のホウ素、とくに β-正方晶系のものは、単位胞に192個のホウ素原子を含むが、結晶構造が解明されるに至っていない。

ホウ素の無機化学は周期表上のどの元素よりも多様で複雑であるといわれている。ホウ素はサイズが小さく、イオン化エネルギーが高く、炭素や水素と電気陰性度が似通っているなどの要因が関連し合って、さまざまな、また変わった共有結合をつくる。電子配置は $2s^2 p^1$ であり、ホウ素はもっぱら原子価+3をとるが、$2s$, $2p_x$, $2p_y$, $2p_z$ の四つのオービタルにかかわる共有結合に三つの電子しか供与できないので、電子対受容性（ルイス酸性）や多中心結合などさまざまな性質を示す。また、酸素との親和力が大きく、ホウ酸塩やオキソ錯体の広範な化学が開ける。また小さな原子であることは、侵入型合金のような金属ホウ化物が多種つくられることを可能にしている。

結晶性ホウ素は化学的にかなり安定で、熱い塩酸やフッ化水素酸にも侵されない。

図 5.1 B_{12} の正二十面体

粉末にすると熱濃硝酸によって酸化される．アルカリにも安定であるが，融解アルカリとは反応して溶ける．高温では各種の金属と直接反応し，侵入型化合物をつくる．

[**主な化合物**] ホウ素を一成分とする二成分化合物，すなわちホウ化物には化学量論的にも構造的にもきわめて多様な200種以上の化合物がある．そして，M_5Bのように金属に富むものからMB_{66}のように純粋なホウ素に近いものまであり，このほか組成が一定しない非化学量論的な相もあって，複雑な様相を呈している．

金属に富むホウ化物は一般に硬く，化学的に不活発であり，不揮発性で耐火性の物質で，融点や電気伝導度がしばしば親金属よりも高い．TiB_2では電気伝導度が金属チタンの5倍に達する．TiB_2, ZrB_2, CrB_2などは，タービンの翼，ロケットのノズルその他に用いられる．ホウ化物やホウ化物を被覆した金属は，高温用反応器，蒸発用器，るつぼ，熱電対のさやなどにも用途がある．

原子力関連では，^{10}Bが低速から高速にわたる広いエネルギー範囲の中性子に対する吸収断面積が大きいことから，金属ホウ化物や炭化ホウ素B_4Cが，中性子遮蔽材や制御棒として用いられる．また$^{10}BF_3$の気体入りの比例計数管は$(n, α)$反応を利用して中性子の検出に用いられる．

炭化ホウ素は研磨剤として用いられ，ブレーキやクラッチにも使われる．最近では軽量の防護服への応用が考えられ，繊維状の炭化ホウ素もつくられるようになった．

水素化ホウ素（ボラン）も多種類があるが，やや安定なボランB_nH_{n+4}とやや不安定なジヒドロボランB_nH_{n+6}に大別される．炭化水素と対比されるが，構造はまったく異なる．ボランの結合を共有結合と考

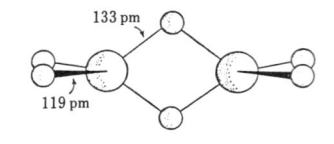

図5.2 ジボラン B_2H_6

えると，結合に要する電子数が不足している．たとえばジボランB_2H_6（図5.2）では，分子全体でホウ素の価電子が6個，水素の価電子も6個であるが，実際には8組の結合が存在し，電子不足化合物である．

オルトホウ酸H_3BO_3は，天然にもイタリア Toscana 地方の噴気および温泉中に含まれることが知られている．真珠白色板状の結晶で，滑らかな感触がある．$B(OH)_3$の構造が水素結合で平面状につながっている．緩消毒剤として広く用いられている．

ホウ砂（四ホウ酸ナトリウム）$Na_2B_4O_7 \cdot 5H_2O$は水の軟化，洗濯用，ホウケイ酸ガラスの製造，溶接やロウ付における融剤，うわぐすり，エナメルの製造などに広い用途がある．固体を熱すると発泡して膨れ，無水塩の透明なガラス状物質となる．多くの金属塩と加熱すると可融性塩となる．コバルトやニッケル塩などでは特徴的な着色がみられるので，定性分析（ホウ砂球反応）に利用される．

[**用　途**] ホウ素は高温において反応性が著しく大きくなるので，冶金の際，酸素や窒素の脱気剤として使われる．

低密度，高硬度，高融点のため，戦闘用航空機やスペースシャトルなどの構造材料として使用されている．ホウ素繊維は引張り強度に優れ，エポキシ樹脂などのプラスチックと組み合わせた複合材料としても注目される．鋼鉄よりも強く，硬く，アルミ

ニウムよりも軽いことは航空機にとって理想的で,民間航空機材料としての研究も進んでいる. (冨田)

[**コラム**] 原子量の決定

「原子量表」を眺めてみると,数値のけた数が元素によって異なることに気が付く.たとえば,Mg は 24.3050,Al は 26.981539 となっている.この差はなぜ生じるのか.

原子量が「質量数 12 の炭素同位体 (^{12}C) の原子量を 12 とし,これに対する相対値を用いる」と定められたのは 1961 年である.新たな基準に従うと,特定の元素の原子量 $A_r(E)$ は次の式で表される.

$$A_r(E) = \sum_i f_i m_i$$

ここで f_i は同位体の存在比,m_i はその同位体の原子質量(原子量)である.実験的な原子量の決定には,化学的手段による方法と質量分析法などの物理的手段に頼る場合があり,現在では後者が主流である.

原子量の精密測定は,前世紀末から今世紀にかけての化学の重要な研究課題の一つであった.1914 年にアメリカ人として初めてノーベル化学賞を受賞した T. W. Richards は,この分野の開拓者の一人である.彼とその共同研究者は,銀またはそのハロゲン化物と特定の元素の化合物の重量比を精密に測定し,その結果から原子量を導きだした.セレンを例にとると,

$$SeOCl_2/2\ Ag = 0.768794$$
$$\therefore\ A_r(Se) = 78.951$$
$$SeOCl_2/2\ AgCl = 0.578624$$
$$\therefore\ A_r(Se) = 78.953$$

このような値と物理的な測定値(78.97 と 78.99)を考慮して現在の値(78.96)が得られた.最新の原子量表においても,9 元素 (Ca, Ti, Zn, Ge, Se, Mo, Te, Sm, Hg) に対する値は部分的に,あるいは全面的に化学的な測定結果によっている.

質量分析法によると,高精度の測定結果が得られる.ただ一つの安定同位体しかもたない単核種元素は 19 種あり,その原子量は正確な値が示され,それらの値は今後数十年間は変更の必要がないと考えられる.安定同位体が二つ以上の元素については,同位体存在比が必要になる.同位体存在比の高精度測定には技術的な困難があり,そのような元素については物理的測定でも単核種元素のように正確な値を得ることはできない.しかし,He, N, V, Ta のように同位体の数が 2 個に限られ,一方の存在度が 99% を越える場合はかなり正確な値が得られる.

原子量表に記載されている値は,地球上の元素に対する原子量であるが,それについても同位体比の変動のために変ることがある.たとえば,水素は陸水,海水,大気,植物,動物など様々な物質の中に存在するが,それらの間で同位体比は変動している.また ^{238}U, ^{235}U, ^{232}Th の壊変生成物の寄与によって鉱床ごとに鉛の同位体比は変動する.このような例では,測定技術が向上しても高い精度の原子量を決定することはできない.

有用な同位体を人工的に取り除いた試薬などが市販されている場合もある.その顕著な例はウランであって,核燃料として役立つ ^{235}U の存在度を天然の値 0.720% から 0.3% 程度に下げた試薬しかふつうは入手できない(劣化ウランと呼ばれる).他にも,リチウム,ホウ素などで同じような例がある(このような試薬では,その趣旨がラベルなどに明記してある). (古川)

6 炭素 C

carbon　Karbon　Kohlenstoff(m)　carbone　углерод　碳 tàn

[**起源**] 炭素は有史以前から，木炭やススなどとして知られていた．中国では，紀元前14～13世紀頃（殷王朝）にすでに墨を用いていた．またダイヤモンドについては旧約聖書にその記載がある．下って，1273年には，健康に有害であるとの理由で，ロンドンで石炭の使用を禁ずる法令が出されており，一種の公害問題がすでに生じていたことがうかがえる．さらに16世紀中葉にはイギリスで，Cumberland産の黒鉛（グラファイト）を用いて鉛筆が初めて商業ベースで製造された．1752～1754年にかけて，J. Blackはチョーク（石灰石）を加熱すると減量し，気体（二酸化炭素）が発生すること，炭酸塩に酸を作用させても同じ気体が出ることを実証して，初めて空気以外の気体の特性づけに成功し，また定量（重量）分析の基礎をつくった．彼はその後，二酸化炭素が植物の発酵や，木炭の燃焼，人の呼吸によって生ずることを石灰水が白濁することで確かめている．1771年にJ. Priestleyは緑色植物の成長に二酸化炭素が使われ，「空気を純化」することを示した．1789年には，A. L. Lavoisierがラテン語のcarbo（木炭）にちなんでcarbone（英carbon）という語をつくった．graphiteという名称は同じ年A. G. WernerとD. L. G. Harstenによって提案された（ギリシャ語graphein—書くの意）．なお，diamondの名は，おそらくギリシャ語のdiaphanes—透明の意—とadamas—征服できないの意—をあわせたものといわれる．1796年，S. Tennantはダイヤモンドを燃焼させて，生じた二酸化炭素の重量を測って，ダイヤモンドが炭素の一形態であることを示した．黒鉛が炭素であることは，1779年C. W. Scheeleによって示された．J. J. Berzeliusが化合物を「有機」と「無機」に分類したのは1807年で，F. Wöhlerが無機化合物であるシアン酸アンモニウムから尿素を合成し，初めて有機化合物の合成に成功したのは1828年である．1830年代に入って有機合成化学の華々しい勃興が始まった．

[**存在**] 炭素は単体（黒鉛，ダイヤモンド）と化合物の両方の形で天然に産出する．化合物は量的にはカルシウムやマグネシウムその他電気的に陽性な元素の炭酸塩が主である．また，大気中に二酸化炭素CO_2として含まれる．地殻中の炭素の存在度の見積りには変動があるが，ほぼ500ppmで，硫黄（260ppm）と同程度である．炭素はまた太陽，星，すい星，多くの惑星の大気などにも存在する．微小なダイヤモンドの形で隕石中に見出されることもある．

天然のダイヤモンドの最も有名な産地は南アフリカ共和国Kimberley地方で，Kimberliteと称する超塩基性火成岩とその分解物である青色の蛇紋岩質の角礫岩中に産する．さらに，Kimberliteが風化し，その中のダイヤモンドが川床に流されてい

データ・ノート

原子量	12.011
存在度　地殻	480 ppm
宇宙 ($Si=10^6$)	1.21×10^7
原子構造	$2s^2 2p^2$
原子価	(2), 4
イオン化ポテンシャル ($kJ\,mol^{-1}$)	1086.2
イオン半径 (pm)	77（共有），$^{4-}$260
密度 ($kg\,m^{-3}$)	3513（ダイヤモンド）
	2265（グラファイト）
融点 (°C)	約4800（ダイヤモンド）
沸点 (°C)	—
線膨張係数 ($10^{-6}\,K^{-1}$)	
	1.19（ダイヤモンド）
熱伝導率 ($W\,m^{-1}K^{-1}$)	
990～2320（ダイヤモンド），5.7（⊥軸）	
1960（∥軸）（グラファイト）	
電気抵抗率 ($10^{-8}\,\Omega m$)	
～10^{19}（ダイヤモンド），～20（グラファイト c 軸方向）	
地球埋蔵量 (t)	～10^{12}*
年間生産量 (t)	～10^{10}**

*, **：石油, 天然ガス, 石炭を合わせた値

ることもある．ダイヤモンドはその他にもザイールはじめアフリカ大陸の各地で産し，また1950年代以降にはシベリアが大きな産出地として知られてきた．

黒鉛（石墨，グラファイト）は世界的に広く分布する．変成岩である結晶質石灰岩，結晶片岩，片麻岩，および変成した炭層中に産し，火成岩中にも少量産する．

炭素は石炭，石油，炭酸塩などとして大量に存在しているが，固定されているように見えて，自然界での炭素の循環があることも事実である．岩石圏と水圏の間に介在するのが大気圏中の二酸化炭素である．二酸化炭素は植物の光合成によって大気圏から除かれ，一方で動植物の呼吸や有機物の分解によって大気圏に加えられるという形で生物圏との間に速やかな循環を繰り返す．二酸化炭素はさらに，人間の生活活動，とくに化石燃料の燃焼やセメントの製造などによっても生成し，近年大気中の二酸化炭素濃度が漸増している原因となっている（[トピックス]参照）．

なお，火星の大気は96.2%の二酸化炭素を含む．

炭素の化合物は有機物という膨大な種類と量で天然に存在している．優に100万種類を超すといわれている．合成物まで含めれば，現在1000万種を超える全元素の化合物の約9割が炭素化合物という．一つには炭素原子どうしが多数結合し得ることが多くの化合物をつくることを可能にしているが，いずれにせよ，炭素がなければ生命の基礎は存在しない．

[**同位体**]　天然に存在する炭素の同位体には，安定核種として^{12}C，^{13}Cの2種類，それに放射性の^{14}C（半減期5730年）が存在する．1961年，国際純正応用化学連合（IUPAC）は，^{12}Cを原子質量の基準に採用し，その質量を12とした．

^{14}Cは，大気上層において二次宇宙線中性子と^{14}Nとの$^{14}N(n,p)^{14}C$という核反応でつくられる．宇宙線量が一定であれば，常に同じ割合で生成するから大気中の^{14}Cの量も一定となる．これは$^{14}CO_2$の形で拡

表 6.1　炭素の同位体

同位体	半減期 存在度	主な壊変形式
C-11	20.39 m	β^+ 99.76% EC 0.24%, no γ
12	98.90%	
13	1.10%	
14	5.73×10^3 y	β^-, no γ

散し,光合成を経て生体に取り込まれる.生体が死ねば新たな ^{14}C の供給はとだえ,その ^{14}C は壊変によって減少する.このことを利用して生物の生きていた年代などを決定することができる (^{14}C 年代決定法 → カリウム).

[製法] グラファイトは人工的にも多量につくられる.E. G. Acheson によって 1896 年に初めて大規模な製造がなされた.無煙炭に触媒として砂と酸化鉄を混ぜ,電気炉中で 12～24 時間加熱して得る.温度は平均 2500°,最高は 4000°C 以上に達するという.

ダイヤモンドは,グラファイトからつくることができる.これには高温・高圧が必要であり,1950 年代に初めて可能となった.圧力で 100 kbar,温度で 1200～2800 K 程度,Cr, Fe, Ni などの存在を要する.おそらく不安定な金属炭化物中間体を経て転移が起こるものと思われる.

無定形炭素には,木炭,スス,カーボンブラック,コークス,炭素繊維や炭素ウイスカーなど種々あって,それぞれ製法は異なる.

活性炭は,きわだって大きい表面積をもっている ($300～2000\,m^2\,g^{-1}$).その製造には,化学的活性化と気体活性化の2法がある.前者では,炭素質材料(おが屑,泥炭など)を酸化剤,脱水剤と混ぜ(たとえば水酸化アルカリ,炭酸アルカリ,アルカリ土類金属塩,硫酸,リン酸など),500～900°C に加熱する.気体活性化では,炭素質材料を低圧の空気,または水蒸気,二酸化炭素などと 800～1000°C に加熱してつくる.

炭素繊維は,ポリアクリロニトリル繊維などを焼成してグラファイト構造に近づけ,強度や弾性を高くしたものである.

[性質] グラファイトには結晶構造により α-(六方晶系)と β-(菱面晶系)の2種があるが,通常状態では α 型のほうが安定である.両形は互いに変換可能で,粉砕によって $\alpha \to \beta$,1025°C 以上に加熱することによって $\beta \to \alpha$ の変化が起こる.

グラファイトでは,炭素原子が正六角形に結合して平面網目状となり,この平面が層状に積み重なっている(図 6.1).平面間は主として分子間力という弱い力で結びついているため,結晶は軟らかく,うすくはがれやすい.結晶構造を反映して,物理的性質も異方性が目立ち,たとえば電気抵抗率なども平面方向とそれに垂直方向とで 5000 のオーダーで差がある.

ダイヤモンドでは,1個の炭素原子に4個の炭素原子が共有結合という強い結合で結合しており,これが立体的に繰り返されて,一つの巨大結晶を形成している(図 6.2).このため劈開の方向は多様で,さまざまな宝石のカットを可能にしている.しかし自然界にある鉱物の中で最も硬く,融点も非常に高い.一方,熱伝導率は既知物質の中では最も高く,銅の5倍にも達する.

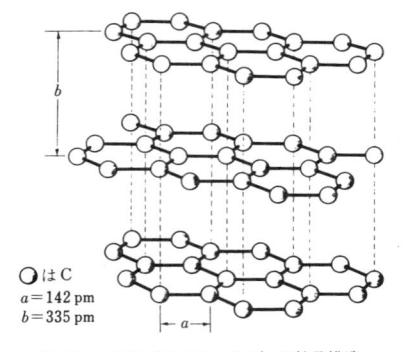

○は C
$a = 142\,pm$
$b = 335\,pm$

図 6.1 黒鉛(グラファイト)の結晶構造

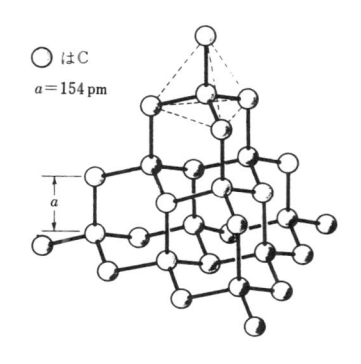

図 6.2 ダイヤモンドの結晶構造

ダイヤモンド製の切削器具が過熱しない理由である。電気伝導性はほとんどない。

熱力学的には α-グラファイトのほうがダイヤモンドより室温では安定であるが、分子容はダイヤモンドのほうがずっと小さい（3.42 cm³、グラファイトは 5.30 cm³）。なお、ダイヤモンドには希少であるが六方晶系の変態(ロンズデール石, Lonsdaleite)があり、1967 年 Arizona の隕石中に発見された。

炭素には無定形炭素（非晶質炭素）もあり、有機物の加熱炭化で、縮合多環型平面分子が不規則な乱層構造となったものである。各種煙炭、コークス、カーボンブラックなどである。セルロースや各種の熱硬化性樹脂などを固相状態で炭素化することによってできるガラス状炭素（glassy carbon）は、難黒鉛化性炭素であり、気体透過度が非常に低い。

1985 年、イギリスの H. W. Kroto およびアメリカの R. E. Smalley によって、サッカーボール型の分子 C_{60}（Buckminster fullerene）が発見された（図 6.3）。グラファイトに真空中でレーザーを照射してそれを蒸発させると多様なクラスターができるが、その中に質量分析によって C_{60} と C_{70} が確認された。1990 年になって、W. Krätschmer（独）と D. R. Huffman がカラムクロマトグラフィーでグラム単位の分離に成功した。C_{60} は炭素の新しい同素体であり、発見者の Kroto が星間分子の研究者であることも興味深く、宇宙における存在の可能性もある。また、その金属錯体の超伝導性が認められ、1991 年以来、多角的な研究の対象となった。1992 年の米国の科学専門雑誌 Science は C_{60} を"molecule of the year"と報じている。

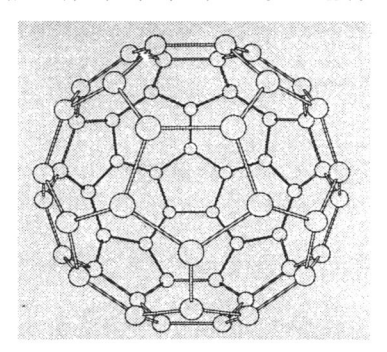

化学的にはダイヤモンドが室温ではきわめて安定である。グラファイトはやや反応性があり、たとえば、熱濃硝酸で酸化され、ベンゼンヘキサカルボン酸（メリト酸）$C_6(CO_2H)_6$ となる。また、フッ素雰囲気中で、400〜500°C でフッ化物 CF_x($x=0.68$〜0.99) が生成する。約 600°C で激しく反応し、CF_4, C_2F_6, C_5F_{12} の混合物ができる。フッ素含量（または反応温度）に伴って色は淡くなり黒 → 灰色 → 銀色 → 透明となる。グラファイトは高温では、H (Ni 触媒存在下), F, O, S, Si, B や多くの金属な

図 6.3 C_{60}

どと反応する．多くの酸化物に対して強力な還元剤として作用し，単体や炭化物を生成する工業的に重要な反応である．

[**主な化合物**] 二酸化炭素 CO_2 は，炭素や炭素化合物を過剰の酸素中で燃焼するときなどに生ずる無色，無臭，微酸味の気体で，空気の1.5倍の重さをもつ．20°C1気圧で0.9容の CO_2 が水1容に溶ける．常温で約50気圧で液化する．また，固体二酸化炭素（ドライアイス）は，$-79°C$ で蒸気圧が1気圧になるので，液化せずに昇華する．

二酸化炭素の水溶液は，きわめて弱い酸（炭酸）である．金属元素の炭酸塩は水に難溶のものが多く，アルカリ金属塩でもナトリウム塩やカリウム塩は水溶性であるが，リチウム塩は溶けにくい．

一酸化炭素 CO は，無色，無臭，無味の気体（沸点 $-191.5°C$，融点 $-205.1°C$）である．空気よりわずかに軽く，0°C1気圧で100容の水に3.5容しか溶けない．有毒で，この10000分の9を含む空気を1時間吸うと頭痛を起こし，10000分の100を含む空気では10分で死ぬ．血液中のヘモグロビンと強く結合し，ヘモグロビンの酸素運搬能力を失わせる．空気中で点火すると，青く明るい炎をあげて燃える．

ジシアン $(CN)_2$ は苦扁桃（クヘントウ）のような臭気をもつ無色で猛毒の気体（沸点 $-20.7°C$，融点 $-27.9°C$）である．シアン化カリウムと硫酸銅とを水溶液中60°Cで反応させると発生する．

$2\,CuSO_4 + 4\,KCN =$
$\quad Cu_2(CN)_2 + 2\,K_2SO_4 + (CN)_2$

このとき，CO_2 や HCN（シアン化水素）も副生する．加水分解しやすく，シアン化水素酸 HCN とシアン酸 HCNO になる．

シアン化水素は無色の液体（沸点25.7°C，融点 $-13.3°C$）で苦扁桃のような臭気をもち，きわめて有毒で，これを300ppm含む空気を吸うか，60～70mg摂取すると数分で死ぬ．点火するとピンク色の炎をあげて燃え，N_2，CO_2 と水を生ずる．水，エタノールにはいかなる割合でも混合する．水溶液は弱酸性（$K_a = 1.3 \times 10^{-9}(18°C)$）で，シアン化水素酸または青酸（prussic acid）と呼ばれる．徐々に加水分解してアンモニアとギ酸になる．

$HCN + 2\,H_2O \rightleftharpoons NH_3 + HCOOH$

シアン化物はシアン化水素酸の塩の総称である．最もよく知られているのはシアン化カリウム（青酸カリ）KCN で無色，潮解性の結晶で，水によく溶ける（41.7g/100g(25°C)）．水溶液はアルカリ性を呈するが，飲むと胃酸の作用で HCN を発生するため猛毒である．金・銀の冶金や，めっき，顔料，ナイロン中間体の製造に用途がある．工業的には炭酸カリウムと木炭粉末をアンモニア気流中で加熱してつくる．

$K_2CO_3 + 4\,C + 2\,NH_3 \longrightarrow$
$\quad 2\,KCN + 3\,CO + 3\,H_2$

工業的にカーバイドと呼ばれている炭化カルシウム（アセチレン化カルシウム）CaC_2 はアセチレンや石灰窒素 $CaCN_2$ の原料としてよく知られている．

$CaC_2 + 2\,H_2O \longrightarrow Ca(OH)_2 + C_2H_2$
$CaC_2 + N_2 \longrightarrow CaCN_2 + C$

石灰窒素の主な用途は窒素肥料である．

[**用途**] ダイヤモンドの美しいものは宝石として用いられるが，その硬さ（モース10）を利用して研磨材，穿孔機，ガラス切りなどに使われる．グラファイトは，その電気伝導性と化学的安定性ゆえに電極として大量に用いられる．その他，耐熱用るつぼ，減磨材，粉末を粘土と混ぜて鉛筆の芯

などとして用いられる.

無定形炭素のうち活性炭は脱色剤, 脱臭剤, 吸着剤として多用される. ススやカーボンブラックは印刷インキ, 墨汁に使われる. 歴青炭の乾留で得られるコークスは燃料のほか鉄などの冶金の際の還元剤として重要である.

炭素繊維は複合材料として, 自動車, 航空機, 宇宙船, スポーツ用品に, ウイスカー (ひげ単結晶) も繊維強化複合材料や導電性繊維材料の構成要素として有用と考えられている.

二酸化炭素は, 炭酸ナトリウム, 炭酸水素ナトリウム, 塩基性炭酸鉛 (鉛白) の製造, 清涼飲料水, 消火剤, 冷却剤などの用途がある.

一酸化炭素は人体に有毒であるが, 有機合成化学工業の重要な原料であり, 圧力, 温度, 触媒など反応条件の適切な設定により, アルコール, アルデヒド, ケトン, 酸, エステルなどの合成に用いられる.

二硫化炭素 CS_2 は, 木炭と硫黄を850～950℃に加熱して得られる液体 (沸点46.3℃) で, 純粋なものは無臭であるが, 市販品は不純物を含み不快な臭気をもつ. 硫黄, ヨウ素, リン, ゴム, 油脂, 樹脂などの溶媒となる. ビスコースの製造に多用される. 有毒で, 液を取り込むと中毒症状を起こす. 殺鼠剤にも用いられる.

グラファイトの層間に種々の物質を取り込むことができ, 各種の層間化合物が知られている. 新機能をもつ材料物質という観点からも注目されつつある.

[**トピックス**] 二酸化炭素問題 (carbon dioxide problem)

大気中の二酸化炭素と水蒸気は, 大気の温度を上昇させる効果がある. すなわち, 太陽からくる短波長のエネルギーは大気の構成ガスには吸収されず地球の表層に達する. そして, 次に長波長のエネルギーとして放出される. この長波長エネルギー (赤外線) は, 窒素や酸素には吸収されないが, CO_2 や H_2O には吸収されて, 熱エネルギーに変る. これが温室効果である.

地球大気中の CO_2 の平均濃度は0.03%であるが, 春から夏にかけては植物の光合成によって消費されるため濃度は減少し, 秋から冬には大気中の酸素によって有機物が分解され, 濃度は増大する. 陸地の多い北半球でこのような季節変動が著しい.

近年, 石油・石炭の消費量が増大し, また森林伐採による森林量の減少も加わって, 大気中の CO_2 濃度は一年当り1.3ppmほどずつ増加している. このため温室効果によって, 大気温度が上昇する可能性がある. ある見積りでは, 大気中の CO_2 濃度が現在の2倍になると, 地球の平均気温が約3℃±1.5℃上昇し, 降水など農業気象にも影響するといわれている. さらに生態系, 社会, 経済への影響は深刻と考えられ, 国際的な関心を呼んでいる.

なお, CO_2 よりも大気中濃度はずっと低いが, CO_2 や H_2O が吸収しない赤外線波長域に強い吸収を示すメタン, 一酸化二窒素, 対流圏オゾン, クロロフルオロカーボン (フロン) などの濃度増加も問題となりつつある. CO_2 分子1個が気温を上げる能力を1としたとき, CH_4 は10, N_2O は100, O_3 は1000, フロンは10000の能力をもっている.

(冨田)

7　窒　素　N

nitrogen　Nitrogenium　azote　азот　氮 dàn
Stickstoff(m)

[**起　源**]　アンモニウム塩に関する記載は，ギリシャのヘロドトスの「歴史」(紀元前5世紀)の中にあり，硝酸，硝酸塩，王水などは初期の錬金術師が取り扱っていた．元素の発見者はイギリス人 D. Rutherford とするのが妥当であるが，ほぼ同時にスウェーデンの C. W. Scheele およびイギリスの H. Cavendish も元素を単離していたと伝えられている．Rutherford は，師の Black の示唆のもとに，大気中で炭素化合物を燃焼させ，二酸化炭素を除いた際に残る気体の性質を研究し，フロジストンが除去された「ふつうの空気」とした．フランスの A. L. Lavoisier は，1789年に発行された著書の中でフロジストン説を否定した際に，酸化的に作用する空気の成分を oxygène (酸素)と名づけると同時に，酸素を除いたものを azote と命名した．これはギリシャ語の azotikos (生命がない)に由来し，そのドイツ語訳が Stickstoff であり，日本語の窒素もそれに基づく．同じ頃にフランスの J. A. C. Chaptal は窒素が硝石の主成分の一つを構成する事実によって，ギリシャ語の nitrum (硝石)および gennao (生じる)から nitrogène なる名称を提唱した．英語名の nitrogen はこれに基づく．

[**存　在**]　大気中に体積で78.0%含まれ，最も入手しやすい元素であるが，地殻中の含有量は比較的小さく，25ppm と推定されている．主要な鉱物としては，KNO_3 の化学形をとる硝石と $NaNO_3$ で表されるチリ硝石がある．前者の主要な産地はインドであり，後者はチリ北部の砂漠地帯に産出する．今世紀初頭までは，このような鉱石を肥料などとして利用していたが，無機化学工業の発展とともに重要性は急速に低下した．

大気圏と生物圏の間の窒素の絶え間ない交換は「窒素サイクル」の最も重要な部分を占める．大気中の窒素は巧妙な生物の作用によって固定化され，工業的には空気液化により取り出される．雷などの大気中放電は NO_x (窒素酸化物の一般式)を生成させ，大気中から除去される方向に進ませる．NO_x については，人工的な生成の寄与も大きく，自動車エンジンの作動，石炭の使用などによって，とくに局地的な大気汚染をもたらし，住民の健康を脅かす．根粒菌，放線菌などによって固定化された大気中の窒素は有機物に変る．緑色植物は窒素固定の能力をもたないので，硝酸，亜硝酸，アンモニアを吸収して，タンパク質，核酸，アミノ酸，アルカロイドなどをつくる．このような物質は植物自身，動物，微生物によって分解され，アミドやアンモニアになる．硝化細菌はアンモニアを亜硝酸に，ニトロバクターは亜硝酸を硝酸に，脱窒素細菌は嫌気性条件下で硝酸を窒素に変える．

このようにして窒素は大気—水圏—陸地を循環する．ハーバー法によるアンモニア

データ・ノート

原子量	14.00674
存在度 地殻	25 ppm
宇宙 (Si=10^6)	2.48×10^6
原子構造	$2s^2 2p^3$
原子価	1, 2, 3, 4, 5
イオン化ポテンシャル (kJ mol^{-1})	1402.3
イオン半径 (pm)	71
密　度 (kg m^{-3})	1.2506(気), 1026(固)
融　点 (°C)	-209.9
沸　点 (°C)	-195.8
線膨張係数 (10^{-6} K^{-1})	—
熱伝導率 (W m^{-1} K^{-1})	0.02598(気)
電気抵抗率 (10^{-8} Ωm)	—
地球埋蔵量 (t)(大気中)	3.9×10^{15}
年間生産量 (t)	4.4×10^7

製造は人工的な空中窒素の固定を可能にし，肥料の製造を変革した．近代農業の発展への貢献は著しい．一方で，硝酸塩などの土壌からの流出は陸水系の汚濁をもたらし，ときには住民の健康に悪影響を与えた．また，成層圏大気中の N_2O の増加とオゾン層の破壊との関連も議論されている．さらなる研究と慎重な対応が望まれている．

[**同位体**] 安定同位体は ^{14}N と ^{15}N の2種類である．^{14}N のスピンは1，^{15}N は1/2であって核磁気共鳴吸収の測定対象となる元素であるが，通常は ^{15}N の存在度を90%以上に高めた濃縮同位体を用いて測定する．放射性同位体としては ^{13}N が最も長寿命であり，^{13}N を含む標識化合物は核医学の分野で診断に利用されている．質量分析法を適用して ^{15}N の濃縮同位体をトレーサーとして用いることもある．

[**製　法**] 工業的製法は空気の液化と分別蒸留であり，O_2 含量を 20 ppm 以下にした製品が市販され，とくに O_2 含量を 2 ppm 以下に押えた製品も入手できる．実験室規模では，アジ化ナトリウム NaN_3 の熱分解などで製造できるが，実際上その必要はない（$2 NaN_3 \xrightarrow{300°C} 2 Na + 3 N_2$）．

[**性　質**] N_2 の化学形をとる二原子分子で，無味，無臭，無色の反磁性を示す気体である．短い原子間距離（109.8 pm）と高い解離エネルギー（945.4 kJ mol^{-1}）は N≡N 結合の強さを示す．

常温では不活性であるが，溶融リチウムと化合し，ある種の錯体とは溶液中で反応する（$[Ru(NH_3)_5(H_2O)]^{2+} + N_2 \rightleftharpoons [Ru(NH_3)_5(N_2)]^{2+} + H_2O$ など）．温度上昇とともに反応性が増し，ベリリウム，アルカリ土類金属，ホウ素，アルミニウム，ケイ素，ゲルマニウムと窒化物を生成する．水素との反応はアンモニア NH_3 を生じ，高温ではコークスと反応してシアノーゲン CN_2 を生成する．酸素とも高温で反応して一酸化窒素 NO を生成する．～1 mmHg の低圧のもとで放電すると「活性窒素」を生じる．この化学種は非常に活性が強く，リン・硫黄をはじめ多くの元素と窒化物をつくる．

[**主な化合物**] 窒素の水素化物，アンモニア NH_3 は無色で，強い刺激臭をもつ気体（沸点 $-33.4°C$，融点 $-77.7°C$）であり，20°C，9気圧で液化する．アンモニアは図7.1に示すピラミッド型の立体構造を示

表 7.1 窒素の同位体

同位体	半減期 存在度	主な壊変形式
N-13	9.97 m	β^+, no γ
14	99.634%	
15	0.366%	
16	7.13 s	β^-, $\beta^-\alpha$ 0.0012%
17	4.17 s	β^-, β^-n 95%

26 窒素

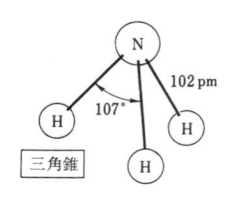

図 7.1 アンモニアの立体構造

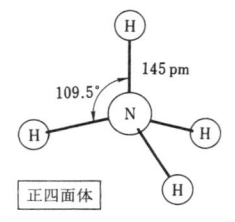

図 7.2 アンモニウムイオンの立体構造

す.工業的には窒素と水素の直接反応で製造される(ハーバー-ボッシュ法).空気中では燃えにくいが,酸素中では黄色い炎をあげて燃えて窒素を生成する.$4 NH_3 + 3 O_2 \longrightarrow 2 N_2 + 6 H_2O$.白金触媒または白金-ロジウム触媒の存在下で,800°に加熱すると一酸化窒素 NO を生じ,さらに反応が進んで,二酸化窒素 NO_2 に至る.$4 NH_3 + 5 O_2 \longrightarrow 4 NO + 6 H_2O$.この反応は硝酸製造の過程で用いられる.

NH_3 は水に溶けやすく,水溶液(アンモニア水)はアルカリ性を示す.水中に存在するイオンは NH_4^+ と OH^- であって,平衡式は次のように書ける.

$$NH_3(aq) + H_2O \rightleftharpoons NH_4^+ + OH^-.$$
$$K = [NH_4^+][OH^-]/[NH_3]$$
$$= 1.8 \times 10^{-5} \ (25°C)$$

NH_3 は多くの金属と錯化合物をつくる.$Cu^{2+} + 4 NH_3 \rightleftharpoons [Cu(NH_3)_4]^{2+}$(濃青色)が代表例であり,$Co^{3+}$ に NH_3 が配位した錯体はとくによく知られている.アンモニアと銅,ニッケル,ポリ塩化ビニール樹脂との反応は進行しやすく,これらの物質との接触は避けなければならない.

液体アンモニアは無色の液体で,水素結合による分子の会合が著しく,種々の面で水に似ている.多様な物質を溶かす性質があり,水溶液の化学に対して液体アンモニア溶液の化学はきわめて興味深い.アルカリ金属は,水とは反応して水素を発生するが,液体アンモニアに溶けると青色溶液になる.液体アンモニアは,特定の元素の異常に低い原子価の化合物を合成する場としても役立つ.過剰の CN^- の存在下で,テトラシアノニッケル酸カリウム ($K_2[Ni(CN)_4]$,淡黄色)をナトリウム・アマルガムと反応させると,Ni^I を含む化合物 $K_4[Ni_2(CN)_6]$(暗赤色)が生成し,反応が進むと Ni^0 を含む $K_4[Ni(CN)_4]$ が生じる.

NH_3 を酸に吸収させたり,アンモニア水を酸で中和させるとアンモニウム塩が得られる.アンモニウムイオン NH_4^+ を含むこの塩は,水によく溶けて,アルカリ金属塩,とくに K,Rb 塩と似た性質を示す.アンモニウムイオンの立体構造は,図 7.2 に示す通り正四面体である.過塩素酸アンモニウム NH_4ClO_4 は $KClO_4$ と同様に水に溶けにくい.硝酸アンモニウム NH_4NO_3 は水に非常によく溶けるが,熱には一般に不安定であり,ときには爆発的に分解するので,取扱いに十分な注意を要する.NH_3 の水素原子を他の基で置換した化合物が広く知られている.

ヒドラジン N_2H_4 はゼラチンの存在下で NH_3 と NaOCl が反応すると生成する.
$$2 NH_3 + NaOCl \longrightarrow N_2H_4 + NaCl + H_2O$$
無色発煙性の液体(融点 2°C,沸点 114°C)で,燃焼すると N_2 と H_2O に分解する.水

とはいかなる割合でも混合し，水溶液はアンモニアより弱い塩基性を示す．N_2H_4(aq)$+H_2O \rightleftharpoons N_2H_5^+ +OH^-$, $K=8.5\times10^{-7}$ (25°C); $N_2H_5^+ +H_2O \rightleftharpoons N_2H_6^{2+} +OH^-$, $K=8.9\times10^{-16}$ (25°C). 水との結合力が強く，安定な水和物 $N_2H_4 \cdot H_2O$ (沸点118.5°C)が存在する．強い還元剤で，ハロゲン，硝酸などとの反応は激しい．皮膚・呼吸器官に対する作用が著しく，毒性は強い．

ヒドロキシルアミン NH_2OH は無色で，吸湿性の強い固体(融点32.1°C)であるが，常温で不安定であり，通常は塩の形($NH_2OH \cdot HCl$ など)あるいは水溶液として取り扱われる．水溶液は NH_3, N_2H_4 より弱い塩基である．空気中で不安定で，15°Cから分解が始まり，窒素，アンモニア，水などを生じる．還元力が強く，ハロゲン，硫酸銅と激しく反応し，銀，金，水銀などのイオンは金属にまで還元される．

尿素 $CO(NH_2)_2$ は無色の柱状結晶で，融点(133°C)以上に加熱すると他の化合物に変る．1828年に F. Wöhler によってシアン酸アンモニウム NH_4CNO から合成された最初の「有機化合物」である．動物の体内に存在し，人体ではタンパク質が分解される際に生じて，主に尿中に排出される(成人の尿中に約30g/日)．工業的には，NH_3と CO_2 の直接反応で製造される($2NH_3+CO_2 \longrightarrow CO(NH_2)_2+H_2O$).

窒化物は，単体と窒素またはアンモニアの直接反応(ときに加熱を要する)，あるいは金属アミドの熱分解($3Zn(NH_2)_2 \longrightarrow Zn_3N_2+4NH_3$ など)によって生成するが，N_2 存在下で金属酸化物またはハロゲン化物を還元して製造することもある($Al_2O_3+3C+N_2 \longrightarrow 2AlN+3CO$, $2ZrCl_4+N_2+4H_2 \longrightarrow 2ZrN+8HCl$ など)．窒化物の性質はさまざまであり，窒化カルシウム Ca_3N_2 のように水と反応してアンモニアを生成するものから，窒化チタン TiN のように高融点(2950°C)で，化学的に不活性な化合物まで存在する．リチウム以外のアルカリ金属の窒化物(Na_3N など)の純品は得られていない．

アジ化物(NaN_3 など)は安定な無色の結晶．重金属のアジ化物(AgN_3, $Cu(N_3)_2$, $Pb(N_3)_2$ など)は一般に不安定で，衝撃または加熱により激しく爆発する．

一酸化二窒素 N_2O は NH_4NO_3 を250°Cで熱分解して得られる気体(融点-90.9°C, 沸点-88.5°C)で，反応性は比較的小さい．高温で N_2 と O_2 に分解し，他の元素や有機化合物と反応する．溶融ナトリウムアミド $NaNH_2$ との反応では NaN_3 が生じる．$NaNH_2$(液)$+N_2O$(気)$\longrightarrow NaN_3+H_2O$ 吸入によって顔の筋肉がけいれんし，笑っているようにみえるため，笑気と呼ばれる．

一酸化窒素 NO は NH_3 を白金触媒の存在下で500°C以上で酸化してつくられる．$4NH_3+5O_2 \longrightarrow 4NO+6H_2O$. 銅を6Nの HNO_3 で溶解する際にも発生する．$3Cu+8HNO_3 \longrightarrow 3Cu(NO_3)_2+2NO+4H_2O$. 無色の気体(融点-163.6°C, 沸点-151.8°C)で，1100°C以上では N_2 と O_2 に分解する．酸素に触れると二酸化窒素 NO_2 になり，F_2, Cl_2, Br_2 と反応するとハロゲン化ニトロシル(NOF など)を生ずる．NO を含む多くの錯体が合成されている．三酸化二窒素 N_2O_3 の純粋なものは低温で固体(融点-100.1°C)として存在し，NO と O_2, あるいは NO と N_2O_4 の当量を反応させると生成する．融点以上では NO, NO_2, 四酸化二窒素 N_2O_4 の混合物になる．

N_2O_4(融点-11.2°C, 沸点21.2°C)は

NO$_2$ の二量体で，二つの化合物が平衡混合物として存在する．固体ではほぼ純粋な N$_2$O$_4$ であるが，沸点における液体は約 0.1% の NO$_2$ を含み，気体は 15.9% の NO$_2$ を含む．135°C では 99% が NO$_2$ として存在する．2 NO$_2$(褐色) $\rightleftharpoons$ N$_2$O$_4$(無色)．この平衡の成立のために，各々の化合物の性質を個別に知ることは困難である．150°C を越えると NO と O$_2$ に分解し始め，600°C で分解は完全になる．NO$_2$ は乾燥した硝酸鉛 Pb(NO$_3$)$_2$ を熱分解して分別蒸留すると得られ，NO の O$_2$ による酸化の際にも生成する．NO$_2$ は水と反応して硝酸を生成するので，湿った NO$_2$ の腐食性は高く，気体の毒性は強い．

五酸化窒素 N$_2$O$_5$ は硝酸を五酸化リン P$_2$O$_5$ で脱水して得られる無色の結晶で，7.5°C においても 100 mmHg (13.3 kPa) の蒸気圧をもち，32.4°C で昇華する．潮解性が強く，水と作用して硝酸になる．N$_2$O$_5$ は強力な酸化剤で I$_2$ と反応して I$_2$O$_5$ を生成する．

亜硝酸 HNO$_2$ の結晶は得られていないが，水溶液は亜硝酸塩の水溶液を酸性にしてつくられ，弱酸性を示す．ふつうは還元作用を示すが，ときには酸化剤となる．2 I$^-$ + 2 NO$_2^-$ + 4 H$^+$ $\longrightarrow$ 2 NO + I$_2$ + 2 H$_2$O．アルカリ金属の亜硝酸塩は，硝酸塩の炭素などによる還元でつくられ，水に溶けやすく，加熱すると分解せずに融点に達する．

硝酸 HNO$_3$ は NO を酸素の存在下で水に吸収してつくる．2 NO + O$_2$ $\longrightarrow$ 2 NO$_2$．3 NO$_2$ + H$_2$O $\longrightarrow$ HNO$_3$ + NO．副生する NO は，NO$_2$ として水に吸収させる．NH$_3$ に始まる一連の反応をまとめると，NH$_3$(気) + 2 O$_2$(気) $\longrightarrow$ HNO$_3$(液) + H$_2$O (液) となる．純粋な硝酸は，無色の液体 (融点 −41.6°C，沸点 82.6°C) で強い刺激臭をもつ．25°C における密度は 1.50 g cm^{-3}，蒸気圧は 57 mmHg (7.6 kPa) である．水と任意の割合に混じり，硝酸濃度 68% で沸点 120.7°C の共沸混合物をつくる．硝酸は光または熱によって分解して NO$_2$ を生じ，黄色または褐色を呈する．NO$_2$ 濃度の高い，密度 1.48〜1.52 g cm^{-3} の硝酸を発煙硝酸という．希硝酸 (< 2 M) では，硝酸はイオンに解離し，典型的な強酸の挙動を示し，多くの金属，酸化物などを溶かす．濃硝酸は，酸化力が一層強く，Au, Pt, Rh, Ir 以外の大部分の金属を侵すが，Al, Cr, Zn などでは金属の表面に酸化被膜が生じ，それ以上反応が進まない．多くの金属に対する硝酸塩がつくられ，すべてが水によく溶ける．発煙硝酸は，有機化合物のニトロ化に用いられ，分析化学では Sr, Ba の沈殿剤として利用される．濃硝酸と濃塩酸を体積比 1 : 3 の割合で混合した溶液は王水と呼ばれ，Au, Pt などを溶かす．

三フッ化窒素 NF$_3$ は安定な気体であるが，三塩化窒素 NCl$_3$ は分解しやすい油状の液体であり，三臭化水素 NBr$_3$ は −100°C においても爆発し，三ヨウ化窒素 NI$_3$ は得られていない．NH$_3$ との付加物 NI$_3$·NH$_3$ は，NH$_3$ と I$_2$ の反応で生成するきわめて爆発しやすい結晶である．

窒素を含む多くの有機化合物が知られている．アニリン C$_6$H$_5$NH$_2$ に代表されるアミンは，NH$_3$ の水素原子をアルキル基，アリル基などで置換した一連の化合物 (RNH$_2$, RR'NH, RR'R''N) で，水溶液は塩基性を示す．有機アミンは配位化合物の配位子になる．脂肪族アミンには刺激臭を示すものが多く，有毒なことが多い．2-ナ

フチルアミンのように発がん性の芳香族アミンも知られていて，取扱いには注意を要する．ニトロ化合物（ニトロベンゼン $C_6H_5NO_2$ など）も広く知られ，ニトロ化の進んだ 2,4,6-トリニトロトルエン（TNT, $C_6H_2(NO_2)_3CH_3$）は爆薬として用いられる．他に多種類の窒素を含む有機化合物が知られているが，タンパク質の構成要素であるアミノ酸，遺伝情報の伝達などに関わる核酸，ニコチン，モルヒネ，キニーネなどによって代表されるアルカロイドのように生体中で顕著な働きをする化合物が多い．

[**用 途**] 窒素は化学的に不活性な雰囲気をつくるために用いられ，鉄鋼業などの金属工業，石油化学工業，電子工業などで利用されている．液体窒素は，冷却剤として，常温では加工しにくい柔軟な物質の加工，生物試料（血液，精液など）の保存，低温の恒温槽（$-196°C$）などに用いられる．

アンモニアは，硝酸，尿素，リン酸アンモニウムへの出発物質であるが，ナイロンに代表される合成繊維，ウレタンフォームなどの合成高分子製品のような多くの製品に至る道もアンモニアに始まる．アンモニアの用途は肥料製造に用いる部分が大半を占める．硝酸の約 70% は NH_4NO_3 の製造に向けられ，その大部分は肥料となり，残りは爆薬などとして利用されている．その他の HNO_3 の用途としては，合成繊維，ニトロ化合物系の爆薬，有機合成中間体などの製造，金属の洗浄があげられる．

尿素は主として肥料として用いられ，合成樹脂の原料としても有用である．硫酸アンモニウム（硫安）は即効性の肥料であるが，硫酸イオンの残留が土壌の酸性化をもたらすために，生産高は減る傾向にある．

ヒドラジンをボイラー用水に添加すると，腐食を防止できる．その誘導体は発泡性プラスチックの膨潤剤，化学除草剤としても用いられ，ロケット燃料としての消費量も大きい．ヒドロキシルアミンは，大部分がナイロンの原料であるカプロラクタムの製造に向けられ，残りは還元剤としてさまざまな物質に加えられている．

アミノ酸は，グルタミン酸とリシンが主として発酵法によって大量に製造され，食品工業あるいは畜産業で利用されている．グルタミン酸ナトリウム（「味の素」など）は，コンブのうま味として抽出されてから工業化までがすべて日本で進められた．

表 7.2　大気の組成

化学種	記号	濃度(体積%)	沸点(°C)
窒　素	N_2	78.0	-195.8
酸　素	O_2	21.0	-183.0
アルゴン	Ar	0.93	-185.9
二酸化炭素	CO_2	0.033	-78.5
ネオン	Ne	0.0018	-246.1
水　素	H_2	0.0010	-252.8
ヘリウム	He	0.0005	-268.9
クリプトン	Kr	0.0001	-153.3
キセノン	Xe	0.000008	-108.1

[**トピックス**] 資源としての大気

空気から N_2, O_2, Ne, Ar, Kr, Xe の 6 種類の気体が工業的に取り出されている．空気の重量は地球全体で 5×10^{15} トンに達し，窒素の年間消費量を 1×10^8 トンとしても 3000 万年以上供給できることになり，実際上は無尽蔵の資源とみてよい．

(古川)

8 酸 素 O

oxygen Oxygenium oxygène кислород 氧 yǎng
Sauerstoff (m)

[**起 源**] C. W. Scheele と J. Priestley が，1773〜1774 年に独立に酸素を精製し，研究したのが，元素としての酸素の発見とされるが，議論のありうるところである．スウェーデンのウプサラの町の薬剤師であった Scheele は，1771〜1773 年に KNO_3（硝石），$Mg(NO_3)_2$，Ag_2CO_3，HgO および H_3AsO_4 と MnO_2 の混合物などを加熱して気体を得，この気体の性質を調べて，この気体は無色無臭で物の燃焼をよく助けるとし，"硫酸的空気" と呼んだ．Scheele のこの報告は，1777 年まで放ったらかしにされたが，その間に独立にイギリスの化学者 Priestley は HgO を加熱して，やはり燃焼を促進する気体を得た．彼はこの結果を 1774 年に A. L. Lavoisier らの前で語り，1775 年に論文として公表している．このような経過のために，酸素の発見者は Scheele か Priestley かでよく論争になる．しかし，この両者ともフロジストン仮説に立っていたから，得られた気体を "脱フロジストン空気" とみなしていた．その意味ではこれに続く年の Lavoisier の研究こそが，フロジストン仮説を否定し，元素としての酸素の存在を明らかにしたといえる．酸素 oxygène の名称は，Lavoisier によるもので，ギリシャ語の oxys＋geinomai "酸をつくるもの" の意である．この名称自体は，酸素はすべての酸の成分元素であると考えた Lavoisier の誤りに基づいている．

[**存 在**] 酸素は地殻中で 47.4%（第1位），すなわち地殻の半分を占める．また，大気中の質量の約 23%，容積の約 21% は酸素であり，水圏では圧倒的な主成分元素である．このように酸素は地上においては最も豊富に存在する元素で宇宙存在度も水素，ヘリウムに次ぎ 3 番目である．単体の酸素 O_2 も空気中および水に溶存する形で豊富に存在するが，このほとんどは緑色植物による光合成の結果として遊離されたものと考えられる．酸素は一般に生物体の組織・生命活動にとって不可欠の元素であり，人体は原子数にして約 4 分の 1，質量にして 3 分の 2 近くが酸素から成る．

[**同位体**] 天然に安定に存在する同位体は ^{16}O, ^{17}O, ^{18}O である．

[**製 法**] 酸素は工業的には空気を冷却して液体空気とし，分別蒸留を繰り返して窒素その他の成分と分けることによって得られる．酸素はまた水の電気分解によっても

表 8.1 酸素の同位体

同位体	半減期 存在度	主な壊変形式
O-14	1.18 m	β^+
15	2.03 m	β^+ 99.89% EC 0.11%, no γ
16	99.762%	
17	0.038%	
18	0.200%	
19	26.9 s	β^-
20	13.6 s	β^-

データ・ノート

原子量	15.9994
存在度 地殻	474000 ppm
宇宙 (Si=10⁶)	2.0×10^7
電子構造	$2s^2 2p^4$
原子価	1, 2
イオン化ポテンシャル (kJ mol⁻¹)	1313.9
イオン半径 (pm)	²⁻132
密度 (kg m⁻³)	1.429(気), 1530(固)
融点 (°C)	−218.8
沸点 (°C)	−183.0
線膨張係数 (10⁻⁶ K⁻¹)	—
熱伝導率 (W m⁻¹ K⁻¹)	0.2674 (気)
電気抵抗率 (10⁻⁸ Ωm)	—
地球埋蔵量 (t)(大気中)	1.2×10^{15}
年間生産量 (t)	1.2×10^8

大量に得られる。少量の酸素を純粋に得るには、塩素酸カリウム $KClO_3$、過マンガン酸カリウム $KMnO_4$ などを加熱・分解することにより得られる。

$$2\,KClO_3 \xrightarrow{400\sim500°} 2\,KCl + 3\,O_2$$

$$2KMnO_4 \xrightarrow{215\sim235°} K_2MnO_4 + MnO_2 + O_2$$

実験室では二酸化マンガン MnO_2 を触媒とし、それに3%過酸化水素を滴下して酸素を発生させる。

$$2\,H_2O_2 \longrightarrow 2\,H_2O + O_2$$

あるいは、過マンガン酸カリウムを用いても発生できる。

$2\,KMnO_4 + 5\,H_2O_2 + 3\,H_2SO_4$
 $\longrightarrow 2\,MnSO_4 + K_2SO_4 + 8\,H_2O + 5\,O_2$

[**性　質**] 酸素は無色無臭の気体で、常磁性を示しきわめて反応性に富む。また酸素は水その他の液体に高い溶解度をもつことが特徴的で、とくに有機溶媒への溶解度は高い。酸素の溶解度は、25°C, 1気圧において 100 cm³ 当り、水 3.0 cm³、四塩化炭素に 30.2 cm³、ベンゼンに 22.3 cm³ となる。酸素は1気圧、−183.0°Cで液体となり、淡青色を帯びている。酸素をさらに冷却すると (融点−218.8°C)固体となる(γ 相、密度 1320 kg m⁻³)が、一層の冷却によって、β 相(−229.4°Cで転移、密度 1490 kg m⁻³)、α 相(−249.3°C、密度 1530 kg m⁻³)に至る。これらの固相も青色を呈する。

酸素は化学的にきわめて活性で、ほとんどすべての元素と直接化合する。その酸化反応の多くは、発熱的で、いったん反応が始まると自発的に進行する。酸素と直接化合しない元素としては、タングステン、白金、金やキセノンを除く希ガス類があげられる。また、ほとんどの無機化合物およびすべての有機化合物が、適当な温度や光線、触媒などの作用によって酸素と化合する。

分子状酸素と別に、原子状の酸素もきわめて反応性に富む化学種で、単離はできないが発生させて反応に利用できる。

また酸素は O_2 の他に同素体として O_3 (オゾン)が知られ、これは大気中に存在して生物にとって重要な意味をもつ。

[**主な化合物**] 酸化物は多様であり性質もさまざまであるが、その水溶液の性質から分類すれば、酸性-塩基性の分類が可能である。すなわち、

酸性酸化物：非金属元素の酸化物の多くが含まれ、水に溶けて酸性を示す。CO_2, NO_2, SO_3, Cl_2O など。

塩基性酸化物：電気的に陽性の強い元素の酸化物で、水に溶けて塩基性を示すか、不溶性のものでは酸と作用して塩をつくる。Na_2O, CaO, Tl_2O, BaO など。

両性酸化物：酸に対しては塩基性酸化物として働き、塩基に対しては酸性酸化物と

して働くもので，一般に陽性の小さい金属の酸化物，BeO，Al_2O_3，ZnO など．

中性酸化物：水とも酸・塩基とも作用しないものをいう．CO，NO など．

過酸化物は構造上 O-O 結合を有する酸化物で，分解すれば過酸化水素 H_2O_2 が発生する．一般に金属を空気または酸素中で熱して得られる．過酸化ナトリウム Na_2O_2（淡黄色粉末）は $Na^+[O-O]^{2-}Na^+$ の構造をもつ．他に K_2O_2（橙色），Rb_2O_2（暗赤色），Cs_2O_2（黄色）など，酸化剤として用いられる．過酸化水素 H_2O_2 は工業的には，現在は主として 2-エチルアントラキノールに空気を通じ自動酸化させて得られる．

この H_2O_2 は水で抽出し，減圧蒸留して得られる．実験室的には，Na_2O_2 に少量ずつ希硫酸を加えて得る．

なお，NaO_2 のような O_2^- を含む酸化物を超酸化物（hyperoxide, superoxide），また，NaO_3 のように O_3^- を含む酸化物をオゾン化物という．

[**用 途**] 酸素 O_2 は多方面の用途をもつが，その主なものには，(1) 鋼その他金属の溶融，精錬，加工などにおいて，C, P, S のような不純物を酸化して除去する．(2) 制御した酸化による化学製品の製造に利用する（天然ガスの部分酸化によるアセチレン，エチレンなどの製造．二酸化チタン白やカーボンブラックなどの顔料の製造など）．(3) ロケットの推進に用いる．液体酸素を酸化剤とし，ケロシンまたは液体水素を燃料としてロケットを推進させる．(4) 生命の維持や治療の目的で酸素を供給する．(5) 高温の達成としては，とくに大量の酸素を通じて燃焼を行わせることで高温が得られるために，ガラス工業，セメント工業，その他広い鉱工業への応用がある．

[**トピックス I**]　オゾン O_3

オゾン O_3 は酸素の同素体で，独特の強い臭気があり，その名称もギリシャ語の ozein（かぐこと）にちなむ．オゾンは，常温ではわずかに青色がかった気体で，低温（沸点 -111.9℃）で液化し，深い青色を呈する．固体は暗紫色（融点 -193℃）．常温で分解して酸素 O_2 となるが，触媒ないし紫外線の作用のないところでは反応は緩やかである．オゾンを得るには，一般には酸素中で 1 気圧，25℃で無声放電を行わせる方法が用いられるが，紫外線を空気にあてる方法や低温で希硫酸を電解する方法もある．

オゾンは強い酸化力を有し，たとえば常温で硫黄を三酸化硫黄に，硫化鉛を硫酸鉛に酸化することができる．その酸化力を利用して，オゾンは殺菌，漂白などに利用される．また，劇場・病院などの空気の清浄化にも用いられるが，濃厚なオゾンは呼吸器を侵す．

[**トピックス II**]　水 H_2O

水はもちろん化合物の中で最も重要で最も一般的で最もよく研究されたものである．それでいて，近年に"ポリウォーター"騒ぎが起こったように，いまだある種の汲み尽されない魅力を秘めた物質である．と

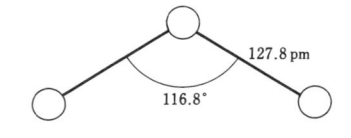

図 8.1　オゾンの分子構造

くに，地上の生命が水と切っても切れない関係で結ばれていることが，この物質の重要さを増している．そして，ミレトスのタレス（前640？～546年）の「万物は水なり」にみられるように，古来水は万物の素，元素の一つと考えられてきた．水が元素でなく，水素と酸素の化合物であることが見出されたのは，ようやく1781年，H. Cavendish によってであった．

水は地球上できわめて普遍的な存在であるが，実は非常に特異的な性質を示す物質である．同種の物質に比べれば，沸点ははるかに高く（たとえば CH_4 は $-161.7°C$，H_2S は $-60.3°C$），また融点も高い（CH_4 $-182.7°C$，H_2S $-85.5°C$）．蒸発熱も $44.02 kJ mol^{-1}$，表面張力も $71.97 mNm^{-1}$ と異常に大きい．その他，誘電係数，粘度なども大きいが，これらはすべて，H_2O における水素結合 O-H…O の存在によって説明できる．また，その同じ理由によって，水は一般にイオン性化合物をよく溶かす．そしてこれらの総合的な性質によって，水は自然界において特別な位置を保っており，また生命現象を可能にしているといえよう．

[コラム] オゾン層破壊

オゾンの重要な性質は，220～290 nm 領域の紫外線を強く吸収することで，これは太陽光の有害紫外線（UV-B）にあたる．成層圏に存在するオゾン層は地上20 km 付近を最大として分布し，この有害紫外線から地表の生物を保護しており，地球の歴史上で生物が水中から陸上へと進出できるようになった（約4億年前）のは，大気中の酸素濃度の増加──→オゾン層の生成によって初めて可能となったとみられる．

オゾン層がなんらかの理由で減少したり，破壊されると，人間に対しては皮膚がんの増大，動植物における突然変異の増加，作物などの被害，気象変動など多くの悪影響が出ると考えられる．ところが，そのオゾン層の破壊が人間のさまざまな活動によってもたらされることが1970年代の初め以来，次第に明らかとなってきた．成層圏オゾンをこわす原因（物質）としては，クロロフルオロカーボン（CFC，フロン），窒素酸化物，SST（超音速旅客機）やスペースシャトルの排気，核爆発などがあげられる．

とくに問題となったのは，冷蔵庫やクーラー，噴霧剤さらに最近では半導体洗浄剤などに多方面の用途をもつ CFC で，空気中に放出されるとあまり分解せずに成層圏にまで上昇し，そこで O_3 に触媒的に作用して O_2 に分解してしまう．オゾン層減少の予測については議論があるが，南極上空でオゾン濃度が低下しているオゾンホールが観測されるなど次第にその影響を重視する方向に世界各国の認識が向っている．1987年9月にモントリオールで開かれた国際オゾン層保護会議でオゾン層保護のための議定書が採択され，日本も調印した．その内容は「1999年1月1日までにフロン生産量を半減する」ことを主な骨子としたものであったが，その後全世界的なオゾン破壊の進行が確認され，フロン廃止のペースが早められている．1990年のモントリオール議定書締結国会議では2000年までの全廃が決まり，さらに前倒しする国が増えつつある．

(高木)

9 フッ素 F

fluorine　Fluor　fluor　фтор　氟 fú

[**起　源**] ホタル石 (fluorspar, CaF₂) の中に特殊な元素が含まれていることは，すでに18世紀から示唆されていたが，この元素の激しい反応性ゆえに単離した元素をとらえることができなかった．フッ化水素 (ホタル石に硫酸を加えると得られる) の電解によってフッ素を得る試みが，1810年のH. Davy以来，名高い化学実験の名手たちによってなされたが，いずれも失敗に終わった．Davyは中毒にかかり，P. Louyetなど何人かが死に，また J. L. Gay-Lussac も重い病気にかかったという．いずれもフッ素の反応性によるものであり，ようやく1886年にH. Moissanが KHF₂ の無水フッ素溶液を Pt/Ir 電極を用いて電気分解し，得られたフッ素はホタル石の容器に貯えて単体の気体の分離に成功した．この発見と電気炉の開発の業績によって，Moissanは1906年にノーベル賞を受賞した．フッ素 fluorine の名は，ホタル石 fluorspar に由来するが，そのまた起源はラテン語の fluor (＝流れる) にあり，これはホタル石 CaF₂ が製鉄用融剤として用いられたことからくる．fluorine の名はすでに1812年に，A. -M. Ampère によって示唆されていた．

[**存　在**] 地殻中の存在量が0.1％と天然に多く存在する元素だが，単体としては存在しない．重要な鉱物はホタル石 CaF₂，氷晶石 Na₃AlF₆，リン灰石 Ca₅(PO₄)₃F であるが，工業的には CaF₂ のみが重要である．

[**同位体**] 天然に存在する同位体は ^{19}F のみである．^{18}F は，標識化合物として診断などに核医学の分野で利用されている．

[**製　法**] 単体を得るには，Moissanの方法が多少改良されて今でも用いられている．フッ化カリウム KF と HF の 1:2 ま

表 9.1 ハロゲンの性質

	F	Cl	Br	I	At
原子番号	9	17	35	53	85
イオン化エネルギー (kJ mol^{-1}) (カッコ内 eV)	1680.6 (17.42)	1255.7 (13.01)	1142.7 (11.84)	1008.7 (10.45)	[926] (9.6)
電子親和力 (kJ mol^{-1})	332.6	348.5	324.7	295.5	[270]
融　点 (°C)	−218.6	−101.0	−7.25	113.6	—
沸　点 (°C)	−188.1	−34.0	59.5	185.2	—
密　度 (kg m^{-3})	1510(液体) (−188°C)	1655(液体) (−70°C)	3187(液体) (0°C)	4930(固体) (25°C)	—
単体の色 (常温)	無色	黄緑色	赤褐色	暗紫色	—
ハロゲン化水素の沸点 (°C)	19.5	−84.2	−67.1	−35.1	—
ハロゲン化水素の融点 (°C)	−83.4	−114.7	−88.6	−51.0	—

データ・ノート

原子量	18.9984032
存在度 地殻	950 ppm
宇宙 (Si=10⁶)	840
電子構造	$2s^2 2p^5$
原子価	1
イオン化ポテンシャル (kJ mol⁻¹)	1681
イオン半径 (pm)	1-133
密　度 (kg m⁻³)	1.696（気体）
融　点 (℃)	−218.6
沸　点 (℃)	−188.1
線膨張係数 (10⁻⁶ K⁻¹)	—
熱伝導率 (W m⁻¹ K⁻¹)	0.0279 (27℃)
電気抵抗率 (10⁻⁸ Ωm)	—
地球埋蔵量 (t)（ホタル石）	1.2×10^8
年間生産量 (t)	4.7×10^6

図 9.1 H. Moissan (1852-1907)

たは1:1の混合物を、それぞれ72℃および240℃で電気分解してフッ素を製造する。取扱い上の問題の少ない前者が実用化されている。生成物はボンベに詰めて運ばれる。

[**性　質**] 表9.1にハロゲンの性質を示

表 9.2 フッ素の同位体

同位体	半減期 存在度	主な壊変形式
F−17	1.08 m	β^+, no γ
18	1.83 h	β^+ 96.9%, EC 3.1%, no γ
19	100%	
20	11.00 s	β^-

す。原子番号の増加とともに性質が系統的に変化することがわかる。フッ素は無色の気体で刺激臭があり、きわめて有毒である。元素の中で最も反応性に富み、希ガスのヘリウム、ネオン、アルゴンを除いてあらゆる元素と反応する。これはF−Fの解離エネルギーが小さく、F−Fの結合が弱いことに関係している。希ガス構造から一つの電子を欠く $ns^2 np^5$ 形の電子構造をする典型的なハロゲン元素であるが、電気陰性度が最も大きく、酸素より大きい点で他のハロゲン元素と異なり、特異的である。またそのために、IF_7, PuF_6, $KAg^{III}F_4$ といった、特異的に高い酸化状態にある金属の化合物を実現させるので興味深い。

[**主な化合物**] フッ化水素 HF は、ホタル石と濃硫酸を加熱して得られる。無色発煙性の刺激臭の液体ないし気体（沸点は19.5℃)で、水に任意の割合で溶けてフッ化水素酸となる。この酸はきわめて腐食性があり、とくにケイ素化合物と反応するので、ポリエチレン製のビンに入れて保存し、くもりガラスの製造やガラス容器の目盛付けなどに用いられる。

ハロゲン化水素の沸点と融点も表9.1に示したが、フッ化水素では水素結合の影響がその値に反映され、分子間会合の存在は明らかである。気体でも会合は著しく、単量体HFの他に二量体$(HF)_2$および六量体$(HF)_6$の存在が示唆されている。液体のフッ化水素は、特異な性質をもつ溶媒として利用されるようになった。

フッ化酸素 OF_2（酸化フッ素ではない）は、無色で非常に毒性の強い気体で、−145.3℃で淡黄色の液体となる。NaOH溶液に F_2 を作用させてつくることができる。単体よりは反応性が弱いが、強力なフッ素

化剤あるいは酸化剤である．その他，ほとんどの元素と反応してフッ化物を形成するが，とくに興味深いものに XeF_2，XeF_4，XeF_6，XeO_2F_2 などのキセノン化合物（→キセノン）がある．

多くのフッ化物がフッ素の作用でつくられているが，フッ素が高価であることと取扱いに注意を要することから他のフッ素化剤（たとえば五フッ化臭素 BrF_5 など）が利用されることが多い．アルカリ土類元素の無水フッ化物（フッ化マグネシウム MgF_2 など）は水溶液中から沈澱させることが可能であり，希土類元素の水和フッ化物（フッ化ランタン LaF_3 など）も水溶液中で沈殿させて得られる．非金属元素のフッ化物は，ふつうは揮発性で，六フッ化ウラン UF_6 のように常温で気体状のものが多い．

他のハロゲンと異なりフッ素の酸素酸およびその塩はつくられていない．多くの金属または非金属を中心とするテトラフルオロ酸イオン（BF_4^- など）およびヘクサフルオロ酸イオン（AlF_6^{3-} など）が知られ，多くの塩が得られている．

[**用 途**] フッ素気体は一般にボンベに充填されて販売され，各種用途をもつフッ化物の製造用に広く用いられる．その主なものは原子炉燃料用のウラン濃縮に用いられる UF_6，絶縁性気体として用いられる SF_6，さらにテフロンなどフッ化炭素重合体は耐熱性，非粘着性の樹脂として近年大きな用途をもつ．また，フロンガスや歯みがき粉の添加物など現代的な用途をもつが，これらは安全上大きな疑問が出されるに至っている（トピックス欄参照）．他に，フッ素はガラスの屈折率を下げる数少ない元素の一つで，光ファイバーの屈折率制御などに用いられる．

[**トピックス**] フッ素の功罪

近年フッ素がさまざまな用途に用いられるようになり，その需要が増したが，多くの利用面において安全上の問題が露呈してきた．たとえば，むし歯予防に効果があるとして，歯みがき粉にフッ化物が添加されたり水道水にフッ素が加えられたりしてきたが，最近ではこれが逆に歯や骨に悪影響を与えたり，発がん性や遺伝毒性をもつことが指摘されるようになった．さらに，フロンガス（メタンやエタンのような炭化水素の水素の一部ないし全部を F, Cl で置き換えたもの．最もよく用いられるのは CCl_2F_2 でF 12 と呼ばれる）は，電気冷蔵庫の冷媒（F 12 の沸点は $-29.8\,°C$），各種スプレーの噴霧剤，空気の絶縁耐力の増強剤などとして広く用いられるが，これが成層圏に上昇してオゾン層を破壊し，有害紫外線を増強させることが判明した．これは皮膚がんを増加させる．そのため，フロンガスを 2000 年までに全廃することが国際的に取り決められた（→酸素）．

[**コラム**] ハロゲン

周期表 17 (7B) 族の五つの元素，すなわちフッ素，塩素，臭素，ヨウ素，アスタチンは総称してハロゲン halogen と呼ばれる．この呼び名は，1811 年に J. S. C. Schweigger が塩素に対して与えたものが後に 7B 族全体に拡大されたもので，ギリシャ語の halos（塩）+gene（つくる）からくる．すなわち，当時明らかになった元素 Cl の性質は，各種の金属と直接に反応して塩をつくるというユニークなものであった．ハロゲンは外殻電子が ns^2np^5，つまりあと一つ電子を受け取ると希ガス構造となるので，-1 価の陰イオンとなりやすい．このようにハロゲンは相互の性質がよく似て

おり，きわめて反応性に富む元素だが，その電気陰性度などは原子番号とともに変化する．とくにフッ素はとびぬけて電気陰性度が大きく（フッ素 4.0, 酸素 3.5, 塩素 3.0, 臭素 2.8, ヨウ素 2.5, アスタチン 2.2, Pauling による），ハロゲンのなかではやや特異的で，他はおおむねよく似ている．アスタチンは放射性の元素で天然崩壊系列に属するもののみが天然に見出すことができるが，他のハロゲンは概して地殻中に豊富に存在し，とくに海水中には各種のハロゲンが含まれている．表 9.1 にハロゲン元素の主な性質を比較しておくが，たとえば単体が常温で気体（フッ素，塩素）から液体（臭素）さらに固体（ヨウ素）へと変わるなど，連続的な変化がよくみてとれる．

ハロゲン元素は，相互に容易に反応して，ハロゲン間化合物と呼ばれる一連の化合物をつくることで興味深い．すなわち，ClF, BrF, BrCl, ICl, IBr, ClF_3, ICl_3, BrF_5, IF_5, IF_7 などが知られている．このうち BrF_3 は，金属などのフッ素化剤としてよく用いられるが，常温で液体（融点 8.8°C, 沸点 125.8°C）で大きな電気伝導度（25°C における電気抵抗率，$8 \times 10^{-3} \text{ohm}^{-1}\text{cm}^{-1}$）をもつことが知られている． (高木)

10 ネオン Ne

neon Neon néon неон 氖 nǎi

[**起　源**]　1898年にW. Ramsayとその助手のM. W. Traversは，その希ガス研究の過程（アルゴンおよびヘリウムの項を参照）において，新しく入手可能になった液体空気を低温で分別蒸留し，すでに知られていたアルゴン，ヘリウムに次いで，まずクリプトンを，次いでネオンを，さらにキセノンを発見した．ネオンの名は，ギリシャ語のneos（新しい）にちなむ．

[**存　在**]　空気中に$1.8×10^{-3}$％（容積）の濃度で存在する．宇宙全体としてみると，^{20}Neはいわゆるヘリウム燃焼過程によって元素合成されるので，その存在度は炭素，窒素などと比べられるほどに多いが，地球にはわずかしか保持されなかった．

[**同位体**]　天然に存在する同位体には^{20}Ne，^{21}Ne，^{22}Neがある．

[**製　法**]　ネオンを得るには，液体空気からの分留によって得たヘリウムとネオンの混合気体を液体水素で冷却し，ネオンを固化して得る．

[**性　質**]　無色・無臭の不活性気体で，化学的にはきわめて安定．化合物は知られていない．

[**用　途**]　ネオンは，真空中で低電圧放電を行わせると著しい赤色の輝線スペクトルを示す．これがよく知られたネオン灯（ネオンサイン）の赤色である（ネオンサインの色は，他の気体も含めた組合せで決まる．放電による輝線の色は，ヘリウム―黄，アルゴン―赤ないし青，クリプトン―黄緑，キセノン―青～緑）．ネオンランプは，一般にガラス球内に数十mmHgのネオンを封入し，電極を配置して低電圧で作動させる放電管で，電力消費が少なく，パイロット用などに広く用いられる．

[**トピックス**]　ネオンの安定同位体

　ネオンサインによって辛うじてその名は知られているものの，一般になじみが薄く，化学的にも不活性で地味な存在のネオンだが，科学史の舞台では重要な役割を演じたことがあった．J. J. ThomsonとF. W. Astonによって始められた質量分析器を用いた原子の質量測定の研究の過程で，1913年にネオンが^{20}Neと^{22}Neの二つの同位体から成ることが見出された（^{21}Neの発見は後から）．これは，天然に存在する非放射性の元素が，二つ以上の安定同位体を含みうることを明らかにした最初の観測であった．

表 10.1　ネオンの同位体

同位体	半減期 存在度	主な壊変形式
Ne-19	17.22 s	β^+ 99.9%，EC 0.1%
20	90.48%	
21	0.27%	
22	9.25%	
23	37.2 s	β^-
24	3.38 m	β^-

データ・ノート

原子量	20.1797
存在度 地殻	—
宇宙 ($Si=10^6$)	3.76×10^6
電子構造	$2s^2 2p^6$
原子価	
イオン化ポテンシャル ($kJ\,mol^{-1}$)	2080.6
イオン半径 (pm)	
密度($kg\,m^{-3}$) 1444(固体), 1207.3(液体), 0.89994 (気体)	
融点 (°C)	-248.61
沸点 (°C)	-246.06
線膨張係数 ($10^{-6}\,K^{-1}$)	—
熱伝導率 ($W\,m^{-1}\,K^{-1}$)	0.0493
電気抵抗率 ($10^{-8}\,\Omega m$)	
地球埋蔵量 (t)(大気中)	6.5×10^{10}
年間生産量 (t)	~ 1

図 10.1 W. Ramsay (1852-1916)

[コラム] 周期表とネオンの発見

Ramsay と Travers によるネオンの発見も,科学史上特筆すべき意味があった.Mendeleev が元素の周期表という考えに到達したのは 1869 年であったが,19 世紀末になっても,その考えにまだ根強い反対が寄せられた.しかし,Ramsay は Mendeleev の周期表を強く支持し,その考えに従って未知の不活性気体がヘリウムとアルゴンの間にもう一つあることを確信していた.すなわち,ヘリウムとアルゴンでは原子量の差は 40−4=36 となるが,これは窒素族のバナジウム-窒素の差(当時の原子量では 37.4)や炭素族のチタン-炭素(同じく 36.1)にあたる.ということは,周期表の考えに従えば,窒素族のリン,炭素族のケイ素と同じように,ヘリウムとアルゴンの間に元素がもう一つ存在し,その原子量は 20 であろうと考えた.この予測に従って探求し,最初に彼らが発見したのは残念ながらクリプトンであったが,その 10 日後には原子量 20 のネオンを発見したのだった.このエピソードは,周期表の考えのすばらしさとともに,Ramsay らの実験的研究が Mendeleev の周期表の確立に大きな貢献をしたことを物語っている. (高木)

11 ナトリウム Na

sodium Natrium sodium натрий 钠 nà

[**起　源**] 1807年，イギリスのH. Davyは苛性カリの融解物の電解によって初めて金属カリウムを単離したが，その数日後彼は融解した苛性ソーダ（水酸化ナトリウム，NaOH）の電解によって粒状の金属ナトリウムをつくることに成功した．金属はきわめて反応性に富むため天然には化合物の形でしか存在しない．たとえば炭酸ナトリウムは天然に鹹湖から得られ，旧約聖書に清浄剤netherの記述がある．これがラテン語のnatron，また元素名ナトリウムの語源といわれる．また英語名sodiumはアラビア語のsudá（ソーダ）に由来するといわれる．

[**存　在**] 地殻中の存在度は6番目で，アルカリ金属元素の中では最も高い．海水中にナトリウムイオンNa^+として多量に溶けているが，同時に最も多量に溶けている陰イオンが塩化物イオンCl^-であるので，化合物としては塩化ナトリウム（食塩）NaClがよく知られている．NaClは岩塩としても世界各地に産出する．このほか，硝酸塩（チリ硝石，$NaNO_3$），ホウ酸塩（ホウ砂 $Na_2[B_4O_5(OH)_4]\cdot 8H_2O$，カーン石 $Na_2[B_4O_6(OH)_2]\cdot 3H_2O$），炭酸塩などの化学形でも産する．カリウムとともに造岩鉱物の主要な成分であり，とくにナトリウムのつくる主な造岩鉱物はソウ長石（$NaAlSi_3O_8$），灰ソウ長石である．生物体内には，植物ではカリウムのほうが多いが，動物ではナトリウムのほうが多く含まれる．

[**同位体**] 天然に存在する同位体は^{23}Naのみである．^{22}Naはふつうはマグネシウムの重陽子照射によってつくられ，陽電子の線源などに用いられる．^{24}Naはナトリウムの原子炉中性子照射によって生成し，最もありふれた放射性核種の一つである．

[**製　法**] 工業的に単体を製造するには，塩化ナトリウムの融解電解が用いられる．融点を下げるために，58〜59％の塩化カルシウムを加え，580℃くらいで電解する．

[**性　質**] 単体は軟らかい銀白色の金属で，密度は水より小さい．体心立方格子．$a=429.1$ pm．水と激しく反応し，水素を発生して水酸化ナトリウムを生じる．この場合発火することがある．空気中では容易に酸化されるが，115℃以下では発火しない．いずれにせよ，取扱いにはきわめて注意を要し，金属は石油中などに保存する．

空気を十分に送って酸化すると主に過酸化ナトリウム Na_2O_2 が生じ，酸化ナトリウム Na_2O もいくらかできる．純粋な Na_2O は Na_2O_2 とナトリウムの反応などで生成

表 11.1 ナトリウムの同位体

同位体	半減期 存在度	主な壊変形式
Na-21	22.5 s	β^+
22	2.609 y	β^+ 90.5%, EC 9.45%
23	100%	
24	14.96 h	β^-
25	59.1 s	β^-

データ・ノート

原子量	22.989768
存在度　地殻	23000 ppm
宇宙 (Si=10^6)	5.7×10^4
電子構造	3s
原子価	1
イオン化ポテンシャル (kJ mol^{-1})	495.8
イオン半径 (pm)	$^{1+}$98
密度 (kg m^{-3})	971
融点 (℃)	97.81
沸点 (℃)	882.9
線膨張係数 (10^{-6}K^{-1})	70.6
熱伝導率 (W m^{-1}K^{-1})	141
電気抵抗率 (10^{-8}Ωm)	4.2
地球埋蔵量 (t)	きわめて大
年間生産量 (t)　　(金属)	2.0×10^5
(Na$_2$CO$_3$) 2.9×10^7, (NaCl)	1.7×10^8

する．Na$_2$O$_2$ は淡黄色，Na$_2$O は白色.

炎色反応は黄色できわめて鋭敏である．いわゆる「NaD線」で，厳密には589.0nmと589.6nmの二重線である．

一般にアルカリ金属は，液体アンモニアに水素を発生せずに溶け，うすいときは青色，濃いときはブロンズ色の液体になる．この溶液は電気をよく導く．金属ナトリウムの溶解度は251.4gNa/kgNH$_3$ (10.93 mol/kgNH$_3$) (−33.5℃)であり，アルカリ金属の中では低いほうである．この溶液は，強力な還元剤として有用である．

単体の電気伝導率は銀，銅，金に次いで大きい．比熱や熱伝導率も大きく，自由電子の寄与をうかがわせる．

ナトリウムをはじめ，すべてのアルカリ金属元素は電気的陽性が強く，大部分の元素と直接反応する．空気や水との反応性は，族の下のほうへ行くほど増加する．水素とも直接化合して水素化物 MH をつくる．水酸化物および塩類の水への溶解度は一般に大きい．

ナトリウムの単体はアルコールに反応して溶け，アルコキシドを生成する．エタノールまたは *tert*-ブチルアルコールに溶かしたナトリウムやカリウムは有機化学の分野で還元剤やアルコキシドイオンの供給源として多用される．

水溶液中では ＋1価で無色のナトリウムイオン Na$^+$ として存在する．

[**主な化合物**]　ナトリウム化合物は，紙，ガラス，石けん，繊維，石油，化学，金属工業などにとって重要であり，需要が大き

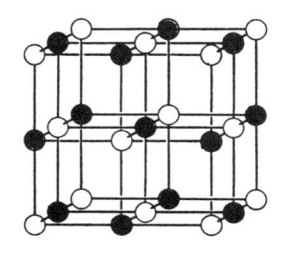

図 11.1　NaCl の単位格子
白丸は Na$^+$ (または Cl$^-$)，黒丸はCl$^-$ (または Na$^+$)

い．工業的に重要な化合物には，塩化ナトリウム NaCl, 炭酸ナトリウム Na$_2$CO$_3$, 炭酸水素ナトリウム NaHCO$_3$, 水酸化ナトリウム NaOH, 硝酸ナトリウム NaNO$_3$, リン酸水素二ナトリウム Na$_2$HPO$_4$, リン酸三ナトリウム Na$_3$PO$_4$, チオ硫酸ナトリウム (ハイポ) Na$_2$S$_2$O$_3$·5H$_2$O, ホウ酸ナトリウム Na$_2$B$_4$O$_7$·10H$_2$O などがある．

塩化ナトリウムは無機化学工業において最も多量に使用される化合物である．食用のほか，NaOH, Na$_2$SO$_4$, Na$_2$CO$_3$ や塩素，塩酸などの原料として重要である．典型的

なイオン結合の結晶で，岩塩型構造（図11.1）の代表的なものである．

Na_2CO_3 は，無水和物から 10 水和物まで種々の塩があり，10 水和物は俗に洗濯ソーダといわれる．炭酸ナトリウムは食塩・水・石灰石を原料として，アンモニアソーダ法という方法で製造される．ガラスの原料，NaOH などの化学薬品の原料として重要で，石けん，パルプ，医薬，ペンキの製造や，石油の精製など広い用途がある．

$NaHCO_3$ は炭酸ナトリウムに二酸化炭素を送ってつくる．中和剤，制酸剤，吸入剤，沸騰剤などに用いられる．ベーキングパウダーの材料でもある．

$NaNO_3$ は，天然にチリ硝石として産出する．窒素肥料，ガラス，ホウロウなどに用いられる．

$Na_2S_2O_3 \cdot 5H_2O$ は還元剤として有用であり，ハイポの俗称で写真の定着剤として用いられる．

[**用途**]　金属ナトリウムの強い還元性が工業的に利用される．世界のナトリウム生産の 60% が四エチル鉛(または四メチル鉛)の製造にあてられていたが，アンチノック剤としての需要が環境科学的理由から減少しつつあるので，この面での利用は下降線をたどりつつある．なお，四エチル鉛は，塩化エチルに Na-Pb 合金を高圧で反応させてつくる．また，ナトリウムは，チタンやジルコニウムの塩化物を還元してそれらの単体をつくるのにも多量に用いられる．このほか NaH, NaOR, Na_2O_2 などの化合物の製造に用いられる．ナトリウムの低融点，低粘性，小さな中性子吸収断面積と，きわめて高い熱容量，熱伝導度とが組み合わされて，高速増殖炉の冷却用放熱剤として用いられる．ナトリウム蒸気を含む放電ランプは，特有の橙黄色の発光が目を疲れさせず，スモッグなどもよく通るので，自動車専用道路に使われている．（冨田）

[**トピックス**]　高速増殖炉

ナトリウムの注目されている用途に高速増殖炉の冷却材がある．いま国内で稼働している発電炉は，ほとんどすべてが低濃縮ウラン（^{235}U 含有量約 3%）を核燃料とし，水を冷却材とする軽水炉である．一年間運転後の使用済み燃料の中の ^{235}U と核燃料になるプルトニウムの重量の和は，初めに原子炉に入れた核燃料中の ^{235}U の約 50% に過ぎない．天然の同位体存在比が 99.3% である ^{238}U の有効利用と燃焼した核燃料より多い新たな核燃料の生産を同時に行うことは原子力技術者の夢であった．核分裂の際の発生中性子数などについての考察から，^{238}U の中性子捕獲と生成核の β 壊変によって生じる ^{239}Pu を核燃料とし，速中性子を用いる原子炉を開発すれば，使用済み燃料中に残る核燃料の重量を燃焼した燃料より多くすること（増殖）が可能になる．

速中性子を利用するために高速増殖炉 (Fast Breeding Reactor, FBR) という．冷却材としては，原子番号の低い元素を含む物質を利用できず，流体であること，熱伝導度，放射性核種の生成量などを考慮してナトリウムが選ばれた．しかし，水とナトリウムの反応性の高さ，速中性子を用いるための技術的な困難，長寿命の ^{22}Na および多量の ^{24}Na の生成，原子炉制御の際の困難などの多くの難題を抱えている．

発電炉の開発は試験炉 → 原型炉 → 実証炉と進まねばならないが，日本は原型炉「もんじゅ」(電気出力 25 万 kW) の運転開始を待っている．海外では，先行したアメリカと旧ソ連の開発は中断され，最も開発の進

表 11.2 アルカリ金属の性質

	Li	Na	K	Rb	Cs	Fr
原子番号	3	11	19	37	55	87
イオン化エネルギー ($kJ\,mol^{-1}$)	513.3	495.8	418.8	403.0	375.7	—
イオン半径 (pm)	78	98	133	149	165	—
金属半径 (pm)	152	154	227	248	265	—
沸 点 (°C)	1347	883	774	688	678	
融 点 (°C)	180.5	97.8	63.7	39.1	28.4	
密 度 ($kg\,m^{-3}$)	534	971	862	1532	1873	
炎色反応の色	深紅色	黄色	紫色	赤紫色	青色	—
その波長 (λ/nm)	670.8	589.2	766.5	780.0	455.2	

んでいるフランスも実証炉スーパーフェニックス(電気出力120万kW)のたび重なる事故に悩まされ,順調な開発の状況ではない.

[**コラム**] アルカリ金属

アルカリ金属元素は1(1A)族に属し,希ガス型の閉殻構造の次の殻に1個のs電子をもつ構造をとり,一価のイオンをつくる.金属は軟らかく,反応性に富み,空気中では速やかに金属光沢を失い,リチウムは窒化物,他は酸化物になる.水との反応は,LiからCsへと族の下の方にいくにつれて激しくなり,水素を放出して水酸化物を生じる.生成物は非常に強い塩基である.空気中では表面から侵されるので,石油などの中で保存する.多くの非金属元素と直接反応して塩を生じる.塩は無色で水に溶けやすく,水溶液中でイオンに解離する.リチウム塩は,他のアルカリ金属の塩と異なる性質を示し,水に溶けにくい塩の存在も知られ,周期表上で対角線の位置にあるマグネシウムと似た性質を示す.

表11.2にアルカリ金属の性質を示す.原子番号の増加とともに性質が系統的に変化するが,リチウムのやや特異な化学的性質は,融点,密度などの物理的性質にも現れている.融点は比較的低く,セシウムは夏期には液体になりやすい.アルカリ金属の特徴は,低いイオン化ポテンシャルと大きなイオン半径にあり,密度は小さい.

一般に原子は,炎の中で熱せられると,高いエネルギー準位に励起され,その原子が元の準位に戻るときにエネルギーが放出される.アルカリ金属では,このエネルギーが小さく,光は可視部の領域に入る.このように炎色反応はアルカリ金属の特徴の一つである.ルビジウムとセシウムは炎色の分光分析を利用して発見された.

(古川)

12 マグネシウム Mg

magnesium　Magnesium　magnésium　магний　镁 měi

[**起　源**] マグネシウムの化合物は古代から知られていたが，その化学的性質は17世紀まで何も知られていなかった．ギリシャのマグネシア地区で見出されていた白い鉱物（滑石の類）がマグネシア石と呼ばれていた．1808年イギリスのH. Davyが電気分解法で金属マグネシウムを単離して，元素名をマグネシウムとした．これは，酸化物を酸化水銀（II）と混合し，白金極を陽極に，水銀溜に浸けた白金極を陰極として電解したもので，電解後生じたマグネシウムアマルガムから水銀を蒸留で除いて金属を得たものである．その後1830年頃になって，Bussyが，化学的方法で相当量の金属マグネシウムを単離して，物性を解明した．

[**存　在**] 地殻中で7番目に多い．不溶性の炭酸塩，硫酸塩，ケイ酸塩などとして存在する．イタリアの山岳Dolomitesはドロマイト（苦灰石）$MgCa(CO_3)_2$から成っている．その他主な鉱物には，菱苦土石$MgCO_3$，シャリ塩$MgSO_4・7H_2O$，カーナル石$K_2MgCl_4・6H_2O$，ラングバイン石$K_2Mg_2(SO_4)_3$や，ケイ酸塩のカンラン石$(Mg, Fe)_2SiO_4$，滑石$Mg_3(OH)_2(Si_4O_{10})$，クリソタイル（蛇紋石石綿）$Mg_6(OH)_8(Si_4O_{10})$，およびウンモ族などがある．このほかスピネル$MgAl_2O_4$には宝石として用いられるものもある．

植物界においては，クロロフィル（葉緑素）がある．マグネシウムのポルフィリン錯体で，光合成に関与する重要な物質である．

[**同位体**] 天然に存在する同位体は^{24}Mg, ^{25}Mg, ^{26}Mgの三つである．^{27}Mgはマグネシウムの原子炉中性子照射によって生成する．^{28}Mgは最も長寿命の放射性核種でトレーサーなどとして利用できる可能性があるが，大量をつくるのは難しい．

[**製　法**] マグネシウムの単体は，電気分解法またはフェロシリコンを用いる還元によってつくる．電気分解は融解した塩化物について行うのがふつうである．また，還元法では，煆焼したドロマイトとフェロシリコン FeSi を減圧下1150℃で反応させて金属を得る．

$2(MgO・CaO) + FeSi \longrightarrow 2Mg + Ca_2SiO_4 + Fe$

[**性　質**] 単体は軽く，銀白色でかなりねばりのある金属で，空気中では若干変色する．六方最密格子．$a=320.9$ pm，$c=521.0$ pm．細粉状の金属は加熱により発火し，白い閃光を放って燃える．マグネシウムはベ

表 12.1　マグネシウムの同位体

同位体	半減期 存在度	主な壊変形式
Mg-23	11.32 s	β^+
24	78.99%	
25	10.00%	
26	11.01%	
27	9.46 m	β^-
28	20.9 h	β^-

データ・ノート

原子量	24.3050
存在度 地殻	23000 ppm
宇宙 ($Si=10^6$)	1.08×10^6
電子構造	$3s^2$
原子価	2
イオン化ポテンシャル ($kJ\ mol^{-1}$)	737.7
イオン半径 (pm)	$^{2+}78$
密度 ($kg\ m^{-3}$)	1738
融点 (°C)	648.8
沸点 (°C)	1090
線膨張係数 ($10^{-6}K^{-1}$)	26.1
熱伝導率 ($W\ m^{-1}K^{-1}$)	156
電気抵抗率 ($10^{-8}\Omega m$)	4.38
地球埋蔵量 (t)(鉱石)	$>2\times10^{10}$
年間生産量 (t)	5×10^6

リリウムよりも金属性が大で,大部分の非金属と反応する.湿気を含んだハロゲンと会うと発火し,ハロゲン化物を生じる.水素とも高温・高圧で反応し MgH_2 ができる.水蒸気または熱水と反応して酸化物または水酸化物を生じる.他方,有機化合物とも反応し,メタノールとは 200°C で $Mg(OMe)_2$ を生成し,ハロゲン化アルキルやハロゲン化アリルと反応してグリニャール試薬 $RMgX$ を生じる.

水溶液中では Mg^{2+}(無色)となっているのがふつうである.ベリリウムほど共有性は強くないが,同族のカルシウム以下の 4 元素ほどイオン性でもない.その他の化学的性質もカルシウム以下とやや異なるため,ベリリウムとマグネシウムをアルカリ土類金属に含めないことも多い.

[主な化合物] 酸化物 MgO は炭酸塩(菱苦土鉱など)を焼くと得られる.マグネシアともいう.優れた熱伝導体であるとともに,良い電気絶縁体である.家庭用の加熱用器などにも広く用いられる.耐火レンガ,るつぼの製造にも用いられる.水にはわずかに溶け($3\times10^{-2}g/l$, 室温),水酸化マグネシウム $Mg(OH)_2$ になる.昔から医薬(制酸剤,緩下剤)として用いられていた.弱塩基性で,カルシウム以下の水酸化物が強塩基性であるのと異なる.

塩化マグネシウムは,岩塩地方産のカーナル石の溶液からまず KCl を析出させ,その母液の蒸発によって 6 水和物 $MgCl_2\cdot6H_2O$ が生じる.潮解性の結晶である.加熱しても無水塩にはならず,塩基性塩を経て酸化物となる.マグネシアセメントや豆腐のにがりなどに用いられる.

硫酸マグネシウムは,天然にシャリ塩やキーゼル石 $MgSO_4\cdot H_2O$ として存在する.緩下剤になる.

炭酸マグネシウムは天然に菱苦土石などとして産する.ふつう炭酸マグネシウムと称されるものは,マグネシウム塩の溶液に炭酸アルカリを加えて生じる白色沈殿で,その組成は $3MgCO_3\cdot Mg(OH)_2\cdot3H_2O$ に近い.これをマグネシアアルバ magnesia alba といって,制酸剤,緩下剤,歯みがき

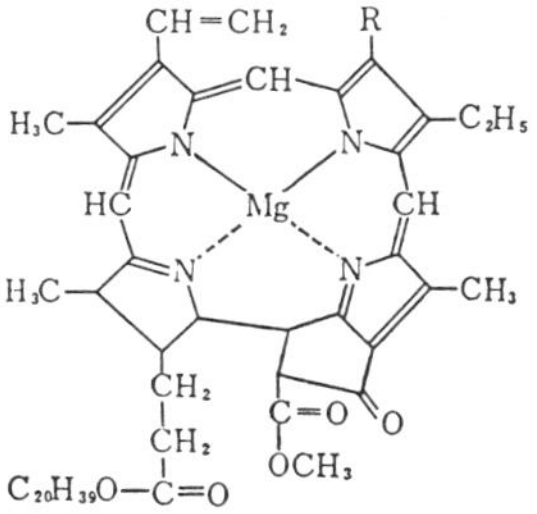

クロロフィル a $R=CH_3$
クロロフィル b $R=CHO$

図 12.1 クロロフィル

粉などに用いる．菱苦土石は耐火材料の製造にも使われる．

クロロフィル（葉緑素）はマグネシウムとポルフィンから誘導される大環状配位子とから成る錯体で，置換基の種類によってクロロフィルa, b, c, dなどがある（図12.1）．緑色植物が光合成によって，大気中の二酸化炭素を炭水化物に変換し，酸素を放出する際に重要な役割を演ずる化合物であるが，その機構はきわめて複雑である．またなぜマグネシウムがこの目的に最もかなっているかは，まだ明らかでない．

[**用途**] マグネシウムの密度はアルミニウムの2/3であり，工業的に利用される金属元素の単体としては最も軽い．同じ強度で比べると，マグネシウム合金の最も良いものは鉄鋼の1/4の重さであり，最も良いアルミニウム合金でも鉄鋼の1/3の重さである．このような軽さと容易に加工できることから，軽量の構造材料として広い用途がある．航空機ではその重量の数十％にマグネシウムが使われているといわれる．そのほか写真用器材，光学用器械，貨物用材，高速駆動を要する情報処理装置，芝刈機など用途は多方面にわたっている．また，ニッケルおよび銅の合金製造の際の酸素除去剤，花火の製造，他金属の陰極防食，還元剤としてチタン，ジルコニウム，ベリリウム，ウラン，ハフニウムなどの製造にも使われる．また，すばやく制御性の良いエッチングが可能なことから，写真製版にも利用される．

合金には少量のアルミニウム，亜鉛，マンガンを含むものがあり，また希土類元素やトリウムを含むものは高温での強度が保たれる．これらの合金は自動車のエンジンケース，航空機の機体や車輪に使われる．

フォルクスワーゲンのBeetleは20kgのマグネシウム合金をエンジンブロックに用いており，大陸間弾道弾タイタンは1tのマグネシウム合金を使っている． （冨田）

[**トピックス**] クラウンエーテル錯体

一般に，アルカリ金属およびアルカリ土類金属は錯化合物をつくりにくい．後者は，強力な錯形成剤であるエチレンジアミン四酢酸とは化合物をつくるが，前者は実際上化合しないとしてよい．アルカリ金属の中ではリチウムが最も錯化合物をつくる能力が高いが，強い結合をもつ錯体はできないと考えられてきた．この常識を打ち破る研究結果が，1967年にC. J. Pedersenによって発表された．彼は図12.2に示すような環状化合物（環状ポリエーテル，クラウンエーテルと呼ばれる）がアルカリ金属，アルカリ土類元素などとも反応することを見出した．それらのイオンはクラウンエーテルの空隙の中に取り込まれ，このような錯体をクラウンエーテル錯体という．クラウンエーテルの空隙の大きさを選ぶことによって特定の金属と選択的に反応させることが可能となり，反応する相手の化学種を識別する分子として脚光を浴びるようになった．この種の分子を取り扱う化学を，しばしば「ホストゲストの化学」と呼ぶ．無機

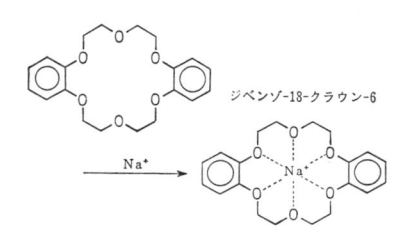

図 12.2 Pedersenが初めて合成したクラウンエーテルとその包接作用

表 12.2 アルカリ土類元素の性質

	Be	Mg	Ca	Sr	Ba	Ra
原子番号	4	12	20	38	56	88
イオン化エネルギー (kJ mol^{-1})	899.4	737.7	589.7	549.5	502.8	509
イオン半径 (pm)	34	78	106	127	143	152
金属半径 (pm)	113	160	197	215	217	223
沸点 (°C)	~2970	1090	1484	1384	1640	1140
融点 (°C)	1278	648.8	839	769	725	700
密度 (kg m^{-3})	1848	1738	1550	2540	3594	~5000
硫酸塩の溶解度 (mg/100 cm^3)	—	35000	309	11.3	0.22	—

化学,分析化学のみならず,有機合成化学などの他の化学の分野への応用についても注目されている.

[**コラム**] アルカリ土類金属

「アルカリ土類」の名は,元来は酸化カルシウム,酸化ストロンチウム,酸化バリウムの総称であったが,後に転じてそのような酸化物をつくる元素の意味で使われるようになり,現在ではラジウム,さらにベリリウム,マグネシウムを含む6元素の総称として用いられるようになっている.

アルカリ土類元素は2(2A)族に属し,最外殻に2個の電子をもち,二価イオンをつくりやすい.原子半径は対応するアルカリ金属より小さく,融点,沸点,密度も高い.一般には化学的反応性に富んでいるが,ベリリウムとマグネシウムは酸化皮膜に保護され,空気中における反応が遅く,水との反応もゆっくりしている.この二つの元素は合金の原料として利用される.他の元素は空気によって酸化され,水と反応すると水素を発生し,塩基性の水酸化物となる.一般に,反応性はCaからBaへと周期表の族の下にいくにつれて強くなる.

表12.2にアルカリ土類元素の性質を示す.原子番号の増加とともに性質が系統的に変化することがわかるが,ベリリウムの特異な性質は融点,密度などの物理的性質にもはっきりと現れ,化学的な性質は周期表の上で対角線の位置にあるアルミニウムと似ている点が多い.

アルカリ土類金属の塩は水に溶けやすいものが多いが,ときには元素ごとに著しい差がある.その例として,硫酸塩の溶解度を表12.2に示す.原子番号の増加とともに溶解度が減少し,硫酸バリウムがとくに難溶性であることは注目に値する. (古川)

13 アルミニウム Al

aluminium　　Aluminium　aluminium　алюминий　铝 lǚ
aluminum(米)

[起源] 古代ギリシャやローマの人たちはすでにミョウバン alum を，媒染剤や医薬として使用していた．1761年に L. B. G. de Morveau はミョウバン中の塩基に対して alumine という名を提唱し，また A. L. Lavoisier は 1787 年ミョウバン石（ばん土）を未発見の元素の酸化物と考えていた．なお，ミョウバンは，火山岩に火山性ガスの硫黄が作用し，あるいは地下水中の硫酸がアルミナ質の岩石に作用して生じたものであり，ばん土はいまでいうアルミナで Lavoisier の alumine はこれを指す．

1807年 H. Davy は，ミョウバン石から電気化学的方法で単体の分離に挑戦したが成功しなかった．しかし残物が金属酸化物であることを確信し，この未知の金属を alumium と名付けた．ミョウバンの分析から生まれた金属を意味する．その後，alumine（a-lumine 光をもったもの）の語意と調和するように aluminum と変えられ，H. E. Sainte-Claire Deville による aluminium の命名に至る．

なお，アメリカでは，1925年以降，アメリカ化学会が公式に aluminum の名称を採用している．

ところで史上初の金属の単離は，1825年物理学者 H. C. Oersted によってなされた．これは，アルミナから合成した塩化物にカリウムアマルガムを加え，徐々に熱するという方法で，水銀を蒸留して除いたあとに小さな金属の粒を発見した．その後，F. Wöhler は金属カリウムを用いて Oersted の方法を改良し 1827 年，より純粋な金属を得た．商業ベースで初めて生産したのは，先述の H. St.-C. Deville で 1854 年，還元剤にナトリウムを用いた．Deville はナポレオン 3 世の援助を受けて 1856 年，パリ郊外に生産能力 2t の工場をつくった．彼のつくったアルミニウムの棒は，当時パリで開かれた産業博覧会（いまの万国博）で，宝石をちりばめた王冠と並んで陳列された．ナポレオン 3 世の催した晩さん会の食器は，大切な客へはアルミニウム製，一般の客には金や銀製のものを出したという逸話が残っている．当時きわめて高価な貴重品であったことがうかがえる．

現在用いられている電解製錬法は 1886 年，アメリカの C. M. Hall とフランスの P. L. T. Héroult によって，独立にしかもほとんど同時に発明された．氷晶石を融剤としてアルミナを溶かし，これを電気分解する方法は，ホール-エルー法と呼ばれている．

表 13.1 アルミニウムの同位体

同位体	半減期存在度	主な壊変形式
Al-25	7.18 s	β^+
26	7.1×10^5 y	β^+ 82%, EC 18%
26 m	6.35 s	β^+, no γ
27	100%	
28	2.241 m	β^-
29	6.56 m	β^-

データ・ノート

原子量	26.981539
存在度　地殻	82000 ppm
宇宙 (Si=10^6)	8.5×10^4
電子構造	$3s^2 3p$
原子価	3
イオン化ポテンシャル (kJ mol^{-1})	577.4
イオン半径 (pm)	$^{3+}57$
密　度 (kg m^{-3})	2698
融　点 (℃)	660.4
沸　点 (℃)	2470
線膨張係数 (10^{-6} K^{-1})	23.03
熱伝導率 (W m^{-1} K^{-1})	237
電気抵抗率 (10^{-8} Ωm)	2.65
地球埋蔵量 (t)	6×10^9
年間生産量 (t)	1.5×10^7

[**存　在**]　アルミニウムは地殻中に存在する金属元素のうちで最も多く8.2%に達する．全元素中でも酸素，ケイ素に次ぎ3番目に多い．しかし天然に単体としては決して存在しない．長石，雲母，粘土のようなケイ酸塩として広く存在している．氷晶石 Na_3AlF_6, ボーキサイト $Al(OH)_3 \cdot xH_2O$ は特定の地方に産出する．ボーキサイトの場合，ジャマイカ，オーストラリア，スリナム，ギアナなど高い地熱と豊富な降雨量の地域に分布している．アルミナ（酸化アルミニウム）は天然にコランダム（鋼玉）として産する．さらに透明な結晶に Cr_2O_3 が混入したものはルビー（赤色），TiO_2 と Fe_2O_3 とが混入したサファイア（青色）は宝石として珍重される．また，黒色研磨用天然物のエメリーは，コランダムと磁鉄鉱の混合物である．

[**同位体**]　安定核種は ^{27}Al のみで，単核種元素である．^{26}Al は隕石中に見出され，^{28}Al はアルミニウムの原子炉中性子照射で生成する（トピックス参照）．

[**製　法**]　アルミニウムの製造には二段階がある．(1) ボーキサイトの抽出，精製，脱水，および(2) 融解した Na_3AlF_6 に溶かした Al_2O_3 の電解である．ボーキサイトはBayer法によって処理されることが多い．すなわち，まず水酸化ナトリウム水溶液に溶解し，不溶性の不純物から分離する．水酸化物を沈殿させ，次に1200℃で焼く．電解は，940〜980℃で行う．電解炉は鉄鋼製の槽の内側に耐火煉瓦と炭素材を張り，その槽の中に炭素陽極が載っている．ホール-エルー法では，氷晶石の融解物にアルミナを溶かしていたが，氷晶石はあまり多い鉱石ではないので，合成物を使う．1tのアルミニウム金属を得るのに1.89tのアルミナ，〜0.45tの炭素陽極，0.07tの Na_3AlF_6, そして約15000 kW時の電力を必要とする．そのために，アルミニウムは「電気の缶詰」といわれるほどで，電力を消費するものの代表格である．しかし，再生地金の生産に必要なエネルギー量は，アルミナを電解して新地金をつくる場合の27分の1程度である．

[**性　質**]　銀白色の軟らかい金属．面心立方格子．$a=409.0$ pm. 展延性に富み（展性で金属中2位，延性で6位），軽く，無毒であり，熱や電気の良導体である．また磁性をもたず，スパークを起こさない．表面に酸化被膜を生じて内部まで侵されず，耐食性が大きい．これらの特性のため広い応用面が開けている．純粋な金属は軟らかいが，銅，マグネシウムなどと合金をつくって，優れた性質をもたせることができる．

700℃以上では空気中で激しく燃焼する．塩酸や希硫酸には水素を発生しながら溶ける．また，水酸化アルカリに容易に溶

けて水素を発生する．ハロゲン，炭素，窒素，カルコゲン元素などとは加熱によって直接化合する．

水溶液中では3価の Al^{3+} として存在するのがふつうである．水酸化物イオン OH^- の濃度がある程度高い溶液から水酸化アルミニウムが沈殿するが，さらに水酸化物イオン濃度を高くすると $[Al(OH)_6]^{3-}$ のような陰イオンを形成して溶解する．このような水酸化物を両性水酸化物，またこのような元素を両性元素ということがある．

[主な化合物] 酸化アルミニウム Al_2O_3 （アルミナ）は硬い固体で，水に溶けない．Al^{3+} を含む水溶液にアンモニアを加えて沈殿させた水酸化アルミニウムを加熱すると，水を失って酸化物になる．600℃以下で脱水したものは酸やアルカリに溶けるが，850℃以上で完全に脱水したものは，酸やアルカリに不溶となる．

α-アルミナは天然にコランダムなどとして産するが，工業的には，水酸化物や塩基性酸化物を～1200℃に強熱してつくる．菱面体で密度 $4000\,kg\,m^{-3}$ である．γ-アルミナ（密度 $3400\,kg\,m^{-3}$）は，ギブス石 γ-$Al(OH)_3$ やベーム石 γ-$AlO(OH)$ を450℃以下で脱水すると得られる格子欠陥のあるスピネル型構造で，結晶性のよくないものもある．

α-アルミナは，その硬さ（モース硬度9—同じ尺度でダイヤモンドが10，石英が7），高融点（2045℃），不揮発性（蒸気圧 10^{-6} 気圧，1950℃），化学的安定性，電気絶縁性などによって，研磨剤，耐火物，セラミックスなど広く利用される．また，合成ルビーや合成サファイアはレーザー用に広く用いられる．

γ-アルミナのような構造は，いわゆる活性アルミナの基本をなすもので，多孔性につくられたものは，触媒，触媒担体，イオン交換体，クロマトグラフ媒体として利用される．

1970年代に入って，アルミナ繊維が開発され，織物，毛布，紙等々がつくられるようになった．さらにアルミナ繊維を金属の補強用に用いる道も開け，その構造的堅牢さ，軽量，耐熱性などから，工業材料として大きな期待が寄せられている．

硫酸アルミニウム $Al_2(SO_4)_3 \cdot 18\,H_2O$ とミョウバン $KAl(SO_4)_2 \cdot 12\,H_2O$ は媒染剤や水の清澄剤として使われる．

テトラヒドロアルミン酸リチウム $LiAlH_4$ は $AlCl_3$ と LiH をエーテル中で作用させてできる固体であり，有機化学の分野で還元剤や水素化剤として重用される．また，多くの有機アルミニウム化合物 $RAlX_2$，R_2AlX，AlR_3（R：アルキル，アリル，アシル基，X：水素，ハロゲンその他）には，反応性の液体が多く，有機合成試薬や触媒として重要なものがある．Ziegler-Natta触媒（$(C_2H_5)_3Al$ と $TiCl_4$ または $TiCl_3$）はエチレンを常温で重合し，ポリエチレンの製造に用いられる．

[用　途] アルミニウムは鉄に次ぐ第二の金属として，産業社会を支えている．工業生産が開始されてから1世紀の間にこのような成長をみせた資材は他にみられないであろう．

建築材料としてのアルミニウムの特徴は，外観のよいこと，化粧ができること，気候の変化に耐えること，加工性がよいこと，軽くて強いこと，などであり，さまざまな用途に使われる．

輸送機関にアルミニウムが広い用途をもつ理由は，やはり軽くて強いこと，耐食性

などである．自動車の部品でかつて鉄を使っていた部分がアルミニウムに切り替えられたものが多い．このほか海上コンテナ，航空機，ロケット，船舶，鉄道車両などあらゆる方面に用いられている．ボーイング747では機体重量の約80％がアルミニウムといわれ，そのほとんどは合金として使われている．新幹線のような高速列車の車体もほとんどアルミニウム製である．

生活用品や家庭用機材にアルミニウムが用いられるのは，軽量，外観，熱伝導性，加工性，無毒などの特性による．

包装用のアルミニウムとしては，家庭用フォイル，フレキシブル包装，缶，絞出しチューブ，びんの王冠などが挙げられる．

アルミニウムは，大規模な設備装置から各種の産業機械や精密機械まで，多様なひろがりをもつ機械装置に使われている．

反応添加剤としてのアルミニウムの役割も大きい．アルミニウムは酸素と化合する際に大量の熱を発生するが，いわゆるテルミット剤はこの性質を利用している．酸化鉄とアルミニウム粉の反応を利用して2200℃以上の高温を出すテルミット溶接や，火薬やロケット推進薬でのアルミニウム粉の使用が好例であろう．

アルミニウムは光と熱に対して高い反射性をもち，低い熱放射性をもつ．真空蒸着したアルミニウム膜は白色光に対して90％の反射率を示す．照明工業に広範に用いられ，また室内への光の入射を防ぐ，熱絶縁体として利用される． (冨田)

[**トピックス**] 隕石中の ^{26}Al

隕石は，地上に落下する前に宇宙空間で宇宙線を浴び続けてきた．そのため隕石中には多種類の宇宙線誘導放射性核種が含まれている．^{26}Alもその一つで，半減期が71万年と長いため，その含有量を測定することにより，約100万年前の宇宙線強度に関する情報を得ることができた．また，南極で見つかった隕石のように落下時期の不明のものは，^{26}Alの量が減少しているかどうかで10万年のオーダーでの落下年代が求められる．隕石中には ^{10}Beや ^{53}Mnのような長寿命核種も生成しているが，これらの測定には隕石中の一部分を破壊して分析する必要がある．^{26}Alは低レベルγ線測定器で非破壊的に分析できるという利点がある． (馬淵)

14 ケイ素 Si

silicon Siliz(c)ium silicium кремний 硅 guī

[**起　源**]　人類はケイ石(silica)およびケイ酸塩(silicate)とともに歩んできた．この名称はラテン語のsilex(ケイ石)に由来している．古代においてはケイ砂，水晶のようなケイ酸に富む物質はガラスの製造に利用されていた．17世紀に入った後，このような鉱物がガラスの製造に役立つのはある特定の物質に基づくことがわかってきた．1823年スウェーデンのJ. J. Berzeliusはフッ化ケイ素を金属カリウムで還元し，単体の遊離に成功した．彼自身はkieselと命名したが，Siliciumという名が一般に用いられるようになった．英語のsiliconは同族の炭素carbonに語尾を合わせたものである．

[**存　在**]　地球表面の近くでは酸素(47.4重量％)に次いで多く存在する元素(27.7重量％)である．この2元素で，原子数では，地殻に存在する元素の8割を占める．この事実は元素ごとの分別作用が地球上においても起こっていることを示す．地球の核は$Fe_{25}Ni_2Co_{0.1}S_3$で近似される組成をもち，マントルはカンラン石$(Mg, Fe)_2SiO_4$のようなやや高密度の鉱物から成り立ち，重量では地球全体の0.4％を占めるに過ぎない地殻にケイ素に富んだ，軽い鉱物が含まれている．玄武岩，花崗岩などの火成岩は多くのケイ酸塩鉱物から成り立ち，そこからつくられる堆積岩，変成岩あるいは土壌の中にも大量のケイ酸塩が含まれている．

[**同位体**]　$^{28}Si, ^{29}Si, ^{30}Si$の三つの安定同位体がある．ケイ素の原子炉中性子照射によって^{31}Siが生成する．^{32}Siはケイ素を長期間原子炉内に置くと蓄積し，大気中ではアルゴンの宇宙線照射によって生成する．その半減期はなお不正確であるが，β壊変によって^{32}P (14.26日)になる．

[**製　法**]　粗製の単体(純度96〜97％)は，ケイ砂あるいはケイ石(主成分：二酸化ケイ素SiO_2)を高温で高純度コークスによって還元して製造する．

$$SiO_2 + 2C = Si + 2CO$$
$$2SiC + SiO_2 = 3Si + 2CO$$

ときには鉄を加えて反応を進め，フェロシリコン合金をつくる．さらに純度を高めるには水による抽出が利用され，最高純度の製品を得るには，塩化ケイ素$SiCl_4$あるいはトリクロロシラン$SiHCl_3$から出発して高純度のZnあるいはMgによって還元し，加熱によって未反応物などを揮発させ，生成物を残す．とくに高純度の物質は帯溶

表 14.1　ケイ素の同位体

同位体	半減期 存在度	主な壊変形式
Si-27	4.16 s	β^+
28	92.23％	
29	4.67％	
30	3.10％	
31	2.62 h	β^-
32	1.6×10^2 y	β^-, no γ

データ・ノート

原子量	28.0855
存在度 地殻	277000 ppm
宇宙 (Si=10^6)	1.00×10^6
原子構造	$3s^2 3p^2$
原子価	4
イオン化ポテンシャル (kJ mol^{-1})	786.5
イオン半径 (pm)	$^{4+}26$, $^{4-}271$
密度 (kg m^{-3})	2329
融点 (℃)	1410
沸点 (℃)	3280
線膨張係数 (10^{-6}K^{-1})	4.2
熱伝導率 (W m^{-1}K^{-1})	148
電気抵抗率 ($10^{-8}\Omega$m)	—
地球埋蔵量 (t)	無限
年間生産量 (t) (フェロシリコン)	3×10^6
(単体) 5×10^5, (高純度単体)	5×10^3

融法によって得られ,シラン SiH$_4$ から出発するエピタクシアル成長は半導体産業で広く利用されている.

[**性 質**] ふつうは青灰色の金属光沢をもつ,かたい結晶で,ダイヤモンド型構造をとる.電気抵抗率は 25℃ において 40Ωcm で,温度上昇とともに増加し,典型的な半導体の性質を示す.結晶の化学的反応性は乏しい.空気中では安定であるが,900℃ から酸素と,1400℃ からは窒素とも反応し,それぞれ SiO$_2$ および SiN,Si$_3$N$_4$ をつくる.硫黄と 600℃,リンとは 1000℃ で反応する.フッ素は常温ではげしく反応するが,塩素とは 300℃,臭素,ヨウ素とは 500℃ で反応が始まる.無機酸とは反応しにくいが,HNO$_3$/HF の混合物にはたやすく溶ける.水酸化アルカリ溶液と反応し,水素を発生してメタケイ酸イオンをつくる.

$$Si + 2OH^- + H_2O = SiO_3^{2-} + 2H_2$$

溶融状態のケイ素の反応性はきわめて高く,多くの元素と合金をつくり,大部分の金属酸化物を単体まで還元する.ハロゲン化アルキルとの反応は,多彩な有機シリコン化合物合成への出発点となる.

[**主な化合物**] ケイ素の化学は,必ずしも周期表で同族の炭素と似ていない.原子価は4価をとる.シラン(モノシラン)は無色の悪臭を発する気体(沸点 -111.8℃)で,室温で安定であるが,きわめて発火しやすい.一般式 Si$_n$H$_{2n+2}$ で表される一連のシランは,$n=8$ まではつくられているが,対応するアルカン(脂肪族炭化水素)に比べてきわめて反応性が高く,SiH$_4$ 以外は常温においても不安定であり,とくに $n>3$ の化合物は速やかに分解する.

ケイ化物は形式上 -4 価をとる一連の化合物で,ベリリウムを除く周期表の 1~10 族の元素とのケイ化物が知られているが,銅を除く 11~15 族の元素とは化合物をつくらない.2価の金属とのケイ化物 M$_2$Si がよく知られているが,M$_6$Si から MSi$_6$ に至るさまざまな化合物が生成する.炭化ケイ素 SiC は二酸化ケイ素とコークスを 1200℃ 以上に加熱すると生じ,純粋なものは無色透明のかたい結晶で,2500℃ まで安定である.

単体とハロゲンの反応によって生成する四ハロゲン化物 SiX$_4$ は無色,揮発性で,反応性の高い物質であり,四塩化ケイ素 SiCl$_4$ (融点 -64℃,沸点 57℃) は高純度の単体を製造する際の出発物質となる.トリクロロシラン SiHCl$_3$ は無色の液体 (沸点 31℃) で,有機ケイ素化合物合成の原料として用いられる.四フッ化ケイ素 SiF$_4$ は一定の沸点をもたない気体で,空気中で発煙する.ヘクサフルオロケイ酸 H$_2$SiF$_6$ は SiF$_4$ を水に溶かし,フッ化水素酸を加えて濃縮す

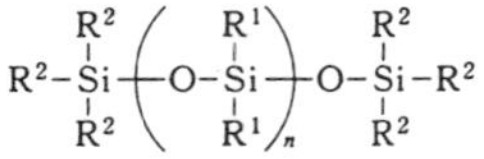

54 ケイ素

$$\text{R}^2-\underset{\underset{\text{R}^2}{|}}{\overset{\overset{\text{R}^2}{|}}{\text{Si}}}-\left(\text{O}-\underset{\underset{\text{R}^1}{|}}{\overset{\overset{\text{R}^1}{|}}{\text{Si}}}\right)_n-\text{O}-\underset{\underset{\text{R}^2}{|}}{\overset{\overset{\text{R}^2}{|}}{\text{Si}}}-\text{R}^2$$

R^1, R^2 はメチル基,フェニル基,水素など

シリコーン油

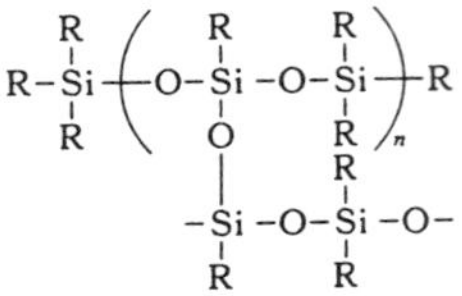

シリコーン樹脂

図 14.1

ると得られ,多くの元素との塩が知られる.一般式 Si_nX_{2n+2} により表せる高分子量のハロゲン化物が知られ,フッ素の場合は $Si_{16}X_{34}$ までがつくられている.シリコーンは,有機基をもつケイ素と酸素が交互に結合して生成した鎖をもつ高分子の総称で,図 14.1 に示す構造をもち,シランの塩素置換体 $(CH_3)_3SiCl$, $(CH_3)_2SiCl_2$, CH_3SiCl_3 などを原料として製造される.難燃性で,電気絶縁性がよく,薬品にも強いなどの特性をもち,$-50°$から $200°$の範囲で性質が大きくは変化しないことから,広く利用される高分子物質である.

二酸化ケイ素 SiO_2 は最もよく研究された化学物質の一つである.無水ケイ酸とも呼ばれ,鉱物学・岩石学などではシリカという通称が用いられる.天然には少なくとも6種類の変態,すなわち α-石英,β-石英,リンケイ石,クリストバル石,コーサイト,スティショブ石が存在する.どの化合物も SiO_4 の正四面体構造のすべての酸素にそれぞれ異なったケイ素原子が結合する三次元構造をもち,配列の差が結晶形の差になる.α-石英(密度 2650 kg m^{-3})は低温石英とも呼ばれ,地殻を構成する岩石の中に広く分布する.純粋なものは無色で,不純物の存在によって着色する.大きな結晶を水晶といい,微結晶の集まりとして産出するものに玉髄,メノウ,碧玉がある.β-石英(密度 2530 kg m^{-3})は高温石英とも呼ばれ,火成岩の中から産出するが,常温では不安定で,徐々に α-石英に転移する.リンケイ石(密度 2260 kg m^{-3})・クリストバル石(密度 2330 kg m^{-3})にも低温型と高温型があり,いずれもガラス状の光沢をもつ.コーサイト(密度 2910 kg m^{-3}),スティショブ石(密度 4290 kg m^{-3})は高圧の状態のみ安定で,地表には存在しないとされてきたが,アメリカのアリゾナの隕石孔の中で隕石の衝突の際の衝撃によって生成したものが発見された.密度のみからみても変態間の差は大きい.この他に無定形の SiO_2 の存在も知られている.二酸化ケイ素はフッ化水素酸によく溶けるが,その他の無機酸には溶けない.濃いアルカリ水溶液には侵され,溶融アルカリにはたやすく溶解する.

二酸化ケイ素を融解し,冷却すると石英ガラスになる.熱膨張係数が小さく,急熱急冷に耐える.石英の粉末を水酸化ナトリウムまたは炭酸ナトリウムと融解後,冷却し,水を加えて長時間加熱して得られるシロップ状の物質は水ガラスと呼ばれ,数種類のケイ酸ナトリウムの混合物である.水

ガラスに塩酸を加えると，白色ゼラチン状の物質が沈殿し，これを乾燥すると組成が $SiO_2 \cdot H_2O$ に近くなり，H_2SiO_3 と表し，ときにはメタケイ酸と呼ぶ．上記の沈殿を減圧乾燥してシリカゲルがつくられる．乾燥剤として役立ち，吸着能力が弱くなったときは加熱乾燥すれば再び能力を回復する．

二酸化ケイ素に炭酸ナトリウムあるいは炭酸カルシウムを加えて融解すると，二酸化炭素が失われて高粘度の液体になる．これが固化したものがガラスであり，一定の融点をもたず，徐々に軟化し，最後は液体になる．使用目的に応じてさまざまなガラスがつくられている．

ケイ酸塩は SiO_4^{4-} を基本とする一連の化合物で，図 14.2 に示す通りさまざまな結

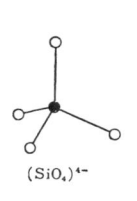

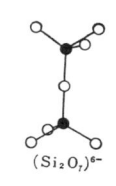

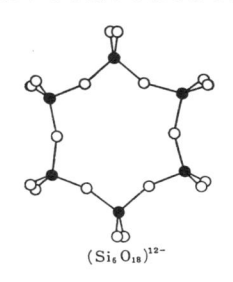

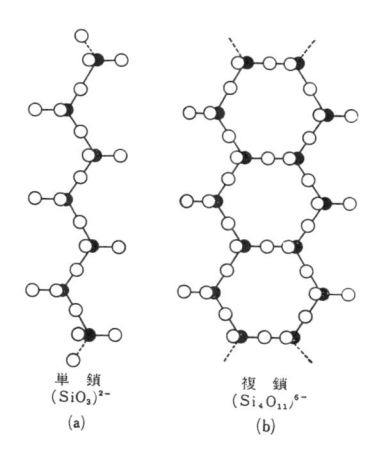

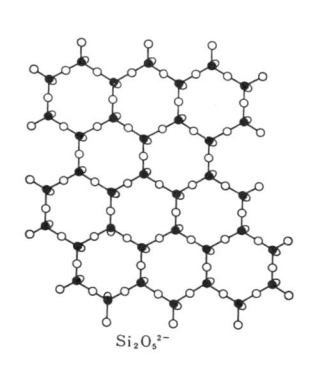

$(SiO_4)^{4-}$ $(Si_2O_7)^{6-}$ $(Si_6O_{18})^{12-}$

ネソケイ酸塩   ソロケイ酸塩   シクロケイ酸塩

単鎖 $(SiO_3)^{2-}$ (a)   複鎖 $(Si_4O_{11})^{6-}$ (b) $Si_2O_5^{2-}$

イノケイ酸塩   フィロケイ酸塩

図 14.2

合様式をもつ化合物が知られている．以下にその概要を記すが，化学の立場と岩石学の発想では，多少の差がある．ここでは，主として後者に従う．

（1）ネソケイ酸塩：孤立した SiO_4 四面体を含み，Mg^{2+} のような2価イオンと結合している．鉱物としてカンラン石 $(Mg, Fe)_2SiO_4$ がある．

（2）ソロケイ酸塩：孤立した SiO_4 四面体が対になり，一個の酸素が共有される．$Si_2O_7^{6-}$ が含まれ，鉱物としてメリライト $Ca_2MgSi_2O_7$ がある．

（3）シクロケイ酸塩：3, 4, 6個の四面体から成る孤立した閉じた環ができて，2個の酸素が共有される．鉱物としてエメラルド $Al_2Be_3Si_6O_{18}$ がある．

（4）イノケイ酸塩：四面体の連続した単独の鎖をつくり，2個の酸素が共有される場合があり，鉱物として輝石（代表例：ハイパーシン $(Mg, Fe)SiO_3$）がある．また四面体の連続した複数の鎖をつくり，2個と3個の酸素が交互に共有されることもある．鉱物として角閃石（代表例：トレモライト $Ca_2Mg_5Si_8O_{22}(OH)_2$）がある．

（5）フィロケイ酸塩：六角形の網目の連続した層をなし，3個の酸素が共有される．鉱物として蛇紋石 $Mg_3Si_2O_5(OH)_4$，雲母（代表例：白雲母 $KAl_2(AlSi_3O_{10})(OH, F)_2$）がある．蛇紋石をもとにしてアスベスト（石綿）ができる．雲母はある方向にはがれやすい性質をもつが，その性質はこの層状構造と関係している．

（6）テクトケイ酸塩：四面体の網目構造をなし，4個の酸素がすべて共有される．石英が鉱物の代表であり，他に長石（代表例：オーソクレース $K(AlSi_3)O_8$），準長石（代表例：ネフェリン $Na(AlSi)O_4$）がある．

N. L. Bowen の反応系列の発想によると，マグマが冷却するにつれてより複雑なケイ酸塩鉱物が晶出する．火成岩の形成と鉱物の結晶構造が密接に関連している事実は興味深い．ゼオライト（沸石）は天然に産出するアルミニウムを含むケイ酸塩であるが，人工的にも合成されている．

[用途] ケイ素の用途は非常に幅が広い．アスベストは繊維状のケイ酸塩鉱物であり，以前は建築関係などで使われていたが，人体への悪影響が問題になるにつれ使用量は激減した．フェロシリコンは製鋼業において脱酸剤として用いられている．

油状のシリコーンは熱媒体，ワックス，消泡剤，整泡剤，離型剤などとして利用され，ゴム状のものは耐溶媒性のホース，チューブ，ゴム栓などの形で医学用にも用いられ，樹脂状の製品の用途は電気絶縁剤，塗料などである．

ガラスは工業用，家庭用に古くから広く用いられ，窓ガラス，食器，鏡，メガネレンズ，プリズムなどとして親しまれている．

ガラス繊維は断熱材，吸音材などとして役立ち，プラスチックの強化にも利用される．ゼオライトは，イオン交換体，吸着剤として不純物の除去，同種の物質の分離などに利用され，ときには分子ふるい（molecular sieve）と呼ばれ，触媒としても有機化学工業で利用されつつある．炭化ケイ素は研磨剤，抵抗体，耐火材として用いられ，シリカゲルは家庭用にも利用される使いやすい優秀な乾燥剤である．

半導体材料としてのケイ素の利用の重要性はいくら強調してもし過ぎることはあるまい．量は多くないが，最高純度の製品を要する．アモルファスの単体は太陽電池として注目されている．セラミックスは，基

本的成分が無機非金属物質から成り立つ製品の製造利用に関する技術をいうが,転じてその製品を呼ぶ場合が多く,その中心をなすのはケイ酸塩化合物である.セメントの製造の際にもケイ酸塩鉱物の添加が必要であり,ケイ素と人間生活の関係は非常に深い.

[**トピックス**] 半導体とは

固体は,電導性の有無によって電気を通さない不導体,電気を通しやすい導体(金属など)に分類されるが,両者の間に入る半導体と呼ばれる一群の物質がある.半導体と不導体の区別は必ずしも明確ではないが,典型的な半導体であるケイ素の電気伝導度は光照射の有無,温度の高低,不純物の量によって大きく変化し,金属の場合と異なり温度上昇とともに増加する.

このような性質はバンド理論(band theory)によって説明できる.価電子が充満する価電子帯(valence band)と電子の空白地帯である伝導帯(conduction band)の間に,絶縁体では 10 eV 程度のエネルギーギャップがあるが,ケイ素では 0.7 eV に過ぎない.この程度のエネルギーギャップでは,温度上昇とともに価電子帯に存在する電子の一部が伝導帯へと励起される.伝導帯に移った電子が自由に運動できるのに対し,価電子帯には空準位(正孔)が生じ,その近くの準位に存在する電子がたやすく移ることができるので,正孔が自由に動くようにみえる.結果として,半導体では電気が励起電子と正孔によって導かれ,それらの数は温度上昇とともに増加し,電気伝導度は増加する.ゲルマニウムも 1.1 eV のエネルギーギャップをもち,同じような性質を示す.このように不純物によらずに半導体の性質を示す物質を真性半導体というが,その性質を示す元素はこの二つにほぼ限られる.

多くの半導体は,不純物の存在によって半導体の性質を示し,不純物半導体と呼ばれる.ゲルマニウム(14(4B)族元素)に 13(3B)族元素(たとえば Ga)の微量を加えると,Ga は電子が 1 個不足なので,隣の Ge 原子から電子を受け取り,Ga$^-$ となる.電子を失って生じた Ge$^+$ は隣の原子から電子を奪い,その結果として正孔が結晶中を移動する.このような電子受容体(アクセプター)の不純物を含む半導体を p 型半導体という.ゲルマニウムに微量の 15(5B)族元素(たとえば As)を添加すると,As 原子の 1 個の価電子が励起された際に価電子帯に移り,電気伝導の担い手となる.As のような電子供与体(ドナー)を含む半導体を n 型半導体という.

1948 年,ベル電話研究所の W. Shockley, W. Brattain, J. Bardeen はゲルマニウムを用いてトランジスターをつくりだした.電子管に比べて小型で,寿命が長く,消費電力が低く,電子装置の小型化,低電力化を可能とした注目すべき発明である.初期の製品は動作不安定であったが,高性能の新型トランジスターの開発が続き,製造工程の自動化が進み,品質も大幅に向上した.開発が遅れていたシリコン・トランジスターの生産も軌道に乗り,真空管は大電力回路を除いてトランジスターによって置き換えられた.半導体革命は集積回路(IC)の時代に移り,現在の高性能パソコンに代表されるエレクトロニクス万能時代に至る.

単体をもとにする半導体の他にヒ化ガリウム GaAs などの化合物半導体,ペレリン-臭素錯体に代表される有機半導体が知られている.

(古川)

15 リン P

phosphorus Phosphor phosphore фосфор 磷 lín

[**起　源**] 1669年ハンブルグの商人H. Brandは，銀を金に変える液体をつくろうとして，尿を蒸発した後に空気を遮断して強熱したところ，今日リンと呼ばれる物質を得た．彼はその製法を秘密にしていたが，他の錬金術師も同種の製法でつくり出すようになり，リンそれ自身が光を放出する性質をもつことが一般の注意をひくようになった．1680年R. Boyleは，操作を改良して英国王立協会にこの製法について解説する論文を提出し，その後に酸化物とリン酸をつくった．ギリシャ語でphosは光，phorosは運ぶものを意味し，17世紀には暗い場所で光るもの一般の名称であったが，それをこの物質に用いるようになった．1771年にスウェーデンのC. W. Scheeleが，それまでの製法を骨灰（リン酸カルシウムを主成分とする）を原料とする方法に転換するまでは，リンは非常に高価であった．1780年スウェーデンのJ. G. Gahnはリンと鉛から成る鉱物を発見し，J. BergmanとJ. L. Proustはリン灰石がリンを含むことを知った．フランスのA. L. Lavoisierは，燃焼の理論の解明にあたって主にリンについて研究を進め，リンが元素であることを確実にした．リンは，まず生物起源の試料中に見出され，約1世紀後に鉱物中の存在が確認されたが，このような例は元素発見の歴史の中ではきわめて珍しい．

[**存　在**] 地球上岩石中の存在量は0.1%で，すべてリン酸塩の形をとる．地球外物質である鉄隕石の中では，還元された化学形のリン化物 $(Ni, Fe)_3P$ が存在する．200種類以上のリン酸塩鉱物が知られているが，最も重要なのはリン灰石（apatite）の系列に属する鉱物である．その一般式は $3Ca_3(PO_4)_2 \cdot CaX_2$（XはF, Cl, OHなど）で表され，フッ素リン灰石 $Ca_5(PO_4)_3F$ が最も一般的である．この他に非晶質のリン酸塩岩石であるリン灰土（phosphorite）があるが，組成はリン灰石に近い．これらが資源として重要であり，アメリカ，ロシア，モロッコ，オーストラリアなどが主要な産地である．最大の産出量を誇ったモロッコの埋蔵量は減少しつつある．

地球上におけるリンの循環は，揮発性化合物が生成しにくいために，水圏を経由する過程が重要であり，かつ生物圏の寄与が大きい．陸地から河川をへて海に達したリン化合物の一部は植物プランクトンに取り込まれ，その大部分はプランクトンの死とともに海底に至る．海水中のリンは主として HPO_4^{2-} の形で存在するが，Ca^{2+}, Al^{3+}, Fe^{3+} などと不溶性化合物をつくって徐々に海底に沈積する．このような過程の影響で，海水中のリン酸塩の濃度は1000mまで深さとともに増加し，その後は一定となる（他の栄養塩，NO_3^-, SiO_2 など，も同じような濃度変化を示す）．世界的にみたよい漁場は，栄養塩の多い海水がせり上る地域（中

データ・ノート

原子量	30.973762
存在度　地殻	1000 ppm
宇宙 ($Si=10^6$)	$1.04×10^4$
原子構造	$3s^2 3p^3$
原子価	1, 3, 4, 5
イオン化ポテンシャル（kJ mol^{-1}）	1011.7
イオン半径 (pm)	$^{3+}44$, $^{3-}212$
密　度（kg m^{-3}）	1820
融　点（°C）	44.1
沸　点（°C）	280
線膨張係数（10^{-6} K^{-1}）	124.5
熱伝導率（W m^{-1} K^{-1}）	0.235
電気抵抗率（10^{-8} Ωm）	—
地球埋蔵量 (t)	$1.0×10^{10}$
年間生産量 (t)　　　（単体）	$1×10^6$
（リン酸塩岩石）	$1×10^8$

部太平洋など）に集中している．安定していたリンの自然における循環に，人間活動は大きく影響した．洗剤中のリン化合物を含む生活排水や下水処理の廃水が湖沼・内海などに流入した場合，「富栄養化」の状態に達し，プランクトンが増え過ぎて，水質が汚濁される．

生体中には重要なリン化合物が多い．有機リン酸塩は，遺伝の発現に決定的な役割を果たす核酸(デオキシリボ核酸，DNAおよびリボ核酸，RNA)を始めとして，生体内のエネルギーの貯蔵，供給，運搬などに寄与するアデノシン三リン酸（ATP）のような重要な化合物に含まれている．高等生物では，リン酸カルシウムが骨や歯を形づくり，丈夫で溶けにくいフッ素リン灰石に似た物質が歯の表面を保護している．

[**同位体**] ^{31}P が唯一の安定同位体である．スピンは 1/2 で，核磁気共鳴吸収の測定に都合がよい．放射性同位体の中で ^{32}P (14.26 日, $E_β=1.709$ MeV) が最も重要であり，原子炉内で ^{32}S(n, p) 反応で大量に製造され，トレーサーとして生物科学の分野で広く利用されている．^{33}P(25.3 日, $E_β=0.248$ MeV) もオートラジオグラフィーなどに利用されたが，高価なために利用は一般に普及しなかった．

[**製　法**] 古くは骨灰，尿などの生体試料から製造したが，現在ではリン灰石を原料とする．リン灰石，コークス，ケイ石を粉砕混合し，電気炉中で加熱し，以下の反応によってリンの蒸気を生成させる．

$$2\,Ca_3(PO_4)_2 + 6\,SiO_2 + 10\,C \xrightarrow{1500°C} 6\,CaSiO_3 + 10\,CO + P_4$$

この蒸気を凝縮器に導き，水中で凝固させると黄リンが得られ，それを空気を遮断して約 300°C に加熱すると赤リンになる．

[**性　質**] リンには多くの同素体があり，少なくとも 5 種類の異なった結晶形が知られている．黄リンは淡黄色の透明なろうのような固体であるが，純粋なものは立方晶系に属する無色の結晶で α 白リン（融点 44.1°C, 沸点 280°C, 密度 1823 kg m^{-3}）と呼ばれる．α 白リンを -77°C 以下に冷却すると六方晶系の β 白リン（密度 1880 kg m^{-3}）に変る．白リンでは正四面体構造の P_4 が存在し，液体中でもこの構造が保たれる．

表 15.1　リンの同位体

同位体	半減期 存在度	主な壊変形式
P-29	4.14 s	$β^+$
30	2.50 m	$β^+$ 99.9%, EC 0.13%
31	100%	
32	14.26 d	$β^-$, no γ
33	25.3 d	$β^-$, no γ
34	12.43 s	$β^-$

気体中では，800°まではP_4分子のみが存在し，それ以上の温度では一部がP_2分子に解離する．赤リンは無定形の物質で，白リンより密度が高く（〜2160 kg m^{-3}），加熱によりさまざまな結晶形に変る．600°Cに加熱すると立方晶系の変態になり，鉛と加熱後に冷却すると紫リン（単斜晶系）が得られる．これらの同素体は，白リンと異なり，リンどうしが結合した高分子の形をとる．熱力学的に安定な黒リンは，白リンを12000気圧の高圧下で200°Cに加熱すると非晶質の物質として生成し，15000気圧にすると斜方晶系に変り，さらに圧力を上げると，菱面体晶系および立方晶系に属する黒リンが得られる．斜方晶系の黒リンの融点は〜610°Cで，層状構造を示す．黒リンは半導体の性質を示す．

白リンの湿った空気中における発光は化学ルミネッセンスの最初の例である．同素体による反応性の差は大きく，白リン，赤リン，黒リンと移るにつれて反応性も溶解度も減少する．Sb，Bi，希ガス以外のすべての元素と二元化合物を生じ，ハロゲンおよびO_2とは室温で反応し，白熱に至る．硫黄，アルカリ金属とは加熱時に反応し，多くの金属と直接化合する．白リンと熱水溶液との反応は多様な生成物を与える．

[**主な化合物**] リン化物は，通常リンと特定の元素を真空中，または不活性気体中で加熱してつくられるが，ホスフィンPH_3とTiの反応（$PH_3 + 2\,Ti \xrightarrow{800°C} Ti_2P$）などによっても生成する．さまざまな組成のリン化物が知られ，ニッケルでは少なくとも8種類（Ni_3P, Ni_5P_2, $Ni_{12}P_5$, NiP_2, Ni_5P_4, NiP, NiP_2, NiP_3）に達する．性質は変化に富み，水と反応してPH_3を生ずるCa_3P_2, AlPから反応性の低いW_3Pに及ぶ．AlP, GaPは重要な化合物半導体である．

PH_3は，反応性の高い，毒性の強い，無色の気体（融点-133.5°C, 沸点-87.7°C）で，空気中で燃えるとリン酸H_3PO_4になる．水には少量しか溶けないが，有機化合物，とくに二硫化炭素，トリクロロ酢酸によく溶ける（常温で$1\,l$のCS_2に$10\,l$のPH_3の気体が溶ける）．H$^-$を他の原子団で置換した$P(CH_3)_3$, $P(C_6H_5)_3$のような多くの関連化合物が知られている．

ハロゲン化物にはP_2X_4, PX_3, PX_5（X = F, Cl, Br, I）の三つの型があり，12種類すべてがつくられている．三塩化リンPCl_3は無色の液体（融点-93.6°C, 沸点76.1°C）で，工業的にはリンと塩素の直接反応で製造される．PCl_3は置換反応を受けやすく，多くの有機リン化合物合成への出発物質となる．アルコール（ROH）と反応して$P(OR)_3$となり，グリニャール試薬（RMgX）との反応ではPR_3が生ずる．PCl_3のかなりの部分はO_2との反応によって塩化オキシリン$POCl_3$に変えられる．$POCl_3$は有機リン酸エステルの製造などに広く利用される．PCl_3の塩素化を進めると，五塩化リンPCl_5が得られる．PCl_5は昇華しやすい結晶（融点167°C, 昇華点160°C）で，300°C以上でPCl_3とCl_2に分解する．PCl_5は有機反応における塩素化剤として用いられる．

リンを酸素の不足する状態で燃焼させると三酸化二リンP_4O_6が得られる．無色揮発性の結晶（融点23.8°C, 沸点175.4°C）で，水と反応して亜リン酸H_3PO_3となり，空気中で加熱すると五酸化二リンP_4O_{10}に変る．P_4O_{10}は最も重要なリンの酸化物で，通常五酸化リンと呼ばれ，リンを空気中で加熱すると生ずる白色粉末（融点420°C）で，融点より低い温度から昇華が始まる．

P_4O_{10} は P_4 の正四面体構造を骨格とした構造をもち，さらに P 原子に O 原子 4 個が結合した別の四面体構造が存在する（図 15.1 参照）．この $\{PO_4\}$ の原子団は，リンの化学を考える際に最も重要な構造の単位である．吸湿性がきわめて強く，強力な乾燥剤であるが，表面に加水分解生成物の層ができて効率が落ちやすいので，しばしばガラス綿などの中に分散させて用いる．P_4O_{10} は有機合成反応の縮合剤として利用され，強力な脱水剤としても使われる．H_2SO_4 から SO_3 が生じ，HNO_3 は N_2O_5 になり，エタノール C_2H_5OH がエチレン C_2H_4 に変る．

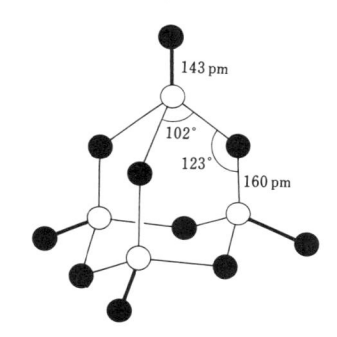

図 15.1　五酸化二リンの構造
（○がリン，●が酸素）

リンには多くの酸素酸が知られているが，いずれも P-OH の結合をもち，この H 原子が解離し，P-H 結合の H は解離しない．P 一つを含む酸素酸イオンには，次亜リン酸 $H_2PO_2^-$，亜リン酸 HPO_3^{2-}，リン酸 PO_4^{3-} の三つがあり，すべて P を中心原子とする四面体構造をとる．次亜リン酸（ホスフィン酸）は，白リンと石灰水の反応によって生成する（$2P_4 + 3Ca(OH)_2 + 6H_2O \longrightarrow 2PH_3 + 3Ca(H_2PO_2)_2$）．遊離の酸は，次亜リン酸塩の溶液を酸で中和した後に，エチルエーテルで抽出して得られる白色結晶（融点 26.5℃）で，一塩基酸である（pK=1.1）．塩，遊離酸ともに強い還元剤であり，次亜リン酸ナトリウム $NaH_2PO_2 \cdot H_2O$ はニッケルの無電解めっきに利用される．亜リン酸（ホスフォン酸）は，PCl_3 と水の反応に生成する（$PCl_3 + 3H_2O \longrightarrow H_3PO_3 + 3HCl$）．透明で潮解性の結晶（融点 70.1℃）で，水溶液は二塩基酸（$pK_1 = 1.3$, $pK_2 = 6.7$）としてふるまう．遊離酸，塩ともに強い還元剤である．

オルトリン酸 H_3PO_4 はリン酸として知られ，ときには正リン酸とも呼ばれる．工業的には，① リンを酸化して P_4O_{10} とし，水または 50% のリン酸に吸収させる（焼成リン酸）か，② リン灰石を硫酸で処理して，$CaSO_4$ を沪過してつくる（溶成リン酸）．高純度の製品は①によって得られるが，エネルギー消費量が大きいなどの理由から②が広く用いられている．純粋なリン酸は無色の固体（融点 42.35℃）で，潮解性が強い．三塩基酸（$pK_1 = 2.15$, $pK_2 = 7.20$, $pK_3 = 12.37$）で，濃い水溶液の粘度は高い．リン酸には，P 原子を 2 個以上含む「縮合リン酸」が多数存在する．その中に含まれる P-O-P 結合が鎖状につながったものをポリリン酸（2～17 の P 原子をもつ），環状になったものをメタリン酸（3 個以上の P 原子をもつ）と呼ぶ．ポリリン酸イオンは $[P_nO_{3n+1}]^{(n+2)-}$ の一般式をもつが，$n=2$ のものをピロリン酸または二リン酸，$n=3$ のものをトリポリリン酸または三リン酸という．ピロリン酸（$H_4P_2O_7$）はリン酸を 200℃ から 300℃ に加熱すると生成する固体（融点 71.5℃）で，水によく溶ける．常温では，水溶液中でリン酸に分解せず，酸とし

てリン酸より強い酸(pK_1~1.0, pK_2~1.8, pK_3=6.57, pK_4=9.62)である.H_3PO_4の化学式に相当するP_2O_5の量(72.7%)より多量のP_2O_5を含むリン酸をしばしば「強リン酸」という.三塩基酸であるリン酸からNaH_2PO_4, Na_2HPO_4, Na_3PO_4のような3種類の塩がつくられ,縮合リン酸の存在によってきわめて多種類の塩の製造が可能になる.アルカリ金属のリン酸塩は水に溶けるが,他の多くの塩は難溶性である.Zr,Ceのような+4価の陽イオンは,かなり酸性の強い水溶液から不溶性のリン酸塩を沈殿させる.その多くは酸性塩で,残っている水素はイオン交換性をもつ.

多くの有機リン化合物がつくられているが,有機リン酸エステル(リン酸トリブチル,$PO(OC_4H_9)_3$など)のようなリン酸関連化合物は実用上非常に重要である.

[**用途**] とくにリン酸とその関連化合物として用いられる.「リン酸」は窒素,カリとともに「肥料の三要素」として知られ,現在でも肥料製造に向けられる量が最も大きい.現在では,過リン酸石灰(主成分,$Ca(H_2PO_4)_2$および$CaSO_4$)の生産量が激減し,重過リン酸石灰$Ca(H_2PO_4)_2$の生産はのび悩み,リン酸アンモニウム系肥料の重要性が高まっている.リン酸一アンモニウム$NH_4H_2PO_4$およびリン酸二アンモニウム$(NH_4)_2HPO_4$は固型肥料として,ポリリン酸アンモニウムは液体肥料として利用される.焼成リン肥,溶成リン肥,トーマスリン肥なども利用されていた.

リン酸三ナトリウムNa_3PO_4は,水溶液中で強いアルカリ性を示し,金属表面の浄化剤などに用いられ,次亜塩素酸ナトリウム$NaOCl$との混合物は強力な洗剤である.リン酸水素ナトリウムNa_2HPO_4はチーズ・ハムの製造の際に用いられ,ケーキ・ミックス粉やコーン・フレイクなどに加えられることもあり,pHを一定にする緩衝溶液の一成分である.リン酸二水素ナトリウムNaH_2PO_4は,ボイラー水のpH調節に用いられ,金属の表面処理にも応用される.三リン酸五ナトリウム$Na_5P_3O_{10}$は洗剤中に添加されていたが,環境への配慮から使用が制限されるようになり,国内ではほとんど用いていない.リン酸三カリウムK_3PO_4は気相からのH_2Sの除去に用いられ,リン酸一水素カリウムK_2HPO_4の少量は自動車用の不凍液に加えられている.$(NH_4)_2HPO_4$, $(NH_4)H_2PO_4$は繊維製品などの難燃化にも用いられる.リン酸二水素カルシウム$Ca(HPO_4)_2$はベーキングパウダーに含まれ,飼料にも添加されている.リン酸水素カルシウム$CaHPO_4$は練歯磨中の研摩剤であり,フッ素を含む歯磨の中には二リン酸カルシウム$Ca_2P_2O_7$が用いられる.

リン酸は金属の表面処理に利用され,コーラなどには0.01%程度のリン酸が添加されている.けい藻土などに吸着されたリン酸は,工業用の酸触媒として,オレフィンの水和によるアルコールの製造などに利用される.$(C_6H_5)_3P$から出発する試薬によってカルボニル化合物をオレフィンに変え

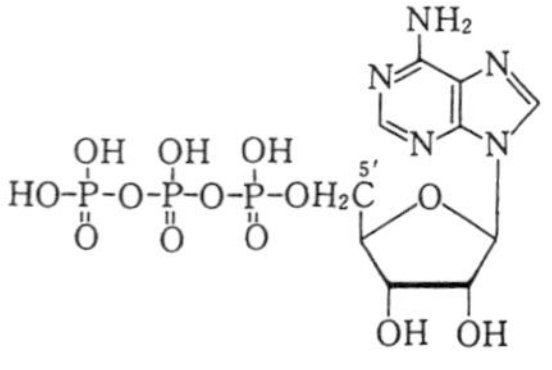

図15.2 ATPの構造

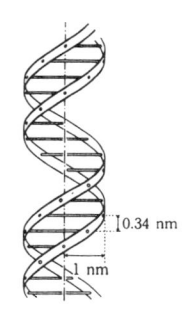

図 15.3 DNA の二重らせん構造

図 15.4 DNA を構成する塩基間の水素結合
（R はデオキシリボース）

るウィッティッヒ反応のような有機合成化学へのリン化合物の応用例も多い．

リン酸トリブチルは消泡剤として製紙工業などで用いられるが，核燃料を再処理するピューレックス法ではウラン・プルトニウム抽出の際の溶媒として利用される．農薬としての利用も多く，パラチオンのように高い毒性のために使用中止になったものもあるが，マラチオン（商品名マラソン），フェニトロチオン（商品名スミチオン）のような殺虫剤，リン酸エステル系の殺菌剤などがあげられる．ある種のリン化合物は化学兵器の原料として開発されていた．

[**トピックス**] DNA と RNA

リンは生物活動と縁の深い元素である．有機塩基（例，アデニン）と糖（例，リボース）の結合したものをヌクレオシドといい，そのリン酸エステルをヌクレオチドと呼ぶ．ATP はアデニン，β-D-リボースおよび三リン酸から成るヌクレオチドである．ATP が加水分解を受ける際に，筋肉の収縮，タンパク質の生合成などに必要なエネルギーが放出される．

核酸はヌクレオチドが連続して結合した鎖状高分子物質である．DNA は 2′ デオキシリボースおよびアデニン (A)，グアニン (G)，シトシン (C)，チミン (T) の4種の塩基を含み，共通の軸を中心に2本の鎖がからみ合うような構造をとる．一方の鎖から中心軸を向いた塩基が他の鎖の塩基と A と T，C と G という相補性に基づく水素結合をつくって構造を安定化している．1953年に J. D. Watson と F. C. Crick によって提案されたこの構造は完全に実証され，DNA が遺伝子の本体であることの確証への第一歩となった．RNA はリボース，およびアデニン，グアニン，シトシン，ウラシルの4種の塩基を含み，通常は一本鎖の構造をとる．機能的にはメッセンジャー RNA (mRNA)，転移 RNA (tRNA)，リボソーム RNA (rRNA) に分類されるが，その他にウィルスを構成するウィルス RNA (vRNA) がある．その生物学的機能は多様であり，タンパク質の生合成への関与に始まり，酵素活性の制御に至る．

(古川)

16 硫 黄 S

sulphur　Sulfur　soufre　cepa　硫 liú
sulfur(米)　Schwefel(m)

[**起　源**]　硫黄は天然に結晶として産出するので, 古代からよく知られ, 基本的な元素と考えられ, とくに錬金術師にとっては最も根源的な物質であった. 古代の中国, エジプト, インド, ローマなど, すべて硫黄についての記述や文化技術があり今日に残されている. 硫黄 sulfur の名は, 直接にはラテン語の sulpur(硫黄)からきたものである. さらにそのもとは, 一説には中央アジアのトカラ語 salp(燃やす)から, また別の説ではサンスクリットの sulvere(火のもと)からきたものである. 硫黄と同様に, 硫化水素 H_2S, 二酸化硫黄(亜硫酸ガス) SO_2 も古くから人類がよく知っていた化学物質であった.

[**存　在**]　天然における硫黄の存在は, 単体, H_2S, SO_2, 各種の金属の硫化物(黄鉄鉱など), 硫酸塩(セッコウなど)として古来よく知られている. そのことからもわかるように, 地球上でかなり多く存在する元素の一つである.

生物体の中においても, メチオニン $CH_3SCH_2CH_2CH(NH_2)\cdot COOH$ やシステイン $HSCH_2CH(NH_2)COOH$ のような含硫黄アミノ酸が重要な役割を担うなど, 硫黄はきわめて重要な元素の一つである.

硫黄を含む代表的な鉱物としては, 黄鉄鉱(FeS_2), 黄銅鉱($CuFeS_2$), 閃亜鉛鉱(ZnS), 方鉛鉱(PbS), 辰砂(HgS), 重晶石($BaSO_4$), 硫酸苦土($MgSO_4\cdot 7H_2O$), セッコウ($CaSO_4\cdot 2H_2O$), 硫カドミウム鉱(CdS), 輝水鉛鉱(MoS_2)などがある.

最近では天然の硫黄源としては, 天然ガスに含まれる H_2S や原油中の硫黄分が重要となっており, 硫酸塩はそれらからの工業的製造が大きな比重を占める.

海水中には硫酸塩の形で硫黄が含まれるが, その含有量は約 0.1% に達する.

[**同位体**]　天然に存在する安定同位体は ^{32}S, ^{33}S, ^{34}S, ^{36}S の四つである. 天然において同位体比が変動するので, 非常に正確な原子量は求め得ない(堆積岩中の硫黄の $^{34}S/^{32}S$ 比は, 隕石中に存在する硫化鉄(トロイライト)中の硫黄を基準に取ったときに, 約 4% 高い例から約 5% 低い試料まである). ^{35}S は塩素あるいは硫黄の原子炉中性子照射によって製造され, トレーサーとして生物科学の研究に用いられるが, 宇宙線と大気の相互作用によって生成するために雨水の中からも検出される.

表 16.1　硫黄の同位体

同位体	半減期 存在度	主な壊変形式
S-31	2.57 s	β^+
32	95.02%	
33	0.75%	
34	4.21%	
35	87.5 d	β^-, no γ
36	0.02%	
37	5.05 m	β^-
38	2.84 h	β^-

データ・ノート

原子量	32.066
存在度　地殻	260 ppm
宇宙（Si=10^6）	5.2×10^5
電子構造	$3s^2 3p^4$
原子価	2, 4, 6
イオン化ポテンシャル（kJ mol^{-1}）	999.6
イオン半径（pm）	$^{4+}37$, $^{6+}29$
密　度（kg m^{-3}）　2070 (α),	1957 (β)
融　点（℃）　119.0 (β),	112.8 (α)
沸　点（℃）	444.7
線膨張係数（10^{-6} K^{-1}）	74.3
熱伝導率（W m^{-1}K^{-1}）	0.269 (α)
電気抵抗率（10^{-8} Ωm）	—
地球埋蔵量（t）	2.5×10^9
年間生産量（t）	5×10^7

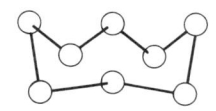

図 16.1　斜方硫黄の構造

[**製　法**]　工業的に硫黄を得るために日本で用いられてきた方法は焼取法と呼ばれ，硫黄の原鉱を乾留して硫黄を得る．またフラッシュ法は，過熱水蒸気を地下鉱床中に吹き込み硫黄分を融解し，これを圧縮空気で地上に押しあげるやり方である．これらから硫黄を精製するには，固体の昇華によるか，二硫化炭素に溶かして再結晶させるなどすればよい．

[**性　質**]　硫黄は，同素体の数が多く，すべての元素の中で最大であり，それぞれが温度などの条件で複雑に変化する．

　主要なものとしては，(1) 斜方晶系硫黄：α-硫黄（S_α）ともいい，室温では唯一このみが安定に存在する．分子の構造は S_8 の環状分子からなり，それがまた積み重なって結晶をつくる．二硫化炭素 CS_2 によく溶ける．(2) 単斜硫黄：β-硫黄（S_β）ともいい，高温（95.5 ℃以上）で安定な結晶．やはり S_8 環状分子よりなり，CS_2 によく溶ける．その他の硫黄の同素体としては，S_2, S_3, S_6, S_7, S_9, S_{10}, S_{11}, S_{12}, S_{18}, S_{20}, S_∞ などが知られている．

　固体の硫黄を加熱して融解すると，黄色の，透明な液体になるが，160 ℃以上で褐色に変り，粘度が著しく増加し，融解直後の値の約 1 万倍に達する．その後，温度上昇とともに粘度は減少に転じ，溶液の色は沸点近くで濃赤色になる．

　融解硫黄を水中に注ぐとゴム状となる．これが無定形（ゴム状）硫黄で，その構造はラセン状にイオン原子が連なったもの．放置すると S_α に戻る．

　硫黄は酸素族に属し，反応性に富み，ほとんどすべての種類の元素と反応し，多くの場合硫化物をつくるが，酸素など陰性の大きな元素とは，主として +4, +6 の酸化状態の各種の化合物をつくる．

[**主な化合物**]　酸化物としては，S_2O, SO_2, SO_3 が知られる．重要なのは，SO_2（亜硫酸ガス）で，硫黄を空気中で燃やせば得られる．水に溶けやすい無色の気体で，水溶液は酸性を示し，亜硫酸と呼ばれる．刺激性・有毒で，硫黄分を含む化石燃料（石炭・石油）の燃焼に伴って発生する SO_2 による大気汚染に伴って，気管支ぜんそくなどを発生させる．四日市，川崎などで多くの公害病患者を発生させた主要な原因物質である．最近では，酸性雨の原因物質としてとくに欧米で大きな問題となっている．三酸化硫黄 SO_3（無水硫酸）は，SO_2 と O_2 との

66　硫　　黄

反応によって生じ，水に激しく反応して溶け硫酸となる．SO_3の蒸気を$-80°C$以下にすると固体のγ型（氷状）が得られる．他に固体にはα，β型の二つがある．

酸素酸には，亜硫酸H_2SO_3，硫酸H_2SO_4，チオ硫酸$H_2S_2O_3$，亜ジチオン酸$H_2S_2O_4$，ピロ亜硫酸$H_2S_2O_5$，ジチオン酸$H_2S_2O_6$，ピロ硫酸$H_2S_2O_7$，ポリチオン酸$H_2S_xO_6$など多くが知られている．

硫酸は最も重要な硫黄化合物で，V_2O_5を触媒としてSO_2を酸化してSO_3をつくり（接触法），これを水に吸収させれば得られる．無色で粘性のある液体（融点$10.49°C$，比重$=1.834$，$18°C$）．市販の濃硫酸は濃度96％，比重$=1.84$，36規定で，強い脱水作用を示す．硫酸の水溶液（希硫酸）は強い酸であり，次のように二段に解離する．

$$H_2SO_4 + H_2O \rightleftharpoons HSO_4^- + H_3O^+$$
$$HSO_4^- + H_2O \rightleftharpoons SO_4^{2-} + H_3O^+$$
$$K_2 = 2 \times 10^{-2} \ (18°C)$$

H_2Sは火山ガス中に存在し，また硫黄を含むタンパク質の腐敗によっても発生し，古くから人間にとってなじみの化合物である．水に溶けて約$0.1M$の濃度の溶液となり，弱い酸性を示す．

$$H_2S + H_2O \rightleftharpoons HS^- + H_3O^+$$
$$K_1 = 1 \times 10^{-7}$$
$$HS^- + H_2O \rightleftharpoons S^{2-} + H_3O^+$$
$$K_2 \sim 1 \times 10^{-14}$$

還元剤として働いて自らは酸化されて硫黄になることが多い．

金属硫化物は，多くの金属について，その水溶液に硫化水素を通じるか，また金属と硫黄を高温で直接反応させて硫化物をつくることができる．前者の方法は分析化学においてよく利用される．酸性溶液から沈殿を生じるものにAg_2S（黒褐），HgS（黒，赤），PbS（黒），CuS（黒褐），CdS（赤黄），SnS（暗褐），SnS_2（黄）などがあり，アルカリ性溶液から沈殿するものにAl_2S_3（黄），FeS（淡褐），Fe_2S_3（黒），Cr_2S_3（褐）が知られている．

ハロゲン化物としては$+1$，$+2$，$+4$，$+6$価の硫黄の各種のハロゲン化物（SF，SF_2，…，SCl，SCl_2，SCl_4，など）が知られている．また，CS_2は重要な化合物で，赤熱した炭素の上に硫黄の蒸気を通じてつくる．純粋なものは無色の液体（融点$-111.6°C$，沸点$46.25°C$）で，硫黄，リン，ヨウ素，ゴム，油脂などのよい溶媒として用途が大きいが，毒性は強い．

その他硫黄の化合物は多く知られていて，有機硫黄化合物には生体に関連する物質を含めて重要なものが多い．

[**用　途**]　硫酸，二硫化炭素などの他の化学薬品の製造に用いられ，マッチおよび黒色火薬の原料となる．また，医薬品，農薬，染料などの製造原料として重要であり，それ自身が医薬としても用いられた（外用＝局所刺激剤，内用＝緩下剤）．硫化物および各種のオキシ酸塩は，広い分野で利用されている．

[**トピックス**]　歴史のなかの硫黄

ローマの大学者，老プリニウスは彼の著書のなかで硫黄と火山活動について書いているが，彼自身がかのポンペイを埋め尽したベスビオスの大噴火（紀元79年）の「硫黄の蒸気」（SO_2であろうという）で悲劇的な死をとげた．このように，古来から硫黄は火山活動と結び付き，したがって天上の火としてではなく，地下の火，地獄の火としておそれられ，また神秘性を伴ってみられてきたといえよう．たとえば，新約聖書「ヨハネの黙示録」には，頻繁に硫黄（brimstone) が登場する. 8.17「わたしは幻の中で馬とそれに乗っている者たちを見たが, その様子はこうであった. 彼らは, 炎, 紫, および硫黄の色の胸当てを着けており, 馬の頭は獅子の頭のようで, 口から火と煙と硫黄とを吐いていた.」18「その口から吐く火と煙と硫黄, この三つの災いで人間の三分の一が殺された.」(新共同訳 新約聖書より). また, 辰砂 Hg_2S は赤色の顔料として古くから知られていた. また, これを分解して水銀をとること, すなわち辰砂が硫黄と水銀の化合物であることも古くから知られていた.

このような硫黄は, また錬金術師たちにとっては, 最も神秘的でまた重要な根源物質であり, また硫化物は重要な試薬であった. 中国の錬金術では硝石と硫黄と炭の粉末の組合せ, すなわち黒色火薬に唐の時代には到達していた. 西洋では 1245 年頃に, かのロジャー・ベーコンが黒色火薬を発見した. 一方, イスラムの錬金術の流れは硫酸を生み出した.

硫黄は上述のように古来からその単体が天然に知られていたが, これをはっきり元素として確立したのは, J. L. Gay-Lussac と L. J. Thénard であった. (高木)

17 塩素 Cl

chlorine　Chlor　chlore　хлор　氯 lü

[起　源] 塩は相当古代から人間によって使われていた記録があり、また9～10世紀頃のアラビアにおいてすでに塩酸が発見されたが、単体の塩素を分離精製したのは、スウェーデンの化学者 C. W. Scheele であった(1774年). 彼は軟マンガン鉱に塩酸を作用させて黄緑色の気体を得た.

$MnO_2 + 4 HCl \longrightarrow MnCl_2 + 2 H_2O + Cl_2$

これが一応塩素の発見といえる.

ただし、Scheele の時代はフロジストン説が支配的で、物が燃えるのは酸素と化合するためではなく、物質から燃素＝フロジストンが放出されるためだと考えられていた. そのため Scheele は彼の得た気体を「脱フロジストン塩酸」と考え、化合物とみていた. A. L. Lavoisier はこのフロジストン説の誤りを明らかにしたが、彼は「すべての酸は酸素を含む」と考えていたため、塩酸の正しい化学式に到達せず、ようやく1810年に H. Davy が Lavoisier の酸概念を批判して塩素がこれ以上に分解できないことを主張するに至った. その意味では元素としての塩素の発見は、Davy に帰すべきともいえよう. chlorine の名の由来はギリシャ語の chloros (黄緑色) にちなむ. 日本語の塩素は、むしろ周期表の17 (7B) 属の総称 halogen に相応する (→ フッ素).

[存　在] 塩素は地殻中にかなり豊富に存在する元素であるが、単体では産出せず、すべて塩化物の形をとって天然に存在する. 最も主たるものは岩塩 (NaCl) で、イギリスの Cheshire, アメリカの New Mexico, カナダの Saskachewan などには、数百 km^2 の範囲にひろがり、厚さも数百 m に達するような巨大な岩塩層が存在する. 他の塩化物 KCl (カリ岩塩 sylvite), $K_2MgCl_4 \cdot 6 H_2O$ (光鹵石, carnallite) などとしても存在する. 一層大きな存在は、海水中の塩素である. 海水は約1.9重量%の塩素 (塩素イオンとして) を含み、死海では約17%にも達する. この量は岩石中の塩分が雨などによって溶け出し、河川を通じて海に到達したものとしては十分に説明できないと考えられるので、海水中の塩素の多くは火山活動によって地下から噴出したものとみられる. 塩素は生物体にとってもきわめて重要な元素で、人体にも平均して約100g存在して各種の役割を担っている.

表 17.1 塩素の同位体

同位体	半減期 存在度	主な壊変形式
Cl-33	2.51 s	β^+
34	1.526 s	β^+, no γ
34 m	32.0 m	β^+ 53.4%, IT 46.6%
35	75.77%	
36	3.01×10^5 y	β^- 98.2%, EC 1.8%, no γ
37	24.23%	
38	37.24 m	β^-
39	55.6 m	β^-

データ・ノート

原子量	35.4527
存在度　地殻	130 ppm
宇宙 ($Si=10^6$)	5240
電子構造	$[Ne]3s^23p^5$
原子価	1, 3, 5, 7
イオン化ポテンシャル ($kJ\ mol^{-1}$)	1251.1
イオン半径 (pm)	$^{1-}$181
密　度 ($kg\ m^{-3}$)	3.214 (0°C)
融　点 (°C)	−101.0
沸　点 (°C)	−34.0
線膨張係数 ($10^{-6}\ K^{-1}$)	—
熱伝導率 ($W\ m^{-1}\ K^{-1}$)	0.0089(Cl_2気体)
電気抵抗率 ($10^{-8}\ \Omega m$)	—
地球埋蔵量 (t)	$>10^{13}$
年間生産量 (t)(NaCl)	1.7×10^8

[同位体] 天然に存在する安定同位体は ^{35}Cl, ^{37}Cl の二つである.放射性核種としては, ^{36}Cl, ^{38}Cl, ^{39}Cl などが重要で, ^{38}Cl は原子炉中性子照射で生成する.雨水中には ^{39}Cl が検出される.これは大気中のアルゴンと宇宙線の核反応によって生じたもの ($^{40}Ar(n, np)^{39}Cl$ および $^{40}Ar(\mu^-, n)^{39}Cl$) である.また ^{36}Cl は半減期が非常に長い β^- 放射体であり,トレーサーとして役立つとともに,宇宙・地球化学的な意味ももつ.

[製法] 工業的な製造には,食塩水ないし食塩の溶融塩を電気分解する方法が用いられる.実験室的に得るには,塩酸に過マンガン酸カリウム,二酸化マンガンなどの強力な酸化剤を作用させる.たとえば,

$$2KMnO_4 + 16HCl \longrightarrow$$
$$2MnCl_2 + 2KCl + 5Cl_2 + 8H_2O$$

[性質] 黄緑色をした刺激臭のある有毒な気体(沸点 −34°C,融点 −101°C)で,化学的にはきわめて反応性に富む.フッ素と酸素に次いで電気的に陰性の元素で希ガス以外のほとんどの元素と反応して塩化物をつくる.とくに水素とは,光や熱を与えると激しく反応して塩化水素を生成する.窒素とは直接には化合しない.

[主な化合物] 塩化水素 HCl およびその水溶液の塩酸は,化学試薬としても工業用の化学物質としても最も頻繁に用いられるものの一つであり, H_2 と Cl_2 との直接反応が高純度の HCl を得る方法として用いられる. HCl は無色で刺激臭のある気体(融点 −114.7°C,沸点 −84.2°C)で,反応性に富む.塩化水素ないし塩酸を他の元素の単体,酸化物,水酸化物,炭酸塩などに作用させれば,ほとんどの元素について塩化物が得られる.他に重要な化合物としては酸化物と酸素酸がある.塩素の酸化物には一酸化塩素 Cl_2O (オレンジ色の気体),二酸化塩素 ClO_2 (黄緑色の気体),六塩化二塩素 Cl_2O_6 (暗赤色の液体),七塩化二塩素 Cl_2O_7 (無色の液体)などがあるが,いずれも不安定で爆発性をもつ.また酸素酸としては,次亜塩素酸 HClO,亜塩素酸 $HClO_2$,塩素酸 $HClO_3$,過塩素酸 $HClO_4$ のすべてが得られ,これらの塩もよく知られている.とくに漂白剤として用いられる次亜塩素酸ナトリウム NaClO,酸化剤や爆薬に用いられる塩素酸カリウム $KClO_3$,過塩素酸カリウム $KClO_4$ などが重要である.また過塩素酸アンモニウム NH_4ClO_4 は,スペースシャトルのブースター用に用いられている.これは,固体燃料(アルミニウム粉末)を酸化し,燃焼させるためで,1回のシャトルの打上げには 700 トンの NH_4ClO_4 を必要とするという.

塩素の強い毒性には注意を要する.粘膜を侵し,空気中濃度 0.003〜0.006% で鼻炎を生じ,咳が出る.長く接すると,呼吸困

難を生じ，命に影響が出る．有機塩素化物にも，近年その毒性から環境上の問題となる物質が多い．

[**用途**] 単体としての塩素は，その優れた酸化力から，酸化剤・漂白剤として広く利用されてきた．とくに漂白剤として，紙，パルプ，繊維などに，また上下水道やプールなどの殺菌・消毒剤としても用いられる．またその強い毒性は毒ガスとして，最初の化学兵器となった．塩素は他の物質の製造の化学工程にもよく用いられる（たとえば，海水中に存在する臭化物からの臭素の精製，チタン・マグネシウムなどの多くの金属の製造など）．

塩素はまた，さまざまな塩化物の合成に用いられ，その塩化物は広い用途をもつことは，すでによく知られているところである．とくに最近では有機塩化物ポリマーが化学繊維として飛躍的に発達したため，塩素の主な用途も有機塩素化合物モノマーの合成である．

たとえば，

$$CH_2 = CH_2 + Cl_2 \xrightarrow{FeCl_3} CH_2ClCH_2Cl$$

$$CH_2ClCH_2Cl \xrightarrow{450〜500℃} CH_2 = CHCl + HCl$$

により塩化ビニル CH_2CHCl を得る．

[**トピックス**] 塩素と太陽ニュートリノ

塩素は，食塩という形では，人類の最も古い時代から利用してきた化学物質といえるが，近年に及んでは塩化ビニルなど合成樹脂や医薬などにも広く使われ，また BHC，DDT，PCB，ダイオキシンなど多くの環境上の問題も生み出してきた．その意味でも最も古くかつ新しい元素の一つといえる．

最も現代的なトピックスの一つは，塩素が太陽ニュートリノの検出器となったことである．R.Davis の有名な実験では，地下 1000 m の鉱山跡に 40 万 l のテトラクロルエチレン (C_2Cl_4) をもちこんで，ニュートリノの検出が試みられた．これは，^{37}Cl 原子核とニュートリノの反応によって生じる ^{37}Ar (35 日) を検出定量しようというもので，ニュートリノの反応確率は小さいため，大量の C_2Cl_4 を必要とした．Davis らはこの測定に成功したが，長年の努力の結果得られた測定値は，理論的予想値の 3 分の 1 で，"ニュートリノ・ミステリー"などと呼ばれている．

[**コラム**] 有機ハロゲン化合物の問題

ハロゲンの有機化合物は，化学繊維や各種の薬品，とくに殺虫剤などの農薬に用いられてきた．しかし，その大半が環境中に持続して残存し，生態系を破壊したり遺伝毒性を有するなど，環境・健康上の問題が指摘され，公害問題を生じたりなかには使用禁止になったものが多いことに注意を要する．たとえば，DDT＝ジクロルジフェニルトリクロルエタン，BHC＝ベンゼンヘキサクロリド $C_6H_6Cl_6$，PCB＝ポリ塩素化ビフェニル，PVC＝ポリ塩化ビニルなど．またクロロフルオロカーボン＝フロン（→フッ素）や EDB＝二臭化エチレンなどもその一種である．

2.3.7.8-TCDD

とくに近年問題になっているのは，水道水中に存在するトリハロメタンで，これはクロロフォルム ($CHCl_3$)，ブロモフォルム

(CHBr₃)など，メタンの三ハロゲン化物が水道水の塩素消毒の残留塩素と有機物（藻など）が反応した結果として生じると考えられ，発がん性が大きな問題となっている．同じトリハロメタンのブロモジクロロメタン（CHCl₂Br），ジブロモクロロメタン（CHClBr₂）には催奇形性もあるとされる．このように，一時は化学工業の大きな成果とされたハロゲン化合物の化学は，一転環境上の大きな問題となって，見直されている．最も大きな問題は，ダイオキシンであろう．

ダイオキシンはポリクロロジベンゾダイオキシン（PCDD）の略称で，塩素の数によって数多くの化合物・異性体があるが，みな毒性が強い．とくに，2,3,7,8 テトラクロロジベンゾダイオキシン（TCDD）はその著しい毒性によってよく知られる．歴史的には，アメリカがベトナム戦争で使った 2,4,5 T 枯葉剤中の不純物ダイオキシンによる胎児の奇形などの被害，および，1976年7月にイタリアのセベソの農薬工場で起こった爆発事故に伴う汚染とがんなどの住民被害は有名である．これらダイオキシン類は一般にクロロフェノール類の合成の際に生じる不純物なので，日本でも使われている農薬など，その影響はベトナムやセベソだけでなく全地球的なものである．

[**コラム**] 海水中の元素の存在量（mg/l）

陸地の影響を受けない外洋の水の組成と考えてよい（表17.2）． (高木)

表 17.2

元素	存在量[1]	元素	存在量[1]
H	110,000	Rh	—
Li	0.18	Pb	—
Be	5.6×10^{-6}	Ag	4×10^{-5}
B	4.44	Cd	1.1×10^{-4}
C	28	In	1.1×10^{-7}
N	16	Sn	4×10^{-6}
O	883,000	Sb	2.4×10^{-4}
F	1.3	Te	—
Na	10,770	I	0.06
Mg	1,290	Cs	3×10^{-4}
Al	0.002	Ba	0.013
Si	2.2	La	3.4×10^{-6}
P	0.06	Ce	1.2×10^{-6}
S	905	Pr	6.4×10^{-7}
Cl	19,350	Nd	2.8×10^{-6}
K	399	Sm	4.5×10^{-7}
Ca	412	Eu	1.3×10^{-7}
Sc	6×10^{-7}	Gd	7×10^{-7}
Ti	0.001	Tb	1.4×10^{-7}
V	0.0025	Dy	9.1×10^{-7}
Cr	3×10^{-4}	Ho	2.2×10^{-7}
Mn	2×10^{-4}	Er	8.7×10^{-7}
Fe	0.002	Tm	1.7×10^{-7}
Co	2×10^{-5}	Yb	8.2×10^{-7}
Ni	6×10^{-4}	Lu	1.5×10^{-7}
Cu	0.00025	Hf	7×10^{-6}
Zn	0.0049	Ta	2×10^{-6}
Ga	3×10^{-5}	W	1×10^{-4}
Ge	5×10^{-5}	Re	4×10^{-6}
As	0.0037	Os	—
Se	2×10^{-4}	Ir	—
Br	67.3	Pt	—
Rb	0.12	Au	4×10^{-6}
Sr	7.9	Hg	3×10^{-5}
Y	1.3×10^{-5}	Tl	1.9×10^{-5}
Zr	3×10^{-5}	Pb	3×10^{-5}
Nb	1×10^{-5}	Bi	2×10^{-5}
Mo	0.01	Th	1×10^{-6}
Ru	7×10^{-7}	U	3.2×10^{-3}

1) H. J. M. Bowen, "Environmental Chemistry of the Elements", Academic Press (1979) による．

18 アルゴン Ar

argon Argon argon аргон 氩 yà

[起 源] Lord Rayleigh は，大気中から抽出して得た窒素よりも，アンモニアなどの化合物を分解して得た窒素のほうがほんのわずかだけ密度が小さいことを発見した．その差は 1000 分の 1 というわずかなものだったが，この事実を重視した Rayleigh は，*Nature*(1892 年 9 月 29 日号)に投稿し，原因究明に化学者たちの協力を求めた．これを受けて W. Ramsay も研究に加わり，大気中から新たな気体を分離することに成功し，分光学的に新元素であることを確認して，アルゴンと名づけた(1894 年)．アルゴンの名は，ギリシャ語の「働かない（不活性）」（anergon）による．

[存 在] 空気中に体積で 0.93% 存在し，決して少ない元素ではないが，そのほとんどは天然に存在する ^{40}K の K 電子捕獲による崩壊により生成したものである．

[同位体] 天然に存在する安定同位体は 3 種類で，^{36}Ar, ^{38}Ar, ^{40}Ar であるが，^{40}Ar のほとんどは放射性起源であるから，鉱物中などではこの比がカリウム含有量と年代によって変わりうる．そのことを利用して，年代測定を行うことが可能である（カリウム-アルゴン法）．長寿命の ^{39}Ar は大気中に微量が存在し，^{41}Ar は原子炉中性子照射で大量に生成する．

[製 法] 一般に空気中から分離精製するか，空気の液化による酸素や窒素の分離精製過程の副産物として，比較的容易に得られる．

図 18.1 Rayleigh 卿 (1842 - 1919)

[性 質] アルゴンは無色無臭の気体で，外殻の電子軌道が満たされているため化学的にきわめて安定性に富む．しかし，包接化合物（clathrate）と呼ばれる結晶性の物質を形成することはよく知られている．最も有名なのは，ヒドロキノン 1, 4-C_6H_4(OH)$_2$ との包接化合物で，ヒドロキノンの水溶液に 10～40 気圧でアルゴンを吹き込むと，ヒドロキノン自身とは異なる結晶が

表 18.1 アルゴンの同位体

同位体	半減期 存在度	主な壊変形式
Ar-35	1.78 s	β^+
36	0.337%	
37	35.0 d	EC, no γ
38	0.063%	
39	269 y	β^-, no γ
40	99.600%	
41	1.82 h	β^-
42	32.9 y	β^-, no γ

データ・ノート

原子量	39.948
存在度 地殻	—
宇宙 ($Si=10^6$)	1.04×10^5
電子構造	$3s^23p^6$
原子価	
イオン化ポテンシャル (kJ mol^{-1})	1520.4
イオン半径 (pm)	174
密度 (kg m^{-3})	1.784(気体),1656(固体, $-233°C$)
融点 (°C)	-189.37
沸点 (°C)	-185.86
線膨張係数 ($10^{-6}K^{-1}$)	—
熱伝導率 (W m^{-1}K^{-1})	0.0177 (気体)
電気抵抗率 ($10^{-8}\Omega m$)	—
地球埋蔵量 (t)	6.6×10^{13}
年間生産量 (t)(大気中)	7×10^5

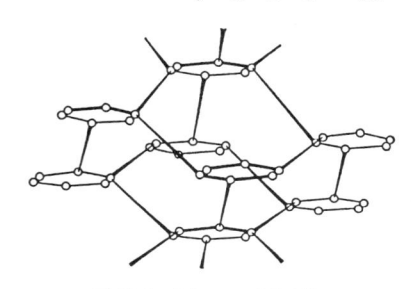

図 18.2 クラスレート化合物
○はヒドロキノンの酸素原子を示している.ヒドロキノン分子は水素結合で六角形をつくっている.ヒドロキノンの C_6 の骨格は書いてない.

生じる.これはヒドロキノンが水素結合で結び付いた大きな網目構造の中に,アルゴンがとらえられたもので,$3C_6H_4(OH)_2\cdot Ar$ と書くことができる.この結合はファン・デル・ワールス力によっている.その結晶は安定で,希ガスを扱いやすくするという利点がある.溶解ないし融解によってガスは遊離する.アルゴンの高圧がかかった状態で水を凍らせた場合にも,水加物の結晶 $Ar_8(H_2O)_{46}$ を得る.これらの包接化合物は,クリプトン,キセノンによっても生成するが,ヘリウムやネオンでは原子の大きさが小さすぎて,包接化合物を生成しない.アルゴンにはその他の化合物は知られていない.

[**用途**] 不活性ガスの中でも容易に得られるものなので,広く利用される.高温の金属鋳造・加工工程の不活性雰囲気として,また,白熱電球やけい光灯などの充填ガスとしても広く用いられる.

[**トピックス**] アルゴン発見の意義

Rayleigh と Ramsay によるアルゴンの発見は,一連の希ガス発見のそもそもの端初となるものであったが,これにはすでに100年以上も前に特記すべき先駆的作業があった.すなわち,1785年において,すでに H. Cavendish は空気の組成についての研究をしていて,空気中の"フロジストン化空気"(=窒素のこと)の中に,化学的な手法で取り除きえない微量成分が残ることを見出し,「その量は全体の1/120より多くない」と,驚くべき精度の結論に達していた.この Cavendish の仕事はその後忘れられていたが,J. Dewar の助言に従ってRayleigh がようやく知るところとなり,その追試を行って Cavendish がまったく正しいことを知った.このように,希ガスの発見は,精密な化学実験と測定を身上としたイギリスの化学者たちの作業の圧倒的な成果であった. (高木)

19 カリウム K

potassium Kalium potassium калий 钾 jiǎ

[**起　源**]　1807年, H. Davy が苛性カリの電解によって初めて単離に成功した. 電解によって単離された初めての金属でもある. アルカリ金属元素の一種. 英語名の語源は pot ashes すなわち灰汁, とくに植物の灰からきている. またカリウムの語源はアラビア語の草木の灰を意味する qali に由来する. 古来草木の灰は炭酸カリウムを多く含み, 洗濯に使われていた.

[**存　在**]　地殻中で7番目に多く存在し, 造岩鉱物の主要な成分である. 主要な原鉱はカリ岩塩 (sylvine) KCl やシルヴィナイト (NaCl, KCl), カーナル石 $KCl \cdot MgCl_2 \cdot 6H_2O$ など水溶性のものである. 海洋水は約0.075%の塩化カリウムを含むが, これは塩化ナトリウム含量に比べるとはるかに少ない.

カリウムの産出国は, 旧ソ連とカナダが世界の総生産高の半分を占め, このほかドイツ, アメリカ, フランスが重要である.

[**同位体**]　天然に存在する同位体は ^{39}K, ^{40}K, ^{41}K の3種で, このうち ^{40}K は放射性で半減期 1.28×10^9 年をもち, 大部分が β^- 崩壊によって ^{40}Ca となるが, 一部は電子捕獲または β^+ 崩壊によって ^{40}Ar となる.

[**製　法**]　金属の工業的製造には, 融解した KCl の Na による還元 (850°C) が用いられる. 塩化物の電解の難点は, カリウムが融解した塩化物に溶けやすいこと, 処理温度でカリウムが揮発しやすいこと, 超酸化物ができるとカリウムと爆発的に反応すること, などで, その意味で電解法はナトリウムの場合に比べて問題が多いのである.

[**性　質**]　単体はリチウムに次いで最も軽い金属で, ナイフで容易に切れるほど軟らかい. 体心立方格子. $a = 533.4$ pm. 新しい切口は銀白色であるが, きわめて反応性に富む陽性の金属であるため, たやすく酸化される. したがって, 保存するには灯油などに入れておく. 水とはたやすく反応して水素を発生する. この際発火する. 炎色反応は赤紫色 ($\lambda = 766.5$ nm) であるが, ナトリウムが共存するとその発光に妨げられて肉眼では見えないのでコバルトガラスを通して認めることが多い.

アルカリ金属の特性として, カリウムも液体アンモニアに容易に溶け ($1 kg NH_3$ 当り 463.7 g), うすい溶液では青色, 濃い溶液

表 19.1　カリウムの同位体

同位体	半減期 存在度	主な壊変形式
K-38	7.64 m	β^+
38 m	0.924 s	β^+, no γ
39	93.258%	
40	1.28×10^9 y 0.0117%	β^- 89.33%, EC 10.67%, β^+ 0.001%
41	6.730%	
42	12.36 h	β^-
43	22.4 h	β^-
44	22.1 m	β^-

データ・ノート

原子量	39.0983
存在度　地殻	21000 ppm
宇宙 ($Si=10^6$)	3770
電子構造	4s
原子価	1
イオン化ポテンシャル (kJ mol^{-1})	418.8
イオン半径 (pm)	$^{1+}$133
密　度 (kg m^{-3})	862
融　点 (℃)	63.7
沸　点 (℃)	774
線膨張係数 (10^{-6} K^{-1})	83
熱伝導率 (W m^{-1} K^{-1})	102.4
電気抵抗率 (10^{-8} Ωm)	7.2
地球埋蔵量 (t)	$>10^{10}$
年間生産量 (t)　（金属）	2×10^2
（カリウム塩）	5×10^6

ではブロンズのような金属性の色調となる．うすい溶液中ではアルカリ金属はM^+のような陽イオンとなり，電子はNH_3分子2〜3個が変位してできた空洞中に分布されて，これが青色を生じる（溶媒和電子といわれることがある）．そのため溶液は電気伝導度が高い．

金属はきわめて化合力が強い．ハロゲンと激しく反応してハロゲン化物をつくり，また水素と反応して水素化物をつくる．金属を空気中で燃やすと過酸化物K_2O_2および超酸化物KO_2を生じる．またアルコール類ROHと反応しROKと水素を生じる．

水溶液中では+1価のK^+として存在する．無色のイオンで，化学的性質はナトリウムイオンNa^+とよく似ている．

[主な化合物]　実用上重要なカリウム化合物としては化学肥料として用いられる塩化カリウムKClと硫酸カリウムK_2SO_4が挙げられる．KClは先述のようにヨーロッパやアメリカの岩塩層に産する．塩化ナトリウムNaClと同じ岩塩型結晶構造をもつ典型的なイオン結晶である．KClを原料としてK_2SO_4は容易に得られる．世界のカリウム塩生産の90%以上は肥料用であり，また肥料に用いられるカリウムの90%以上はKClである．KClは水酸化カリウムKOHや金属カリウムの製造の原料でもある．

KOHはKCl水溶液の電解などによってつくられ，無色，潮解性の固体である．水酸化ナトリウムとよく似た性質をもつが，CO_2やH_2Oを吸収する能力はNaOHより強い．そのため市販品の純度が落ちていることがある．工業的にはNaOHほど用いられないが，カリガラス，洗剤の製造やゴムの加工などに用いられる．

炭酸カリウムK_2CO_3は光学ガラス，カラーテレビのブラウン管，けい光灯など硬質ガラスの原料として重要である．硝酸カリウムKNO_3は天然に硝石としても産する．KClと$NaNO_3$とからもつくられる．古くから黒色火薬の原料として重要で，その他マッチ，酸化剤としての用途もある．マッチには塩素酸カリウム$KClO_3$も用いられる．過マンガン酸カリウム$KMnO_4$は酸化剤として有用であり，サッカリンの製造などに利用される．超酸化物KO_2は鉱坑や潜水艦，宇宙船などで，酸素の補助供給用のマスクに用いられるという．

[用途]　カリウムとナトリウムの合金(NaK)は低融点であり，熱伝達の媒体として，たとえば原子炉の冷却剤などに用いられる．なお，12% Na，47% K，41% Csの三成分系の合成の融点は-78℃で，これまで知られている金属のうち最も低い．

(冨田)

[**コラム**] 放射能を用いる年代の決定

放射性核種の壊変速度は，温度，圧力などの外的条件の変化による影響を受けないと考えてよい．いい直せば，放射壊変は「正確な時計」を提供し，この時計を用いて地質学的試料あるいは考古遺物の絶対年代が決定できる．そのために，さまざまな原理を用いる年代決定法が開発されている．

年代の決定には，ふつうは天然放射性核種を利用するが，^{40}K（1.28×10^9年）の^{40}Arへの壊変と^{87}Rb（4.75×10^{10}年）の^{87}Srへの壊変の二組がとくに重要である．

放射性核種の壊変について親核種と娘核種の原子数の時間変化を考える．試料が生成したときの親核種の原子数をN_0，t時間経過した後の親核種の原子数をN，壊変定数をλとすると，放射性核種の原子数は次式に従って減少する．

$$N = N_0 e^{-\lambda t} \quad (1)$$

また，その間に生成した娘核種の原子数をN'とすると，次式が成り立つ．

$$N' = N_0 - N = N_0(1 - e^{-\lambda t})$$
$$= N(e^{\lambda t} - 1) \quad (2)$$

NおよびN'が決定できればtが求まるが，ふつうは，同一の，あるいは同種の試料から親核種と娘核種の濃度比の異なった成分を分離し，その分析値をグラフ上に記録する等時線（isochron）が利用される．

$^{87}Rb \xrightarrow{\beta^-} {}^{87}Sr$の壊変に対する等時線は，以下のように表される．ただし添字0が試料の生成時，添字tが現在を表し，各々の核種の原子数はカッコをつけて示す．

$$\frac{(^{87}Sr)_t}{(^{86}Sr)} = \frac{(^{87}Rb)_t}{(^{86}Sr)}\{e^{\lambda t} - 1\}$$
$$+ \frac{(^{87}Sr)_0}{(^{86}Sr)} \quad (3)$$

等時線の勾配から年代が算出され，切片

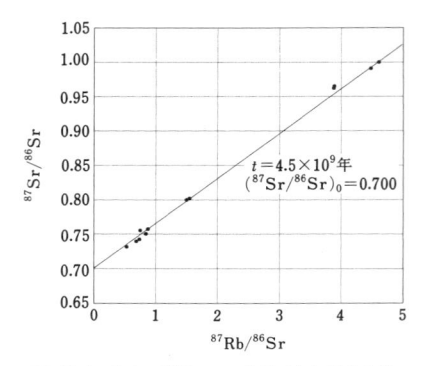

図19.1 多くの種類のコンドライトに関する等時線（G. W. Wetherill（1975）による）

は試料固化時の同位体比（初生値）である．初生値は試料が固化するまでの履歴に関する重要な情報を提供する．

図19.1に石質隕石の代表である多くのコンドライトに関する等時線を示す．太陽系に属する惑星がほぼ同時に固化したと仮定すると，この等時線は「太陽系の年齢」が45億年であることを明確に示している．

宇宙線と大気中の窒素の相互作用によって^{14}Cが生成する．^{14}Cは酸素と結合して二酸化炭素になり，気圏・水圏の炭素サイクルに入る．寿命が長いので（半減期5730年）地表の動植物にもまんべんなく行き渡り，生きている限り動植物中の炭素は一定濃度の^{14}Cを含むようになる．大気圏内核兵器実験の影響のない1950年以前の炭素では，比放射能（単位重量当りの放射能強度）は炭素1g当り0.25 Bqと知られている．

「^{14}C年代決定法」の原理は明快である．生物が死ぬと，新陳代謝がなくなってフレッシュな炭素が供給されなくなるので，遺骸の中の^{14}C濃度（比放射能）は時間ととも

に減少する．そこで，遺骸の炭素の比放射能を測定し，半減期を使って 0.25 Bq/gC からそれだけになるまでの年代を計算するのである．ここで注意しなければならないのは，この計算では，比放射能が昔も今も変らないと仮定していることである．比放射能の時間変動は，古い樹木の年輪を用いて研究され，過去 7000 年の間に 10% を超えないことがわかった．この差が年代に与える影響を過大視し，方法自身の信頼性を疑った時期もあったが，現在では限界を意識しながらこの方法を適用している．

^{14}C の半減期が 5730 年であるから，^{14}C 年代はとくに歴史学・考古学に対する寄与が大きいと予測できる．日本歴史の研究に対する炭素年代の貢献を考える．弥生時代についてはさまざまな資料によるくわしい編年が定められ，少なくとも 100 年の誤差をもつ ^{14}C 年代が立ち入る余地は少ない．しかし，縄文時代については，^{14}C 年代決定法が十分に役立つ．初期には考古学者が反発したこともあったが，現在ではこの方法の価値は広く認められている．放射能を測定する代わりに ^{14}C の原子数を決定する「加速器質量分析法」は ^{14}C 年代決定法に大きな影響を与えた．必要とする試料の量が ～1 mg に下がり，現在はこの方法を利用する例が多い．

この他にも，多くの年代測定法が開発され，利用されている．

1) 鉱物の放射線損傷：^{238}U の自発核分裂の際に放出される核分裂片による放射線損傷は化学試薬による処理によって飛跡として顕在化し，光学顕微鏡で観測する．自発核分裂の半減期は既知であり，核分裂飛跡（フィッション・トラック）年代決定法として用いられている．

2) 熱ルミネッセンス法：ある種の試料を加熱すると，その試料が過去に受けた放射線量に応じた強度の発光が観測される．これを熱ルミネッセンス（thermoluminescence）というが，強度測定が可能であって，その試料が存在した地点の放射線量率がわかれば年代が決定できる．

3) ESR 測定法：炭酸カルシウムを含む試料（鐘乳石など）の ESR（電子スピン共鳴）の強度は過去に受けた放射線の線量に応じて増加する．ESR 強度とその地点の放射線量率が既知であれば年代が決定できる．

4) 放射性核種の存在比の変化：^{238}U と ^{230}Th はウラン系列に属するが，ウランとトリウムの化学的性質が異なるため，サンゴの中には ^{238}U が濃縮され，深海堆積物中の ^{230}Th の含量は大きい．^{238}U/^{230}Th 比の測定により，このような試料の年代がわかる．

(古川)

20 カルシウム Ca

calcium Calcium calcium кальций 钙 gài
Kalzium

[起 源] 紀元1世紀頃，ローマ人たちは石灰を製造し calx と呼んでいた．これは石灰石（$CaCO_3$）を焼いて得たもので，彼らはこれと砂をまぜて臼をつくっていた．また，エジプトではギゼのピラミッドやツタンカーメンの墓のしっくいに石コウ（$CaSO_4 \cdot 2H_2O$）を用いていた．

金属が単離されたのは1808年，H. Davy が石灰を水銀存在下で電解し，得られたアマルガムから水銀を蒸留除去したのがはじめである．元素名も Davy によって，calx にちなんでカルシウムとつけられた．

[存 在] 地殻中で5番目に多い元素である．また金属元素のうちではアルミニウム，鉄に次いで3番目である．太古の海洋生物が化石化し，炭酸カルシウムの堆積物の形で，地表の広範囲にわたって存在する．これには2種類あって，菱面晶系のホウカイ石（石灰岩，大理石の主成分鉱物）と斜方晶系のアラレ石とである．ホウカイ石型がよりふつうで，石灰岩，大理石のほか，ドロマイト，チョーク，氷州石などがある．アラレ石は温暖な海洋で生成し，紅海海盆，バハマ諸島，フロリダなどに広い地層を形成する．サンゴ，貝類，真珠なども主にこの種の炭酸カルシウムである．その他の鉱物としては石コウ $CaSO_4 \cdot 2H_2O$，半水石コウ $CaSO_4 \cdot 0.5H_2O$，ホタル石 CaF_2，リンカイ石 $Ca_5(PO_4)_3F$ などがある．水酸リンカイ石 $Ca_5(PO_4)_3(OH)$ は，骨や歯の硬質組織の主成分である．

[同位体] ^{40}Ca, ^{42}Ca, ^{43}Ca, ^{44}Ca, ^{46}Ca, ^{48}Ca の6種の安定同位体がある．^{40}Ca の同位体存在度が大きいことと中性子数が20から28と広いことが目立つ．これは，原子核の閉殻構造と関連がある．^{41}Ca は長寿命放射性核種として，年代決定などに利用される可能性がある．^{45}Ca はカルシウムの原子炉中性子照射によって生成する．

[製 法] カルシウムの単体は塩化カルシウムの融解電解によってつくられる．塩化カルシウムは，後述のようにアンモニアソーダ法の副産物として得られるか，または石灰岩に塩酸を作用させてつくられる．電解の際，融点を下げるためにフッ化カルシウムを加えることが多い．

[性 質] 銀白色の金属で，アルミニウムと同じくらいの硬さをもつ．面心立方格子．

表 20.1 カルシウムの同位体

同位体	半減期 存在度	主な壊変形式
Ca-39	0.860 s	β^+, no γ
40	96.941%	
41	1.03×10^5y	EC, no γ
42	0.647%	
43	0.135%	
44	2.086%	
45	163.6 d	β^-
46	0.004%	
47	4.54 d	β^-
48	0.187%	
49	8.72 m	β^-

データ・ノート

原子量	40.078
存在度 地殻	41000 ppm
宇宙 (Si=10⁶)	6.1×10^4
電子構造	$4s^2$
原子価	2
イオン化ポテンシャル (kJ mol^{-1})	589.7
イオン半径 (pm)	$^{2+}$106
密度 (kg m^{-3})	1550
融点 (°C)	839
沸点 (°C)	1484
線膨張係数 (10^{-6}K^{-1})	22
熱伝導率 (W m^{-1}K^{-1})	200
電気抵抗率 (10^{-8}Ωm)	3.43
地球埋蔵量 (t)	きわめて大
年間生産量 (t) (CaO)	1.1×10^8
(単体)	2.0×10^3

$a=558.8$ pm. ストロンチウム, バリウム, ラジウムとともにアルカリ土類金属元素の一つである. アルカリ土類金属は, アルカリ金属に次いで陽性であり, 原子番号の大きいほど化学的に活発である.

水素と加熱すると MH$_2$ 型の水素化物を生成し, 窒素とも直接化合して, M$_3$N$_2$ 型の窒化物を生じる. 空気中で加熱すれば酸化物 MO を生成する. カルシウムの単体を空気中に放置すると, 窒化物や水酸化物が表面にできて灰淡黄色になる. また, アルカリ土類金属は常温で水を分解し, 水素を放って水酸化物となる. 水酸化物の塩基性は, アルカリ金属に次いで強い. カルシウム, ストロンチウム, バリウムは液体アンモニアに溶けて深青黒色の溶液となる. アンモニアを蒸発させると光沢のある銅色のアンモニア化合物 M(NH$_3$)$_6$ が得られる. これは徐々に分解してアミド M(NH$_2$)$_2$ になる. これらの性質はアルカリ金属と通ずる

ところであり, マグネシウム (亜鉛に似た面が多い) やベリリウム (アルミニウムに類似点がある) とは異なる. 水溶液中ではM^{2+} イオンとなる. カルシウムの炎色反応は橙黄色である.

カルシウムは電気の良導体で, 電気伝導率は銀の 45% に達する.

[**主な化合物**] 天然の化合物や合成化合物が広く利用されている. 酸化カルシウム CaO や水酸化カルシウム Ca(OH)$_2$ は石灰岩を焼いて工業的に製造する. CaO は生石灰といわれる. 生石灰と水とを反応させて生じた Ca(OH)$_2$ は消石灰といわれる. 消石灰はあまり水に溶けないが (1.3g/l), 水溶液はかなり塩基性が強い. CaO は鉄鋼製造, 薬品工業, 水処理, 大気汚染や水質汚染の制御, パルプ工業, 非鉄金属工業などに使用されるため各国で製造され, 工業的化学薬品として硫酸に次ぐ生産量をもつ. Ca(OH)$_2$ は最も多量に用いられる塩基である. 水と消石灰を混ぜて泥状にしたものを石灰乳という. 消石灰はこのほか肥料, さらし粉, 耐火物などの製造に用いられる. 建築に使われるモルタルは, 消石灰と砂に水を加えて糊状にし, 水が蒸発して Ca(OH)$_2$ が析出する際の接合作用, また二酸化炭素の吸収による固化作用を利用したものである.

炭酸カルシウム CaCO$_3$ は, 天然の大理石がきめの細かい変化に富み, 優れた光沢を与えるので建築用として需要が高い. CaCO$_3$ も重要な工業用化学薬品であり, 生石灰や消石灰の製造にも不可欠である. 上質の紙の製造には CaCO$_3$ を合成して用い, ゴムの添加物, ペイント, エナメル, プラスチックの添加物としての用途もある. また, 制酸剤, はみがき粉, ダイエットのカ

ルシウム源，チューインガムの成分，化粧品の添加剤にも用いられる．

硫酸カルシウム $CaSO_4$ は天然産のセッコウのほか，可溶性のカルシウム塩と硫酸塩とから沈殿させて得られる．ポルトランドセメントの主成分，また塑像，ギプス，接着剤として広く用いられる．

フッ化カルシウム CaF_2 もホタル石として天然に産するが，冶金において融剤として用いられる．透明なものは紫外線や赤外線をよく透過するので光学材料に用いる．

塩化カルシウム $CaCl_2$ はアンモニアソーダ法の副産物として得られる．潮解性があり，工業的乾燥剤として使われる．

[**用途**] 金属は，還元剤として，トリウム，ウラン，ジルコニウム，クロムなどの金属を製造するのに用いられる．また，アルミニウム-ベアリング金属の合金剤，鉛の硬化剤，マグネシウム合金の改良剤（耐引火性，耐熱性，粒状性の改良），融解鉄や鋼中の脱硫や脱リン剤，希ガス精製の際の脱窒素剤などとしても使用される．さらに，真空管内の窒素や酸素などの残留ガスを捕獲するゲッターとしての用途もある．しかし，全体としての需要量はマグネシウムに及ばない． （冨田）

[**トピックス**] 炭酸カルシウムから古環境を解析する

海水中では炭酸イオン中の酸素と水の酸素の間では同位体交換反応が起こりやすく，たとえば次の平衡が成り立っている．

$$C^{16}O^{16}O^{16}O^{2-} + H_2{}^{18}O \rightleftharpoons C^{18}O^{16}O^{16}O^{2-} + H_2{}^{16}O$$

その際，^{18}O や ^{16}O が炭酸イオンと水のそれぞれに入る割合を示す平衡定数 K は，そのときの海水の温度によって異なる．したがって，古代の海水の中での K が測定できれば，海水温度が求められることになる．この方法を発見したのは重水素の発見で有名な H. C. Urey で，1947 年のことであった．測定の試料としては，時代のわかった貝殻が使われる．貝殻は，海水中のカルシウムイオンが炭酸イオンと結合して生成した炭酸カルシウムが主成分であり，貝が育ったときの $^{18}O/^{16}O$ を保存しているからである．地球温暖化で地球環境が問題になっている今日，古水温を推定することは重要な課題である．現代のところ，この方法で古水温を求めるためには，当時の海水の $^{18}O/^{16}O$ を仮定しなければならないが，いろいろな手段でこの仮定を消去する工夫が試みられている． （馬淵）

[**コラム**] マジックナンバー

カルシウムの原子番号 20 はマジックナンバーの一つである．

マジックナンバー（magic number）といっても秋のスポーツ新聞の話題ではない．原子核の安定性に関する重要な着想である．原子核をつくる核子（陽子および中性子をいう）の数が特定の数になると，その原子核がとくに安定になることをいう．マジックナンバーとしては，2, 8, 20, 28, 50, 82, 126 が知られているが，陽子の数 Z としては 82 までである．

その存在を示す主な実験事実を挙げる．

1） $Z>30$ で質量数が偶数の核種の同位体存在度が 60% を越えるのは ^{88}Sr, ^{138}Ba, ^{140}Ce の三つで，いずれの場合も，中性子数がマジックナンバーに相当する．

2） $_{20}Ca$ および $_{50}Sn$ の同位体数はそれぞれ 6 および 10 で，周囲のどの元素より大きい．Sn では全元素中で最大であり，Ca では ^{40}Ca から ^{48}Ca の広範囲にわたる．

3） 速中性子の捕獲断面積は中性子数が

マジックナンバーに相当する原子核でとくに小さい．この事実は，安定な原子核が中性子を捕獲しにくいとして理解できる．

4) β^-壊変の後に中性子が放出される「遅発中性子放出」が起こるのはβ^-壊変による生成核の中性子数がマジックナンバーより一つ多い場合がほとんどであり，余分な中性子が離れやすいと考えている．

他にも，マジックナンバーの存在を示す実験事実は多い．

マジックナンバーの解釈の際に思い浮かぶのは，原子の殻構造である．そのときは，原子核の周囲に電子殻があり，閉殻をつくるときに化学的に不活性な希ガスができると考えた．原子核の構造を考えるときは，中性子または陽子がマジックナンバーで閉殻をつくり，次の粒子がエネルギー状態の高い次の殻に入るために，マジックナンバーでとくにエネルギーが低くなると考えればよい．原子核では核子が狭い空間に存在するので，その中で核子が独立の軌道をもって運動するとは考えにくい．しかし，核子はパウリの原理に従うので，たがいに相互作用をしていても別のエネルギー準位に移ることは，その準位を他の核子が占めている限りは不可能である．基底状態または低励起状態を取り扱う際のこのようなモデルの想定は奇想天外な発想ではない．

多くの先駆的な試みの後，1949年にM. Goeppert MayerとO. Haxel, J. H. D. Jensen, H. E. Suessは独立に新たな着想を発表し，マジックナンバーの正しい導出に成功した．この考え方は，原子核の構造を考える際の基本的な発想である．　　（古川）

21 スカンジウム Sc

scandium　Scandium　scandium　скандий　钪 kàng

[**起 源**] 1879年スウェーデン人 L. F. Nilson は，ガドリン石（希土類元素の鉱物）から得た希土の最も塩基性の弱い部分から，低い化学当量をもつ白色酸化物を分離し，スカンジナヴィア（Scandinavia）にちなんで命名した．数年後に P. T. Cleve は種々の化合物をこの酸化物から調製し，これがメンデレーフがエカホウ素と予言した元素に相当することを主張した．しかしその金属が初めてつくられたのは 1937 年であり，大量に製造されるようになったのは 1960 年代になってからである．

[**存 在**] 地殻中に広く分布し，玄武岩中の含有量は 25 ppm，花崗岩の中では 7 ppm である．「希土類元素」の一つとして取り扱われるが，存在量は As と同程度であるから，必ずしも希有な元素とはいえない．スカンジウムを含む珍しい鉱物としてトルトバイタイト（$Sc_2Si_2O_7$）が知られているが，現在ではウラン鉱の処理の際の副産物として得られるものが重要である．

[**同位体**] 安定同位体は ^{45}Sc のみである．放射性同位体としては ^{44m}Sc, ^{44}Sc, ^{46}Sc, ^{47}Sc, ^{48}Sc など多くが知られている．原子炉中性子の照射では ^{46}Sc が多量に生成するので，現在では放射化分析法はスカンジウムのよい分析法として利用されている．

[**製 法**] 希土類元素の混合物として分離した後に，分別結晶法または陽イオン交換分離法によって精製される．金属を得るにはフッ化スカンジウム ScF_3 を金属カルシウムで還元する．

[**性 質**] 軟らかい灰白色の金属．通常は六方最密格子の結晶をつくる．$a=330.9$ pm, $c=527.3$ pm.

空気中で常温では反応が遅いが，加熱すれば速やかに酸化され酸化スカンジウム Sc_2O_3 となる．ハロゲンとは常温で反応し，大部分の非金属と加熱により反応する．水溶液中では Sc^{3+} となり，その塩基性は希土類元素の中で最も弱い．金属は酸によく溶けて可溶性の塩をつくるが，フッ化水素酸，リン酸，シュウ酸とは難溶性の塩を生じる．

[**主な化合物**] 一般には3価の化合物だけが問題となる．Sc_2O_3 を酸に溶かして蒸発濃縮すれば，塩化スカンジウム $ScCl_3$，硝酸スカンジウム $Sc(NO_3)_3$ などの可溶性の塩が得られる．フッ化スカンジウム，シュウ酸スカンジウム $Sc_2(C_2O_4)_3 \cdot 5H_2O$，リン酸

表 21.1 スカンジウムの同位体

同位体	半減期 存在度	主な壊変形式
Sc-43	3.89 h	β^+ 80%, EC 20%
44	3.93 h	β^- 94%, EC 6%
44 m	2.44 d	IT 98.8%, EC 1.2%
45	100%	
46	83.8 d	β^-
46 m	18.8 s	IT
47	3.35 d	β^-
48	1.82 d	β^-
49	57.2 m	β^-

データ・ノート

原子量	44.955910
存在度 地殻	16 ppm
宇宙 ($Si=10^6$)	34
電子構造	$3d\,4s^2$
原子価	3
イオン化ポテンシャル ($kJ\,mol^{-1}$)	631
イオン半径 (pm)	$^{3+}83$
密度 ($kg\,m^{-3}$)	2989
融点 (℃)	1539
沸点 (℃)	2832
線膨張係数 ($10^{-6}\,K^{-1}$)	10.0
熱伝導率 ($W\,m^{-1}\,K^{-1}$)	15.8
電気抵抗率 ($10^{-8}\,\Omega m$)	61.0
地球埋蔵量 (t)	—
年間生産量 (t)	0.05

スカンジウムなどの難溶性の塩は可溶性の塩の水溶液に適当な試薬を加えて沈殿させてつくられる.

[**用 途**] 元素の生産が軌道に乗っている現在でもスカンジウム独自の用途はあまり知られていない. 酸化スカンジウムなどが酢酸をアセトンに変える際に, またはジカルボン酸をケトンや環状化合物に変える場合の触媒として用いられる. ジルコニア磁器に酸化スカンジウムを加えるとひび割れに対する抵抗性が増す. ニッケル・アルカリ蓄電池の陽極にスカンジウムを加えたものは電圧の安定性が高く, 寿命も長い. 水銀灯の中にヨウ化スカンジウムを少量入れると発光の効率が上がる. (古川)

[**コラム**] 希土類鉱物の宝庫スカンジナヴィア半島

18世紀末から20世紀初めにかけての百数十年間, 希土類元素の分離発見の舞台は主としてスカンジナヴィア半島であり, 発見の栄誉を担った化学者の多くはスウェーデン人やフィンランド人であった. この事実は複雑でまぎらわしい元素名にも反映している.

ガドリニウムは, この元素を含むガドリン石を研究したフィンランド人 J. Gadolin (1760–1852) に因み, イットリウム・テルビウム・エルビウム・イッテルビウムの4元素名はすべて, 希土類鉱物が最初に発見されたスウェーデンの小さな町イッテルビからとられた. スカンジウムだけでなくツリウムもスカンジナヴィアに由来する名称. 実は, 語源「ツーレ」はスカンジナヴィアの古名であった. (馬淵)

22 チタン Ti

titanium　Titan　titane　ТИТАН　钛 tài

[**起　源**]　1791年，CornwallのW. Gregor は，川砂から磁石を用いて黒色物質（現在のチタン鉄鉱）を集め，塩酸を用いて鉄分を除いた．残物は未知元素の不純な酸化物であった．4年後，ドイツの化学者 M. H. Klaproth は，現在ルチル（金紅石）と呼ばれる鉱物中に同じ酸化物 (earth) を見出し，この元素をチタンと名づけた．Titano はギリシャ神話に登場する巨人で，天と地 (Earth) の子である．不純物を含む金属は，1825年 J. J. Berzelius によってつくられたが，高純度のチタンはアメリカの M. A. Hunter が 1910年，四塩化チタン $TiCl_4$ をナトリウムで還元してつくった．

[**存　在**]　地殻中で9番目に多く存在する元素で，火成岩中に広く存在し，それから生じた沈積物中にみられる．主要鉱物はチタン鉄鉱 ($FeTiO_3$)，ルチル (TiO_2)，クサビ石 ($CaTiO(SiO_4)$) などであるが，多くの鉄鉱中にも広く存在する．隕石のような地球外物質や太陽中にも存在し，アポロ17号がもち帰った月の石には 12.1% もの二酸化チタン TiO_2 が含まれていた．Mタイプの星のスペクトルには酸化チタンの分子スペクトルがみえる．また石炭の灰や植物，人体中にも存在している．

このように自然界に広く存在していながら比較的なじみが浅く，近年まであまり利用（とくに金属の利用）されなかったのは，単体の製造が容易でなかったことと，地球上で分散して産出されるためである．

[**同位体**]　安定同位体は ^{46}Ti, ^{47}Ti, ^{48}Ti, ^{49}Ti, ^{50}Ti の五つであり，原子炉中性子照射で ^{51}Ti が生成する．

[**製　法**]　金属の工業的製法は，1946年 W. Kroll により確立された．四塩化チタン $TiCl_4$ をマグネシウムで還元して得る．

[**性　質**]　純粋な金属は光沢のある白色を呈する．密度が小さく，強度が高く，海水中でもさびないほど耐食性が大きい．酸素，窒素，炭素などの不純物が微量あると，機械的性質が影響を受け，もろくなる．高温では化学的に活発で，空気中で燃えるほか，窒素中で燃える唯一の金属とされている．

純粋なチタンは王水とフッ化水素酸以外の酸には侵されにくい．しめった塩素にも侵されにくい．金属は二つの結晶形をもち，882°C で六方最密格子の α 型から体心立方格子の β 型にゆっくりと変化する．

表 22.1 チタンの同位体

同位体	半減期存在度	主な壊変形式
Ti-44	49 y	EC
45	3.08 h	β^+ 85%, EC 15%
46	8.0%	
47	7.3%	
48	73.8%	
49	5.5%	
50	5.4%	
51	5.76 m	β^-
52	1.7 m	β^-

データ・ノート

原子量	47.88
存在度　地殻	5600 ppm
宇宙 ($Si=10^6$)	2400
電子構造	$3d^2 4s^2$
原子価	2, 3, 4
イオン化ポテンシャル ($kJ\ mol^{-1}$)	658
イオン半径 (pm)	$^{2+}80,\ ^{3+}69$
密　度 ($kg\ m^{-3}$)	4540
融　点 (°C)	1660
沸　点 (°C)	3287
線膨張係数 ($10^{-6}\ K^{-1}$)	8.35
熱伝導率 ($W\ m^{-1}\ K^{-1}$)	21.9
電気抵抗率 ($10^{-8}\ \Omega m$)	42
地球埋蔵量 (t)	4.4×10^8
年間生産量 (t) (TiO_2)	3×10^6
(単体)	1×10^5

水溶液中では Ti^{4+} およびこれのヒドロキシル錯体が最もふつうに存在し，還元性の強い Ti^{3+} も存在しうる．

[**主な化合物**] TiO_2 には三つの変態があるが，ルチルが最も重要である．屈折率が非常に高く (2.6 以上)，人工結晶は人造宝石の用途もある．また，白色顔料としてきわめて広く用いられ，塗料，化粧品，セラミックスの原料となるほか，添加物として紙，繊維，ゴム，合成樹脂，印刷インキなどにも使われている．活性化処理を行ったものは，太陽エネルギーによる水の分解の半導体電極，および種々の化学反応の触媒やその担体としても使われる．

ルチル型以外の TiO_2 にエイスイ石とイタチタン石がある．エイスイ石はルチルと同じ正方晶系に属し，約900°C 以上でルチルに転移する．イタチタン石は斜方晶系で，約700°C 以上でルチルに転移する．

アルカリ土類金属のチタン酸塩は注目すべき性質をもっている．誘電率は $MgTiO_3$ の 13 から $BaTiO_3$-$SrTiO_3$ 固溶体の数千に及ぶ．チタン酸バリウム $BaTiO_3$ は 120°C 付近で誘電率 10000 に達し，誘電ヒステリシスが小さく，強誘電体と呼ばれる．$BaTiO_3$ は帯電状態を保持する能力に加えて圧電気の性質をもち，音のエネルギーと電気エネルギーの間の相互変換の伝搬装置として用いられる．$BaTiO_3$ を用いたトランデューサーは，ロッシェル塩や水晶などと比べて熱的に安定で，変換率が高く，また加工性のよいことなどで優れている．

四塩化チタン $TiCl_4$ は液体で，やや腐食性であるが，空気中の水分で加水分解して白煙を生じるので，発煙剤として用いられたり，空中文字を描くのにも用いられる．

チタン酸エステル $Ti(OR)_4$ は $TiCl_4$ とアルコールとからつくられる．R がブチル基のものは，アルミニウム粉末や亜鉛粉末と混ぜて耐熱塗料として使われる．また接着性増進剤，撥水剤，高分子架橋剤，エステル交換触媒などの用途もある．

窒化チタン TiN は，耐食性で高硬度であるため，切削器具や耐摩耗被覆材として用いられる．疑似金色であるため，装飾品の金めっき代替被覆としても用いられる．

[**用　途**] 当初は Kroll 法で商業規模の生産を行うには，コスト面で難があった．しかしチタンが鉄鋼の 57% 程度の密度で機械的強度の高いこと，アルミニウムやスズなどの少量と合金にすると，工業用金属の中で (強度/重量) 比が最高になること，などから 1950 年頃にはガスタービンエンジンの製造への需要ができた．現在は航空機，宇宙機器用構造材料として，また化学工程や海洋設備などに広く用いられている．

(冨田)

23 バナジウム V

vanadium　Vanadium　vanadium　ванадий　钒 fán
Vanadin

[起　源]　バナジウムは二度発見されている．A. von Humbolt は，A. M. del Rio が1801 年に新金属を発見したと報告した．これはメキシコ産の鉛含有鉱物から見出されたもので，その塩を酸で処理すると赤くなることからギリシャ語の赤 erythros にちなんで erythronium と名づけられた．ところが，フランスの化学者が del Rio の新元素が不純なクロムであるとし，del Rio もこれを受け入れて新元素の件は放棄してしまった．1830 年に，スウェーデンの N. G. Sefström は自国産の鉄鉱石からつくられた鉄が特殊な性質をもつことに気づき，これを追求して新元素を見出した．この元素が美しいさまざまな色の化合物をもつことから，スカンジナヴィアの愛と美の女神 Vanadis（Freya の別名）にちなんで，vanadium と命名された．この直後，F. Wöhler は，erythronium と vanadium が同じものであることを確認した．すなわちフランスの化学者の指摘は誤りだったのである．また，Wöhler 自身もメキシコ産の鉛鉱物中に新元素らしいものを見出していたが，このとき彼はフッ化水素酸の蒸気で指をいためていて，論文が書けなかったという逸話がある．1867 年 H. E. Roscoe は塩化物を水素で還元して単体を得た．99.3% 以上の純度のものは 1927 年になって初めてつくられた．

[存　在]　地殻中に 0.016% 存在し，全元素中 21 番目に多い元素であるが，単独の富化鉱床として産することはまれで，堆積岩中に少量が広く分布している．主な鉱物に，カルノー石 $K_2(UO_2)_2(V_2O_8)\cdot 3H_2O$，カツエン鉱（褐鉛鉱）$Pb_5Cl(VO_4)_3$，パトロン石 VS_4 などがある．ヴェネズエラやカナダ産の原油中にも含まれる．さらにある種の無脊椎動物がその血液中にバナジウムを蓄積することが知られている．ホヤはその代表例で，種類によっては 1% 以上のバナジウムを血液細胞中に含むという．ここでは主として蛋白ヘモバナジンとして存在するが，その生理的意義はまだ不明である．

[同位体]　天然に ^{50}V，^{51}V の二つの同位体が存在し，^{50}V は長い半減期をもつ放射性核種とされているが，確実な放射線測定の結果は得られていない．放射性核種としては ^{48}V，^{49}V，^{52}V が重要である．^{48}V はチタンの陽子照射などでつくられ，トレーサーとして有用である．^{52}V はバナジウムの原

表 23.1　バナジウムの同位体

同位体	半減期 存在度	主な壊変形式
V-47	32.6 m	β^+ 96.5%, EC 3.5%
48	15.97 d	β^+ 50.4%, EC 49.6%
49	338 d	EC, no γ
50	0.250%	
51	99.750%	
52	3.75 m	β^-
53	1.61 m	β^-

データ・ノート

原子量	50.9415
存在度 地殻	160 ppm
宇宙 ($Si=10^6$)	295
電子構造	$3d^3 4s^2$
原子価	2, 3, 4, 5
イオン化ポテンシャル (kJ mol^{-1})	650
イオン半径 (pm)	$^{3+}65, {}^{5+}59$
密度 (kg m^{-3})	6110
融点 (°C)	1890
沸点 (°C)	3380
線膨張係数 (10^{-6}K^{-1})	8.3
熱伝導率 (W m^{-1}K^{-1})	30.7
電気抵抗率 ($10^{-8}\Omega$m)	24.8
地球埋蔵量 (t)	4×10^6
年間生産量 (t)	3.1×10^4

子炉中性子照射による生成量が大きく，放射化分析の検出感度は非常に高い．

[**製法**] 高純度の単体は，三塩化バナジウムをマグネシウムまたはマグネシウム-ナトリウム混合物で還元して得られる．ふつうは，五酸化バナジウム V_2O_5 を圧力容器中でカルシウムで還元することが多い．

金属の80%は特殊鋼フェロバナジウムとして使われる．このため原料を処理して得た V_2O_5 を鉄または鉄鉱石の存在下で電気炉中で還元してフェロバナジウムにして，それ以上の精製を行わないで使用するのがふつうである．還元剤としては炭素が使われていたが，アルミニウムやフェロシリコンに取ってかわられた．

[**性質**] 純粋な単体は明るい白色の金属で軟らかい．不純物があると硬く，もろくなる．アルカリや硫酸，塩酸，また塩溶液には侵されにくい．660°C以上では容易に酸化される．第一遷移金属の中では融点が最高である．

原子価は +2 価から +5 価までであるが，+4 価が最も安定で，バナジルイオン VO^{2+} として挙動することが多い．+5 価では，VF_5 のほかはオキソハロゲン化物や五酸化バナジウムのように酸素を含んでいる．

[**主な化合物**] バナジウム（ニオブやタンタルも同様であるが）の二成分化合物，すなわち水素化物，ホウ化物，炭化物，窒化物などは，いずれも硬く，耐火性でありまた伝導性のよい非化学量論的化合物である．

酸化物は +2, +3, +4, +5 の原子価について知られているが，工業的に最も利用されているのは V_2O_5 である．純粋なものは橙黄色であるが，金属を過剰の酸素中で加熱したものは低原子価の酸化物を含むことが多い．触媒として優れ，多くの有機物の酸化触媒，アルケンや芳香族炭化水素の水素還元の触媒になるほか，SO_2 を SO_3 に酸化して，接触法で硫酸を製造する際にきわめて有効である．この目的のための白金触媒を駆逐してしまった．V_2O_5 は両性で，水にわずかに溶けて淡黄色の酸性溶液となる．また酸に溶けて VO_2^+ を生じ，アルカリ中では，無色の溶液となる．pH が高ければ VO_4^{3-}（オルトバナジウム酸イオン）を生じる．中間的な pH では加水分解や重合反応を起こす．V_2O_5 は染色の際の媒染剤やアニリンブラックの製造，ナイロンのようなポリアミドの製造，などにも使われる．

二酸化バナジウム VO_2 も両性で，アルカリとの塩は $M_2^I(V_4O_9) \cdot 7H_2O$ のような亜バナジウム酸塩であり，酸に溶けて VO^{2+} を含む淡緑色のバナジル塩をつくる．なお，V(II)塩は紫，V(III)塩は緑色である．

バナジウム化合物は，窯業で，うわ薬や

エナメル用に使用される．すなわち，酸化バナジウムをジルコニア，シリカ，鉛，亜鉛，スズ，カドミウム，セレンなどと組み合わせ，さまざまな色をつくる．

[**用　途**] バナジウムは鋼の添加物として，さびにくいばねや高速度機械の製造に使われる．バナジウムとガリウムの合金は超伝導磁石の製造に用いられ，この合金を用いた超伝導コイル用テープは日本で開発された．

バナジウムやその化合物には毒性があり，取扱いには注意が必要である．

(冨田)

[**コラム**] 原子核の安定性と放射能

原子核は陽子と中性子から成り立つ．この二つの粒子を核子というが，核子数の和，すなわち原子番号（Z，陽子数に等しい）と中性子数（N）の和を質量数（$A=N+Z$）と呼ぶ．安定な核種の A と Z の間には規則的な関係があり，Z が小さい間は Z と N はほぼ等しいが，Z の増加とともに N/Z が大きくなり，最も重い安定核種 ^{209}Bi の N/Z は 1.5 にまで増加する．その様子を図 23.1 に示す．Z と N がともに偶数の場合に安定核種がつくられやすいことは明らかである．

表 23.2 原子番号，質量数と核種の安定性

Z	N	A	安定核種の数
偶数	偶数	偶数	158
偶数	奇数	奇数	53
奇数	偶数	奇数	50
奇数	奇数	偶数	4

安定核種をもつ元素の数は 81 であり，安定核種の数は 265 に達する．表 23.2 に Z, A の偶数，奇数のいずれであるかと核種の数を示すが，A, Z ともに偶数の核種が最も多く，どちらかが奇数のものがそれに続く．両者とも奇数の原子核（奇々核）で，安定な核種は ^{2}H, ^{6}Li, ^{10}B, ^{14}N の四つに過ぎない．天然に存在する他の奇々核の中で，^{40}K, ^{138}La, ^{176}Lu はいずれも放射性核種であり，^{50}V, ^{180m}Ta の放出する放射線の検出には必ずしも成功していないが，ふつうは放射性核種とみなしている．

^{50}V のような原子核の壊変を実験的に確認することは容易ではない．バナジウム 1 kg の中に含まれる ^{50}V の原子数は 2.94×10^{21} 個である．現在報告されている半減期（1.5×10^{17}年）に従って計算すると，一日に 37 個の原子が崩壊することになり，このようなまれな現象を計測するのはかなり困難である．もう一つの可能性として古い鉱物の中に蓄積する娘核種を測定することも考えられるが，生成する核種を含む元素が希ガスになる場合以外は同様な困難がつきまとう．

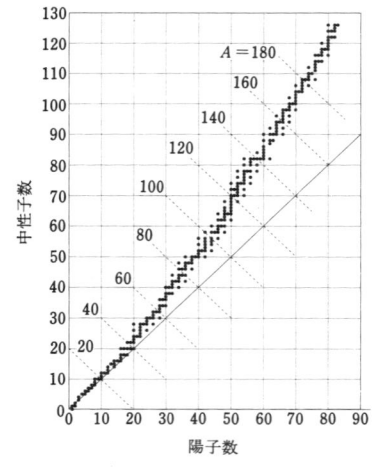

図 23.1 安定核種の陽子数と中性子数の関係

このように，各々の A に対する安定核種

について N の取れる範囲は限られている．N が大きすぎるときは，原子核から電子が放出されて，Z の 1 大きい元素の核種に変わる．これが β^- 壊変である．N が小さすぎるときは，原子核から陽電子が放出されて，Z の 1 小さい元素の核種に変わる．これが β^+ 壊変である．N が小さすぎるときには，原子核の外にある核外電子を原子核の中に取り込んでも安定な原子核がつくられる．これを電子捕獲（または軌道電子捕獲）と呼ぶ．この三つの原子核の壊変過程をまとめて広義の β 壊変という．

重い原子核では，^{4}He 原子核の放出によって別の原子核になるときがある．このような過程を α 壊変という．α 壊変をする核種は，放射性核種の中で最も重要な位置を占め，放射能はウランの α 壊変を観測して発見された．^{238}U，^{235}U，^{232}Th が壊変すると，短寿命の放射性核種（娘核種）が生じ，いずれも壊変を繰り返して，最後はそれぞれが鉛の安定同位体，^{206}Pb，^{207}Pb，^{208}Pb で終わる．

励起状態にある原子核が光子（γ 線）あるいは電子（内部転換電子）を放出して基底状態に終る過程を核異性体転移という．天然に存在する放射性核種では ^{234m}Pa がただ一つの例である．

非常に重い原子核では，自然に原子核が二つ以上の軽い原子核に分かれることがある．この過程を自発核分裂という．天然に存在する放射性核種では，^{238}U が小さい確率でこの壊変形式によって崩壊する．

(古川)

24 クロム Cr

chromium　Chrom　chrome　хром　铬 gè

[起　源]　1797年フランス人L. N. Vauquelinはシベリア産の紅鉛鉱(crocoite, 組成 PbCrO₄)から新元素の酸化物を発見し,翌年木炭で還元して不純な金属を得た.この元素の塩類の色が多彩なことから,ギリシャ語の chroma(色)にちなんでクロムと命名された.その後も純粋な金属を得る試みが続けられたが,必ずしも成功しなかった.1890年代になってH. Goldschmidtはアルミニウムによる還元法(テルミット法)を用いてかなり純粋な金属をつくった.

[存　在]　地球上に広く分布しているが,必ずしも量の多い元素ではない.地殻の岩石中の存在量は100ppm程度でバナジウム,塩素とほぼ同じである.含クロム鉱物としては紅鉛鉱(組成, PbCrO₄),クロム鉄鉱(組成, FeCr₂O₄)などが知られているが,資源として重要な鉱物はクロム鉄鉱に限られる.その大部分は南アフリカから産出し,その他の主要な産地としては旧ソ連,フィリピンなどがあげられる.現在のクロム鉄鉱の年間産出量は1000万tに及ぶ.クロムは酸化物やケイ酸塩の鉱物の中に少量含まれることが多いが,宝石としてのルビーの赤色,エメラルドの緑色の着色の原因となっている.

[同位体]　安定同位体は ^{50}Cr, ^{52}Cr, ^{53}Cr, ^{54}Cr の四つである.放射性同位体は ^{51}Cr が重要で,クロムの原子炉中性子の照射によって生成し,トレーサーとして利用されているが,発電用原子炉の中からしばしば環境に放出されることでも知られている.

[製　法]　原料としてクロム鉄鉱のみを考えればよい.ステンレス鋼の生産のように鉄との合金を得たい場合には,クロム鉄鉱の細粉をコークスと混合して電気炉中で加熱する ($FeCr_2O_4 + 4C \longrightarrow Fe + 2Cr + 2CO_2$).炭素の含有量の低い合金を得るにはフェロシリコンを還元剤に用いることもある.

　純粋な金属を製造するには酸化クロム(III) Cr_2O_3 の還元を用いる.クロム鉄鋼の細粉を水酸化ナトリウムと溶融し,空気酸化するとクロム酸ナトリウムが得られる.それを水で抽出し,二クロム酸ナトリウム $Na_2Cr_2O_7$ を沈殿させ,炭素で還元すると Cr_2O_3 が得られる.これをアルミニウムまたはケイ素と反応させれば単体が得られる ($Cr_2O_3 + 2Al \longrightarrow 2Cr + Al_2O_3$, $2Cr_2O_3 +$

表 24.1　クロムの同位体

同位体	半減期 存在度	主な壊変形式
Cr-48	21.6 h	EC 98.4%, β^+ 1.6%
49	42.3 m	β^+ 92.5%, EC 7.5%
50	4.345%	
51	27.70 d	EC
52	83.79%	
53	9.50%	
54	2.365%	
55	3.50 m	β^-
56	5.9 m	β^-

データ・ノート

原子量	51.9961
存在度 地殻	100 ppm
宇宙 ($Si=10^6$)	1.34×10^4
電子構造	$3d^5 4s$
原子価	(1), 2, 3, 4, 5, 6
イオン化ポテンシャル (kJ mol^{-1})	652.7
イオン半径 (pm)	$^{2+}84$, $^{3+}64$, $^{4+}56$
密度 (kg m^{-3})	7190
融点 (℃)	1857
沸点 (℃)	2672
線膨張係数 (10^{-6}K^{-1})	6.2
熱伝導率 (W m^{-1}K^{-1})	93.7
電気抵抗率 ($10^{-8}\Omega$m)	12.7
地球埋蔵量 (t)	1×10^9
年間生産量 (t) (クロム鉄鉱)	1.0×10^7
(単体)	2×10^4

$3Si \longrightarrow 4Cr + 3SiO_2$). さらに高純度の金属を必要とする場合には, 酸化クロム(VI) CrO_3 を主成分とする電解液から電気分解して析出させる方法が用いられる. 金属中の気体状不純物 (N_2, O_2 など) を除去するには高真空中で加熱する.

[**性 質**] 銀白色の光沢のある硬くてもろい金属. 純粋なものは軟らかくなる. アルミニウムなどによる還元でつくった金属は体心立方格子をとる ($a=288.46$ pm).

常温では空気, 水に侵されない. 希塩酸, 希硫酸には溶けて, 2 価のクロム塩を生じ青色となるが, 空気中の酸素の作用で 3 価のクロム塩になりやすい. しかし酸化力のある硝酸, 王水には溶けない. KNO_3 や $KClO_3$ を含むアルカリと溶融するとクロム酸塩をつくって侵される. 高温では多くの非金属 (ハロゲン, S, N, C, Si, B など) と直接反応する.

[**主な化合物**] クロムは通常 3 価および 6 価の原子価をとるが, Cr^{2+} を含む化合物も知られている.

2 価のクロム化合物は成分元素の直接反応, 金属とハロゲン化水素の反応, クロム (III) 化合物の還元などによってつくられるが, 空気を断った状態で金属を希塩酸, 希硫酸に溶かしても生成する. 塩化クロム (II) $CrCl_2$ は無水では無色の針状結晶, 六水塩は青色結晶となる. 硫酸クロム (II) $CrSO_4$ の一水塩は白色の粉末, 五水塩は青色の結晶. 酢酸クロム (II) $Cr_2(CO_2CH_3)_4 \cdot 2H_2O$ は赤色を呈し, 他のクロム (II) 塩と異なる. 一般にクロム (II) 塩は強力な還元剤で, 適当な触媒の存在下で水を還元して水素を発生し, クロム (III) 塩となる. 固体の水和物および水溶液はきわめて酸化されやすい. 化学的性質は鉄 (II) に似ている面もあり, アンモニアによって水酸化物が沈殿する.

クロム (III) 化合物は最も安定なクロムの化合物で, 元素間の直接反応, 単体と適当な化合物との反応, あるいはクロム酸塩, 重クロム酸塩の還元でつくられる. 安定な 6 配位の錯体をつくりやすく, 三価クロム化合物の多くは錯塩である. 酸化クロム (III) Cr_2O_3 は水酸化クロム (III) $Cr(OH)_3$ の加熱または重クロム酸アンモニウム $(NH_4)_2Cr_2O_7$ の熱分解によって得られる緑色の粉末で, 水素, 硫黄, 硫化水素と熱しても反応しない. 水, 酸, アルカリに不溶. 臭素酸アルカリ水溶液と加熱すると溶ける.

$5Cr_2O_3 + 6BrO_3^- + 2H_2O \longrightarrow$
$5Cr_2O_7^{2-} + 4H^+ + 3Br_2$

塩化クロム (III) $CrCl_3$ は金属を塩素と加熱して得られる赤紫色の結晶で水に不溶. 微量の $CrCl_2$ の存在によって溶ける. この溶

液または Cr_2O_3 を塩酸に溶かして得られる溶液から含水塩がつくられる．その中では六水塩がよく知られ，$[Cr(H_2O)_6]Cl_3$（淡紫色），$[Cr(H_2O)_5Cl]Cl_2\cdot H_2O$（淡緑色），$[Cr(H_2O)_4Cl_2]Cl\cdot 2H_2O$（暗緑色）の三つの異性体が存在する．このようにクロム（III）塩の水溶液および結晶水を含む結晶においては，水分子の一部（または全部）が Cr^{3+} イオンに配位し，ヘキサアクアクロム（III）イオン $[Cr(H_2O)_6]^{3+}$ などの錯イオンをつくっていることが多い．$[Cr(H_2O)_6]^{3+}$ を含む結晶は通常紫色で，水に溶け，水溶液も紫色を示す．Cr^{3+} に配位した水分子を他の酸基で置換して多くの錯体がつくられているが，Cr^{3+} と水分子の結合がかなり強いために，ふつうは水を除いた条件のもとで合成する．無水のクロム（III）錯体は分子がいくつかつながった多核錯体の形をとることが多い．一般に溶解速度が遅く，水に溶けにくいが，Cr（II）の共存によって溶解が促進される．固体，溶液ともに多くの還元剤に対して安定である．酸性では酸化剤に対しても安定で，強力な酸化剤または電解酸化によってのみ6価に酸化される．アルカリ性溶液では比較的酸化されやすく，塩素，臭素の作用または電解酸化によってクロム酸塩となる．

酸化クロム（IV）CrO_2 は黒褐色の粉末で，酸化クロム（VI）CrO_3 の熱分解でつくられる．

CrO_3 は Cr_2O_3 を高圧酸素と熱しても生じるが，通常は二クロム酸カリウム $K_2Cr_2O_7$ の濃水溶液に過剰の濃硫酸を加えてつくられ，三酸化クロム，無水クロム酸とも呼ばれる．潮解性で，水に溶けやすく，水溶液はクロム酸である．強力な酸化剤で，有機化学で広く用いられている．重要なクロム（VI）化合物はクロム酸塩と二クロム酸塩（重クロム酸塩ともいう）である．クロム鉄鉱を粉砕し，炭酸ナトリウムと溶融し，空気酸化すると，クロム酸ナトリウム Na_2CrO_4 が生じ，それを水で抽出して硫酸を加えて濃縮すると，$Na_2Cr_2O_7$ の結晶が析出する．無水物は橙赤色の結晶で，水に溶けやすい（溶解度 238 g/100 g，0℃）．$K_2Cr_2O_7$ はクロム鉄鉱を炭酸カリウムと酸化カルシウムで処理して $Na_2Cr_2O_7$ と似た方法でつくるか，$Na_2Cr_2O_7$ の水溶液に塩化カリウムを加えて複分解によってつくられる．$K_2Cr_2O_7$ は潮解性がなく，ナトリウム塩よりも用いやすい．強力な酸化剤で，容易にクロム（III）化合物となる．クロム酸イオン CrO_4^- と二クロム酸イオン $Cr_2O_7^{2-}$ の間には平衡が成り立ち，pH 8 以上では実際上 CrO_4^{2-} のみが存在する．Na_2CrO_4 は $Na_2Cr_2O_7$ の水溶液に炭酸ナトリウムを加え，加熱してつくられ，水から再結晶して精製される．水に溶けやすく，水溶液はアルカリ性を示し，黄色を呈する．クロム酸カリウム K_2CrO_4 は同様に $K_2Cr_2O_7$ から得られる黄色の結晶で，酸化剤として用いられ，また実験室では Ag^+，Hg^{2+}，Pb^{2+}，Ba^{2+} の沈殿剤として利用される．

[**用 途**] 常温では加工性が乏しいこともあって，金属としての利用は合金材料とめっきに限られる．クロムとニッケルの合金はニクロムと呼ばれ，電熱器をはじめとする多くの電気器具の発熱体として用いられる．クロムは鉄，ニッケルとともに耐腐性の大きいステンレス鋼の製造に利用され，ニッケルとクロムを主成分とするインコネル合金は原子力産業で核燃料の被覆材などとして用いられている．無水クロム酸を主成分とするめっき液を用いるクロムめ

っきは安価で美しい表面処理法として装飾品，機械材料などに用いられている．重クロム酸ナトリウムは，他のクロム酸塩製造の出発物質となる他に，とくに皮革のなめしに用いられ，金属の表面処理，染料工業などで利用される．重クロム酸カリウムは吸湿性がないために使いやすく，小規模の利用ではナトリウム塩より広く用いられる．重クロム酸カリウムを含む硫酸溶液は「クロム酸混液」として知られ，実験室でガラス器具の洗浄に利用されてきた．クロムを含む顔料は印刷インキ，絵具などになお用いられている．酸化クロム (IV) は磁性体としてカセットテープなどに利用されている．

[**トピックス**] 六価クロムの毒性

クロムの生体に対する作用は原子価によって大きく異なる．毒物として重要なものはクロム酸，重クロム酸およびその塩類で，3価のクロムの毒性ははるかに低い．古くからクロム中毒として知られていたが，一般に注目されるようになったのは最近のことである．日本化学工業の「六価クロム汚染」はマスコミを通じて広く知れわたった．実験室におけるクロム酸混液の使用も激減し，有機化学における酸化剤としての CrO_3 の使用は制限される傾向にある．環境に放出された六価クロムは徐々に毒性の低い三価クロムに還元されるが，その速度はよくわかっていない． (古川)

25 マンガン Mn

manganese Mangan manganèse марганец 锰 měng

[**起源**] マンガンの利用の歴史は古く，すでに古代ローマ人が軟マンガン鉱 (pyrolusite, 組成 MnO_2) を，酸化鉄によるガラスの着色に対する色消しに用いていた．他方その本体についての理解は遅れ，18世紀中頃まで軟マンガン鉱は磁鉄鉱 (magnetite, 組成 Fe_3O_4) の変種であると考えられていた．1774年スウェーデン人 C. W. Scheele は軟マンガン鉱の正体に関する論文を発表し，その友人 J. G. Gahn は炭と軟マンガン鉱を混ぜて強熱してそれまでに知られていなかった金属を遊離し，それをマンガネシウム (manganesium) と命名した．1808年になって M. H. Klaproth はその間に発見されたマグネシウムとの混同を避けるためにマンガンと呼ぶように提案した．このようにして得られた単体には多くの不純物が含まれ，純粋な金属が製造されるようになったのは1930年代になって電解精製法が確立してからである．

[**存在**] 地殻中に 0.10% 含まれ，遷移元素では鉄，チタンに次いで3番目に多い元素である．300に及ぶ多くの鉱物の中に含まれ，経済的に重要な鉱物を数えても12種に及ぶ．一次鉱床ではふつうはケイ酸塩鉱物に含まれるが，酸化物や炭酸塩を含む二次鉱物が実用上重要である．代表的なものとして，軟マンガン鉱，ハウスマン鉱 (hausmannite, Mn_3O_4)，リョウマンガン鉱 (rhodochrosite, $MnCO_3$) がある．この種の鉱物は一次鉱物の風化作用によって生成し，旧ソ連，中国，インド，南ア連邦，ガボン，ブラジル，オーストラリアから産出する．このような風化作用によって生成した鉄，マンガンなどを含むコロイド粒子のかなりの部分は海に入り，その一部が海底に沈積して「マンガン団塊 (manganese nodule)」になるといわれている．その地球全体での総量は1兆tに及び，現在も増加し続けている．乾燥状態のマンガン団塊は 15~30% の Mn を含み，Ni, Co, Cu などの有用な重金属も共存することから，将来の資源として注目されてきた．しかしその利用については，多くの技術的かつ政治的な問題が残されている ([トピックス] を参照).

[**同位体**] 安定同位体は ^{55}Mn のみである．放射性同位体は ^{52}Mn, ^{52m}Mn, ^{53}Mn, ^{54}Mn, ^{56}Mn などが重要である．^{52}Mn は β^+

表 25.1 マンガンの同位体

同位体	半減期 存在度	主な壊変形式
Mn-51	46.2 m	β^+ 97.1%, EC 2.7%
52	5.59 d	EC 70.6%, β^+ 29.4%
52 m	21.1 m	β^+ 96.7%, EC 1.6%, IT 1.75%
53	3.7×10^6 y	EC, no γ
54	312.1 d	EC, β^- < 0.001%
55	100%	
56	2.579 h	β^-
57	1.45 m	β^-

データ・ノート

原子量	54.93805
存在度 地殻	950 ppm
宇宙 (Si=10^6)	9500
電子構造	3 d^{5}4 s^2
原子価 (0), (1), 2, (3), 4, (5), 6, 7	
イオン化ポテンシャル (kJ mol^{-1})	717.4
イオン半径 (pm) $^{2+}$91, $^{3+}$70, $^{4+}$52	
密 度 (kg m^{-3})	7440
融 点 (°C)	1244
沸 点 (°C)	2062
線膨張係数 (10^{-6}K^{-1})	22
熱伝導率 (W m^{-1}K^{-1})	7.82
電気抵抗率 (10^{-8}Ωm)	185.0
地球埋蔵量 (t)	3.6×10^9
年間生産量 (t)	8.0×10^6

壊変するので,その特性を生かした核医学への利用が考えられている.^{53}Mnは宇宙線と岩石中の鉄などとの相互作用で生成し,月面岩石や隕石の中から検出され,このような試料の経てきた履歴を探るのに役立っている.^{54}Mnは速い中性子と鉄の反応で生成し,発電用原子炉の中にも蓄積しているが,0.835 MeVの単一のガンマ線を放出するのでトレーサーとして有用である.^{56}Mnはマンガンの遅い中性子の照射で大量に生成し,中性子放射化分析法はマンガンの正確な分析法として広く利用されている.

[製 法] 実用としては鉄との合金(フェロマンガン)が用いられる場合が多い.その際には適当な割合の酸化鉄(III) Fe$_2$O$_3$と二酸化マンガン MnO$_2$の混合物を溶鉱炉または電気炉内でコークスで還元する.シリカをスラグとして除くためにドロマイトや石灰岩を加えることも多い.純粋なマンガンを得るには,現在では硫酸マンガン(II) MnSO$_4$の水溶液の電気分解が用いられる.鉱石から抽出して精製した硫酸マンガン(II)に硫酸アンモニウムを加えて水溶液として(pH~7),通常ステンレス板の上に電解析出させる.純度は99.97%に達する.

[性 質] 純粋なものは銀白色.不純物が入ると灰色になる.室温で安定なα-マンガンは鉄に似ているが,鉄より固くもろい金属である.他にβ, γ, δの三つの同素体がある.α-マンガンは立方晶系に属する($a=$ 891.3 pm).

塊状の金属は空気中で表面が酸化されて黒色を呈するが,加熱してもそれ以上進まない.微粉状のものは酸化されやすく,ときには発火性であり,水に入れればときには水素を発生する.酸にはよく溶けて,Mn(II)の塩を生じる.濃硫酸および硝酸と反応するときは,それぞれ SO$_2$ と NO を発生する.非金属との反応は常温では必ずしも激しくないが,高温ではしばしば急激に反応する.塩素中で燃えて塩化マンガン(II) MnCl$_2$を生じ,フッ素と激しく反応してフッ化マンガン(II) MnF$_2$およびフッ化マンガン(III) MnF$_3$となる.窒素中では,1200°以上で反応して二チッ化三マンガン Mn$_3$N$_2$などを生じる.リン,硫黄,炭素,ケイ素,ホウ素などと直接作用してMn$_3$P$_2$, MnP, MnS, Mn$_3$C, MnSi, Mn$_2$Si, MnBなどの化合物をつくるが,水素とは直接反応しない.

[主な化合物] マンガンは化合物をつくるときに正1価から7価の原子価をとる.

1価はヘキサシアノマンガン(I)酸カリウム K$_5$[Mn(CN)$_6$]のような錯塩をつくると安定になる.

マンガン(II)化合物は最もふつうの化合物である.酸化マンガン(II) MnOは酸

化マンガン（IV）MnO_2のような高級酸化物を水素還元して得られる灰緑色の物質で，酸に溶けて種々のMn^{2+}を含む水溶液を与える．MnO_2を濃塩酸に溶かすと，塩素を発生して塩化マンガン（II）$MnCl_2$の溶液が得られる．硫酸塩，塩化物，酢酸塩，チオシアン酸塩などは水に溶けて，うすいバラ色を呈する．硫化物，炭酸塩，リン酸塩は水に溶けにくい．マンガン（II）塩の水溶液に水酸化ナトリウムを加えると水酸化マンガン（II）$Mn(OH)_2$が生じるが，空気中の酸素で酸化されてMnO_2に変る．

Mn^{3+}を含む化合物は一般に不安定で，単塩よりも複塩，錯塩として存在する．酸化マンガン（III）Mn_2O_3はMnO_2を空気中で530〜940℃に加熱するか，マンガン（II）塩を空気中で強熱すると得られ，マンガンの最も安定な酸化物である．これを空気中で940℃以上に加熱すると，酸化マンガン（IV）マンガン（II）Mn_3O_4が得られる．

4価の化合物としてはMnO_2が最もよく知られている．通常二酸化マンガンと呼ばれ，硝酸マンガン（II）$Mn(NO_3)_2$を150〜200℃で長時間加熱すると生成する黒色の粉末で，乾電池の製造などに広く利用されている．

Mn^{5+}を含む化合物はマンガン（V）酸バリウム$Ba_3(MnO_4)_2$（青色）のような酸素酸塩のみが知られている．

マンガン（VI）酸塩は通常単にマンガン酸塩と呼ばれるが，MnO_2を空気中で水酸化アルカリと融解すると生じる緑黒色の結晶である．アルカリ金属の塩は水に溶けて，緑色を呈する．過剰の水酸化アルカリの存在下では安定であるが，純水中および酸の存在下では過マンガン酸イオンMnO_4^-とMnO_2に分解する（$3MnO_4^{2-}+2H_2O \longrightarrow MnO_2+2MnO_4^-+4OH^-$）．

酸化マンガン（VII）Mn_2O_7は過マンガン酸カリウムを少量ずつ冷却した濃硫酸に加えた際に生成する緑色の液体（融点5.9℃）で，$-5°$まで安定であるが，$0°$で酸素を放出し始め，10°で激しく分解してMnO_2と酸素になる．多くの物質としばしば爆発的に反応し，たとえば冷時においてもダイヤモンドを炭酸ガスに変える．過マンガン酸カリウム$KMnO_4$は最もよく知られているMn^{7+}を含む化合物で，工業的にはマンガン酸カリウムの電解酸化で製造される．光沢のある赤紫色の結晶で，強い酸化剤として用いられる．水溶液は濃い紫色を示すので，指示薬のいらない酸化還元滴定ができる．滴定は通常酸性で行われ，その際の反応をイオン式で示すと，$MnO_4^-+8H^++5e^- \longrightarrow Mn^{2+}+4H_2O$ となる．

[用途] すべての鉄鋼はマンガンを含んでいる．製鋼過程でのフェロマンガン（鉄とマンガンの合金）の添加は有害な硫黄と酸素の量の制御に有効である．またマンガンの含量を増すと製品の硬度が増すので，機械的衝撃や摩耗に耐える場合には好適である（Mn 13%，C 1.25%を含むハッドフィールド鋼はその代表的な例である）．非鉄合金においてもマンガンは利用されている．たとえばマンガニン（84% Cu，12% Mn，4% Ni）は銅合金としては電気抵抗が高く，しかもその抵抗値が温度が変化してもほとんど変わらないので，種々の精密電子機器に使われている．二酸化マンガンは古くから乾電池製造の際に減極剤（この場合は水素の発生を抑える）として用いられてきた．煉瓦の製造では着色に利用し，ガラス産業では鉄による着色の補正あるいはピンク色の着色ガラスの製造に用いている．アニリ

表 25.2 マンガン団塊の分析値の例（%）

元素	大西洋	インド洋	太平洋
Mn	15.5	15.3	19.3
Fe	23.0	13.4	11.8
Co	0.2	0.3	0.3
Ni	0.3	0.5	0.9
Cu	0.1	0.3	0.7

J. R. Craig, D. J. Vaughan, B. J. Skinner, "Resources of the Earth", Prentice Hall, 1988 による.

ンから写真に用いるハイドロキノンを製造する際の酸化剤として用い，マンガンを含むフェライト（組成式 $MnFe_2O_4$）は電子産業で利用されている．過マンガン酸カリウムはサッカリン，安息香酸の製造の際に酸化剤として利用され，医薬用としても少量が用いられている．最近では塩素に代って上水道用の水処理にも使われている．この場合は塩素のように刺激臭がなく，生成する MnO_2 は沈殿の中に集まる．

[トピックス] マンガン団塊

深海底に将来の金属資源となる可能性を秘めた物質が多量に存在している．1870年代に世界の海を探査したイギリスの海洋調査船チャレンジャー号の航海によって，深海底が直径数 cm に及ぶ球状の物体で覆われている地域があることが発見された．採取試料の化学分析の結果，複雑な組成をもつ鉄とマンガンの含水酸化物であることが確認され，このような物体はマンガン団塊（manganese nodule）と呼ばれるようになった．貝殻，サメの歯，岩石などを核としてゆっくりと成長し，直径5cmの大きさに達するには5万年以上を要する．その成因についてはなお明らかでない．マンガンの総量として百億トンを越えると推定され，地上のマンガン鉱の埋蔵量を上回る可能性が大きい．マンガンの採掘可能年数は数百年に及ぶので，現在のところ Cu, Ni のような硫化鉱に含まれる元素の資源としての関心が高い（表25.2を参照）．アメリカおよび日本の手によって試験的な採掘が行われたが，現在のところ経済的に見て採算の取れる段階にはない．また，海洋底から採掘する際の環境への影響，国際法上の問題点など今後に残された課題は多い．　（古川）

26 鉄 Fe

iron Eisen fer железо 铁 tiě

[**起 源**] 古くから知られていた元素で，銅よりも少し遅れて紀元前5000年頃から使用されたと考えられている．メソポタミアとイランに最古の鉄器が出土しているが，前3000年紀になるとアナトリア(現在のトルコ)やエジプトにも出土地の分布は広がる．前2000年紀にアナトリアに入ってきたヒッタイトは，高度な製鉄技術をもって強力な帝国を築き，近隣に君臨したことで有名である．ヒッタイト帝国の滅亡した前12世紀からは製鉄技術は周辺地域に拡散し，鉄器時代を迎える．アジアでは，中国が早くから製鉄と鋳鉄の技術をもっていた．殷王朝(商ともいう．およそ1600〜1050 B.C.)のときにつくられた銅剣に混ざって，鉄の刃がみつかっているが，それはニッケルを多く含んだ鉄で，隕鉄を原料にしたものであった．本格的な製鉄は，前7世紀の春秋時代に始まったと考えられている．古代オリエントの初期の鉄器には，殷の鉄剣の例のように，ときおり隕鉄を加工したものがあり，人類が鉄を知ったのは隕鉄からだったという説も生まれているが，確証はない．わが国では，前2〜1世紀の弥生時代に大陸から伝わったのが鉄使用の始めとされている．世界の多くの地域で，旧石器・新石器・青銅器・鉄器と考古学の時代区分がなされるのに反し，わが国では，青銅器と鉄器がほぼ同時に使われ始めている．その後，古墳時代を通じて鉄素材(鉄鋌)が大陸から舶載され，鉄器が生産された．遅くとも8世紀からは，中国地方を中心に砂鉄を還元する"たたら(踏鞴)"製鉄が盛んになったことは文献や遺跡によって明らかになっている．漢字の鉄の本字"鐵"は，"まっすぐ(呈)に物を切り落とす(弋)鋭利な金属"を表す会意文字．英語のironは"聖なる金属"を意味するケルト系古語から来ている．元素記号Feは鉄のラテン語ferrumに由来する．

[**存 在**] 地殻中では酸素，ケイ素，アルミニウムに次いで多量に存在する．岩石，土壌などの主成分元素の一つで，自然界には化合物として広く分布している．隕鉄を除いては，地表で金属鉄として存在することはほとんどない．生物にとっても重要な元素で，動物の血液に含まれる色素ヘモグ

表 26.1 鉄の同位体

同位体	半減期 存在度	主な壊変形式
Fe-52	8.28 h	β^+ 56.0%, EC 44.0%
52 m	46 s	β^+ 99.7%, EC 0.3%
53	8.51 m	β^+ 97.2%, EC 2.8%
53 m	2.58 m	IT
54	5.8%	
55	2.73 y	EC, no γ
56	91.72%	
57	2.2%	
58	0.28%	
59	44.5 d	β^-
60	1.5×10^6 y	β^-
61	6.0 m	β^-

データ・ノート

原子量	55.847
存在度　地殻	41000 ppm
宇宙 (Si=10^6)	9.0×10^5
電子構造	$3d^6 4s^2$
原子価	2, 3, 4, 6
イオン化ポテンシャル (kJ mol^{-1})	759.3
イオン半径 (pm)	$^{2+}$82, $^{3+}$67
密　度 (kg m^{-3})	7874
融　点 (℃)	1535
沸　点 (℃)	2862
線膨張係数 (10^{-6}K^{-1})	12.3
熱伝導率 (W m^{-1}K^{-1})	80.2
電気抵抗率 (10^{-8}Ωm)	9.71
地球埋蔵量 (t)	1.5×10^{11}
年間生産量 (t)	8.0×10^8

ロビンは鉄の化合物である.ヘモグロビンは赤血球の成分として酸素運搬の役割をする.鉱石としては赤鉄鉱 α-Fe_2O_3,褐鉄鉱 $Fe_2O_3 \cdot nH_2O$,磁鉄鉱 Fe_3O_4 などの酸化物が最もふつうで,ほかにリョウ鉄鉱 $FeCO_3$,黄鉄鉱 FeS_2 などがある.日本の古代製鉄法"たたら(踏鞴)"の原料として知られる砂鉄は,チタン磁鉄鉱 Fe_3O_4-Fe_2TiO_4 を主成分としている.地殻にはマグネシウムとの化合物として,カンラン石,輝石,角セン石,黒雲母などの鉱物を構成し,また地球の中心部のコアは金属鉄が主成分といわれる.世界の鉄鉱石の産地は各大陸に広がっていて,採鉱量は鉄鋼生産の中心地との関連で時代とともに変化している.

[**同位体**] 安定同位体は質量数 54, 56, 57, 58 の 4 核種である.鉄(とくに ^{56}Fe)の原子核は元素の中で最も安定(核の構成粒子 1 個当りの結合エネルギーが最大)である.そのため,水素から始まって次第に重い元素がつくられていく恒星内部の核融合反応は,鉄が終着点になる.地球で,また一般的に太陽系内で,鉄が豊富なのは,これが原因と考えられている.^{57}Co を線源として用いるメスバウアー分光法は,^{57}Co が電子捕獲(EC)によってできる ^{57}Fe (励起状態)が,^{57}Fe (基底状態)に落ちるときに発する低エネルギー γ 線を利用する.

[**製法**] ふつうには,酸化鉄を含む鉱石を高炉に入れ,コークスとともに加熱還元して銑鉄をつくる.原石がリョウ鉄鉱や黄鉄鉱の場合には,空気中で加熱し,酸化物として高炉に入れる.高炉は 15～16 世紀に北ヨーロッパで誕生し,当時の急速な鉄需要に答える形で発達したが,水車による強力送風と炉内ガスを完全利用するための高いシャフトをもつのが特徴であった.送風により炉内温度が十分に高くなると,鉄に炭素が吸収されて融点が下がり溶融銑鉄になる.銑鉄は炭素を 1.7% 以上含み,固くてもろいので圧延・鍛造の加工には適さないが,融点が低いので鋳造に適し,大砲・鉄門・厨房用品などに広く使われる.溶融銑鉄に酸素を送り込んで脱炭すると,性質の異なる錬鉄になる.釘・針金・針・刀剣・鉄板など用途は多いが,この脱炭するための方法の改良は,16 世紀以後の製鉄の歴史にとって長い道のりであった.精錬炉,反射炉,転炉,平炉,電気炉などが次々と発明されたが,20 世紀になると,高炉法-製鋼法(平炉,転炉,電気炉)-圧延法という技術体系が確立された.第 2 次世界大戦後には,高炉によらない,還元ガス直接還元法が試みられ,還元鉄製造-電気炉溶解法が次第に比率を増してきている.

[**性質**] 白色の金属光沢をもち,展性・延性に富む.室温で強い磁性を示す代表的な強磁性金属である.この磁性は 3d 殻電

子のスピン磁気モーメントに起因する. α, γ, δ の3種の同素体がある. α 形は910℃以下で安定, 体心立方格子, キュリー点の768℃を境にして, それ以下では強磁性, それ以上では常磁性になる. 昔は 768℃～910℃の間を β 形と呼んだ. γ 形は910℃～1390℃で安定, 面心立方格子, 常磁性である. δ 形は1390℃以上で安定, 体心立方格子で常磁性である. つまり, 鉄を熱すると 768℃で自発磁化は失われ, 強磁性が消失する. これは鉄原子がもっているスピン磁気モーメントが熱振動を行い, 平行性を失うからである. 格子定数は α 形 286.0 pm (20℃), γ 形 364 pm (900℃), δ 形 293 pm (1425℃). 炭素が含まれると硬度を増し, はがね(鋼)になる. 鋼の中の α 形の部分をフェライトと呼び, 酸素と化合しやすく, 湿った空気中では酸化物 Fe_2O_3, Fe_3O_4 と水酸化物 $FeO(OH)$ の複合したいわゆる鉄さびができる. 塩素, リン, 硫黄と激しく反応する. 希酸に溶け鉄(II)イオンになるが, 空気中では酸化されて鉄(III)イオンになりやすい. 濃硝酸のような強酸化性の酸では不働体をつくり不溶性になる. 鉄(II)化合物が水に溶けると $[Fe(H_2O)_6]^{2+}$ を生じ, うすい緑色を呈する. 鉄(III)化合物が水に溶けてできるイオンはほとんど無色で $[Fe(H_2O)_6]^{3+}$ の形をとるが, 中性に近い溶液では加水分解を起こして褐色になりやすい. 鉄(II)は o-フェナントロリンと赤色のキレート化合物をつくるが, この反応は鉄の検出と定量の基礎になる.

[**主な化合物**] 鉄は遷移元素の一つで, いくつかの酸化数をもつ. 通常は+2と+3がふつうだが, まれに+4と+6の化合物をつくる. ほとんどの化合物が着色している. 酸化物には, 赤褐色の酸化鉄(III) Fe_2O_3, それを水素で還元すると生成する黒色の酸化鉄(II) FeO, 赤熱した鉄に水蒸気を通じると表面に生成する黒色の四三酸化鉄 Fe_3O_4 がある. 水に可溶の鉄塩としては, 硫酸鉄(II) $FeSO_4 \cdot 7H_2O$ と塩化鉄(III) $FeCl_3 \cdot 6H_2O$ が代表的である. 前者は緑礬とも呼ばれ, 緑色で風解性の結晶, 後者は黄褐色潮解性の結晶である. 鉄を含む錯塩も多数知られている. フェロシアン化カリウム(ヘキサシアノ鉄(II)酸カリウム, 黄血塩) $K_4[Fe(CN)_6] \cdot 3H_2O$ は黄色結晶, フェリシアン化カリウム(ヘキサシアノ鉄(III)酸カリウム, 赤血塩) $K_3[Fe(CN)_6]$ は赤色結晶である. Fe^{3+} を含む水溶液に黄血塩を加えるとプルシアンブルー(ベルリン青)と呼ばれる青色沈殿 $KFe[Fe(CN)_6]$ を生じる. コバルト, ニッケル, 白金族元素と同様に, 揮発性で反磁性のカルボニル化合物 $Fe(CO)_5$, $Fe_2(CO)_9$, $Fe_3(CO)_{12}$ が知られている. +4価の鉄は塩化物のフェニルアルシン化合物として得られた. +6価はクロム酸バリウムと同型の赤朱色の $BaFeO_4$ が得られている.

[**用途**] 古代から鉄を手にした民族集団は強力な国家をつくった. また, 産業革命後の中心的役割を果たす材料であり, 鉄生産量は国家繁栄のバロメーターであった. 第2次世界大戦後の鉄鋼業には国家の関与

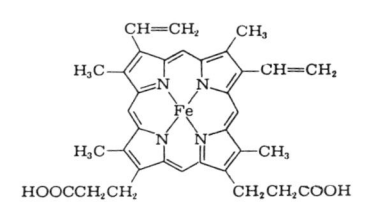

図 26.1 血液中で酸素を運搬するタンパク質, ヘモグロビンの配合団ヘムの構造

図 26.2 埼玉稲荷山古墳出土の「辛亥」銘鉄剣
(特別展「日本の考古学—その歩みと成果—」1988年カタログより,埼玉県立さきたま資料館蔵)

が増大し,経済の発展に大きく関わった.現代では,旧ソ連・米・日・ECの4極構造になっているが,NIES諸国や発展途上国も生産を延ばしている.鉄中の炭素の含有量によって硬度が異なることが,鉄の利用度が高い原因である.純粋な鉄は軟らかく鋳造に適しているが,炭素を0.04〜1.7程度含むものは鋼と呼ばれ,焼き入れによって硬度を増すことができる.この現象は古くから知られ,刀剣や刃物に利用されてきた.ニッケル,クロム,マンガンなどとの合金も強靭な合金鋼をつくる.クロム18％とニッケル8％を含む鉄合金は代表的なステンレス鋼として知られ,対錆性に優れている.このような特性を活かして,鉄は自動車,鉄道,電気機械,産業機械から生活用具に至るまで,至る所で広く用いられている.鉄化合物は美術にも顔料として古くから使われてきた.赤色顔料ベンガラは Fe_2O_3 であり,プルシアンブルーは $KFe[Fe(CN)_6]$ を主成分とする青色顔料で,印刷インキや絵の具に使われる.

[**トピックス**] ヘモグロビン

脊椎動物の血液の赤血球に赤色を与えているタンパク質で,ヘムと呼ばれる鉄(II)原子を中心に置いた複雑な構造単位を含む(図 26.1).この鉄の部分が酸素と結合し,酸素を肺から組織へ移送する役割を果たす.一酸化炭素はヘモグロビンに対して,酸素がもっている親和性よりも大きな親和性を有し,酸素が結合するのと同じ部位に結合する.したがって,一酸化炭素が結合したヘモグロビン分子は酸素と結合できない.酸素と結合できるヘモグロビンの量が少なくなると,十分な酸素が脳に達しなくなり,その結果意識が失われ,死に至る.これが一酸化炭素中毒のメカニズムである.

[**コラム**] 銘文をもつ鉄の刀剣

わが国の古墳からは多数の鉄の刀剣が発掘されている.そのうち,少なくとも6振りに銘文が発見されており,古代をさぐる重要な文字資料になっている.6振りの中には,有名な天理市石上神社に伝世の七支刀があるが,近年最も注目を浴びたのは熊本県菊水町江田の船山古墳(5〜6世紀)出土の銀象嵌大刀(67文字判読)と,埼玉県行田市の稲荷山古墳(5〜6世紀)出土の金象嵌「辛亥」銘鉄剣(表57文字,裏58文字)である(図 26.2).ともに雄略天皇と思われる「獲加多支鹵(ワカタケル)大王」の文字が見えて,遠く離れた九州と関東に大和王朝の力が及んでいたことの証拠となった.ともに国宝に指定されている.

(馬淵)

27 コバルト Co

cobalt　Kobalt　cobalt　кобальт　钴 gǔ

[起源]　金属として利用されるようになったのは今世紀になってからであるが、ガラスや陶器への着色には古くから用いられていた。エジプト産の陶器（2600 B.C.）やイラン産のガラス球（2250 B.C.）にはこの着色がほどこしてあったが、その技法は一時期忘れ去られていた。15世紀になってこの技術は再発見され、レオナルド・ダ・ヴィンチはこの顔料を用いた画家の一人であった。1735年スウェーデン人 G. Brandt はこの青色を示す物質の起源を研究して不純な金属を単離した。1780年 T. O. Bergman が新元素と確認した。元素名の由来は必ずしもはっきりしないが、ドイツ語の Kobold（家の精）に端を発するとの説が有力である。北ヨーロッパの鉱夫たちはその精のためにあるはずの金属が分離できないと考えていたとされている。

[存在]　地殻中の存在量は 20 ppm である。広く分布してはいるが、第一遷移元素系列の中ではスカンジウムに次いで存在量が小さい。100種類を越える多くの鉱物が知られているが、実用上の価値があるものは少ない。スマルタイト（$CoAs_2$）、輝コバルト鉱（CoAsS）、リンネ鉱（Co_3S_4）などヒ化物や硫化物が主要なものである。ニッケルと常に共存し、しばしば銅や鉛の鉱床中に含まれるので、このような元素の生産の副産物として得られる場合が多い。年間生産量の大半はアフリカ大陸（ザイール、ザンビア）から産出し、オーストラリア、ニュー・カレドニア、オーストラリア、旧ソ連、カナダがこれに続く。

[同位体]　安定同位体は ^{59}Co のみであり、原子量は正確に求められている。放射性同位体としては ^{55}Co, ^{56}Co, ^{57}Co, ^{58}Co, ^{60}Co などが重要である。とくに ^{60}Co は遅い中性子の照射による生成量が多いことと、半減期が比較的長いことから、安価なガンマ線源として広く利用されている。1.17 MeV と 1.33 MeV の γ 線を放出するが、1カ所に 3.7×10^{14} ベクレル（1万キューリー）を越える線源が設置されている場合もある。放射線の化学効果、放射線の生体への作用の研究などに用いられる。また製鉄に用いられる溶鉱炉の摩耗を調べるのに使用されたので、市販の鉄の中には極微量の ^{60}Co が

表 27.1　コバルトの同位体

同位体	半減期 存在度	主な壊変形式
Co-55	17.53 h	$β^+$ 76%, EC 24%
56	77.1 d	$β^+$ 81%, EC 19%
57	271.8 d	EC
58	70.8 d	EC 85.1%, $β^+$ 14.9%
58 m	9.15 h	IT
59	100%	
60	5.271 y	$β^-$
60 m	10.5 m	IT 99.76%, $β^-$ 0.24%
61	1.65 h	$β^-$
62	1.50 m	$β^-$
62 m	13.9 m	$β^-$ > 99%, IT < 1%

データ・ノート

原子量	58.93320
存在度　地殻	20 ppm
宇宙（Si＝10⁶）	2200
電子構造	3 d⁷4 s²
原子価	2, 3, (4)
イオン化ポテンシャル（kJ mol⁻¹）	760.0
イオン半径（pm）	²⁺82, ³⁺64
密　度（kg m⁻³）	8900
融　点（℃）	1495
沸　点（℃）	2870
線膨張係数（10⁻⁶ K⁻¹）	13.36
熱伝導率（W m⁻¹ K⁻¹）	100
電気抵抗率（10⁻⁸ Ωm）	6.24
地球埋蔵量（t）	2.7×10^6
年間生産量（t）	3.2×10^4

含まれている．原子炉の中での生成量が多いので，発電用軽水炉（沸騰水型発電炉）の周辺に放出されて検知されることも多い．以前には核兵器の構造材の中にコバルトを入れて，放射能による破壊効果を高めようとする「コバルト爆弾」の着想が提案された．⁵⁷Co は物性物理などの研究に役立つメスバウアー効果の研究のための有用な線源として用いられ，トレーサーとしても⁶⁰Co より用いやすい．

[**製　法**]　鉱石によって前処理は異なるが，通常は焼いてカワとスラグに分け，カワに含まれる鉄，コバルト，ニッケルを希硫酸で溶出する（銅はほとんど溶けないし，ヒ素の大部分は酸化ヒ素(III) As₄O₆として焼いた際に揮散する）．鉄はヒ素の一部とともに石灰で沈殿させ，溶液を次亜塩素酸ナトリウムで処理すると，ニッケルは溶液に残り，コバルトは水酸化コバルト(III)として沈殿する．

$$2\,Co^{2+} + OCl^- + 4\,OH^- + H_2O$$

コバルト　103

$$\longrightarrow 2\,Co(OH)_3 + Cl^-$$

水酸化物を酸化物に変え，適当な還元剤で還元すれば金属が得られる．純粋な金属が必要な場合は，電解精製によるか，クロロペンタアンミンコバルト(III)塩化物 [Co(NH₃)₅Cl]Cl₂ の生成を利用する精製法によればよい．

[**性　質**]　鉄に似てやや青味をもつ光沢のある金属で，粘性，硬さおよび剛性は鉄より大きい．α，β の同素体があり，α は六方最密格子で格子定数は $a=250.7\,pm$，$c=406.9\,pm$．約420℃で β に変化する．β は面心立方格子で $a=354.4\,pm$．室温では α が安定であるが，β も室温で安定に存在する場合がある．α，β ともに強磁性であるが，常磁性に変るキュリー点は1100℃以上で鉄の場合（768℃）よりも高い．

鉄と比べて化学的な活性は小さい．空気中で常温では安定であるが，加熱すると酸化されて酸化コバルト(IV)コバルト(II) Co₃O₄ になり，高温では酸化コバルト(II) CoO が生成する．うすい酸には徐々に溶けて Co^{2+} の塩となる．ハロゲンとはたやすく反応し，ホウ素，炭素，リン，硫黄，ヒ素，アンチモンとも加熱すれば反応するが，水素，窒素とは反応しない．

[**主な化合物**]　特殊な例として，－1価，0価，4価のものも知られているが，2価および3価の化合物が重要である．フッ化コバルト(III) CoF₃ を除くハロゲン化物中のコバルトは2価である．Co(II)を含む酸化物および水酸化物は酸化されやすいが，塩類は安定であり，一般に含水塩が知られている．無水塩は含水塩の加熱または元素間の直接の反応でつくられる．含水塩の中では赤色のヘキサアクアコバルト(II)イオン $[Co(H_2O)_6]^{2+}$ を含むものが広く知られて

表 27.2 代表的なコバルト(III)錯イオン

化学式	色	慣用名
$[Co(NH_3)_6]^{3+}$	黄色	ルーテオ塩
$[Co(NH_3)_5(H_2O)]^{3+}$	バラ色	ローゼオ塩
$[Co(NH_3)_5Cl]^{2+}$	紫赤色	プルプレオ塩
$[Co(NH_3)_5(NO_2)]^{2+}$	黄金色	クサント塩
シス$[Co(NH_3)_4Cl_2]^+$	青紫色	ビオレオ塩
トランス$[Co(NH_3)_4Cl_2]^+$	緑色	プラセオ塩
シス$[Co(NH_3)_4(NO_2)_2]^+$	黄カッ色	フラボ塩
トランス$[Co(NH_3)_4(NO_2)_2]^+$	赤黄色	クロセオ塩

いて，水溶液中でもこのイオンは安定である．結晶，溶液どちらの場合でも加熱すると，水の一部または全部が他の配位子で置換されて変色する．塩化物の場合は青色になるが，この性質は乾燥剤（シリカゲルなど）の吸湿の状態を示すのに用いられる．水溶液にアルカリを加えると，塩基性塩または水酸化物を沈殿するが，アンモニアの過剰には濃青色の錯イオン $[Co(NH_3)_6]^{2+}$ をつくって，濃い水酸化アルカリにはヒドロオクソコバルト(II)酸イオン $[Co(OH)_4]^{2-}$ をつくって溶ける．F^-，Cl^-，Br^-，I^-，CN^-，SO_4^{2-} などの陰イオンや有機アミンを配位して錯イオンがつくられるが，その結合は比較的弱い．コバルトを中心においた正四面体4配位または正八面体6配位の配置をとるが，通常前者では青，後者では赤の呈色をする．

Co(III) を含む比較的単純な化合物としてはヘキサアクアイオンを含むリュウ酸コバルト(III) $Co_2(SO_4)_3\cdot 18H_2O$，およびミョウバン $MCo(SO_4)_2\cdot 12H_2O$（M = K, Rb, Cs, NH_4）に加えてフッ化コバルト(III) $CoF_3\cdot 3.5H_2O$ が結晶として得られているが，いずれも水によって分解する．Co^{3+} イオンは酸性では Co^{2+} に還元され，アルカリ性溶液では水酸化コバルト(III) などとして沈殿する．このように Co(III) を含む単塩は不安定であるが，錯塩をつくるとコバルト(III)化合物は結晶としても，水溶液中でも安定になる．

コバルト(III)錯塩はとくによく研究されている代表的な錯塩であって，非常に多くの化合物が安定に得られ，多様な呈色で知られている．この中で最も基本的なものはヘキサアンミンコバルト(III)塩 $[Co(NH_3)_6]X_3$（X は Cl，Br，NO_3 などの一価の酸基）であって，他の多くの錯塩はこの塩の置換体とも考えられる．コバルト(III)錯塩の中で最も代表的なものを表27.2に示す．コバルト錯塩研究の歴史は18世紀末までさかのぼるが，従来はその呈色に基づく慣用名が用いられてきた．ここではそれも併記した（たとえばルーテオコバルト塩といえばヘキサアンミンコバルト(III)塩を示す）．アンモニアの代りにエチレンジアミ

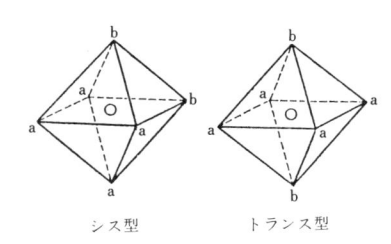

シス型　　　　トランス型

$[Co(NH_3)_4Cl_2]^{2+}$ のシストランス異性体
(a: NH_3, b: Cl)

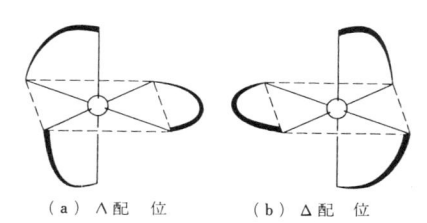

(a) Λ配位　　　(b) Δ配位

$[Co\ en_3]^{+3}$ の光学異性体

図 27.1 コバルト錯塩の異性体の例

ン ($C_2H_8N_2$), ビピリジン ($C_{10}H_8N_2$) を用いれば, さらに多くの錯塩が合成できる. また亜硝酸イオン, NO_2^- も重要な配位子として利用されている. コバルト (III) 錯体については, シス・トランス異性および光学異性の存在が知られている. 図 27.1 にその代表的な例を示す. コバルト (III) 錯体は, その多様さと呈色の華麗さのゆえに, 化学者の好奇心をそそった無機化合物の一種である. 悪性貧血の治療に有効なビタミン B_{12} は, 赤血球の形成を含む多くの生化学的過程で働く補酵素であるが, 現在のところ唯一の生化学的に重要なコバルトを含む化合物である (図 27.2).

[**用途**] 純金属としては用途が少ないが, 合金として広く用いられている. コバルトの合金は高温でも耐摩耗性と耐腐食性を保持し, ジェット航空機, ガス・タービンなどに用いられる. このような合金の多くはニッケル, クロム, モリブデン, タングステンとのもので, コバルト含量は 20～65% である. 鉄, ニッケルとともに強磁性体であるコバルトは磁性合金の製造にも利用される. その代表的な合金である「アルニコ」は通常 6～12% のアルミニウム, 14～30% ニッケル, 5～35% コバルトおよび鉄を含んでいる. 鉄-コバルト粉末やコバルト・フェライトの磁性体も重要である.

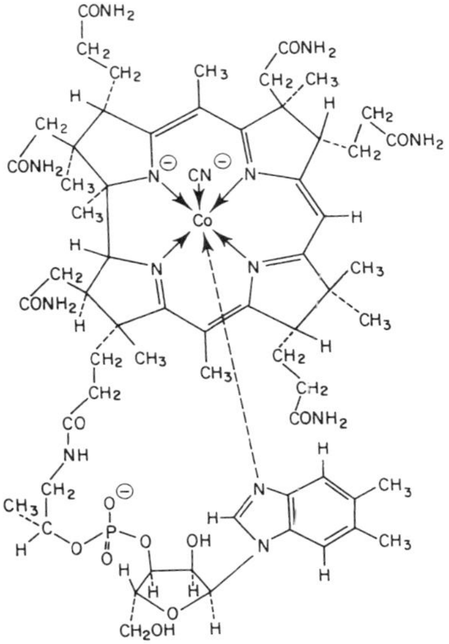

図 27.2 ビタミン B_{12} の構造

コバルトとともにクロム, タングステンなどを含む鉄基材合金は, 非常に硬く, 丈夫なので, 切削道具や硬質仕上面に利用されている. また粉末状のタングステン・カーバイドに対する基材 (あるいは結合材) としても利用され, ドリルの刃や工作機械の製造に用いられる. (古川)

28 ニッケル Ni

nickel Nickel nickel никель 鎳 niè

[**起源**] 古代人類とニッケルの関わりについての信頼できる記載は多くはない. ヨーロッパでは酸化銅（Ｉ）Cu_2O に見かけが似ている赤色の鉱物（実はコウヒニッケル鉱, NiAs）が, 銅を含んでいないので,「偽銅」（独 Kupfernickel, 英 Old Nick's copper) として注目されていた. 1751年 A. F. Cronstedt はスウェーデン産のある鉱物から不純な金属を分離し, それが偽銅の金属成分と同一であることを確認した. この新元素は「ニッケル」と命名された. 1804年 J. B. Richter は純度の高い金属を調製し, 正確な物理定数を決定した.

[**存在**] 7番目に多い遷移元素であり, 地殻中の存在度は 80 ppm である. 含有量の高い鉱物としては, コウヒニッケル鉱, スマルタイト $(Ni, Co, Fe)As_2$ のようなヒ素化合物があるが, 資源としては, 熱帯地方で生成するラテライト（紅土）の中でニッケル含量の大きいものおよび硫化ニッケルを含む硫化鉱が重要である. 前者はニュー・カレドニア, キューバ, オーストラリアのような高温多湿の地方に産出し, 鉄・マグネシウムを含むケイニッケル鉱（組成の一例は $(Ni, Mg)_6Si_4O_{10}(OH)_8$) およびニッケルを含む褐鉄鉱（たとえば $(Fe, Ni)O(OH)\cdot nH_2O$）を主成分とする. 後者は銅・コバルトなどを含む磁硫鉄鉱などの硫化物で, カナダ・旧ソ連・南ア連邦が主要な産地である. 日本国内には採掘価値のある鉱床はない.

[**同位体**] 安定同位体は ^{58}Ni, ^{60}Ni, ^{61}Ni, ^{62}Ni, ^{64}Ni の五つがある. ^{58}Ni の同位体存在度がとくに大きいために, ニッケルの原子量 (58.70) は原子番号が1小さいコバルトに対する値 (58.93320) より小さくなる. 放射性同位体としては ^{57}Ni, ^{59}Ni, ^{63}Ni, ^{65}Ni などが主なものであるが, 原子炉中性子照射によるニッケルの放射能生成は比較的少なく, むしろ $^{58}Ni(n, p)$ 反応による ^{58}Co の生成が目立つ. ^{59}Ni は長寿命核種として宇宙化学に関連して興味がもたれ, ^{63}Ni は β 線源として ECD ガスクロマトグラフの中に装備されている.

[**製法**] 鉱石ごとに前処理の方法は異なるが, 通常は硫化ニッケル Ni_3S_2 を含む硫

表 28.1 ニッケルの同位体

同位体	半減期 存在度	主な壊変形式
Ni-56	6.10 d	EC
57	1.485 d	β^+ 59.6%, EC 40.4%
58	68.077%	
59	7.5×10^4 y	EC, no γ
60	26.223%	
61	1.140%	
62	3.634%	
63	100 y	β^-, no γ
64	0.926%	
65	2.52 h	β^-
66	2.27 d	β^-, no γ

データ・ノート

原子量	58.70
存在度 地殻	80 ppm
宇宙 (Si=10^6)	4.78×10^4
電子構造	3 d^{8}4 s^2
原子価	2, (3), (4)
イオン化ポテンシャル (kJ mol^{-1})	736.7
イオン半径 (pm)	$^{2+}$78
密度 (kg m^{-3})	8902
融点 (°C)	1453
沸点 (°C)	2732
線膨張係数 (10^{-6}K^{-1})	13.3
熱伝導率 (W m^{-1}K^{-1})	90.7
電気抵抗率 (10^{-8}Ωm)	6.84
地球埋蔵量 (t)	7×10^7
年間生産量 (t)	9×10^5

化物をつくり,不純物を分離する.得られた硫化ニッケルは焙焼して酸化ニッケル(II)とする.製鋼のためにはこのまま用いるが,木炭などで還元すれば粗製の金属が得られる.これを精製するには,塩化ニッケルまたは硫酸ニッケルの水溶液を電解液とする電解精製法によるか,ニッケル・カルボニルの生成と分解を利用するモンド法を用いる.後者は 1899 年 L. Mond によって開発された方法で,Ni＋4 Co $\rightleftharpoons$ Ni(CO)$_4$ の反応が 50°C 付近ではカルボニルの生成に,230°C ではその分解の方向に進むことを利用している.

電解ニッケルには 0.3% 程度のコバルトが含まれるが,モンドニッケルには含まれない.コバルト以外の不純物は Fe, Cu, C, Si, S などであるが,通常その総量は 0.1% に達しない.

[**性　質**]　銀白色の光沢のある金属.精製したままの金属はガスを含んでいてもろいので,そのままでは加工しにくい.再融解して脱酸すれば加工できるが,そのためには 1000°C 以上に加熱する必要がある.圧延して箔にすることも容易である.通常は面心立方格子,格子定数 a=352.4 pm.微粉末として得られたものは六方最密格子とされているが,なお確定していない.立方格子のものは強磁性を示すが,鉄より弱く,キュリー点は 375°C である.

塊状のものは空気および湿気に対して常温ではきわめて安定であるが,微粉状のものは発火性をもつ.ニッケル板を空気中で加熱すると表面が酸化される.うすい酸によって徐々に侵されるが,希硝酸の反応はかなり速い.濃硝酸とは不働態を生じ侵されない.B, Si, P, S およびハロゲンとは加熱時に反応するが,フッ素との反応は他の金属と比べて遅い.水酸化ナトリウムのようなアルカリとの反応はきわめて遅いので,ニッケル容器はアルカリ製造の際に用いられる.

[**主な化合物**]　主要な化合物は Ni^{2+} のものであり,酸化ニッケル(II) NiO, 硫化ニッケル NiS, 水酸化ニッケル Ni(OH)$_2$ など多くの塩が知られている.通常は水によく溶けるが,硫化物,炭酸塩,リン酸塩,塩基性塩は溶けない.塩基性塩は,中性の塩の溶液に水酸化ナトリウムをすべてが水酸化物にならない程度に加えると淡緑色の沈殿として生じる.通常の含水塩および水溶液は緑色 ([Ni(H$_2$O)$_6$]$^{2+}$ 錯イオンの色)を示すが,無水塩は黄色または緑色を呈する.ニッケル化合物は錯化合物の形をしたものが多く,塩の水溶液にアンモニアを十分に加えれば,[Ni(NH$_3$)$_6$]$^{2+}$ が生じ,シアン化物を加えれば [Ni(CN)$_4$]$^{2-}$ が生成する.3 価の塩としては K$_3$NiF$_6$ が知られ,Ni^{4+} を含む K$_2$NiF$_6$ もつくられている.い

ずれも強い酸化剤である．Ni(CO)$_4$の中のニッケルの価数は形式上0である．またニッケルは有機化合物と化合して多くの有機金属化合物をつくる．

[**用途**] 19世紀半ば以後電気めっき用または鋼への添加合金として使用されてきたが，ニッケルが合金の基本成分として使用されたのは20世紀になってからである．モネル(68% Ni, 32% Cu)は商業用ニッケル合金として最も古く，加工性がよく，耐食性に優れているので，化学工業・石油工業に広く利用されている．ニクロム(80% Ni, 20% Cr)は1100°Cまで使用できる良質な抵抗加熱用材料で，構成元素のいずれよりも優れている．この合金は工業用炉や家庭暖房用加熱材として用いられる．クロメル(90% Ni, 10% Cr)はクロムを含まないニッケル基アルメルとともに熱電対として使用され，1100°Cまでの温度測定に利用できる優れた熱起電力特性をもっている．ニッケル・クロムに鉄を含む他の金属を加えて多種類の合金がつくられ，高温や腐食性環境で使用できるために，広く用いられている．原子力産業でとくに問題になる応力腐食割れについてはインコネル合金が適当である．ニッケル自体が耐酸性をもっているが，鉄にニッケルを加えると耐食性を増したステンレス鋼になる．さらにニッケルを主成分としてモリブデン，クロムなどを加えると耐食性，耐熱性のより優れた合金（たとえばハステロイ）が得られる．またニッケル・クロムをベースとしてアルミニウム，チタンを加えたインコネル718，ナイモニック80Aなどは代表的な耐熱合金である．ニッケルは優れた耐アルカリ性をもつので，苛性ソーダ製造工程では純ニッケルが用いられている．銅とニッケルの合金は双方の特性を表し，耐海水性に優れたキュプロニッケルまたはモネルとなり，発電用熱交換器の伝熱管，水製造用の配管や貨幣として使用されている．

磁性材料，電子材料，めっきの原料，水素添加の際の触媒，電池の材料などとしてニッケルの用途はきわめて多い．第一次大戦以前はニッケル市場は軍需によって左右されていたが，1920年以後工業利用の研究が進められ，今日の隆盛に至っている．

[**トピックス**] 地球外からきた資源

隕石の中には平均して鉄の8%のニッケルが含まれている．カナダのサドベリー(Sudbury)は一つのニッケル鉱山としては世界最大のものである．この鉱山はカナダ太平洋鉄道の建設の際に発見され(1883年)，約30kmの幅，60kmの長さの盆地の周囲に多量の硫化物が存在している．ニッケルの他にCu, Co, Fe, S, Te, Se, Au, Ag, Pt, Pd, Ru, Rhなどが採掘されている．この鉱山が巨大な隕石の落下によるとの推測は絶えない．

[**コラム**] 隕石の化学組成

地球外物質は手に入れにくいが，隕石はその中で最も入手が容易であり，かつ太陽系の起源を知るには重要な物質である．

隕石は，その組成に基づいて，次の3種類に大別される．

1) 鉄隕石(隕鉄)：主として鉄ニッケル合金から成り立つ．鉄を主成分として4～12%のニッケルを含み，ニッケル含有量と結晶構造に従って分類されている．

2) 石鉄隕石：ほぼ等量の鉄ニッケル合金と珪酸塩鉱物から成り立つ．鉄隕石と石質隕石の中間に位置する．

3) 石質隕石：主として珪酸塩鉱物から成り立ち，コンドライト(Chondrite)とエ

表 28.2 代表的なコンドライトの分析値 (%)

	Indarch[1]	Forestcity[2]	Murrey[3]
SiO_2	35.26	37.07	28.69
MgO	17.48	23.62	19.77
FeO	—	9.89	21.08
Al_2O_3	1.45	2.09	2.19
CaO	0.95	1.75	1.92
Na_2O	1.01	0.99	0.22
K_2O	0.11	0.07	0.04
Cr_2O_3	0.47	0.54	0.44
MnO	0.25	0.28	0.21
TiO_2	0.26	0.15	0.09
P_2O_5	0.52	0.34	0.32
Fe*[1]	24.13	16.21	—
Ni	1.83	1.65	1.18
Co	0.08	0.10	0.06
FeS*[2]	14.20	5.21	7.67*[3]
ΣFe*[4]	33.15	27.20	21.25

1) エンスタタイト・コンドライト
2) ふつうのコンドライト
3) 炭素質コンドライト
*[1] 金属鉄を示す．
*[2] 硫化鉄（トロイライトと呼ばれる）を示す．
*[3] 炭素質コンドライトでは $FeSO_4$ の形で存在する．
*[4] 全鉄の含有率を示す．

コンドライト（Achondrite）に分類される．コンドライトはさらにいくつかの種類に分類できるが，最も重要なのは多量の有機物を含み，鉄が酸化された状態にあって，$FeSO_4$ を含む炭素質コンドライト（Carbonaceous chondrite）である．鉄が還元されて多量の金属鉄を含むコンドライトをエンスタタイト・コンドライト（Enstatite chondrite）という．ふつうのコンドライト（Ordinary chondrite）は両者の中間に入る．

表28.2に代表的なコンドライトの化学組成を示す．地球上で見出される岩石と組成がかなり異なることは明らかである．白金のような周期表の8から10族（VIII族）に属する元素の含有量は大きく，金属鉄が含まれている点に特徴があり，硫化鉄（トロイライト）の存在も地球上のふつうの岩石とは異なる．

コンドライトの中でも炭素質コンドライトは重要である．とくに原始的と考えられているC1炭素質コンドライトの代表であるオルゲイル（Orgueil）の化学分析が「元素の宇宙存在度」（図1.1）の決定に重要な役割を果たした．この隕石の不揮発性元素の含有量の相対値は太陽大気の化学組成による値とほぼ一致し，揮発性元素については恒星の観測に基づく値を加えて存在度が得られた．

（古川）

29 銅 Cu

copper　Kupfer　cuivre　медь　铜 tóng

[**起　源**]　金，銀とともに人類が最も古くから知り，生活に取り入れた金属であるが，はっきりした年代はわからない．一説によると，紀元前8000年頃アナトリア(現トルコ)やイランの高原地帯で自然銅を利用したのが最初という．銅の使用を早くから展開していたのは古代エジプトで，紀元前5000年頃には武器や生活用具を鍛造によりつくっていたが，紀元前4000年頃になると鉱石からの精錬と鋳造の技術を獲得し，やや遅れてスズとの合金，すなわち青銅(ブロンズ)をつくるようになる．古代文明は，地域によって時代差があるにしても，石器時代と鉄器時代の間にこのような銅器または青銅器時代を経過しているものが多い．中国では殷王朝(商ともいう．およそ前17世紀～前11世紀)のときにすでに高度に発達した青銅の食器・酒器・武器を鋳造しているが，その起源は明らかでない．わが国では弥生時代初期に大陸から青銅の武器(剣，矛，戈)が伝播し，紀元前1世紀にはやはり大陸から運び込んだと思われる青銅を使って銅鐸や武器を鋳造し始めている．続日本紀によると，文武天皇の二年(A.D.698)「因幡国銅鉱を献ず」とあり，これが記録に現れる国産銅の最初だが，実際にはもう少し前から採鉱されていたことが科学的に証明されている．漢字の銅は，"赤い"を表す音符"同"と金から成っている．和名〈あかがね〉もこの赤い色に由来する．

ヨーロッパ系の語は，紀元前3000年頃銅を盛んに産出したキプロス(Cyprium)島にちなんで名づけられている．

[**存　在**]　自然界に広く分布し，ふつうの岩石，土壌，海底土，さらに生物にも微量ながら含まれている．節足動物の血液に相当する液に含まれる色素タンパク質ヘモシアニンは銅の化合物である．金属鉱床に濃縮して産するが，その場合には硫化物・酸化物・炭酸塩の形をとることが多い．鉱物としては黄銅鉱 $CuFeS$ が最もふつうで，ほかに赤銅鉱 Cu_2O，孔雀石 $CuCO_3 \cdot Cu(OH)_2$，輝銅鉱 Cu_2S，まれには自然銅 Cu もある．世界的には米国のロッキー山脈およびグレートベースン，南米チリとペルーのアンデス山脈西斜面，アフリカ・ザイール共和国からザンビア共和国にかけてのコンゴ盆地，カナダのローレンシア台地からアメリカ・ミシガンにかけての地域が主要

表 29.1　銅の同位体

同位体	半減期 存在度	主な壊変形式
Cu-60	23.7 m	β^+ 91.7%, EC 8.3%
61	3.35 h	β^+ 62%, EC 38%
62	9.74 m	β^+ 97.8%, EC 2.2%
63	69.17%	
64	12.70 h	EC 45.0%, β^+ 17.9%, β^- 37.1%
65	30.83%	
66	5.10 m	β^-
67	2.58 d	β^-

データ・ノート

原子量	63.546
存在度　地殻	50 ppm
宇宙 ($\mathrm{Si}=10^6$)	514
電子構造	$3d^{10}4s$
原子価	1, 2
イオン化ポテンシャル (kJ mol^{-1})	745.4
イオン半径 (pm)	$^{1+}96, ^{2+}72$
密　度 (kg m^{-3})	8960
融　点 (°C)	1084
沸　点 (°C)	2567
線膨張係数 (10^{-6} K^{-1})	16.5
熱伝導率 (W m^{-1} K^{-1})	401
電気抵抗率 (10^{-8} Ωm)	1.71
地球埋蔵量 (t)	5.1×10^8
年間生産量 (t)	1.0×10^7

産出地として知られている．カナダとアメリカにまたがるスペリオル湖付近に産する自然銅は純度が高いが，これは例外で，多くは銅含有量1％程度の鉱石から採られる．わが国では秋田県の尾去沢・小坂，栃木県足尾，兵庫県の生野・明延，愛媛県別子の諸鉱山が昔から知られているが，現在では経済的理由から銅の採鉱を停止しているところが多い．

[**同位体**]　安定同位体は ^{63}Cu, ^{65}Cu の 2 種である．^{64}Cu は銅の原子炉中性子照射で生成する．

[**製　法**]　硫化物として銅を含む粗鉱を粉砕し，浮遊選鉱で他の鉱物と分離して銅含有量を高めた精鉱を得る．次に，精鉱を溶鉱炉または自溶炉で燃焼し，硫黄を二硫化硫黄として，また鉄を酸化鉄(II)とシリカを結合させたスラグ（からみ）として，それぞれ一部分除去し，マット（かわ）をつくる．これを溶錬工程という．マットは銅35～60％，鉄13～34％程度の硫黄化合物で，金・銀などほどんどの金属が濃縮されている．マットは溶けたまま転炉に入れられ，底から空気が吹き込まれて，二酸化硫黄とスラグが除去され，粗銅が得られる（製銅工程）．粗銅には不純物が含まれており，もろく，電気伝導率も低いので，電気精錬が行われる（精錬工程）．まず，粗銅を精製炉で還元して金属中に溶けている酸素を除き，鋳造によって陽極用銅板をつくる．陰極に薄い純銅の種板を使い，硫酸銅溶液で電気分解する．陰極に析出した銅は電気銅と呼ばれ，99.99％ 以上の純度をもつ．陽極の下に溜まる泥状の陽極スライムには金・銀・銅・鉛・セレン・テルルなどが含まれ，回収が行われる．

[**性　質**]　赤色の金属光沢をもち，展性・延性・加工性に富む．熱および電気の伝導率は銀に次いで大きい．磁性は弱く，反磁性である．結晶は等軸晶系，面心立方格子．格子定数 $a=361.5$ pm．常温で乾いた空気中では安定でほとんど変化しないが，二酸化硫黄や塩分を含む湿った空気中では徐々に侵されて表面に緑青（塩基性炭酸塩その他の塩基性塩）を生じる．硝酸や熱濃硫酸のような酸化力のある酸によく溶ける．塩酸や酢酸にも空気の酸素の働きで徐々に溶ける．水溶液中では Cu^{2+} が安定であるが，還元剤の共存下では Cu^+ として存在しうる．1価の銅イオンは水溶液中では不均等化反応を起こして，金属銅と2価の銅に分かれる．

$$2\,Cu^+ \longrightarrow Cu + Cu^{2+}$$

2価の銅イオンを含む水溶液にアンモニア水を加えると，錯イオン $Cu(NH_3)_4^{2+}$ をつくって濃青色を呈する．銅の可溶性塩は有毒である．

[**主な化合物**]　化合物には銅の酸化数が

1+（cuprous）と 2+（cupric）のものがある．例：酸化物（Cu_2O と CuO），ハロゲン化物（$CuCl$ と $CuCl_2$），硫化物（Cu_2S と CuS），硫酸塩（Cu_2SO_4 と $CuSO_4$）．硫酸第2銅は通常 $CuSO_4 \cdot 5H_2O$ の化学式をとり，最も重要な化合物である．Cu（I）は $3d^{10}$ の電子配置をもち，d 軌道が満たされているので遷移金属の性質を示さない．その化合物は無色，反磁性である．通常，正四面体形四配位の結晶をつくる．Cu（II）は $3d^9$ の電子配置で八面体六配位型の青ないし緑系統の結晶をつくることが多い．

[**用 途**] 銅は非鉄金属の中で最も重要である．現在生産される銅の大部分は工業関係の電気を用いる器具・部品・導線に使われる．銅線・銅板・銅貨はわれわれの日常生活にも欠かせない．これらにはふつう，電気精錬による素材を使うが，延性・展性を要求する特殊な目的には酸素を除去した無酸素銅を使う．合金としての用途も広い．亜鉛との合金は黄銅または真鍮（ブラス）と呼ばれ，模造金・仏具・管楽器・金ボタンなどに用いられる．スズとの合金である青銅は今日でも彫金の材料である．ニッケルとの合金は俗に白銅と呼ばれ，貨幣に使われる．アルミニウムを 5~12% 含む合金はアルミ銅と呼ばれ，黄金色で展性に富み，腐食し難いので，金箔・金粉の代用品として装飾品に用いられる．美術品としての用途も広い．古来，鏡・馬具・武器・仏像・仏具・鐘・貨幣などが青銅や黄銅でつくられてきたが，それらの多くは今日では美術品として観賞されている．わが国の紀元後6~7世紀に現れる馬具・仏像・仏具の"金銅"とは，銅または青銅の表面を金めっきしたものである．緑色の顔料には銅の化合物がある．エメラルドグリーン $Cu(C_2H_3O_2)_2 \cdot 3Cu(AsO_2)_2$ は塗料に，天然緑青 $CuCO_3 \cdot Cu(OH)_2$（孔雀石の粉末）は日本画の岩絵具として古くから使われてきた．銅イオンの毒性を利用して，たとえば硫酸銅を石灰水に溶かした液（ボルドー液）が往時農薬として使用されたが，現在では有機系の薬物に置き換っている．

[**トピックス**] ブロンズ病

土中から発掘される銅器や青銅器は緑色や青色の錆に蓋われている．この錆は塩基性炭酸銅 Malachite $Cu_2CO_3(OH)_2$ がふつうであるが，土中に塩素が多い場合には，塩基性塩化銅 Atacamite $CuCl_2 \cdot 3Cu(OH)_2$ が生成している．塩基性塩化銅は水分があると塩酸を遊離し，さらに青銅器を浸食して塩基性塩化銅をつくる．この循環反応は塩素のある限り続くので，ブロンズ病という．ブロンズ病を抑制するには，器物を低湿度の環境に保存するか，セスキ炭酸ナトリウム $NaHCO_3 \cdot Na_2CO_3 \cdot H_2O$ の水溶液に長時間浸けて塩化物イオンを除去するかが必要になる．日本出土の青銅器にはアタカマイトはさほど多く検出されないが，中近東出土のものには多量に検出される場合が多い．

[**コラムI**] 足尾鉱毒事件

明治中期から後期にかけて，栃木県上都賀郡足尾町にある江戸時代以来の銅山から流出する鉱毒が原因で，渡良瀬川流域の広大な野地が汚染され大きな社会問題になった．日本の公害の原点といわれる．発端は，1877 年に古河市兵衛が廃鉱同然の足尾銅山を買収し，短期間に近代化して産銅量を上げたことにある．製錬に伴う亜硫酸ガスの大量放出のため周辺の山林を枯れ死なせ，銅・亜鉛・鉛・ヒ素などの有害重金属を含む酸性廃水が大量に渡良瀬川に流れ込

図 29.1 伝香川県出土で弥生時代中期の銅鐸
(国宝，高さ 42.7 cm，東京国立博物館蔵)
ここに描かれた高床式倉庫は登呂遺跡や吉野ヶ里遺跡の建物復元のモデルになった．

むという結果になった．川の魚が大量死し，下流の広大な農地が汚染されて人・農作物・家畜に被害が及んだため，1891年，第2議会で田中正造が鉱毒質問を行い，反対運動ののろしが挙った．田中らを中心とする農民の運動に対して，政府は鉱毒調査委員会を設け，古河に鉱毒予防工事命令を下したり，農民に地租の減免措置を講ずるなどとして対応したが，いずれも不十分で問題を解決するに至らなかった．運動に対する**警官隊の弾圧**(1900)，田中正造の天皇への直訴の失敗(1901)，下流被害農民に対する北海道への移住措置(1911)など，政治・社会問題として紆余曲折を経るが，田中正造の死去（1913）とともに残留民も旧谷中村を立ち退き(1917)，鉱毒問題は社会の表面から消えた．しかし，発生源への対策が不十分だったため，少なくとも 1970 年代までその影響は引きずられた．

[**コラム II**] 銅 鐸

弥生時代の紀元前 2 世紀から紀元後 3 世紀頃までの間に日本列島で作られた代表的国産青銅器(図 29.1)．その起源については諸説あるが，朝鮮式小銅鐸から発達したものらしい．およそ 450 個出土しているが，出土地は近畿を中心に，東は福井・長野・静岡まで，西は島根・広島・四国までに限られている．そこで一時期，九州の銅剣・銅矛圏に対立して本州に銅鐸圏があったという説が出されたが，九州から銅鐸の鋳型が出土したためこの説は影が薄くなった．初期の銅鐸は高さ 20 cm 程度の小形であるが，大形へと発達し，100 cm を越すようになる(現存する最大のものは 134.7 cm)．その過程で装飾性を増し，銅鐸のもつ発音器としての機能が薄れていったと推定されている．化学的には，初期のスズ含量 10 数 % から，大きくなるにつれて減少し，2～3 % にまでなることがわかっている．出土しているだけでも総量 5 トン程度に及ぶ青銅原料を弥生人がどこから得ていたかは議論の的であるが，鉛同位体比の研究では，初期には朝鮮半島，のちに中国という結果がでている． (馬淵)

30 亜 鉛 Zn

zinc　Zink　zinc　цинк　锌 xīn

[**起　源**]　亜鉛を含む銅合金は,紀元前1世紀の共和制ローマ時代にオリカルク(orichalcum)の名で知られ,貨幣の原料となっていた.古代中国や朝鮮半島でも,まれにではあるが,紀元前の銅製品の中に亜鉛を多量に含むものが知られている.北西インドではグプタ朝末期の紀元後7世紀には銅-亜鉛合金の鋳造技術が確立していた.わが国では,少なくとも奈良時代までの出土遺物に亜鉛を含む銅器は見出されていないが,正倉院宝物の中に製作地不明の黄銅の合子がある.これらの合金は,銅鉱石に亜鉛鉱石を混ぜて精錬したことによる産物と思われ,金属の銅と亜鉛を混ぜ合わせたものではない.単体の金属が分離されたのは,14世紀頃のインドにおいてらしい.ヨーロッパ系の語 Zinc は,亜鉛鉱石の一種につけられたラテン語 zincum に由来し,中国語の锌はその音を取ったもの.日本語は"鉛に次ぐもの"の意である.

[**存　在**]　地殻のうちで24番目に多い元素である.自然界に金属状態のものは知られていないが,亜鉛を主成分とする鉱物は地球上で広く産出する.閃亜鉛鉱 ZnS が最もふつうの鉱物で,そのほかに菱亜鉛鉱 $ZnCO_3$ や異極鉱 $Zn_2(OH)_2SiO_3$ がある.世界的には,アメリカ,カナダ,メキシコ,オーストラリアなどが主な産出国である.

[**同位体**]　安定同位体には,^{64}Zn,^{66}Zn,^{67}Zn,^{68}Zn,^{70}Zn の5種がある.

[**製　法**]　硫化物鉱石(主として閃亜鉛鉱)を粉砕し,浮遊選鉱法で鉛や銅などを除去して亜鉛含有率60%程度の精鉱にする.精鉱を焼いて酸化物(焼鉱)に変え,乾式精錬法または湿式精錬法で亜鉛金属を採取する.乾式精錬法では,焼鉱を高温で炭素により還元し,レトルト式または電熱式で亜鉛を蒸留する.現在行われている亜鉛精錬の大半はこの方法による.湿式精錬法では,焼鉱から亜鉛を硫酸で抽出し,不純物を除去してから電解して高純度(99.99%以上)の亜鉛を得ることができる.

ローマ時代のオリカルク(真鍮)は,銅鉱石(酸化物)と亜鉛鉱石(酸化物)の混

表 30.1　亜鉛の同位体

同位体	半減期存在度	主な壊変形式
Zn-60	2.38 m	β^+ 97.0%, EC 3.0%
61	1.48 m	β^+ 99%, EC 1%
62	9.19 h	EC 91%, β^+ 9%
63	38.5 m	β^+ 93%, EC 7%
64	**48.6%**	
65	244 d	EC 98.5%, β^+ 1.5%
66	**27.9%**	
67	**4.1%**	
68	**18.8%**	
69	56.4 m	β^-
69 m	13.76 h	IT 99.97%, β^- 0.03%
70	**0.6%**	
71	2.45 m	β^-
71 m	3.96 h	β^-
72	1.94 d	β^-

データ・ノート

原子量	65.39
存在度 地殻	75 ppm
宇宙 (Si=10^6)	1260
電子構造	3d^{10}4s^2
原子価	2
イオン化ポテンシャル(kJ mol^{-1})	906.4
イオン半径 (pm)	$^{2+}$83
密度 (kg m^{-3})	7133
融点 (°C)	419.58
沸点 (°C)	907
線膨張係数 (10^{-6}K^{-1})	25.0
熱伝導率 (W m^{-1}K^{-1})	116
電気抵抗率 (10^{-6}Ωm)	6.01
地球埋蔵量 (t)	2.4×10^8
年間生産量 (t)	6.4×10^6

合物に炭素を混ぜて加熱還元し,蒸気となった金属亜鉛を液体の金属銅に直ちに溶け込むようにしてつくられていたらしい.この操作を亜鉛鉱石だけで行うと,蒸気となった亜鉛が冷却する際に空気に触れて酸化されて元に戻ってしまう.ローマ人が乾式精錬法を行いながらも,亜鉛を単離できなかった理由はここにある.

[**性 質**] 単体は銀青色の光沢をもつ金属.六方最密格子.$a=266.5$ pm, $c=494.7$ pm.空気中では,表面に灰色の酸化被膜ができて内部が保護される.高純度の金属は柔軟性に富み,常温で薄板に加工できる.99.9%以下の低純度の金属は常温でややもろく,100〜150°C では展性・延性が増し,箔や線に加工できる.200°C 以上になると再びもろくなる.沸点が比較的低く,金属の中では揮発しやすいものの一つである.高純度の金属は希硫酸や希塩酸に溶けにくいが,純度が落ちると溶けるようになる.希硝酸,苛性ソーダ,苛性カリには溶ける.

酸性および中性の水溶液中では無色の Zn^{2+} として存在する.アルカリ溶液中では白色の水酸化物沈殿を生じるが,過剰の強アルカリで再び溶解して ZnO_2^{2-} となる.亜鉛イオンはアンモニア溶液やシアン化物溶液中では $Zn(NH_3)_4^{2+}$ や $Zn(CN)_4^{2-}$ のような錯イオンをつくる.亜鉛は生体で重要な役割を果たし,動植物に欠かせない元素の一つである.生体中に亜鉛が欠乏すると発育異常の起こることが動物実験で確かめられている.動物の代謝作用で,二酸化炭素の水和と運搬に関わる赤血球中の酵素分子の活性中心を形成するうえで重要である.また,動物細胞の核に微量に含まれ,細胞分裂に関係あるとも考えられている.高等植物でも,亜鉛が欠乏すると葉に病斑が現れることが知られている.

[**主な化合物**] 化合物は正2価のものだけが知られている.例:酸化物(ZnO),硫化物(ZnS),ハロゲン化物($ZnCl_2$ など),硫酸塩($ZnSO_4 \cdot 7H_2O$),炭酸塩($ZnCO_3$).これらはすべて白色の化合物である.Zn^{2+} のイオン半径は Mg^{2+} の半径に近いためもあって,その化合物の型や化学的性質はマグネシウム化合物に似ている.

[**用 途**] さびのできるのを防ぐ目的で,鉄板を亜鉛の薄膜で覆ったものをトタン板と呼び,日常生活に広く使われている.亜鉛は,鉄に対して電位電極が正であるため,空気と水のある環境中では鉄よりも先に侵される.この性質と,亜鉛が表面の酸化被膜のために侵食されにくい性質とが相まって,鉄板を保護するのである.

次に多い用途は,銅との合金,すなわち真鍮(黄銅ともブラスとも呼ばれる)である.混合比率によって物理的性質が違うの

116 亜鉛

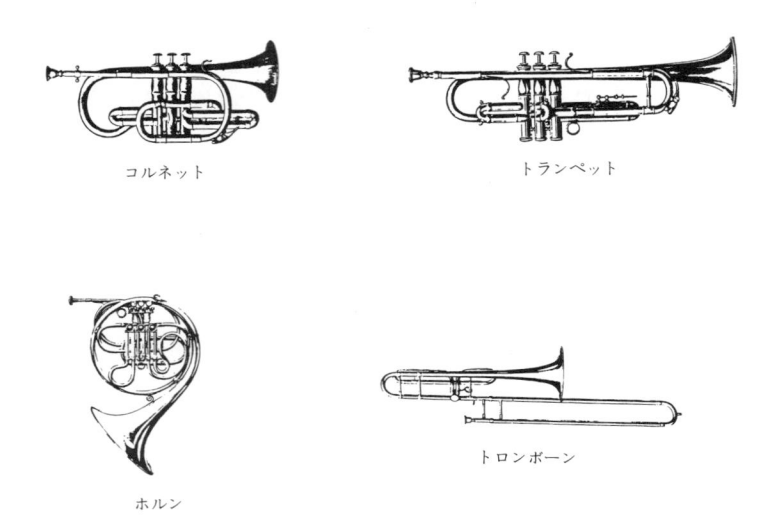

コルネット

トランペット

ホルン

トロンボーン

図 30.1 真鍮製金管楽器のいろいろ

で，用途に応じて成分比の違うものがつくられている．Cu 70%–Zn 30% のいわゆる 7・3 真鍮は，金属組織が単相で軟らかく，美しい黄金色の光沢をもち，低温での加工に適している．6・4 真鍮は単相ではなく硬い．真鍮は金製品の模造，仏具，楽器（図 30.1），装飾品など，安価で見栄えの良い金属として日用品の至る所で使われている．

亜鉛を主成分にしてアルミニウム，マグネシウム，スズ，銅などを混ぜた合金は，経済的に生産できるダイカスト（鋳造法の一種）に利用され，機械器具の部品として広く使われている．

亜鉛華（ZnO，亜鉛白ともいう）は毒性のない白色顔料として重要である．デンプンと混ぜて皮膚薬としても使われる．

[**トピックス**] 古代中国青銅器の真贋

紀元前 16 世紀頃から始まる殷周青銅器は高度な鋳造技術により，複雑な文様と器形をもっている．爵・尊・彝（酒器），鼎（食器），壺（水器）など，器形に由来する漢字名をもつこれらの青銅器は，漢代の銅鏡とともに後世になると美術品として珍重され，明末清初（17 世紀）には偽物もつくられたという．1637 年刊行の中国の書物『天工開物』が亜鉛の製錬法を記しているように，当時，亜鉛はスズに代る新しい安価に得られる金属として銅に混ぜられて盛んに鋳造に使われたらしい（図 30.2）．殷代から漢代までの青銅器には，きわめて厳格に銅・スズ・鉛だけが主成分として使われているので，現在，亜鉛の存否は非破壊けい光 X 線分析による真贋判定の目安になっている．

亜鉛　117

の銅錐が出土し，分析の結果，真鍮であることが判明した．インド北部に紀元1世紀頃栄えたガンダーラ美術に使われた銅が実は真鍮だったとか，朝鮮半島北部には紀元前1世紀頃の遺物に真鍮製のものがある，というような未確認情報も伝わってきている．これらは事実であったとしても，銅の鉱石に亜鉛の鉱石が，故意か偶然かで混入した結果のものと思われる．いずれにしても，古代の冶金師たちは，亜鉛が揮発性であることに気付かず，金属亜鉛を蒸気として逃していたのであろう．後13世紀にインドで刊行されたシヴァ教の教典に，密閉したるつぼの中でラックカイガラムシの分泌する樹液や羊毛でカラミン（亜鉛鉱石の一つ）を還元して金属亜鉛を得るという記述がある．これが現存する金属亜鉛の最初の記録である．その後，その技術は中国に伝えられたらしい．1637年刊行の中国の書物『天工開物』は，亜鉛の製錬と用途について述べている．ヨーロッパに伝わったのは中国かららしい．古銅貨の分析結果では，唐の開元通宝（621）以来，伝統的に青銅（銅とスズの合金）でつくられていた銅貨が，崇禎通宝（1628）から真鍮に変わっており，文献と一致している．なお，日本の銅貨では，1768年鋳造の寛永通宝から真鍮貨になっている．亜鉛はアジアに縁が深い金属であるが，その起源については謎が多い．

(馬淵)

図 30.2 中国における亜鉛の製造
中国の技術百科全書『天工開物』中の図
（ウィークス/レスター『元素発見の歴史1』
朝倉書店，p. 151 より）

[コラム]　金属亜鉛の起源

　古代ローマのオリカルクは記録が残っているために有名であるが，真鍮の歴史はアジアの方が早いようである．中国では山東省から紀元前2000年頃（新石器時代末期）

31 ガリウム Ga

gallium Gallium gallium галлий 镓 jiā

[**起源**]　この元素は，周期律の生みの親であるD. I. Mendeleevによって1870年にエカアルミニウムとして予測され，1875年P. E. Lecoq de Boisbaudranによって分光学的方法で発見された．de Boisbaudranは当時，彼自身の理論に従って，未発見元素の探索を行っていたが，たまたま亜鉛の試料の発光スペクトル中に2本の新しい紫色の線を観察した．そして1カ月たたないうちに彼は閃亜鉛鉱の鉱石数百kgから出発して，1gの新しい金属を単離した．この元素は彼の祖国フランスを含む地域の古名Galliaに因んでガリウムと名づけられた．ときに，その物理的および化学的性質がMendeleevによって予言されていたエカアルミニウムの性質に非常に近く，このため周期律が一般に受け入れられるのに大きな役割を果たした．ガリウムの密度についてde Boisbaudranは，初め4.7g/cm^{3}と発表したが，これはMendeleevの予言値5.9g/cm^{3}とかなり異なっていた．Mendeleevは彼に手紙を送って，再度密度を測定するように提案したので，de Boisbaudranはそれに従い，正に予言どおりの値を得たという（正確な値は5.907g/cm^3）．なお，Lecoq (cookの意)の翻訳をラテン語でgallusという．

[**存在**]　地殻における存在度は18ppm程度で，アルミニウムに比べて格段に低く，ニオブ，リチウム，鉛などと同程度である．ボーキサイト中でアルミニウムに伴って産するほかに，硫化物鉱物に存在するが，いずれも低濃度である．ホウ素（地殻に9ppm）よりも存在度は高いが，ガリウムを主成分とする鉱物がほとんどないため，抽出はホウ素より困難である．ガリウムを含む鉱物としては，ゲルマン鉱Cu$_3$(Fe, Ge)S$_4$（0~1%のGaを含む），閃亜鉛鉱ZnS，ボーキサイトならびに石炭などがある．すなわち，ガリウムは，周期表中の隣接元素の亜鉛，ゲルマニウム，あるいは同族のアルミニウムに伴って産出する．かつては硫化物の焙焼や石炭を燃焼させた煙突の煤塵から回収されていたが，現在ではアルミニウム工業の副産物として得られている．

[**同位体**]　^{69}Ga，^{71}Gaの二つの安定同位体が存在する．放射性核種としては^{67}Ga，^{68}Gaがとくに重要である．^{67}Gaは亜鉛の荷電粒子照射によって製造され，核医学の分

表 31.1　ガリウムの同位体

同位体	半減期 存在度	主な壊変形式
Ga-65	15.2 m	β^+ 89%, EC 11%
66	9.49 h	β^+ 56%, EC 44%
67	3.26 d	EC
68	1.13 h	β^+ 89.1%, EC 10.9%
69	60.108%	
70	21.1 m	β^- 99.6%, EC 0.41%
71	39.892%	
72	14.10 h	β^-
73	4.86 h	β^-

データ・ノート

原子量	69.723
存在度 地殻	18 ppm
宇宙 ($Si=10^6$)	38
電子構造	$3d^{10}4s^24p$
原子価	2, 3
イオン化ポテンシャル($kJ\ mol^{-1}$)	578.8
イオン半径 (pm)	$^{3+}62$
密度 ($kg\ m^{-3}$)	5907
融点 (℃)	29.78
沸点 (℃)	2200
線膨張係数 ($10^{-6}K^{-1}$)	—
熱伝導率 ($W\ m^{-1}K^{-1}$)	40.6
電気抵抗率 ($10^{-8}\Omega m$)	27
地球埋蔵量 (t)	—
年間生産量 (t)	~30

野で利用され、^{68}Ga は ^{68}Ge (271 日) の娘核種としての利用の可能性が注目されている。

[製 法] 金属ガリウムはアルミニウム工業の副産物として得られる。ボーキサイトからアルミナを得るための Bayer の方法では、アルカリ性溶液に徐々にガリウムを濃縮する(Ga/Alの重量比が初めの 1/5000 くらいから 1/300 程度になる)。これを水銀電極を用いて電解するとさらに濃縮がすすみ、ガリウム酸ナトリウム溶液をステンレス鋼の陰極で電解すると単体が得られる。半導体用の超高純度のガリウムは、さらに高温で酸と酸素でこれを処理し、次に結晶化と帯域精製法で精製する。

[性 質] ガリウムは室温付近で液体状態をとりうる数少ない金属の一つである。しかも沸点は高く、液体としての範囲がきわめて広く、高温においても蒸気圧が低い。またガリウムは融点以下に過冷する傾向があり、固化させるには種を入れる必要がある。きわめて純度の高いガリウムは美しい青みがかった銀色で、固体金属ではガラスに似た貝殻状の割れ目ができている。融解に際して体積が縮小し、液体の体積は固体より 3.4% 小さくなる。したがって、ガラスや金属製の容器に入れるのは避けるべきである。ガラス表面や磁器表面をぬらし、ガラスに塗ると光沢のある鏡面をつくる。多くの金属と合金をつくる。高純度ガリウムは、無機酸には徐々にしか侵されない。熱すれば反応は速やかになる。水酸化ナトリウム、水酸化カリウムにも水素を発生しながら溶解する。原子価はふつう +3 で、両性を示しガリウム酸イオン GaO_3^{3-} のような陰イオンもつくる。$Ga(OH)_3$ の沈殿する pH 範囲は $Al(OH)_3$ の沈殿する pH 範囲よりも低い。すなわち $Al(OH)_3$ より酸性が強い。

[主な化合物] Al, Ga, In が P, As, Sb とつくる化合物は、電子工業への応用の関連で広く研究されている。$GaAs_{1-x}P_x$ は発光ダイオード (LED) の市場において主位を占めている。$GaAs_{1-x}P_x$ は、ヒ化ガリウム GaAs またはリン化ガリウム GaP の単結晶基板の上に蒸着によってエピタクシー成長させたもので、発光の色はエネルギー帯ギャップによって決まる。GaAs 自体は赤外線放出に相当するギャップであるが、$x \sim 0.4$ では赤色光($\lambda=650\ nm$)、$x>0.4$ ではギャップは増え続け、GaP で緑色光($\lambda=550\ nm$)となる。さらに最近では、半導体レーザーやマイクロ波発振素子として応用研究がなされている。

バナジウムあるいはタンタルとの化合物、V_3Ga, Ta_4Ga は超伝導物質として知られ、超伝導磁石の作成などに用いられる。

$MgGa_2O_4$ (ガリウム酸マグネシウム) は

120 ガ リ ウ ム

表 31.2 メンデレーフの周期表（文献：*Ann. Suppl.*, 8, 133 (1871)）

Reihen	Gruppe 1 — R₂O	Gruppe 2 — RO	Gruppe 3 — R₂O₃	Gruppe 4 RH₄ RO₂	Gruppe 5 RH₃ R₂O₅	Gruppe 6 RH₂ RO₃	Gruppe 7 RH R₂O₇	Gruppe 8 — RO₄
1	H=1							
2	Li=7	Be=9.4	B=11	C=12	N=14	O=16	F=19	
3	Na=23	Mg=24	Al=27.3	Si=28	P=31	S=32	Cl=35.5	
4	K=39	Ca=40	-=44	Ti=48	V=51	Cr=52	Mn=55	Fe=56 Co=59 Ni=59 Cu=63
5	(Cu=63)	Zn=65	-=68	-=72	As=75	Se=78	Br=80	
6	Rb=85	Sr=87	?Yt=88	Zr=90	Nb=94	Mo=96	-=100	Ru=104 Rh=104 Pd=106 Ag=108
7	(Ag=108)	Cd=112	In=113	Sn=118	Sb=122	Te=125	J=127	
8	Cs=133	Ba=137	?Di=138	?Ce=140	—	—	—	— — — —
9	(—)	—	—	—	—	—	—	
10	—	—	?Er=178	?La=180	Ta=182	W=184	—	Os=195 Ir=197 Pt=198 Au=199
11	(Au=199)	Hg=200	Tl=204	Pb=207	Bi=208	—	—	
12	—	—	—	Th=231	—	U=240	—	— — — —

表 31.3 現在の周期表

	1	2	3	4	5	6	7	8	9	10	11	12	13	14	15	16	17	18
1	H																	He
2	Li	Be											B	C	N	O	F	Ne
3	Na	Mg											Al	Si	P	S	Cl	Ar
4	K	Ca	Sc	Ti	V	Cr	Mn	Fe	Co	Ni	Cu	Zn	Ga	Ge	As	Se	Br	Kr
5	Rb	Sr	Y	Zr	Nb	Mo	Tc	Ru	Rh	Pd	Ag	Cd	In	Sn	Sb	Te	I	Xe
6	Cs	Ba	ΣLa	Hf	Ta	W	Re	Os	Ir	Pt	Au	Hg	Tl	Pb	Bi	Po	At	Rn
7	Fr	Ra	ΣAc															

ランタノイド	La	Ce	Pr	Nd	Pm	Sm	Eu	Gd	Tb	Dy	Ho	Er	Tm	Yb	Lu
アクチノイド	Ac	Th	Pa	U	Np	Pu	Am	Cm	Bk	Cf	Fm	Es	Md	No	Lr

表 31.4 1934 年の周期表（I. Noddack (1934) による）

	1	2	3	4	5	6	7	8	9	10	11	12	13	14	15	16	17	18
1																	₁H	₂He
2	₃Li	₄Be											₅B	₆C	₇N	₈O	₉F	₁₀Ne
3	₁₁Na	₁₂Mg											₁₃Al	₁₄Si	₁₅P	₁₆S	₁₇Cl	₁₈A
4	₁₉K	₂₀Ca	₂₁Sc	₂₂Ti	₂₃V	₂₄Cr	₂₅Mn	₂₆Fe	₂₇Co	₂₈Ni	₂₉Cu	₃₀Zn	₃₁Ga	₃₂Ge	₃₃As	₃₄Se	₃₅Br	₃₆Kr
5	₃₇Rb	₃₈Sr	₃₉Y	₄₀Zr	₄₁Nb	₄₂Mo	₄₃Ma	₄₄Ru	₄₅Rh	₄₆Pd	₄₇Ag	₄₈Cd	₄₉In	₅₀Sn	₅₁Sb	₅₂Te	₅₃J	₅₄X
6	₅₅Cs	₅₆Ba	₅₇La	₇₂Hf	₇₃Ta	₇₄W	₇₅Re	₇₆Os	₇₇Ir	₇₈Pt	₇₉Au	₈₀Hg	₈₁Tl	₈₂Pb	₈₃Bi	₈₄Po	₈₅—	₈₆Rn
7	₈₇—	₈₈Ra	₈₉Ac	₉₀Th	₉₁Pa	₉₂U	₉₃—	₉₄—	₉₅—	₉₆—								

₅₈Ce	₅₉Pr	₆₀Nd	61—	₆₂Sm	₆₃Eu	₆₄Gd	₆₅Tb	₆₆Dy	₆₇Ho	₆₈Er	₆₉Tu	₇₀Yb	₇₁Cp

Mn^{2+} のような 2 価不純物で活性化すると、紫外線の作用で明るい緑色のけい光体となる（乾式複写機などに使われている）。

[用　途]　液体の範囲が広いので、高温用温度計、マノメーター、低融点合金、液体シール、原子炉の熱伝達媒体などに用途がある。また水銀よりははるかに毒性が少ないので、アマルガムの代用とされる。

(冨田)

[コラム]　周期表の完成

周期表は化学の根幹を占める重要な表である。現在の周期表に近い形にまとめあげたのはロシアの D. I. Mendeleev とドイツの J. Lothar Meyer であるが、それ以前にも J. W. Dorbereiner による「三つ組元素」、J. A. R. Newlands による「オクターブ則」のような意欲的な試みが提案されていた。表 31.2 に Mendeleev が発表した周期表を示す。総合的な考察によって、その当時に知られていた元素を原子量の順に並べ、化学的性質を考慮した結果として Co と Ni の例では原子量の逆の順序に配列し、未知の元素の発見を待つような表をつくりあげ、その詳細な性質について予測したのは彼の独創性に満ちた卓見という他はない。

周期表の名声を高めたのは、Al の下に位置すると予言された元素（エカアルミニウム）および Si の下に位置するとされた元素（エカケイ素）が実際に発見され、その性質が予測と一致し、周期表の先見性が広く認められるようになったためと考えてよい。

原子番号に物理的な基礎を与えたのは、イギリスの若き化学者 H. G. J. Moseley であった。彼は特性 X 線の波長と原子番号が規則的な変化をする事実を実験的に証明し、原子番号の重要性を明確にした。$_{18}Ar$-$_{19}K$、$_{27}Co$-$_{28}Ni$ および $_{52}Te$-$_{53}I$ における原子番号と原子量の逆転も事実として認められるようになる。E. Rutherford による「原子核の発見」を受けた原子の電子構造に関する理論は、N. Bohr によって発展され、周期表に関する理論形式が整った。

現在最も広く用いられている周期表は長周期周期表（表 31.3）である。長方形の表の中に原子番号順に左から右、上から下へと元素を配置し、縦の列は族、横の列は周期と呼ばれる。従来は、1A、1B のような族の名称が広く用いられてきたが、現在ではそれぞれ 1 族、11 族と呼ばれている。

表 31.4 に 1934 年現在の周期表の一例を示す。未発見の元素の空白があるのは当然であるが、元素記号も現在のものと異なっている例があり、水素の位置がハロゲンの上にあることも興味深い。また、族の名称は現在の周期表と全く同じである。

(古川)

32 ゲルマニウム Ge

germanium Germanium germanium германий 锗 zhě

[**起源**] 1886年，ドイツ人 C. A. Winkler は珍しい鉱物，硫銀ゲルマニウム鉱 Ag_8GeS_8 の化学分析中に新元素を発見し，母国にちなんでゲルマニウムと命名した．この元素について，A. R. Newlands がケイ素とスズの間に位置する「未知の元素」として存在を予言し (1869)，Mendeleev は「エカケイ素」として詳細にその性質を予言していた(1871)．その予言が新元素の性質とよく一致し，周期律の声価が高まった．しかし，事実は教科書の記述ほど単純ではない．Mendeleev も Winkler もゲルマニウムとエカケイ素の一致に気づかず，結果的に正しい解釈をしたのは H. T. von Richter と J. L. Meyer であった．この経過は，「モーズリーの法則」と「ボーアの原子構造理論」以前に，元素に関する系統的な考察がいかに困難であったかを如実に示している．

[**存在**] 主成分とする鉱物はきわめて少なく，地殻中に広く薄く分布し，火成岩中の存在量は 1.5 ppm である．硫化物の中に集まりやすく，閃亜鉛鉱 ZnS などの中への濃縮が知られている．

[**同位体**] 安定同位体は ^{70}Ge, ^{72}Ge, ^{73}Ge, ^{74}Ge, ^{76}Ge の五つである．放射性同位体としては，^{68}Ge が ^{68}Ga (1.13 時間) の親核種として注目され，^{77}Ge が原子炉中性子照射によって生成する核種として重要である．

[**製法**] ふつうは硫化鉱製錬の際の煙灰を原料とする．煙灰を H_2SO_4 で抽出した溶液を NaOH 水溶液で中和して沈殿をつくり，それを Cl_2/HCl とともに加熱して塩化ゲルマニウム (IV) $GeCl_4$ を揮発させる．その揮発性が他の元素との分離に役立つ．蒸留液を中和して酸化ゲルマニウム (IV) GeO_2 を沈殿させ，水素還元すると単体が得られる．半導体級の高純度の物質を得るには帯精製法を用いる．

[**性質**] やや青みがかった灰白色のかたい金属．鈍い光沢を示す．ダイヤモンド型構造 ($a=565.8$ pm) をとり，ケイ素と似た物性をもつが，融点，沸点ともに低く，Ge

表 32.1 ゲルマニウムの同位体

同位体	半減期 存在度	主な壊変形式
Ge-66	2.26 h	β^+ 77%, EC 23%
67	18.7 h	β^+ 95%, EC 5%
68	271 d	EC, no γ
69	1.627 d	EC 76.4%, β^+ 23.6%
70	21.23%	
71	11.43 d	EC, no γ
72	27.66%	
73	7.73%	
73 m	0.50 s	IT
74	35.94%	
75	1.38 h	β^-
75 m	47.7 s	IT 99.97%, β^-
76	7.44%	
77	11.30 h	β^-
77 m	52.9 s	β^- 79%, IT 21%
78	1.47 h	β^-

データ・ノート

原子量	72.61
存在度 地殻	1.8 ppm
宇宙 ($Si=10^6$)	118
原子構造	$3d^{10}4s^24p^2$
原子価	2, 4
イオン化ポテンシャル($kJ\ mol^{-1}$)	762.1
イオン半径 (pm)	$^{2+}$90
密度 ($kg\ m^{-3}$)	5323
融点 (°C)	937.6
沸点 (°C)	2830
線膨張係数 ($10^{-6}K^{-1}$)	5.6
熱伝導率 ($W\ m^{-1}K^{-1}$)	60
電気抵抗率 ($10^{-8}\Omega m$)	—
地球埋蔵量 (t)	—
年間生産量 (t)	110

-Ge 結合が Si-Si 結合より弱いことを示す. 典型的な半導体の性質を示し, 温度上昇とともに電気伝導度が増大する. 空気中では安定で, 赤熱以上で初めて酸化され, GeO_2 となる. H_2S または気体状の硫黄と反応して GeS_2 となり, Cl_2, Br_2 とはたやすく反応して Ge(IV) のハロゲン化物が生じる. 酸, アルカリとは反応しにくく, 熱濃硝酸および濃硫酸には徐々に侵され, 王水との反応はより速い. 溶融水酸化アルカリには溶けてゲルマニウム酸塩になる.

[**主な化合物**] 非金属との化合物では正2価および正4価の原子価をとるが, Ge(IV) の化合物がよく知られている. 一般式 Ge_nH_{2n+2} ($n=1\sim5$) で表される水素化物が知られ, いずれも無色の気体あるいは揮発性の液体である. ゲルマン GeH_4 は, GeO_2 と $NaBH_4$ の水溶液の反応で生成する気体 (融点 -164.8°C, 沸点 -88.1°C) であり, シラン SiH_4 より反応性に乏しく, 空気との接触で酸化されるが, 自然発火はしない.

Ge(IV) のハロゲン化物は, 元素自体の直接反応あるいは GeO_2 とハロゲン化水素の水溶液の反応によって生成する. フッ化ゲルマニウム(IV) GeF_4 は無色の気体, $GeCl_4$ は揮発性の液体 (融点 -49.5°C, 沸点 83.1°C), $GeBr_4$ は橙色の固体 (融点 ~400°C) である. $GeCl_4$ はゲルマニウムの分離精製に重要なだけでなく, アルキル化リチウム RLi およびグリニャール試薬 RMgX との反応による有機ゲルマニウム化合物合成の出発物質として用いられる. 酸化ゲルマニウム (IV) には, ケイ素の場合と同様に, いくつかの変態が知られ, 水溶性の六方晶系に属する結晶, 水に不溶の正方晶系に属する結晶および無定形物質が存在する. ゲルマニウム酸塩は, GeO_2 から出発して製造され, その組成によってオルトゲルマニウム酸塩(例: Be_2GeO_4), メタゲルマニウム酸塩(例: Na_2GeO_3), 二ゲルマニウム酸塩 (例: $Na_2Ge_2O_5$), 四ゲルマニウム酸塩 (例: $Na_2Ge_4O_9$) などに分類される. アルカリ金属の塩は一般に水溶性であるが, 他の金属の場合は水に溶けにくい. 有機ゲルマニウム化合物も多くがつくられているが, ケイ素の場合ほど重要ではない.

[**用途**] トランジスター作用はゲルマニウムについて発見された. 現在でもトランジスター, ホトダイオードとして半導体工業で利用されているが, シリコン半導体の開発とともに利用が減少し, 代って光学方面への応用が目立つ. ゲルマニウムは赤外線を吸収しないので, 赤外線用の窓, プリズムなどに用いられる. ゲルマニウム酸マグネシウムはけい光体, 合金は熱電対などとして役立つ. 精密ガンマ線測定には高純度ゲルマニウム検出器が利用される.

(古川)

33 ヒ素 As

arsenic　Arsen　arsenic　мышьяк　砷 shēn

[**起 源**] ヒ素の鉱物については紀元前5世紀頃から知られていて，アリストテレスらも記載している．arsenicなる語はギリシャ語のarsenicon（黄色の石黄）に由来するが，元来はペルシャ語に端を発するという．単体の製造は13世紀のA. Magnusが初めて記載した．ヒ素が銅を白く着色して一見銀のようにみせる性質は，金属の変換の可能性を信じる錬金術者の有力な論拠の一つとなった．彼らは「亜ヒ酸」（酸化ヒ素(III)，As_2O_3）の毒性についても知り，医者の中にはヒ素化合物を治療のために使用するものもいた．

[**存 在**] 主として石黄（As_2S_3）および鶏冠石（As_4S_4）などの硫化鉱物として産出し，まれに単体の形でも産出する．地球上に広く分布しているが，量は多くない．火成岩中には1.5ppm程度含まれているが，「親銅元素」に属し硫化鉱物中に濃集されている．硫ヒ鉄鉱（FeAsS），レーリンジャイト（$FeAs_2$），紅ヒニッケル鉱（NiAs）のような鉱物も知られている．

[**同位体**] 安定同位体は^{75}Asのみであり，原子量は正確に求められる．放射性同位体は^{72}As，^{73}As，^{74}As，^{76}As，^{77}Asなどが知られている．原子炉中性子照射で生成する^{76}Asはとくに重要であり，ヒ素の放射化分析に利用される．ナポレオンの頭髪の分析にはこの技術が利用された．

[**製 法**] 硫ヒ鉄鉱を空気を断って700℃に加熱すると単体が遊離して気化する．

FeAsS ⟶ FeS + As(気) ⟶ As(固)

硫化物中に残ったヒ素は空気中で加熱してAs_2O_3として昇華させ，冷却して回収できる．これを空気を断って木炭で還元すると単体となる．現在では銅や鉛を含む硫化鉱石を処理する際の煙灰の中から回収される量が最も大きい．

[**性 質**] 金属ヒ素または灰色ヒ素（菱面体晶系，英metallic arsenic, gray arsenic）と黄色ヒ素（六方晶系，yellow arsenic）の2種の明確な変態があり，第三の変態についても記載がある．最も安定な灰色ヒ素は金属光沢をもつもろい結晶で，常圧では613℃で融解することなく昇華する（38.6気圧（3.91MPa）での融点は816℃）．

気体中では四面体構造のAs_4分子（As-As 243.5pm）として存在し，黄色ヒ素はそ

表 33.1 ヒ素の同位体

同位体	半減期 存在度	主な壊変形式
As-70	52.6 m	β^+ 90%, EC 10%
71	2.72 d	EC 70.5%, β^+ 29.5%
72	1.08 d	β^+ 87.7%, EC 12.3%
73	80.3 d	EC
74	17.77 d	EC 36%, β^+ 29%, β^- 35%
75	100%	
76	1.095 d	β^-
77	1.62 d	β^-
78	1.51 h	β^-

データ・ノート

原子量	74.92159
存在度 地殻	5 ppm
宇宙 (Si = 10^6)	6.8
電子構造	$3d^{10} 4s^2 4p^3$
原子価	3, 5
イオン化ポテンシャル(kJ mol^{-1})	947.0
イオン半径 (pm)	$^{3+}$69, $^{5+}$46
密 度 (kg m^{-3})	5780 (灰色)
融 点 (°C)	817 (灰色, 28 atm)
沸 点 (°C)	613 (昇華)
線膨張係数 (10^{-6} K^{-1})	4.7
熱伝導率 (W m^{-1} K^{-1})	50.0 (灰色)
電気抵抗率 (10^{-8} Ωm)	26
地球埋蔵量 (t)	—
年間生産量 (t)	3.3×10^4

の構造を保持していると考えられているが,必ずしも明確でない.

乾いた空気中では安定であるが,湿った空気の中では表面が着色する.空気中で加熱すると昇華し,酸化されて As_2O_3 が生じる.酸素中の反応では一部が酸化ヒ素(V) As_2O_5 となる.フッ素と反応すると,フッ化ヒ素(V) AsF_5 が生じ,他のハロゲンとは $AsCl_3$, $AsBr_3$, AsI_3 を生成する.加熱すると多くの金属と反応してヒ化物を生じる(Na_3As, Ca_3As_2 など).水には溶けず,塩酸にも侵されない.希硝酸と反応して亜ヒ酸 H_3AsO_3 となり,熱濃硝酸を作用させるとヒ酸 H_3AsO_4 となり,熱濃硫酸との反応では As_2O_5 が生じる.溶融アルカリと反応すると水素を発生する.

$$As + 3NaOH \longrightarrow Na_3AsO_3 + \frac{3}{2}H_2$$

[**主な化合物**] ヒ素は +3価, +5価および -3価の原子価をとる.酸化ヒ素(III)(三酸化二ヒ素,俗称亜ヒ酸)はヒ素の最も重要な化合物であり,無色の固体で,通常は白色粉末の形をとる.135°Cで昇華するが,それ以上の変化は起こらない.水にわずかに溶け(2g/100cm³),亜ヒ酸を生じる.塩酸,エタノールに溶け,水酸化アルカリに溶かすと亜ヒ酸塩の溶液が得られるが,空気によって酸化されやすい.As_2O_3 はヒ素化合物製造の原料となる化合物であるが,毒性は強く,致死量は 0.1g とされている.As_2O_5 は無色,潮解性の固体で,水によく溶ける.水溶液中でヒ酸となり,アルカリによりヒ酸塩を生じる.

水素化ヒ素(アルシン)AsH_3 はヒ素化合物に発生期の水素を作用させるか,ヒ化カルシウム Ca_3As_2 のような金属ヒ化物を希硫酸または希塩酸で分解すると生じる.AsH_3 は不快なニンニク臭をもつ無色の気体(沸点 -62.4°C)で,きわめて有毒であり,300°Cに加熱すれば分解して単体と水素になる.光,湿気によっても分解し,空気中で燃えて As_2O_3 となる.

フッ化ヒ素(V)AsF_5 は無色の気体(沸点 -52.9°C)で,空気に触れると白煙を生じ,水によって分解される.フッ化ヒ素(III)AsF_3 は無色の液体(沸点 62.8°C),塩化ヒ素(III)$AsCl_3$ も無色の液体(沸点 130.2°C),臭化ヒ素(III)$AsBr_3$ は黄色の結晶(融点 31.2°C),ヨウ化ヒ素(III)AsI_3 は赤色の結晶(融点 140.4°C)で,いずれも水によって分解される.硫化ヒ素(III)As_2S_3 は As_2O_3 の塩酸溶液に硫化水素を通じると沈殿する黄色の結晶で,水に溶けない.

[**用 途**] ヒ素の主要生産国はアメリカ,旧ソ連,スウェーデン,メキシコ,フランスなどで,その中でアメリカの生産量は70%に達する.主要な用途である殺虫剤,木

材の保存剤としての利用が減少しているために生産量はむしろ減少する傾向にある。殺虫剤、除草剤としては、亜ヒ酸 H_3AsO_3, メチルアルソン酸ナトリウム $Na(CH_3)HAsO_3$, ヒ酸カルシウム $Ca_3(AsO_4)_2$ など）、ヒ酸水素鉛 $PbHAsO_4$ などが用いられてきたが、その毒性のために現在では多くの国で使用が禁止されるか、使用量が制限されている（現在はこの用途は合成有機化合物がとって代っている）。金属工業では鉛合金および銅に微量を添加している。2.5%程度のアンチモンを含む鉛に微量のヒ素を加えると蓄電池の材料の諸特性を改善させ、0.5〜2%を加えると鉛の銃弾の加工性を増す。自動車産業で用いるはんだにも0.5%程度が添加されている。銅に0.3%程度を加えると耐熱性が増し、硬くなるために彫刻用に適した合金となる。ガラスびんの製造の際に脱色剤として添加されることもある。アルミニウム、ガリウム、インジウムなどの13 (III B) 族元素とリン、ヒ素、アンチモンなどの15 (V B) 族元素との金属間化合物は化合物半導体として注目され、とくにヒ化ガリウム GaAs、ヒ化インジウム InAs は有名である。このような化合物は、ケイ素 Si やゲルマニウム Ge の半導体としての特性を再現するとともに、適当な合成法によってさらに特性を改良できる点に特徴がある。GaAs は電子の移動度がケイ素 Si より数倍も大きいので、高周波特性が優れ高速論理回路に用いられている。また GaAs とその関連化合物は赤色の発光ダイオードの材料として用いられ、GaAs はレーザー光の窓、ホール素子の製造にも利用されている。このような電子工業に関連した利用は、現在のところ量として多くないが、将来は増大すると予測される。以前はサルバルサン（有機ヒ素化合物の一種で、606号と呼ばれていた）が梅毒の治療に用いられるなど医薬品としての利用も重要であった。現在ではその副作用のために使用は激減し、主として抗生物質によって置き代えられている。なお、ナポレオンの頭髪中の高濃度のヒ素の存在は侍医が処方した薬の中に由来するとされている。

[**トピックス**] 毒物としてのヒ素

ヒ素といえば「毒」を思い出すのはごく自然である。単体のヒ素の毒性は弱いが、可溶性のヒ素化合物は、程度の差はあるにしても、すべて有毒と考えてよい。イタリアのボルジヤ家の毒殺事件との関係はとくに有名であるが、推理小説にもよく登場する。クリスティの短篇「火曜の夜のつどい」の中では菓子にかける砂糖に混ぜた毒物であった。白色の粉末状で一見小麦粉に似た「亜ヒ酸」である。ウンベルト・エーコの「薔薇の名前」の中でも毒物は巧妙に用いられている。このような殺人事件との関連もさることながら、職業病ないしは環境汚染の問題はさらに重要である。ヒ化水素を吸入したり、ヒ素化合物を吸入すると、ときには急性、多くは慢性の中毒症状が現れる。ヒ素化合物を取り扱う化学工場の従業員および殺虫剤などの使用者に症状が出るのが通常であるが、工場などからの排出が多ければ一般の住民にも被害が及ぶ。1962年にカーソン女史 (R. Carson) は古典的名著「沈黙の春 (Silent spring)」を世に問い、環境問題を幅広く追求した。その中にヒ素についての記述が何度も出てくる。「合衆国南部では、綿花畑に砒素を散布したため、養蜂業はほとんどつぶれてしまい、長い間砒素殺虫剤を使っていた農夫たちは、慢性砒素中毒にかかり、家畜も殺虫・除草剤の砒素

のために中毒を起した」(新潮文庫版, 青樹築一訳, p.28), 「ドイツのシレジア地方にある町ライヘンシュタインは, 千年も前から金山, 銀山として栄え, 四, 五百年前から砒素鉱石が発掘されてきた. 砒素を含んだ廃棄物は, 何百年ものあいだに鉱山の近くに蓄積され, 山から流れる水の中に入っていった. 地下水も汚染し, 飲料水に砒素が入り, 住民は何百年も原因不明の病気になやまされ, 『ライヘンシュタイン病』という名前までできた」(同, p.248). わが国においてもヒ素に関連する話題には事欠かない. 江戸時代に有名だった「石見銀山ねずみ取り」の中の主要毒物はヒ素化合物であったといわれている. 最近では, 粉ミルクに添加したリン酸ナトリウムにヒ素が混入していたために多くの乳児の死亡をまねいた「森永砒素ミルク事件」は一般に大きな衝撃を与えた(1955年). また一時採掘を中止した銀山がヒ素の鉱山として復活し, 1918年から71年まで操業した宮崎県の土呂久鉱山におけるヒ素中毒の事例は記憶に新しい. ヒ素に関する問題は「企業の論理」と「公衆の健康」の関連を考えるときには避けて通れない.

(古川)

34 セレン Se

selenium Selen sélénium селен 硒 xī

[**起 源**] 1817年に，J. J. Berzelius と J. G. Gahn によって発見され，すでにずっと以前に発見されていたテルル（ラテン語 tellus＝地球）との類似性からギリシャ語の selene（月）にちなんで名づけられた．

[**存 在**] 地球上に広く存在するが，存在量はきわめて少なく，主に硫黄や硫化物に伴って産出する．

[**同位体**] 六つの安定同位体のうち，^{82}Se は半減期が 1.4×10^{20} 年という長寿命の放射性同位体である可能性が高い．放射性同位体としては ^{75}Se がとくに重要で，放射性医薬品にも利用されている．

[**製 法**] セレンを工業的に得る最も一般的なやり方は，銅の電解精錬のときの電解槽沈殿物を焙焼して，酸化セレン(IV) SeO$_2$ を得た後，還元精製してセレンを得る．

[**性 質**] 多くの同素体が知られているが，主なものは，金属セレン，無定形セレン，単斜セレンである．金属セレンは灰色セレンとも呼ばれ，他の同素体を 200〜230℃ に熱すると得られ，ラセン状の構造をとる（図 34.1）．半導体で，光伝導性（とくにオレンジ，赤色に敏感）がある．無定形セレンは，融解セレンを急冷すると得られる黒色ガラス状物質（密度 4280 kg m^{-3}）で，可視光領域で強い吸収端をもつ光伝導性があり，静電複写（乾式コピー）に利用されている．さらに，結晶セレンとして知られる多形は赤色で単斜晶系に属する．無定形セレンの二硫化炭素溶液を 72℃ 以下で徐々に蒸発させると α 型，急に蒸発させると β 型が得られる．最近 γ 型も報告された．いずれも斜方硫黄（図 16.1）に似た王冠型構造の Se$_8$ 分子からなる．液体は赤褐色で，気体は暗赤色を呈する．

セレンは反応性に富む元素の一つで，他のほとんどの元素と化合する．酸化状態は，一般には $-2, +2, +4$ および $+6$ をとる．

[**主な化合物**] SeO$_2$ は水に溶けて弱酸性を示す（亜セレン酸）．揮発性である（昇華

表 34.1 セレンの同位体

同位体	半減期 存在度	主な壊変形式
Se-71	4.74 m	β^+ 96.0%, EC 4.0%
72	8.40 d	EC
73	7.15 h	β^+ 66%, EC 34%
73 m	39.8 m	IT 72.6%, β^+ 21.3%, EC 6.1%
74	0.89%	
75	119.8 d	EC
76	9.36%	
77	7.63%	
77 m	17.4 s	IT
78	23.78%	
79	$\leq 6.5 \times 10^4$y	β^-, no γ
79 m	3.91 m	IT
80	49.61%	
81	18.5 m	β^-
81 m	57.3 m	IT 99.95%, β^-
82	8.73%	
83	22.3 m	β^-
83 m	1.18 m	β^-
84	3.1 m	β^-

データ・ノート

原子量	78.96
存在度 地殻	0.05 ppm
宇宙 ($Si=10^6$)	62.1
電子構造	$3d^{10}4s^24p^4$
原子価	2, 4, 6
イオン化ポテンシャル($kJ\ mol^{-1}$)	940.9
イオン半径 (pm)	$^{2-}191,\ ^{4+}69$
密 度 ($kg\ m^{-3}$)	4820 (灰色)
融 点 (℃)	217 (灰色)
沸 点 (℃)	685
線膨張係数 ($10^{-6}K^{-1}$)	36.9
熱伝導率 ($W\ m^{-1}K^{-1}$)	2.04
電気抵抗率 ($10^{-8}\Omega m$)	—
地球埋蔵量 (t)	—
年間生産量 (t)	1.7×10^3

温度315℃). 酸化セレン (VI) SeO_3 は激しく水に溶け酸性を示す(セレン酸). セレン化水素 H_2Se は無色・悪臭のある有毒気体で, 水に溶けて酸となる. 他に, $SeCl, SeCl_2, SeCl_4, SeOCl_2$ (塩化セレニル) などが知られている.

[**用 途**] ガラスの鉄による青色の脱色,

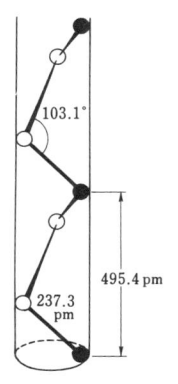

図 34.1 灰色セレンのラセン構造

その赤色の着色に用いられる. 半導体, 整流器としての利用はよく知られ, 光伝導体としての性質を生かした光電池, 乾式複写機 (静電複写機, アルミニウム基板の上に真空蒸着した無定形セレンを用いる) などの製造への利用はとくに重要である. また, 合金の材料, 顔料の原料, 赤外線偏光子, 増感剤としての用途も知られている.

[**トピックス**] セレンと現代の技術

1873年, アイルランド沖のバレンシア島のケーブル・ステーションで一技術者が奇妙な現象を見出した. セレンの棒を加減抵抗器に用いていたが, このセレンが昼間, 太陽の光があたっているときのほうが, 夜間より伝導性のあることに気がついた. これによって光伝導性という現象が知られるようになり, 画像伝送などの画期的な技術に道を開いた. さらに, 今日広く用いられる光電素子の端初となった.

セレンは, もう一つの今日的な技術と深く結びついている. xerography, 静電複写ないし乾式複写と呼ばれる複写方式である. C. F. Carlson は1934年から42年の間に, 静電気と光の伝導性を結びつけて, 写真のような化学的プロセスを用いない乾式の (xero はギリシャ語の乾燥した) 簡単な複写方式の開発に取り組み, その原理を発見した. 後に1948年, 真空蒸着したセレンが, この目的に理想的な光伝導面となることが見出され, 今日の基礎が築かれた. セレンの蒸着面に光があたると, その部分だけが静電荷を誘導する. この原理を用いて, 明暗のイメージを再生するのが静電複写である.

(高木)

35 臭素 Br

bromine　Brom　brome　бром　溴 xiù

[起源] 臭素の発見は塩素，ヨウ素に後れをとり，そのためにかえって手間どった．たとえば，J. von Liebig は臭素の試料を入手しながら，これを塩素とヨウ素の化合物 (ICl) と誤って考えてしまった．臭素の発見は，フランスの青年 A. J. Balard によって，ヨウ素の発見の15年後にようやく成し遂げられた(1826年)．彼はモンペリエの塩湖から塩を結晶させた残りの母液を調べていた．そして，この液に塩素水を作用させて得られた褐色の物質を液体として抽出し，新元素とした．臭素 bromine の名は，ギリシャ語の bromos (悪臭) に由来する．

[存在] 地殻中の存在量は決して大きくないが，海水中には約 67.3 ppm の臭素が Br^- イオンの形として含まれる（塩素に対して原子比で 660 分の 1）．また，死海では臭素の濃度は 0.4% にも達する．海水の他には岩塩が臭素を多く含む．最初に発見された臭素鉱物は臭銀鉱 (AgBr) で，1841年にメキシコにおいてであった．

[同位体] 安定同位体として天然に存在するのは，^{79}Br と ^{81}Br の二つである．放射性同位体としては，^{80}Br，^{80m}Br，^{82}Br，^{83}Br などが重要で，^{80}Br，^{80m}Br，^{82}Br は原子炉中性子照射によって生成する．^{87}Br は遅延中性子放射体として知られている．

[製法] 工業的に臭素を得るには，海水，塩湖水ないしカン水を塩素 Cl_2 で酸化して Br_2 を得て，蒸気として取り出す精製する．

[性質] 臭素は常温で赤褐色をした液体で，これは非金属性元素としては唯一のものである．気化しやすく刺激臭があり有毒なので取扱いに注意を要する．化学反応性に富むが塩素よりやや劣る．水素とは常温で反応しないが，熱または光の作用で反応する．多くの金属と反応して臭化物をつくり，金属に対する腐食作用は強い（金を常温で容易に侵すが，銀は不純物がないかぎり安定）．酸素とは直接反応しないが，原子

表 35.1 臭素の同位体

同位体	半減期存在度	主な壊変形式
Br-76	16.2 h	β^+ 57.2%, EC 42.8%
76 m	1.31 s	IT 99.7%, EC 0.3%
77	2.38 d	EC 99.3%, β^+ 0.7%
77 m	4.28 m	IT
78	6.46 m	β^+ 92.4%, EC 7.6%
79	**50.69%**	
79 m	4.86 s	IT
80	17.68 m	β^- 91.6%, EC 5.8%, β^+ 2.6%
80 m	4.42 h	IT
81	**49.31%**	
82	1.471 d	β^-
82 m	6.13 m	IT 97.6%, β^- 2.4%
83	2.40 h	β^-
84	31.8 m	β^-
84 m	6.0 m	β^-
85	2.90 m	β^-
86	55.1 s	β^-
87	55.6 s	β^-, β^-n 2.5%
88	16.5 s	β^-, β^-n 6.4%
89	4.4 s	β^-, β^-n 13%

データ・ノート

原子量	79.904
存在度 地殻	0.37 ppm
宇宙 (Si=10^6)	11.8
電子構造	$3d^{10}4s^24p^5$
原子価	1, 3, 5, 7
イオン化ポテンシャル (kJ mol^{-1})	1139.9
イオン半径 (pm)	$^{-1}$196
密度 (kg m^{-3})	3120 (25℃, 液体)
融点 (℃)	-7.3
沸点 (℃)	58.8
線膨張係数 (10^{-6}K^{-1})	—
熱伝導率 (W m^{-1}K^{-1})	0.122
電気抵抗率 (10^{-8}Ωm)	—
地球埋蔵量 (t)	無限
年間生産量 (t)	3.3×10^5

状酸素ないしオゾンとは反応して酸化物 BrO_2(低温で安定な淡黄色の結晶)となる.

臭素は他のハロゲンとの間に BrF, BrF$_3$, BrF$_5$, BrCl, IBr といったハロゲン間化合物をつくることも知られている.

[**主な化合物**] 臭化水素 HBr は, 無色発煙性, 刺激臭のある気体で, 水によく溶けて強酸性を示す(融点 -88.6℃, 沸点 -67.1℃, 共沸温度は 126℃).

臭素酸 HBrO$_3$ は, 水溶液としてのみ得られるが, 強力な酸化剤である. 各種の金属の臭素酸塩が知られている.

臭化銀 AgBr は水に溶けにくい淡黄色粉末で, 光にあたると銀を遊離し, 暗色→黒色と変化する. 感光性はハロゲン化銀中最大で, 重要な写真感光材料となる.

二臭化エチレン BrH$_2$C·CH$_2$Br (EDB) は, 常温で液体(融点 9.5℃, 沸点 131℃)で, 有鉛ガソリン中の鉛の除去, 農業用の殺虫剤や燻蒸剤として用いられたが, 近年発がん性が認められ, 使用禁止の措置が多くの国でとられている.

[**用途**] 単体の臭素自体として, 酸化剤, 殺菌剤, 燻蒸剤として用いられるが, 主とした用途は上述の EDB や CH$_3$Br (臭化メチル) として殺虫剤や除去剤などの農薬である. しかしこれらの使用は, 同時に環境上の問題にもなっている. また, AgBr は写真感光材料として, 他の臭化物も医薬用としてなどの用途がある.

[**トピックス**] 臭素と紫色の染料

旧約聖書エゼキエル書に「あなたのおおいはエリシャ(東部キプロス)の海岸から来る青と紫(の染料で染められた)布である」, また「エドムはあなたと商売し, 彼らは赤玉, 紫, 縫い取りの布, 細布, さんご, めのうをもって, あなたの商品と交換した」と記述された紫は, 後にローマ時代にタイア紫と呼ばれた紫色染料である. その正体が 6,6′-dibromoindigo であることは, 1909 年に H. Friedlander によって明らかにされた. これは紫色のかたつむり *Murex brandaris* から抽出されたもので, 1.5g の染料を得るのに 12000 匹のかたつむりを必要とするという. その貴重さが, 聖書の記述にもうかがえる.

(高木)

36 クリプトン Kr

krypton Krypton krypton криптон 氪 kè

[**起 源**] 1898年に W. Ramsay とその助手の M. W. Travers は，その希ガス研究の過程で，液体空気を分留して得た成分の中に，クリプトン，ネオン，キセノンを次々に分光学的に発見した（ネオンの項参照）．クリプトンの名は，ギリシャ語の kryptos（隠されたもの）にちなむ．空気中の隠れた気体成分であったことに由来する．

[**存 在**] 空気中に体積で 1.14×10^{-4}%存在し，地上の存在量の小さい元素の一つである（→窒素）．

[**同位体**] 天然に存在する安定同位体は，^{78}Kr，^{80}Kr，^{82}Kr，^{83}Kr，^{84}Kr，^{86}Kr の六つがある．主な放射性同位体は，^{79}Kr，^{81}Kr，^{83m}Kr，^{85m}Kr，^{85}Kr，^{87}Kr，^{88}Kr，^{89}Kr などが知られ，^{85}Kr は代表的な核分裂生成物である．

[**製 法**] 液体空気の分留で得られる粗アルゴンをさらに分留して得られる．

[**性 質**] クリプトンは無色無臭の気体で，外殻の電子軌道が満たされているため化学的に不活性であるが，ヘリウム，ネオン，アルゴンと異なり化合物をつくりうる．十分な量の合成が達成されたのは KrF_2 のみで，KrF_2 はクリプトンとフッ素の混合気体を $-196℃$ 以下に冷却して放電するかX線照射などを施したときに得られる．KrF_2 は無色の固体で揮発性が大きく，また常温で不安定で分解しやすい．他に $[KrF]^+$ $[MF_6]^-$，$[Kr_2F_3]^+[MF_6]^+$（M は As，Sb）などの錯化合物の存在が確かめられている．これらとは別に，アルゴンと同様にヒドロキノン $1,4-C_6H_4(OH)_2$ との間に $Kr\cdot3C_6H_4(OH)_2$ なる包接化合物をつくる（→アルゴン）．さらに，高圧のクリプトンの存在下で水を凍らせると，水化物の結晶 $Kr_8(H_2O)_{46}$ を得る．

[**用 途**] クリプトンは他の希ガスと同様，特殊な用途の充填ガスとして利用されることがある．放電灯に充填して光源として利用されることはよく知られているが，

表 36.1 クリプトンの同位体

同位体	半減期存在度	主な壊変形式
Kr-76	14.8 h	EC
77	1.24 h	β^+ 87%，EC 13%
78	0.35%	
79	1.455 d	EC 93%，β^+ 7%
79 m	50 s	IT
80	2.25%	
81	2.1×10^5 y	β^-
81 m	13 s	IT 99.95%，EC 0.05%
82	11.6%	
83	11.5%	
83 m	1.83 h	IT
84	57.0%	
85	10.76 y	β^-
85 m	4.48 h	β^- 78.6%，IT 21.4%
86	17.3%	
87	1.27 h	β^-
88	2.84 h	β^-
89	3.15 m	β^-
90	32.3 s	β^-
91	8.57 s	β^-

データ・ノート

原子量	83.80
存在度　地殻	—
宇宙 (Si=10^6)	45.3
電子構造	3d^{10}4s^{2}4p^6
原子価	2, 4
イオン化ポテンシャル (kJ mol^{-1})	1350.7
イオン半径 (pm)	169
密　度 (kg m^{-3})	2413 (液), 3.7493 (気, 0°C)
融　点 (°C)	−157.2
沸　点 (°C)	−153.3
線膨張係数 (10^{-6} K^{-1})	—
熱伝導率 (W m^{-1} K^{-1})	0.00949
電気抵抗率 (10^{-8} Ωm)	
地球埋蔵量 (t) (大気中)	1.7×10^{10}
年間生産量 (t)	8

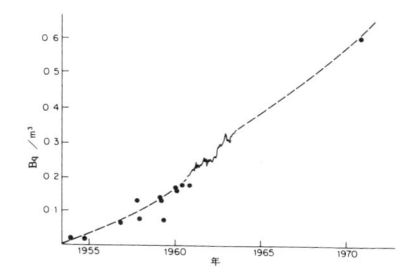

図 36.1　大気中の ^{85}Kr の経年変化

特殊な利用ながら注目すべきことは，^{86}Krの発する橙色の光の波長がSI単位系のメートルの定義として用いられるようになったことである．すなわち，1mは

「^{86}Krの2p$_{10}$と5d$_5$の間の遷移に対応する光の，真空中における波長の1650763.73倍に等しい長さ」

と定義され，1983年まで用いられた．現在では，「1mは1秒の299792458分の1の間に光が真空中を伝わる行程に等しい長さである」と定義されている．

[**トピックス**]　^{85}Kr の大気汚染

^{85}Kr の大気汚染が近年関心を集めている．^{85}Kr は，半減期 10.76 年の β^- 放射体で，核爆発や原子力発電に伴って生成する．気体なので大気中に漏れ出やすく，半減期が長いため大気中に蓄積する．とくに照射(使用)済み核燃料の再処理に際しては，燃料中に保有されていた ^{85}Kr が解放され，大気中に大量放出されるので，再処理施設周辺の住民の被曝が問題となるとともに，広域的な大気汚染も進行する．一般に軽水炉の使用済み燃料は，1トン当り約 4×10^{14} ベクレル (10^4 Ci) の ^{85}Kr を含むので，使用済み核燃料を年間500トン処理する再処理工場では，年間の ^{85}Kr 放出量は 2×10^{17} ベクレル (5×10^6 Ci) にも達する．^{85}Kr を大気中に放出せず保留するには，低温で液体窒素に吸着させるが，経費がかさむうえに保留した ^{85}Kr の処理に困るなどの理由から実行されていない．図 36.1 に ^{85}Kr の大気中濃度の変化を示すが，この ^{85}Kr の蓄積的増加は 1960 年代においては主として核兵器製造のために，1970 年代以降は主に原子力発電の核燃料サイクルによってもたらされたものである．このレベルの増加では健康や生態系にとって検知しうるような影響は出ないとの見方もあるが，今後の増加とその影響を重くみる人たちからは，使用済み燃料の再処理を停止すべきとする大きな根拠ともなっている．

(高木)

37 ルビジウム Rb

rubidium Rubidium rubidium рубидий 铷 rú

[**起 源**] ルビジウムは，1861年，R. W. BunsenとG. R. Kirchhoffによる発光スペクトルの測定の結果発見された．セシウムとともに分光器を用いて見出された最初の元素といわれるが，セシウムのほうが数カ月早く鉱泉中に発見されたのに対し，ルビジウムは，リチウムの鉱物であるウロコ雲母(lepidolite)の副成分として発見された．この鉱物のカリウム分をクロロ白金酸塩として集め，これを湯で洗うとカリウムのスペクトルが弱まる一方，赤色部に未知の輝線が現れたという．ラテン語 rubidus (深い赤色) に基づいて命名された．

[**存 在**] ルビジウムは，かつて考えられていたよりも多く地殻中に存在することが認められている．しかし，マグマから岩石が晶出する際に独自の鉱物をつくるほど濃度は高くない．またイオン半径が比較的大きくて，造岩鉱物中のナトリウムやカルシウムを置換しにくく，これに含まれることも少ない．主な資源は，ウロコ雲母のほか，カーナル石 (carnallite)，白リュウ石 (leucite)，ポルース石 (pollucite)，チンワルド石 (zinnwaldite) などである．

[**同位体**] 天然に存在する同位体は ^{85}Rb，^{87}Rb の2種であるが，^{87}Rbは放射性で 4.75×10^{10} 年の半減期をもち，β^- 崩壊によって ^{87}Sr になる．放射性同位体としては，^{83}Rb，^{84}Rb，^{86}Rb が重要であり，^{86}Rb は原子炉中性子照射によって生成する．

[**製 法**] 金属ルビジウムの商業生産には，融解した塩化ルビジウムをカルシウムで750℃で還元する方法がとられる．小規模の製造には融解塩電解なども行われる．

[**性 質**] 単体はセシウム同様低融点の金属であり，銀白色で軟らかい．体心立方格子．$a=571$ pm．セシウムに次いで電気的陽性が大きく，空気中で自然発火したり，水と激しく反応して発火し水素を発生して水酸化物に変る．水銀とはアマルガムをつくるほか，金，セシウム，ナトリウム，カリ

表 37.1 ルビジウムの同位体

同位体	半減期 存在度	主な壊変形式
Rb-79	22.9 m	β^+ 82%，EC 18%
80	34 s	β^+ 98%，EC 2%
81	4.58 h	EC 71.0%，β^+ 29.0%
81m	30.5 m	IT 97.8%，EC，β^+
82	1.273 m	β^+ 95.5%，EC 4.5%
82m	6.47 h	EC 77%，β^+ 23%
83	86.2 d	EC
84	32.8 d	EC 70.2%，β^+ 26.0%， β^- 3.8%
84m	20.3 m	IT
85	**72.165%**	
86	18.63 d	β^- 99.93%，EC 0.07%
86m	1.017 m	IT
87	4.75×10^{10} y 27.835%	β^-，no γ
88	17.8 m	β^-
89	15.2 m	β^-
90	2.60 m	β^-
90m	4.30 m	β^- 97.2%，IT 2.8%
91	58.4 s	β^-

データ・ノート

原子量	85.4678
存在度 地殻	90 ppm
宇宙 ($Si=10^6$)	7.1
電子構造	5s
原子価	1
イオン化ポテンシャル($kJ\ mol^{-1}$)	403.0
イオン半径 (pm)	1^+149
密　度 ($kg\ m^{-3}$)	1532
融　点 (°C)	38.9
沸　点 (°C)	686
線膨張係数 ($10^{-6}K^{-1}$)	90
熱伝導率 ($W\ m^{-1}K^{-1}$)	58.2
電気抵抗率 ($10^{-8}\Omega m$)	12.5
地球埋蔵量 (t)	—
年間生産量 (t)	—

ウムなどと合金をつくる.炎色反応は紫赤色($\lambda=780.0$ nm)である.

空気を十分に送って酸化したとき生じる酸化物は超酸化物 RbO_2 である.酸化の条件によって Rb_2O, Rb_2O_2 なども生じる.これらの酸化物ではルビジウムの酸化数は +1 であるが,これ以外に酸化条件によっては,Rb_6O や Rb_9O_2 のように酸化数が低いものも生成する.水溶液中では +1 価の Rb^+ として存在する.

[**主な化合物**] 水酸化ルビジウム RbOH は強アルカリであり,その通性として酸と反応して塩をつくり,アルコールと反応してアルコキシドをつくる.

ハロゲン化物はすべて岩塩型構造の結晶をつくり,この点はハロゲン化セシウムと異なる.

[**用　途**] セシウムと同様,ルビジウムやその合金は光電池,光電管,MHD 発電などに使用される.MHD 発電では,ルビジウムを高温で熱イオン化し,これを磁場に通すという方法がとられる.ルビジウムの塩は特殊のガラスやセラミックスの製造に用いられることもある.$RbAg_4I_5$ という化合物は,室温でイオン結晶としては最も高い導電性をもち注目されている.ある種のルビジウム化合物は,甲状腺腫や梅毒の治療などに医薬として役立つ.現在のところ,研究用以外の利用例は少ない.

原子時計(原子周波数標準)にルビジウムの原子振動を用いると 100 年間で 1 秒の狂い程度まで期待できるという.

^{87}Rb は徐々に放射性壊変によって,^{87}Sr に変っていく.したがって ^{87}Rb を含む岩石や鉱物中のルビジウム含量と ^{87}Sr の蓄積量から,それらの岩石の固化してからの時間を推定することができる.このルビジウム-ストロンチウム法によって古い岩石,隕石,月の石などの生成年代が測定された(→ カリウム). (冨田)

[**トピックス**] 地球最古の岩石

いま,宇宙や地球の話をするとき,何十億年前という数字が出るが,実は Rb-Sr 法が確立した 1960 年代後半になってやっと正確になったものである.隕石の固化年代のデータから,地球を含む太陽系の生成年代が 46 億年となったのもこの頃である.ところで,地球上の岩石の固化年代を同法で測定しても,せいぜい十数億年で,なかなか古いものが出なかった.地球の起源に関連するので,地質学者や地球化学者は懸命に探し求め,グリーンランドの片麻岩と北アメリカの花崗岩で 38 億年という数値に辿りついた.生物の最初の痕跡を含む堆積岩が 35 億年前のものとわかり,地球の形成 → 大陸の形成 → 生命の起源という太古の謎解きは白熱してきた. (馬淵)

38 ストロンチウム Sr

strontium Strontium strontium стронций 锶 sī

[起源] 1787年，スコットランドのストロンチアンに近い鉛鉱山で発見された鉱物が，新しい元素の化合物であることが，1790年に A. Crawford によって示された．すなわち，彼はこの新鉱物ストロンチアン石が重晶石（$BaSO_4$）などとは異なることを見出した．

単体を取り出したのは H. Davy で，他の同族元素同様，電解法によっている（1808年）．元素名が鉱物名にちなむことはいうまでもない．なお，この元素の化合物が赤色の炎色反応を示すことは，Crawford の発見後，T. C. Hope によってすでに認められていた．

[存在] 天然には主として天青石（$SrSO_4$）やストロンチアン石（$SrCO_3$）として産する．地殻における存在量は 370 ppm でバリウムの 500 ppm とほぼ等しい．産出国としては，カナダ，メキシコ，スペイン，イギリスなどがあげられる．

[同位体] 安定同位体は 4 種（質量数 84, 86, 87, 88）ある．放射性同位体のうち最も重要なものは ^{90}Sr で半減期 29.1 年で，^{137}Cs とともに核分裂生成物としては寿命が長く存在量も多い．しかも，娘核種の ^{90}Y（2.67 日）はかなり高エネルギーの β^- 線の放出体である．^{89}Sr はストロンチウムの中性子照射で生成し，ウランの核分裂のときにも生じる．^{85}Sr はトレーサーとしても利用しやすい．

[製法] ストロンチウムの単体は，塩化ストロンチウムと塩化カリウムの混合物を融解電解して得られる．あるいは，酸化ストロンチウムを真空中でアルミニウムで還元しながら蒸留する．

[性質] 新しい断面は銀白色を呈するが，速やかに酸化物を生じて黄色になる．カルシウムよりは軟らかい金属である．酸化を防ぐには灯油中などに置く必要がある．二つの転移点があり，215℃ で面心立方格子（$a=608.5$ pm）から六方最密格子，さらに 605℃ で体心立方格子へと変る．

表 38.1 ストロンチウムの同位体

同位体	半減期 存在度	主な壊変形式
Sr-80	1.77 h	EC, β^+
81	22.3 m	β^+ 88.5%, EC 11.5%
82	25.6 d	EC
83	1.35 d	EC 76%, β^+ 24%
83 m	4.95 s	IT
84	0.56%	
85	64.8 d	EC
85 m	1.13 h	IT 84.5%, EC 15.5%
86	9.86%	
87	7.00%	
87 m	2.80 h	IT 99.7%, EC 0.3%
88	82.58%	
89	50.5 d	β^-
90	29.1 y	β^-, no γ
91	9.63 h	β^-
92	2.71 h	β^-
93	7.42 m	β^-
94	1.25 m	β^-

データ・ノート

原子量	87.62
存在度　地殻	370 ppm
宇宙 ($Si=10^6$)	23.8
電子構造	$5s^2$
原子価	2
イオン化ポテンシャル (kJ mol^{-1})	549.5
イオン半径 (pm)	$^{2+}$127
密　度 (kg m^{-3})	2540
融　点 (℃)	769
沸　点 (℃)	1384
線膨張係数 (10^{-6} K^{-1})	23
熱伝導率 (W m^{-1} K^{-1})	35.3
電気抵抗率 (10^{-8} Ωm)	23.0
地球埋蔵量 (t)	—
年間生産量 (t)	1.4×10^5

金属はカルシウムよりも激しく水を分解して水素を放ち水酸化物を生じる．水酸化物は強塩基である．380℃以下では窒素を吸収しないがそれ以上では窒化物 Sr_3N_2 をつくる．細かくした金属は空気中で自然発火する．ストロンチウム塩の深紅色の炎色は鮮やかである（→マグネシウム）．

水溶液中では無色の Sr^{2+} として存在する．

[**主な化合物**] 酸化物は SrO が最もふつうで，炭酸塩を加熱するなどして得られる．高圧の酸素中では過酸化物 SrO_2 が生成する．

水酸化ストロンチウム $Sr(OH)_2$ は，水酸化カルシウムより塩基性が強く，水への溶解度も高い（$8gSr(OH)_2/l$）．アルカリ土類金属元素の通性として，炭酸塩は不溶，硫酸塩は難溶である．炭酸ストロンチウム $SrCO_3$ は，カラーブラウン管用ガラスや，フェライト磁石の材料となる．

チタン酸ストロンチウム $SrTiO_3$ は，きわめて高い屈折率をもち，また光分散がダイヤモンドより大きいので興味ある物質である．また強誘電体であるチタン酸バリウムに混ぜて，誘電率を上げる効果をもつ．また微少で容量の大きなコンデンサー材料として用いられる．

硝酸ストロンチウム $Sr(NO_3)_2$ は，花火や鉄道用発火信号などに用いられる．

[**用途**] 金属の用途は限られており，ゲッターとして用いられる程度である．

放射性同位体のうち ^{90}Sr は，主要な核分裂生成物であり，放射能汚染を起こす危険性があり，動物体内では骨に入ると考えられる．しかし，一方ではその長寿命とかなり高いベータ線エネルギーを利用して，宇宙船，遠隔気象ステーションや航行用ブイなどへの応用が進められ，工場における製品の品質の制御にも用いられている．

(冨田)

[**トピックス**] 大理石像の真贋判定

美術品の世界では偽物はつきもの．古代ギリシャの大理石像も例外ではない．この判定に最近 Sr 同位体比という有力な武器が現れた．^{84}Sr, ^{86}Sr, ^{87}Sr, ^{88}Sr の四つのうち，^{87}Sr の存在比が ^{87}Rb の β^- 壊変によって大理石の産地ごとに違うことを利用する．エーゲ海諸島は大理石の産地で，いくつかの島で原材が切り出されたことがわかっているので，これらの数値と違う Sr 同位体比の像は偽物ということになる．Sr は大理石の主成分である Ca と同族元素のため，大理石に必ず含まれているのも都合がよい．ただ，科学者の心配は，この方法が行きわたると，偽物作りも古代の石切場を探してそこの石で作り始めるのではないかということ．鑑定家と偽物作りの競争は際限がないのである．

(馬淵)

39 イットリウム Y

yttrium　Yttrium　yttrium　иттрий　钇 yǐ

[起 源] 1794年，フィンランド人 J. Gadolin はスウェーデンの小村 Ytterby で発見された鉱物を化学分析して，新元素と思われる酸化物 38% を含むことを発見した．3年後スウェーデン人 A. G. Ekeberg はこの新酸化物の存在を確認してイットリアと名づけ，元の鉱物をガドリン石 (gadolinite) と命名した．これが長く続く「希土類元素」の研究の幕明けである．1843年スウェーデン人 C. G. Mosander はイットリアを3種類の酸化物に分離し，その一つに含まれる元素をイットリウムと呼んだ (→ スカンジウム)．1828年にドイツ人 F. Wöhler は塩化物を金属カリウムで還元して不純な金属を得ていた．

[存 在] 岩石中には広く分布していて，玄武岩中に 27 ppm，花崗岩の中には 33 ppm 含まれている．鉛やホウ素より存在量が大きく，希有な元素ともいえない．モナズ石，バストネサイト，ゼノタイムなどの鉱物には主成分の一つとして含まれ，とくに前の二つは重要な鉱物である (→ ランタン)．

[同位体] 安定同位体は ^{89}Y のみである．放射性同位体としては，^{86}Y, ^{87m}Y, ^{87}Y, ^{88}Y, ^{90}Y, ^{91}Y など多数が知られている．原子炉中性子の照射では ^{90}Y が生成するが，これは核分裂生成物として重要な ^{90}Sr (29.1年) の娘核種でもある．^{91}Y も核分裂生成物の一つである．

[製 法] 希土類元素としてランタノイドと同じ化学的挙動をするので，元素を純粋に取り出すのはやさしくない．現在ではイオン交換樹脂を利用する分離法で希土類元素の全分離を行う．各元素の溶出液からシュウ酸塩を沈殿させ，焼いて酸化物に変える．金属を得るにはフッ化イットリウムをカルシウムで還元する．

[性 質] 灰色の金属で加工はしにくい．通常は六方最密格子で，格子定数は $a = 364.7\,pm$, $c = 573.1\,pm$ である．

空気中で表面が酸化されやすい．摩擦に

表 39.1　イットリウムの同位体

同位体	半減期 存在度	主な壊変形式
Y-85	2.68 h	β^+ 66.2%, EC 33.8%
85 m	4.86 h	β^+ 57.8%, EC 42.2%
86	14.74 h	EC 66%, β^+ 34%
86 m	48 m	IT 99.3%, β^+ 0.7%
87	3.33 d	EC 99.8%, β^+ 0.2%
87 m	13.37 h	IT 98.4%, EC 0.82%, β^+ 0.75%
88	106.7 d	EC
89	**100%**	
89 m	16.1 s	IT
90	2.67 d	β^-
90 m	3.19 h	IT
91	58.5 d	β^-
91 m	49.7 m	IT
92	3.54 h	β^-
93	10.10 h	β^-
94	18.7 m	β^-
95	10.3 m	β^-

データ・ノート

原子量	88.90585
存在度 地殻	30 ppm
宇宙 (Si=10^6)	4.6
電子構造	$4d5s^2$
原子価	3
イオン化ポテンシャル(kJ mol^{-1})	616
イオン半径 (pm)	$^{3+}$106
密 度 (kg m^{-3})	4469
融 点 (°C)	1523
沸 点 (°C)	3337
線膨張係数 (10^{-6}K^{-1})	10.6
熱伝導率 (W m^{-1}K^{-1})	17.2
電気抵抗率 (10^{-8}Ωm)	57.0
地球埋蔵量 (t)	—
年間生産量 (t)	5

よって発火はしない.酸素中では400°Cで引火する.酸には通常よく溶けるが,フッ化水素酸,リン酸,シュウ酸とは難溶性の塩を生じる.ハロゲンとは常温で反応し,大部分の非金属とは加熱により反応する.

[**主な化合物**] 一般には3価の化合物だけを考えればよい.酸化イットリウム Y_2O_3 を酸に溶かして濃縮すれば,塩化イットリウム,硝酸イットリウムなどの可溶性の塩が得られる.フッ化イットリウム YF_3,シュウ酸イットリウム $Y_2(C_2O_4)_3 \cdot 9H_2O$,リン酸イットリウムなどの難溶性の塩は可溶性の塩の水溶液に適当な試薬を加えて沈殿させてつくる.

[**用 途**] ユウロピウム添加イットリウムはけい光体の基質である.この種のけい光体は電子で励起すると鮮明な赤色発光をするためテレビのブラウン管に用いられる.イットリウム鉄ガーネット $Y_3Fe_5O_{12}$ などはレーダーのマイクロウェーブ・フィルターとして通信用に利用されている.同種の $Y_3Al_5O_{12}$ は宝石として知られ,しばしばダイヤモンドの代替品になる.また酸化イットリウムは高熱伝導性セラミックスとして注目されている窒化アルミニウム AlN の焼結助剤として優れている.1986年以後にブームとなった高温酸化物超伝導体の中にイットリウムを含む Y-Ba-Cu-O の系が含まれていることは将来の利用の可能性を示している.イットリウムアルミニウムガーネット(分子式 $Y_3Al_3O_{12}$, YAG という)の単結晶はレーザーの母体として用いられる.酸化イットリウムを3〜8%含んだ部分安定化ジルコニア(ZrO_2)は機械的特性に優れ,包丁,ハサミとして実用化され,セラミックエンジンなど構造材料セラミックスとして注目されている.また酸素センサーとして自動車排ガス中の空気対燃焼比を検出するセンサーとして利用されている.

(古川)

40 ジルコニウム Zr

zirconium   Zirkonium   zirconium   цирконий   锆 gào

[**起 源**] ジルコン(zircon)という名称はアラビア語のzargunに発していると思われる．zargunは現在ジルコンとして知られている宝石の色を記述するために用いられた言葉で，金色を意味する．すなわちジルコニウムの化合物であるジルコンは宝石として古代から知られていた．しかし，これが新元素を含むことは，1789年 M. H. Klaprothがセイロン産のジルコンを分析して未知の土(酸化物，earth)を見出したことによる．KlaprothはこれをZirkonerdeと呼んだ．不純な金属は1824年に J. J. Berzeliusによって，鉄パイプ中でフッ化ジルコニウムカリウムをカリウムと加熱して初めて得られた．また高純度の金属は1925年，A. E. van Arkel と J. H. de Boerによって，ヨウ化物分解法を用いて得られた．

[**存 在**] ジルコニウムはS型の星に豊富に存在し，太陽や隕石中にも見出される．アポロ計画で採取された月の石には非常に高い酸化ジルコニウム含量が見出された．地殻には0.019%含まれ，ニッケル，亜鉛，銅などより多い．主要鉱物はジルコン($ZrSiO_4$)，バッデリ石(ZrO_2)であるが，他の30種ほどの鉱物種中にも含まれることが認められている．天然のジルコンには，不純物を含むか，放射能による色中心の原因で着色したものが多い．ヒヤシンス(風信子鉱)は濃赤褐色の宝石用ジルコン，ジャーゴンは枯草黄の宝石用ジルコンである．ジルコニウム化合物は一般に2%前後のハフニウムを含んでいる．

[**同位体**] 天然のジルコニウムには五つの同位体がある(質量数 90, 91, 92, 94, 96)．このうち ^{96}Zr は 10^{17} 年以上の半減期をもつ放射性核種である可能性がある．人工放射性核種は数多く知られ，^{95}Zr, ^{97}Zrはウランの核分裂で高収率で生成する．

[**製 法**] 工業的に単体をつくるにはKrollの方法による．すなわち塩化物をマグネシウムで還元する．酸素や窒素を完全に除くときにはArkel-de Boerの方法も

表 40.1 ジルコニウムの同位体

同位体	半減期 存在度	主な壊変形式
Zr-85	7.86 m	β^+ 91.8%, EC 8.2%
85 m	10.9 s	IT, EC, β^+
86	16.5 h	EC
87	1.68 h	β^+ 80%, EC 20%
87 m	14.0 s	IT
88	83.4 d	EC
89	3.27 d	EC 77.4%, β^+ 22.6%
89 m	4.18 m	IT 93.8%, EC 4.7%, β^+ 1.5%
90	51.45%	
90 m	0.809 s	IT
91	11.22%	
92	17.15%	
93	1.53×10^6 y	β^-
94	17.38%	
95	64.0 d	β^-
96	2.80%	
97	16.9 h	β^-

データ・ノート

原子量	91.224
存在度 地殻	190 ppm
宇宙 (Si=10^6)	10.7
電子構造	4 d^{2}5 s^2
原子価	(2), (3), 4
イオン化ポテンシャル(kJ mol^{-1})	660
イオン半径 (pm)	$^{2+}$109, $^{4+}$87
密度 (kg m^{-3})	6506
融点 (°C)	1852
沸点 (°C)	4377
線膨張係数 (10^{-6}K^{-1})	5.78
熱伝導率 (W m^{-1}K^{-1})	22.7
電気抵抗率 (10^{-8}Ωm)	42.1
地球埋蔵量 (t)	>10^9
年間生産量 (t)	7×10^5

有用である.これには粗ジルコニウムを少量のヨウ素と真空中で 200°C に加熱する.すると ZrI$_4$ が揮発するが,同時にタングステンまたはジルコニウムのフィラメントを 1300°C ほどに電気的に加熱してやると,ZrI$_4$ は分解し,純粋なジルコニウムがフィラメント上に蒸着する.

[性質] 単体は灰白色で光沢のある金属.常温では α 型で,六方最密格子 (a=323.2 pm, c=514.8 pm). 870°C 以上で β 型(体心立方格子)に変る.細粉にすると高温では空気中で自然発火する.しかし塊状のものは反応性が著しく低い.これは表面に高密度の酸化物被膜を生じるためである.フッ化水素酸を除き無機酸に侵されず,アルカリには熱時でも侵されない.また海水や腐食性の試薬にも耐性が高い.ジルコニウムの低い中性子吸収断面積と密度,および α 型から β 型への転移点がハフニウムと大きく異なるが,化学的性質は両者で酷似している.

主な原子価は +4 であるが,水溶液中で加水分解しやすく,弱酸性でも水酸化物を沈殿する.従来ジルコニルイオン ZrO^{2+} の形で溶存するとされていたが,より複雑なヒドロキソ錯体となっていると考えられる.

[主な化合物] 二酸化ジルコニウム(ジルコニア)ZrO$_2$ は 7 配位で,ルチル(6 配位)とは構造が異なる.ZrO$_2$ は安定で,熱膨張係数が低く,融点(2710°C)が高く,有用な耐火物質である.るつぼや炉心などに用いられる.鋳造型,研磨剤,ガラスやセラミックス材料,窯業顔料,触媒などの用途もある.最近,繊維状にすることが可能になり,絶縁体や腐食性液体のろ過材などへの応用が開けてきている.硫化ジルコニウム ZrS$_2$ は金属光沢のある半導体である.

1977 年フッ化ジルコニウム ZrF$_4$ を主成分とするガラスが発見され,可視から赤外域の幅広い波長域で透明な新しいガラスとして注目され,その応用が進められている.

リン酸ジルコニウムは 1950 年代からイオン交換体として原子力関係で使用された.無定形のものと結晶性のもの Zr(HPO$_4$)$_2$·H$_2$O とがある.

[用途] ジルコニウムは耐食性が高いので,ある種の化学プラントで,ステンレススチールや,チタン,タンタルなどより好んで使われることがある.また真空管中のゲッターや鋼中の合金剤,外科用器具,写真用フラッシュ,フィラメント,レーヨン紡績突起などの用途がある.ニオブとの合金は超伝導体で,強磁場でも超伝導性を保っている.

ふつう少量含まれるハフニウムはジルコニウムの特性を害することはないが,原子力関係への応用では別である.ジルコニウ

ムは水冷式の原子炉の二酸化ウラン燃料棒の被覆に用いられるが，1.5％程度のスズ合金にすると耐食性，機械的性質が強い放射性の存在下でも安定で，またジルコニウムの熱中性子に対する吸収が低いので理想的な材質となる．ハフニウムはジルコニウムの600倍またはそれ以上も中性子を吸収するので，できるかぎり除去しておかなければならない．ウランと合金とした燃料棒，中性子減速剤のグラファイトの周囲のジャケットなどの原子炉材料としても重要で，現在ではジルコニウム金属の生産の90％以上が原子炉，とくに原子力発電用となっている．

ジルコニウムは水素，窒素，酸素などの気体を吸収しやすく，真空をよくするためのゲッターとしての利用がある．（冨田）

[**コラムⅠ**] 地殻中の元素存在量

地殻の平均元素組成を正確に決定できない理由は二つある．第一は地殻を構成する多くの試料の信頼できる分析値がないことにあり，さらに重要なことは地殻を構成する異なる種類の火成岩の比率について研究者間で一致した見解がないことである．S. R. Taylor は地殻が50％は花崗岩で，残りが玄武岩であると仮定した．この手法には単純化が過ぎるとの批判もあるが，当を得ている面も多い．H. J. M. Bowen は Taylor の示唆に基づいて，花崗岩の平均値と玄武岩の平均値を用いて地殻の平均組成を算出した．一方で，B. Mason は多少異なった取扱いをしているが，微量元素についてはTaylorの着想を取り入れている．

表40.2には二人の推定値を載せたが，両者の差は小さく，Br, I, 白金族元素のように食い違いが目立つ場合は基本となる分析値に問題があると考えてよい（本書の各元

表 40.2 地殻中の元素存在量

元素	Mason[1]	Bowen[2]
$_1$H	1400	—
$_3$Li	20	20
$_4$Be	2.8	2.6
$_5$B	10	10
$_6$C	200	480
$_7$N	20	25
$_8$O	466000	474000
$_9$F	625	950
$_{11}$Na	28300	23000
$_{12}$Mg	20900	23000
$_{13}$Al	81300	82000
$_{14}$Si	277200	277000
$_{15}$P	1050	1000
$_{16}$S	260	260
$_{17}$Cl	130	130
$_{19}$K	25900	21000
$_{20}$Ca	36300	41000
$_{21}$Sc	22	16
$_{22}$Ti	4400	5600
$_{23}$V	135	160
$_{24}$Cr	100	100?
$_{25}$Mn	950	950
$_{26}$Fe	50000	41000
$_{27}$Co	25	20
$_{28}$Ni	75	80?
$_{29}$Cu	55	50
$_{30}$Zn	70	75
$_{31}$Ga	15	18
$_{32}$Ge	1.5	1.8
$_{33}$As	1.8	1.5
$_{34}$Se	0.05	0.05
$_{35}$Br	2.5	0.37
$_{37}$Rb	90	90
$_{38}$Sr	375	370
$_{39}$Y	33	30
$_{40}$Zr	165	190
$_{41}$Nb	20	20
$_{42}$Mo	1.5	1.5
$_{44}$Ru	0.01	0.001?
$_{45}$Rh	0.005	0.0002?
$_{46}$Pd	0.01	0.0006?
$_{47}$Ag	0.07	0.07
$_{48}$Cd	0.2	0.11

表 40.2 つづき

元素	Mason[1]	Bowen[2]
49In	0.1	0.049
50Sn	2	2.2
51Sb	0.2	0.2
52Te	0.01	0.005?
53I	0.5	0.14
55Cs	3	3
56Ba	425	500
57La	30	32
58Ce	60	68
59Pr	8.2	9.5
60Nd	28	38
62Sm	6.0	7.9
63Eu	1.2	2.1
64Gd	5.4	7.7
65Tb	0.9	1.1
66Dy	3.0	6
67Ho	1.2	1.4
68Er	2.8	3.8
69Tm	0.5	0.48
70Yb	3.4	3.3
71Lu	0.5	0.51
72Hf	3	5.3
73Ta	2	2
74W	1.5	1
75Re	0.001	0.0004
76Os	0.005	0.0001?
77Ir	0.001	0.000003?
78Pt	0.01	0.001?
79Au	0.004	0.0011
80Hg	0.08	0.05
81Tl	0.5	0.6
82Pb	13	14
83Bi	0.2	0.048
90Th	7.2	12
92U	1.8	2.4

1) B. Mason, "Principles of Geochemistry", 4 th Ed., John Wiley & Sons (1982) による.
2) H. J. M. Bowen, "Environmental Chemistry of the Elements", Academic Press (1979) による.

素の「データ・ノート」の中では Bowen の値を載せている). 興味深いことは, 存在量の多い O, Si, Al, Fe, Ca, Na, K, Mg の 8 元素で全量の 99% を占める事実である. 酸素の量が大きいことは原子百分率に換算した場合にさらに顕著となり, イオン半径を用いて体積百分率にしたときには酸素の比率が 90% を越えている. （古川）

[**コラムⅡ**] 中性子数のマジックナンバー
　表 40.2 の数字を眺めると, 鉄より重い中重元素から重元素にかけての領域で, 100 ppm を超える場所が 2 カ所あるのがわかる. これはそれらの元素の主な安定同位体の核が中性子数マジックをとるためと考えられる. 最初の Rb-Sr-Y-Zr のピークは, ^{87}Rb-^{88}Sr-^{89}Y-^{90}Zr が中性子数 50 のマジックナンバー (→ カルシウム), 第 2 の Ba-La-Ce のピークは, ^{138}Ba-^{139}La-^{140}Ce が中性子数 82 のマジックナンバーで, それぞれとくに安定な原子核が形成されているためと考えられる. （馬淵）

41　ニオブ Nb

niobium　Niobium　niobium　ниобий　铌 ní
Niob

[**起　源**]　1801年，C. Hatchett はアメリカ Massachusetts から大英博物館に送られ，1753年以来保存されていた黒色鉱物を調べて，金属的な性質をもつ新物質を75%含有することを確かめた．化学的性質を検討した彼は，これが新元素であると結論し，何人かの化学者とも相談して原産地アメリカにちなんで columbium と命名し，鉱物を columbite（コルンブ石）と名づけた．

これとは別に，スウェーデンの A. G. Ekeberg はフィンランド産の鉱物を調べて，1802年，新元素タンタルを発見した．その後，この鉱物は何人かの学者により分析が繰り返されたが，1844年に至って，ドイツの H. Rose が Bodenmais 産のコルンブ石から2種の元素を分離し，一方は Ekeberg の見出したタンタルであるが，もう一つは新元素であり，これを Tantalus（ギリシャ神話の王の名）の娘 Niobe にちなんで Niob と名づけた．数年後 Rose はコルンブ石中に第三の新元素を発見して Pelopium と名づけたが（Niobe の兄 Pelops にちなむ），これについてはニオブ酸とペロプ酸とがニオブの酸化状態の異なるものであることが1853年に判明した．このように新元素の名称は，年代順では columbium が優位であるが，1950年国際純正応用化学連合（IUPAC）はニオブ（niobium）を採用した．しかしアメリカでは一部で（とくに産業界で）なお columbium が使われている．

[**存　在**]　地殻における存在度は 20 ppm で，リチウムやガリウムと同程度である．ニオブとタンタルは化学的性質が似ており，天然にも相伴って産出する．主な鉱物は $(Fe, Mn)M_2O_6$（M=Nb, Ta）の化学式をもつコルンブ石であるが，Nb>Ta の場合ニオブ石，Ta>Nb の場合タンタル石という．そのほかパイロクロア $(Ca, Na)_2(Nb, Ta)_2O_6(O, OH, F)$，コルンブ石と同

表 41.1　ニオブの同位体

同位体	半減期 存在度	主な壊変形式
Nb-89	1.18 h	β^+ 81%, EC 19%
89 m	1.9 h	β^+ 75%, EC 25%
90	14.60 h	β^+ 55%, EC 45%
90 m	18.8 s	IT
91	680 y	EC
91 m	60.9 d	IT 95%, EC 5%
92	3.5×10^7 y	EC
92 m	10.15 d	EC 99.94%, β^+ 0.06&
93	**100%**	
93 m	16.1 y	IT
94	2.0×10^4 y	β^-
94 m	6.26 m	IT 99.5%, β^- 0.5%
95	35.0 d	β^-
95 m	3.61 d	IT 97.6%, β^- 2.4%
96	23.4 h	β^-
97	1.23 h	β^-
97 m	58 s	IT
98	2.86 s	β^-
98 m	51.3 m	β^-
99	15.0 s	β^-
99 m	2.6 m	β^-

データ・ノート

原子量	92.90638
存在度　地殻	20 ppm
宇宙（Si=10⁶）	0.71
電子構造	4 d⁴5 s
原子価	(1), (2), (3), 4, 5
イオン化ポテンシャル(kJ mol⁻¹)	664
イオン半径 (pm)	⁴⁺74, ⁵⁺69
密　度 (kg m⁻³)	8570
融　点 (°C)	2468
沸　点 (°C)	4742
線膨張係数 (10⁻⁶K⁻¹)	7.07
熱伝導率 (W m⁻¹K⁻¹)	53.7
電気抵抗率 (10⁻⁸Ωm)	12.5
地球埋蔵量 (t)	—
年間生産量 (t)	$\sim 1.5 \times 10^4$

形のユークセン石 (Y, Ce, U, Pb, Ca)(Nb, Ta, Ti)$_2$(O, OH)$_6$ などがある．なお，日本の石川石は，(U, Fe, Y)(Nb, Ta)O$_4$ の組成をもつ．

[**同位体**] 安定核種は ^{93}Nb のみであり，人工放射性核種は，多数存在し，^{95}Nb は核分裂生成物中に含まれることで知られる．

[**製法**] ニオブの製造は，比較的小規模で行われるので，種々の方法がある．金属を溶かすために，鉱石のアルカリ融解や酸による浸漬が行われ，次にタンタルとの分離がなされる．1866年 J. C. G. de Marignac によって始められ，その後1世紀の間用いられた方法は，うすいフッ化水素酸中で，タンタルが難溶性の K$_2$TaF$_7$ を生じ，ニオブが可溶性の K$_2$NbOF$_5$·2 H$_2$O をつくることを利用したものである．最近では，うすい HF 水溶液からタンタルがメチルイソブチルケトンに抽出されることを用いるなど，溶媒抽出法が用いられている．五酸化物にしたのち，ナトリウムまたは炭素で還元して金属が得られる．またはフッ化物の融解電解を行う．

[**性質**] 単体は白色に輝く，軟らかい金属．体心立方格子．$a=329.9$ pm．室温で長時間空気にさらすと，青みがかった色を呈する．空気中では 200°C で酸化され始める．熱中性子に対する捕獲断面積は小さい．また，超伝導性をもち，その転移温度は 9.25 K である．

ニオブとタンタルは，ランタノイド収縮の結果としてほとんど同じ原子半径，イオン半径をもち，化学的性質がよく似ている．主な原子価は +5 である．金属はフッ化水素酸と硝酸の混合物に溶ける．融解アルカリにはかなり耐性がある．

[**主な化合物**] 酸化物には NbO, NbO$_2$, Nb$_2$O$_5$ などがある．Nb$_2$O$_5$ は V$_2$O$_5$ よりはるかに安定で還元されにくい．構造は複雑で，多くの多形がある．炭酸アルカリと融解すると，M^{I}NbO$_3$ が得られるが，過剰のアルカリを用いると，Nb$_6$O$_{19}{}^{8-}$ のような縮合酸型となる．ニオブは4種のハロゲン元素のすべてと五ハロゲン化物 NbX$_5$ をつくる．原子価 +3，+4 のニオブのハロゲン化物も知られている．

ニオブは多くの錯体をつくるが，+5 価の状態ではしばしば配位数の大きいものができる．たとえば [NbF$_7$]$^{2-}$ などである．

[**用途**] ニオブは合金をつくるのに用いられ，鋼や非鉄金属に加えられる．そしてパイプラインの建設にも使用されている．ジェミニ宇宙計画では多量のニオブが使われた．ジェットエンジン用合金の用途もある．また Nb-Zr 線は超伝導磁石をつくるのに用いられた．このほか，Nb$_3$Ge，Nb$_3$Sn，Nb-Ti 合金などの超伝導物質が注目されている．

(冨田)

42 モリブデン Mo

molybdenum　Molybdän　molybdène　молибден　钼 mù

[**起 源**]　ギリシャ語の molybdos は鉛を意味し，古くは鉛の鉱石，とくに方鉛鉱をモリブデンと呼んでいた．その後この名は黒色を示す黒鉛や輝水鉛鉱（成分 MoS_2）にも拡張された．このような鉱物は外観が似ているので，長い間混同されていた．1778年スウェーデンの C. W. Scheele は輝水鉛鉱を硝酸で分解し，白色の酸化物を得てモリブデンと名づけた．1782年 P. J. Hjelm はこの酸化物を炭素で還元して金属を得た．

[**存 在**]　地球上に広く存在するが，量は多くない．重要な鉱物は輝水鉛鉱で，世界生産量の大部分がアメリカ（とくにコロラド州）から産出され，カナダ，チリにも大きな鉱床が知られている．生体中にごく少量が存在し，チッ素の固定化と関連して注目されている．

[**同位体**]　安定同位体は ^{92}Mo，^{94}Mo，^{95}Mo，^{96}Mo，^{97}Mo，^{98}Mo，^{100}Mo の七つである．放射性同位体としては ^{93}Mo，^{99}Mo，^{101}Mo などが知られている．^{99}Mo はモリブデンの原子炉中性子照射あるいはウランの核分裂で生成し，その崩壊生成物 ^{99m}Tc（6.01時間）が診断に広く用いられることから，医学用に最も大量に利用されている核種である．

[**製 法**]　モリブデンは輝水鉛鉱から抽出するか，銅精錬の副産物として得られる．いずれにしても硫化モリブデン(IV) MoS_2 を焙焼して，酸化モリブデン(VI) MoO_3 にする．ステンレス鋼のような特殊鋼の製造には酸化物のままで利用できる．さらに精製するには，アンモニア水に溶かしてモリブデン酸アンモニウム $(NH_4)_2MoO_4$ として再結晶させる．これを水素還元すれば純粋な金属が得られる．

[**性 質**]　還元されたものは灰色の粉末．焼結または融解すると白色の固体になる．体心立方格子，$a = 314.7$ pm．

常温では空気および酸素と反応しないが，高温で酸化されて MoO_3 となる．フッ素には常温でも侵されてフッ化モリブデン

表 42.1　モリブデンの同位体

同位体	半減期 存在度	主な壊変形式
Mo- 90	5.67 h	EC 75%, β^+ 25%
91	15.49 m	β^+ 93.8%, EC 6.2%
91 m	1.08 m	IT 50.1% β^+ 43.7%, EC 6.2%
92	14.84%	
93	3.5×10^3 y	EC
93 m	6.85 h	IT 99.9%, EC 0.1%
94	9.25%	
95	15.92%	
96	16.68%	
97	9.55%	
98	24.13%	
99	2.75 d	β^-
100	9.63%	
101	14.6 m	β^-
102	11.3 m	β^-
103	1.13 m	β^-

データ・ノート

原子量	95.94
存在度 地殻	1.5 ppm
宇宙 (Si=10⁶)	2.52
電子構造	4d⁵5s
原子価	2, 3, 4, 5, 6
イオン化ポテンシャル(kJ mol⁻¹)	685.0
イオン半径 (pm)	²⁺92, ⁶⁺62
密度 (kg m⁻³)	10220
融点 (℃)	2617
沸点 (℃)	4612
線膨張係数 (10⁻⁶K⁻¹)	5.43
熱伝導率 (W m⁻¹K⁻¹)	138
電気抵抗率 (10⁻⁸Ωm)	5.2
地球埋蔵量 (t)	6×10^6
年間生産量 (t)	1.1×10^5

(VI) MoF_6 となり,塩素とは常温では徐々に,高温では速やかに反応し,臭素およびヨウ素とは高温で反応する.多くの非金属と高温で反応するが,しばしば組成の定まらない生成物を生じる.窒素とは高温でもほとんど反応しない.塩酸,フッ化水素酸,希硫酸などとは煮沸しても反応しないが,酸化力をもつ熱濃硫酸,濃硝酸,王水には溶ける.空気があればアンモニア水にも溶ける.酸化剤が共存すれば溶融アルカリは激しく反応する.

[**主な化合物**] 2, 3, 4, 5, 6の各原子価の化合物が知られ,また一つの化合物の中に二つ以上の原子価が共存する例があり,$[Mo_7O_{24}]^{6-}$ のような形をとるイソポリ酸イオンも存在し,モリブデンの化学はきわめて複雑である.

Mo(II)の化合物として塩化物,臭化物,硫化物などが知られているが,塩化物は $[Mo_6Cl_8]Cl_4$ の形をとる黄色の固体であり,$[Mo_6Cl_8](NO_3)_4$ のような化合物も合成されている.

Mo(III)化合物としてはすべてのハロゲン化物がつくられ,配位化合物も知られているが,同族のクロムと異なって化合物の種類は多くない.

酸化モリブデン(IV) MoO_2 は MoO_3 を真空中で加熱して得られるすみれ色の粉末で,強熱すると不均化して金属と MoO_3 になる.MoO_2 と MoO_3 の間に多くの中間的な酸化物が存在する ($Mo_{17}O_{47}$ など).Mo(IV)化合物も比較的少数しか知られていないが,硫化モリブデン(IV)(二硫化モリブデン)MoS_2 は最も安定な硫化物で,金属様の外観をもつ黒色の固体である.

Mo(V)の化合物には配位化合物が多く知られ,とくに配位子として酸素を含むものが多い(例:オキソペンタクロロモリブデン(V)酸カリウム $K_2[MoOCl_5]$).オクタシアノモリブデン(V)酸銀 $Ag_3[Mo(CN)_8]$ も安定な錯体である.フッ化物,塩化物,酸素を含むハロゲン化物 $MoOCl_3$, MoO_2Cl, $MoOBr_3$ がつくられている.

MoO_3 は無色の結晶で,空気中できわめて安定である.通常の酸には溶けないが,フッ化水素酸,濃硫酸に溶け,アルカリ,アンモニア水に溶かすとモリブデン酸塩になる.MoO_3 は酸性酸化物なので,多数のモリブデン酸塩 $M_2^IMoO_4$ がつくられ,モリブデンを7, 8, 10個含む陰イオンもよく知られている ($[Mo_7O_{24}]^{6-}$, $[Mo_8O_{26}]^{4-}$, $[Mo_{10}O_{34}]^{8-}$).同一の元素を含むイソポリ酸の例としてこのようなモリブデンのポリ酸はとくに重要である.また異種の元素を含むヘテロポリ酸塩(例:$K_3[AsMo_{12}O_{40}]$)も広く研究されている.ハロゲン化物はフッ化物のみがつくられ,$MoOF_4$, $MoOCl_4$, $MoOBr_4$ のような酸素を含むハロゲン化

物が知られている.

[**用 途**] 生産量の大部分が製鋼業で用いられている．モリブデンを鋼に添加すると加工，溶接の際の機械的特性が改善され，工具鋼，高速度鋼に加えると高温強度の増大，軟化性の低下，熱履歴抵抗性の向上がみられる．ステンレス鋼へのモリブデンの添加は粒間腐食の防止，溶接性の改善をもたらす他に，簡単な熱処理でさまざまな用途に適した性質が得られるようになる．モリブデンの融点は炭素，タングステン，ロジウム，タンタルに次いで高いので，より高価なタングステンの代用として耐火合金として利用され，とくに無酸素の状態，真空中での使用に適している．電子工業では接点材料，電極などに用いられる．MoS_2 は，多くの水素化反応で触媒として用いられるほかに，きびしい条件に耐える乾式の潤滑剤として広く使用されている．

[**コラム**] 生物を構成する元素と生物濃縮

生物の中に含まれる元素は全元素の一部に過ぎないが，そのような元素の生体内で果たす役割についてはなお明らかになっていないことが多い．

主成分として，H, C, N, O, P, S, Na, K, Mg, Ca, Cl の 11 元素が挙げられる．ふつうは生体の大部分は H, C, N, O から成り立ち，主に水，タンパク質，炭水化物，脂

表 42.2 海水から植物プランクトンおよび褐藻中への元素の取り込みの際の濃縮係数

元素	植物プランクトン	褐藻	元素	植物プランクトン	褐藻
Li	-	7	Ga	13k	4k
Be	-	125	As	-	70-2000
B	-	7	Se	-	50
N	40k	8400	Br	-	3
F	-	1.2	Sr	2-20	25-50
Na	4.14	0.7	Zr	170k	350-1000
Mg	0.6-1.7	1.4	Mo	25	4-17
Al	5k-50k	7500	Ag	2500	1250
Si	23000	180	Cd	900-5500	900-2700
P	17-70k	12k	Sn	90k-900k	7k-30k
S	0.8-1.7	2.8	I	1.2k	1.8k-10k
Cl	-	0.06	Cs	1-5	6
K	8	32	Ba	400-4000	400
Ca	4	6-15	La	-	740k
Sc	-	33k	Re	-	1250
Ti	7k-230k	3k-8k	Hg	1700	230
V	400	240	Pb	17-100	-
Cr	3300	800-5000	Th	-	75k
Mn	10k-150k	5k-500k	U	-	62
Fe	25k-2000k	15k-250k			
Co	60k	2.5k-10k			
Ni	600-7000	440-3000			
Cu	4k-18k	2.4k			
Zn	1k-14k	2.5k-13k			

出所：H. J. M. Bowen, "Environmental Chemistry of the Elements", Academic Press (1979) による．

質などの形で存在する．その他に，P, S, Cl は主に陰イオンとして，Na, K, Mg, Ca が陽イオンとして体液などの中に含まれている．微量成分では，Fe, Cu, Zn の存在が目立ち，金属酵素（ふつうは活性が現れるときに金属イオンが関与している酵素をいい，例としてヘム，クロロフィルなどがある）の中などに含まれ，生命活動の維持に重要な働きをしている．超微量成分としては，Mn, Co, Mo, I の存在が知られ，ときには Li, F, Si, V, Cr, Ni, As, Se, Cd, Sn, Pb も見出される．生物の種類によっても異なるが，いずれも生体にとって重要な働きをすると考えられている．

生物に関する元素の問題を取り扱う際に重要な概念として「必須 (essential)」がある．ある元素が生物にとって必須であるためには，ふつう次の三つの条件を満たすべきだとの見解が取られている．① ほとんどすべての健康な生体組織の中に含まれる．② 生物の種類に無関係に同じ程度の濃度で存在する．③ 欠乏すると，生理的な異常が現れるが，その元素を与えると回復する．

上に述べた主成分，微量成分については問題がないが，超微量成分の必須性を確認するには技術的な困難があり，超微量元素の中で確実に必須と判定されているのは，Mn, Co, Mo, I までの 18 元素である．原子番号 30 以下の元素が主で，Mo と I は例外的である．Mo は生体内の酸化還元反応の触媒となる酵素に含まれ，I はヒトの甲状腺ホルモンの中に見出される．その他の Li 以下の 11 元素はある種の生物にとっては必須とされている．ときにはこのような元素を有為元素 (beneficial element) と呼ぶ．

ある種の生物は特定の元素を濃縮する．広葉樹であるリョウブの葉が Co の多量を含むこと，および海産動物のホヤへの V の極端な濃縮はその例である．しかし，そのような元素の生理的な機能は明らかではない．

海水中に含まれる元素が海産生物中に濃縮されることは広く知られている．濃縮の程度を表すため，濃縮係数 (F_x) が新鮮な生物 1g 中の元素含有量 ($[X]_{FM}$) と海水 1g 中の元素含有量 ($[X]_w$) の比として定義されている．

$$F_x = [X]_{FM}/[X]_w$$

表 42.2 に濃縮係数の測定結果の一例を示す．非常に大きな濃縮係数が得られる場合があることは明らかである．このような結果は海水中に放出された放射性核種の挙動に関する知見を得るときに重要である．また，生物のこのような特性を生かして，沿岸域における重金属，人工有機化合物などによる汚染の監視を，貝の肉部の化学分析によって行おうとする mussel watch プロジェクトが国際的に進められている．

生体中の元素に関する研究は現在発展中である．精密な分析によると，植物中には土壌中にあるすべての元素が含まれているといわれている．将来は，必須元素のリストに新しい元素を迎えることも予想できる．また，金属と配位子の相互作用，および金属酵素のモデルに関する研究も精力的に進行している．このような研究に従事する分野を「生物無機化学」と呼んでいるが，その進歩には注目すべきであろう．

(古川)

43 テクネチウム Tc

technetium　Technetium　technétium　технеций　锝 dé

[起源] 43番元素を天然に探索する試みは古くから進められていた。1906年に小川正孝は方トリウム石(主成分 ThO₂)から新元素を発見したとして "nipponium" と名づけた。1925年ドイツの W. Noddack と I. Tacke は白金鉱およびコロンバイト(主成分 (Fe, Mn)(Nb, Ta)₂O₆)から分離したある成分の中に43番元素に相当する KX 線を認めたとして masurium と名づけた。しかしどちらの研究も追認できず,原子核構造の理解が進むにつれてこの元素には安定核種が存在しないと考えられるようになった。1937年,イタリアの C. Perrier と E. Segrè はカリフォルニア大学のサイクロトロンからの重陽子で照射したモリブデン板から相当する放射性元素を分離し,その化学的性質も調べた。この放射能は ^{95m}Tc と ^{97m}Tc に相当し,彼らは初めて人工的に製造された元素としてギリシャ語の technikos (人工の)からテクネチウムと命名した。

[存在] テクネチウムの最も長寿命の同位体は ^{98}Tc であるから,地球形成時に存在していたとしても現在は消滅している。しかしウランを含む鉱物の中では ^{238}U の自発核分裂によってウラン1g当り 10^{-9}〜10^{-10}g 程度の ^{99}Tc が存在していることが確認されている。またモリブデンを含む鉱物の中でも宇宙線起源の中性子による核反応で通常の手段では検出できない量ながら生成しているはずである。また,ある種の星の光学観測の結果としてテクネチウムのスペクトルが認められ,元素の生成を考察する理論にも大きな影響を与えた。一方で発電用原子炉から取り出される使用済核燃料の中には多量の ^{99}Tc が含まれている。燃料1トン当り約800g(約 5×10^{11} ベクレル,約14キュリー)の ^{99}Tc が含まれていて,現在の日本の原子力発電の能力を考えると年間約500kgに相当する。

表 43.1 テクネチウムの同位体

同位体	半減期	主な壊変形式
Tc-93	2.75 h	EC 88%, β^+ 12%
93 m	43.5 m	IT 77.8%, EC 22.2%
94	4.88 h	EC 89%, β^+ 11%
94 m	52.0 m	β^+ 70%, EC 30%
95	20.0 h	EC
95 m	61 d	EC 96%, IT 4%, β^+ 0.3%
96	4.28 d	EC
96 m	51.5 m	IT 98%, EC 2%
97	2.6×10^6 y	EC, no γ
97 m	90.5 d	IT
98	4.2×10^6 y	β^-
99	2.11×10^5 y	β^-
99 m	6.01 h	IT 99.99%, β^- 0.01%
100	15.8 s	β^-
101	14.2 m	β^-
102	5.28 s	β^-
102 m	4.35 m	β^-〜98%, IT〜2%
103	54.2 s	β^-
104	18.3 m	β^-

データ・ノート

原子量	(98)
存在度　地殻	—
宇宙 (Si=10⁶)	
電子構造	4 d⁵5 s²
原子価　(1), (2), (3),	4, 5, 6, 7
イオン化ポテンシャル(kJ mol⁻¹)	702
イオン半径 (pm)	⁴⁺72, ⁷⁺56
密　度 (kg m⁻³)	(11500)
融　点 (°C)	2172
沸　点 (°C)	4877
線膨張係数 (10⁻⁶ K⁻¹)	8.06
熱伝導率 (W m⁻¹K⁻¹)	50.6
電気抵抗率 (10⁻⁸ Ωm)	—
地球埋蔵量 (t)	—
年間生産量 (t)	—

[同位体] 多くの同位体が知られているが,重要な核種は ^{96}Tc, ^{97}Tc, ^{97m}Tc, ^{98}Tc, ^{99}Tc, ^{99m}Tc などである.^{99}Tc は ^{99}Mo(2.75日)が崩壊して ^{99m}Tc を経て生成する長寿命同位体である.^{99m}Tc は ^{99}Mo から分離して得られる核種で,しばしば ^{99}Mo を cow と呼び,^{99m}Tc を milk にたとえる.

[製　法] 数年間放置して冷却した核燃料から溶媒抽出法およびイオン交換分離法によって分離する.単体を得るには硫化テクネチウム(VII) Tc_2S_7 または過テクネチウム酸アンモニウム NH_4TcO_4 を高温のもとで水素で還元する.

[性　質] 銀白色の金属で,結晶は六方最密格子.$a=273.5$ pm, $c=439.1$ pm.化学的性質はレニウムに似ている.塊状の金属は酸化されにくいが,粉末状のものは空気中で加熱すると燃焼して揮発性の酸化テクネチウム(VII) Tc_2O_7 を生じる.塩素とは反応しにくいが,フッ素と反応してフッ化テクネチウム(V) TcF_5 とフッ化テクネチウム(VI) TcF_6 の混合物となる.塩酸,フッ化水素酸には溶けないが,硝酸,濃硫酸,臭素水には溶け,溶液中では過テクネチウム酸 $HTcO_4$ が生成している.

[主な化合物] テクネチウムは正1価から7価までの原子価をとるが,Tc(IV)とTc(VII)を含む化合物が重要である.酸化テクネチウム(IV) TcO_2 は NH_4TcO_4 の熱分解で得られる黒色の粉末である.硫化テクネチウム(IV) TcS_2 も知られている.酸化テクネチウム(VII) Tc_2O_7 は単体を酸素中で加熱すると得られる黄色の揮発性の固体である(融点 119.5°C,沸点 310.6°C).硫化テクネチウム(VII) Tc_2S_7 は過テクネチウム酸イオン TcO_4^- を含む塩酸酸性溶液に硫化水素を通じると黒色の沈殿として得られる.TcO_4^- はテクネチウム化合物を硝酸などの酸化剤で処理したときに生成し,MnO_4^- が濃い紫色を示すのに対してほとんど無色である.また MnO_4^- のような強い酸化剤でもない.

[用　途] ^{99}Tc の放射能は比較的弱く(1gの ^{99}Tc は 6.3×10^8 ベクレル),通常の物理・化学的研究に用いられる.また低エネルギー β 線($E_\beta=0.292$ MeV)を放出するので,β 線源として利用されている.かつては微量の過テクネチウム酸塩を鉄の腐食防止剤として用いたこともあり,最近では単体または合金を超電導材料として用いようとする試みも提案されている.^{99m}Tc は 0.14 MeV の単一の γ 線を放出し,体内の放射能の存在場所を決定しやすいことから,診断の目的で核医学において広く用いられている.

(古川)

44 ルテニウム Ru

ruthenium　Ruthenium　ruthénium　рутений　钌 liǎo
Ruthen

[**起　源**] 1845年ロシア人 K. K. Klaus によって単離されたが，すでに1828年にロシア人 G. W. Osann もウラルの白金鉱中で観察していたという．ロシアのラテン名 Ruthenia にちなんで命名された．

[**存　在**] 地殻中の存在量は 0.001 ppm 程度で，存在量は小さい．他の白金族元素とともに硫化鉱中（南アフリカ，カナダの Sudbury）や川砂（旧ソ連のウラル地方）の中に産出する．

[**同位体**] 安定同位体は ^{96}Ru, ^{98}Ru, ^{99}Ru, ^{100}Ru, ^{101}Ru, ^{102}Ru, ^{104}Ru の七つがある．放射性同位体としては ^{95}Ru, ^{97}Ru, ^{103}Ru, ^{105}Ru, ^{106}Ru など多くが知られている．^{103}Ru と ^{106}Ru は核分裂生成物として知られ，大気圏内核兵器実験の後の降下物の中には常に含まれている．1986年4月の旧ソ連原発事故のときにも放出された．^{106}Ru はイギリスの核燃料再処理工場付近の海藻の中に見出されたことがあり，工場の排水中に含まれていたとされている．

[**製　法**] 白金鉱を王水で処理して，白金，パラジウムを除く．残渣を硫酸水素ナトリウムと溶融してから，ロジウムを水で溶かし出す．その残留物を過酸化ナトリウムと溶融し，水で処理するとオスミウムとルテニウムの溶液が得られる．塩素を通じながら加熱すると四酸化オスミウム，四酸化ルテニウムが揮発する．留出物を塩酸中に集め，さらに加熱するとオスミウムが揮発し，Ru(III) の溶液が得られる．塩化アンモニウムを加えてヘキサクロロルテニウム(III)酸アンモニウム $(NH_4)_3RuCl_6$ の沈殿をつくり，水素で還元すると単体が得られる．通常，高温で粉末冶金法によって焼結する．

[**性　質**] 銀白色で硬くてもろい．粉末になりやすく，粉末では黒色．六方最密格子からなり，$a = 270.6$ pm，$c = 428.2$ pm．

空気中で加熱すると表面が酸化される．酸素中で強熱すると酸化が進み，一部は酸化ルテニウム(VIII)になって揮発する．フッ素とは加熱時に反応し，塩素とは赤熱時に反応して塩化ルテニウム(III)を生じる．塩化ナトリウムとの混合物に加熱しながら

表 44.1 ルテニウムの同位体

同位体	半減期 存在度	主な壊変形式
Ru- 94	51.8 m	EC
95	1.64 h	EC 82.5%, β^+ 17.5%
96	5.52%	
97	2.89 d	EC
98	1.88%	
99	12.7%	
100	12.6%	
101	17.0%	
102	31.6%	
103	39.26 d	β^-
104	18.7%	
105	4.44 h	β^-
106	1.025 y	β^-
107	3.75 m	β^-
108	4.55 m	β^-

データ・ノート

原子量	101.07
存在度 地殻	0.001 ppm
宇宙 (Si=10^6)	1.86
電子構造	$4d^7 5s$
原子価	2, 3, 4, 5, 6, 7, 8
イオン化ポテンシャル (kJ mol^{-1})	711
イオン半径 (pm)	$^{3+}77$, $^{4+}65$, $^{8+}54$
密度 (kg m^{-3})	12370
融点 (℃)	2310
沸点 (℃)	(3900)
線膨張係数 (10^{-6}K^{-1})	9.1
熱伝導率 (W m^{-1}K^{-1})	117
電気抵抗率 (10^{-8}Ωm)	7.6
地球埋蔵量 (t)	5×10^3
年間生産量 (t)	0.12

塩素を通すと,溶けやすいヘキサクロロルテニウム(IV)酸ナトリウム Na$_2$RuCl$_6$ を生じる.酸素がなければ王水を含むすべての酸に不溶.酸素を含む塩酸には徐々に溶ける.塩素酸カリウムの存在下で塩酸あるいは硝酸と加熱すると RuO$_4$ を揮散しながら酸化される.酸素の存在で水酸化ナトリウムと融解すると溶解し,過酸化ナトリウム Na$_2$O$_2$ と融解すればたやすく溶ける.

[**主な化合物**] 1価から8価に至るすべての原子価の化合物が知られているが,重要なのは3価および4価のルテニウム化合物である.単体を酸素と1000℃で加熱して得られる酸化ルテニウム(IV) RuO$_2$ は青ないし黒色の粉末で,酸には溶けない.酸化ルテニウム(VIII) RuO$_4$ は揮発しやすい(融点25℃,沸点40℃)化合物で,ルテニウム化合物の酸性溶液に Cl$_2$ などの酸化剤を作用させてつくる.フッ化物は3価,4価,5価,6価の元素を含むものが知られている.他のハロゲン化物は Ru^{2+}, Ru^{3+} を含むものが報告されているが,必ずしもよく研究されていない.その中で塩化ルテニウム(III) RuCl$_3$ は330℃で金属と CO, Cl$_2$ を反応させて得られる暗褐色の化合物としてよく知られている.二硫化ルテニウム RuS$_2$ は唯一の純粋に得られた硫化物であって,黄鉄鉱型構造をもち,Ru^{2+} を含んでいる.

Ru^{2+} は多くのニトロシル化合物(たとえば (NH$_4$)$_2$[Ru(NO)Cl$_5$])をつくる(そのために核燃料の再処理の工程で ^{106}Ru がウランやプルトニウムに混入するおそれがある).ヘキサアンミンルテニウム(II)塩([Ru(NH$_3$)$_6$]Cl$_2$ など)は RuCl$_3$ を出発物質としてつくられ,強い還元剤である.トリス(2,2'ビピリジン)ルテニウム(II)塩([Ru(bipy)$_3$]$^{2+}$)は太陽光によって水を分解して水素を発生させる触媒となる可能性のために,類似化合物を含めて広く研究されている.

Ru(III) は最もふつうの酸化状態で,多くの錯化合物(たとえば [Ru(NH$_3$)$_6$]Cl$_3$, K$_3$[RuCl$_6$], Na$_2$[Ru(NO)Cl$_5$] など)をつくる.

Ru(IV) についてはハロゲンを含む錯陰イオン (K$_2$[RuCl$_6$] など)が知られている.

[**用途**] 白金やパラジウムの硬化元素として用いられ,耐食性が低下しない点に特徴がある.白金との合金は電気接点,装飾品として利用され,オスミウムとの合金は万年筆のペン先に用いられる.水素添加,異性化,酸化などの反応に有効な触媒ともなる.また,ある種のルテニウム錯体は不斉有機合成のための触媒として,最近とくに注目されている.

(古川)

45 ロジウム Rh

rhodium　Rhodium　rhodium　родий　铑 lǎo

[**起　源**] 1803 年, 白金の研究に従事していたイギリスの W. H. Wollaston によって発見され, その塩の水溶液がバラ色を呈することが多いので, ギリシャ語の rhodon (バラ) にちなんで命名された.

[**存　在**] 地殻中の存在量は 0.0002 ppm 程度で非常に小さい. 他の白金族元素と共存するが, ときには金と自然合金をつくって産出する. 資源としては硫化鉱中の微量成分としての存在が重要であり, カナダのサドベリー鉱山からの銅ニッケル硫化鉱は 0.1% 程度のロジウムを含むために最も注目されている.

[**同位体**] 安定同位体は ^{103}Rh のみである. 放射性同位体としては ^{99}Rh, ^{100}Rh, ^{101}Rh など多くが知られている. 原子炉中性子照射では短寿命の ^{104}Rh および ^{104m}Rh しか生成しない. ^{105}Rh はルテニウムの中性子照射によって生成する ^{105}Ru (4.44 時間) が崩壊して生じる.

[**製　法**] 白金鉱を王水で処理すると, イリジウム, オスミウム, ロジウムは不溶性残渣として残る. この残渣を硫酸水素ナトリウムと溶融し, 水で処理すると硫酸ロジウム (III) $Rh_2(SO_4)_3$ の溶液が得られる. 水酸化ナトリウムによって水酸化ロジウムを沈殿分離し, 塩酸に溶解した後, 亜硝酸ナトリウムおよび塩化アンモニウムを加えるとヘキサニトロロジウム (III) 酸アンモニウム $(NH_4)_3[Rh(NO_2)_6]$ が沈殿する. これを塩酸に溶解し, 蒸発後水素還元すれば金属が得られる.

[**性　質**] 銀白色の硬い金属. 白金, パラジウムより加工しにくいが, 800°C 以上で鍛造できる. 面心立方格子をとり, $a = 380.3$ pm である.

単体を空気中で加熱すると徐々に酸化ロジウム (III) Rh_2O_3 になるが, 高温では分解

表 45.1 ロジウムの同位体

同位体	半減期 存在度	主な壊変形式
Rh-97	31.1 m	β^+ 59.0%, EC 41.0%
97 m	44.3 m	EC 73.7%, β^+ 21.4%, IT 4.9%
98	8.7 m	$\beta^+ \cdot$ EC
98 m	3.5 m	$\beta^+ \cdot$ EC
99	16.1 d	EC 95.8%, β^+ 4.2%
99 m	4.7 h	EC 91.9%, β^+ 8.1%
100	20.8 h	EC 95.1%, β^+ 4.9%
100 m	4.6 m	IT 98.3%, EC 1.7%
101	3.3 y	EC
101 m	4.34 d	EC 92.3%, IT 7.7%
102	~2.9 y	EC
102 m	207 d	EC 62%, β^+ 14% β^- 19%, IT 5%
103	100%	
103 m	56.1 m	IT
104	42.3 s	β^- 99.55%, EC 0.45%
104 m	4.34 m	IT 99.87%, β^- 0.13%
105	1.473 d	β^-
105 m	~40 s	IT
106	29.8 s	β^-
106 m	2.17 h	β^-
107	21.7 m	β^-

データ・ノート

原子量	102.90550
存在度 地殻	0.0002 ppm
宇宙 (Si=10^6)	0.344
電子構造	4 d^{8}5 s
原子価	1, (2), 3, (4), (5), (6)
イオン化ポテンシャル(kJ mol^{-1})	720
イオン半径 (pm)	$^{2+}$86, $^{3+}$75, $^{4+}$67
密度 (kg m^{-3})	12410
融点 (°C)	1966
沸点 (°C)	3727
線膨張係数 (10^{-6}K^{-1})	8.40
熱伝導率 (W m^{-1}K^{-1})	150
電気抵抗率 (10^{-8}Ωm)	4.51
地球埋蔵量 (t)	3×10^3
年間生産量 (t)	20

する．酸には侵されず，王水にもほとんど溶けない．塩素とは暗赤熱時に反応して塩化ロジウム(III) RhCl$_3$ となるが，フッ素との反応は遅い．塩化ナトリウムと混ぜて加熱しながら塩素を通じると，ヘキサクロロロジウム(III)酸ナトリウム Na$_3$[RhCl$_6$] を生じる．ロジウムを能率よく溶かすには，硫酸水素ナトリウムと溶融するのがよく，封管中で塩素を含む塩酸と 125～150°C で加熱するのも有効である．

[**主な化合物**] Rh^{3+} を含む化合物のみが重要である．1, 2, 4, 5, 6 の原子価を含む化合物も報告されているが，特殊な条件下で生成するか，十分に性質が知られていない場合が多い．単体を酸素と加熱して得られる酸化ロジウム(III) Rh$_2$O$_3$ は唯一の安定な酸化物である．フッ化物には 4 価, 5 価, 6 価の元素を含むものもあるが，ハロゲン化物は Rh (III) を含むものが重要であり，いずれも金属と単体の直接反応でつくられる．アンモニアやアミンを配位した錯化合物（たとえば [Rh(NH$_3$)$_6$](NO$_3$)$_3$]）も多くが知られていて，ヘキサアクアロジウム(III)イオン [Rh(H$_2$O)$_6$]$^{3+}$ は水溶液中で安定である．塩基の配位子を含む錯体も多くがつくられていて，その代表例である Na$_3$[RhCl$_6$]·9 H$_2$O は RhCl$_3$·3 H$_2$O とともに 3 価ロジウム化合物の合成原料となる．Rh (I) を含むクロロトリス（トリフェニルホスフィン）ロジウム (I) [RhCl(PPh$_3$)$_3$] はウィルキンソン錯体と呼ばれ，選択的な水素化などの触媒に利用されている．

[**用途**] 白金の硬化元素として用いられ，Pt-Rh 合金は高温用の抵抗体，熱電対など耐熱，耐食材料として利用される．金属，ガラスなどの表面へのめっきは，反射率が大きく，かつ硬質なので，光学機械，装飾用銀器，反射鏡などに用いられる．電気抵抗が白金，パラジウムなどより小さく，酸化膜を形成しにくいので，理想的な接点材料となる．最近は触媒としての用途が重要で，自動車の排気ガスの制御に利用され，ホスフィン錯体として複雑な有機化合物の水素化などに有効だとして注目されている．

(古川)

46 パラジウム Pd

palladium　Palladium　palladium　паллáдий　钯 bǎ

[**起　源**] 1803 年白金の研究に従事していたイギリスの W. H. Wollaston によって発見され, その当時に発見された小惑星 Pallas にちなんで palladium と命名された. Pallas はギリシャ神話の女神アテーナの別の呼び名である.

[**存　在**] 地殻中の存在量は 0.015 ppm で, 他の白金族元素と同時に産出し, 砂白金として見出されるか, 硫化鉱中の微量成分として存在する. 主要な産地は旧ソ連, 南ア連邦, カナダである.

[**同位体**] 安定同位体は ^{102}Pd, ^{104}Pd, ^{105}Pd, ^{106}Pd, ^{108}Pd, ^{110}Pd の六つがある. 放射性同位体としては ^{103}Pd, ^{107}Pd, ^{109}Pd などが知られているが, 原子炉中性子照射では ^{109}Pd が多量に生成する. ^{107}Pd は, 隕石中に存在した長寿命核種として, 太陽系の生成過程を知るうえで重要である.

[**製　法**] 白金鉱を王水で処理すると白金とともに溶ける. 塩酸を加えて濃縮した後に塩化アンモニウムを加えると, 白金は $(NH_4)_2PtCl_6$ として沈殿し, Pd(II) は沪液に残る. 過剰のアンモニアを加えてから塩酸を加えると, ジクロロジアンミンパラジウム $[Pd(NH_3)_2Cl_2]$ が沈殿する. 沈殿を繰り返した後, 加熱すると金属が得られる. また酸化パラジウム (II) PdO または塩化パラジウム (II) $PdCl_2$ を水素気流中で加熱すると, パラジウム海綿が得られる.

[**性　質**] 銀白色の金属で, 延性は白金よりやや劣るが, 展性は白金より少し大きい. 冷間加工すると機械的特性は向上する. 結晶構造は面心立方格子, $a=389.1$ pm. 多くの気体, とくに水素をよく吸収し, また水素をよく透過する. 水素の吸収量は常温でその体積の 1000 倍近くに達し, 真空中で加熱すると吸収された水素は放出される. この性質は混合気体からの水素の分離に利用されている. パラジウムと接触した水素は活性に富み, 室温暗所で塩素, 臭素, ヨウ素, 酸素と反応し, 二酸化イオウを硫化水素に, ニトロベンゼンをアニリンに還元す

表 46.1 パラジウムの同位体

同位体	半減期 存在度	主な壊変形式
Pd- 99	21.4 m	EC 51%, β^+ 49%
100	3.63 d	EC
101	8.47 h	EC 94.9%, β^+ 5.1%
102	1.02%	
103	16.99 d	EC
104	11.14%	
105	22.33%	
106	27.33%	
107	6.5×10^6 y	β^-, no γ
107 m	21.3 s	IT
108	26.46%	
109	13.7 h	β^-
109 m	4.69 m	IT
110	11.72%	
111	23.4 m	β^-
111 m	5.5 h	IT 73%, β^- 27%
112	21.03 h	β^-
113	1.55 m	β^-, no γ

データ・ノート

原子量	106.42
存在度 地殻	0.015 ppm
宇宙 (Si=10^6)	1.39
電子構造	4d^{10}
原子価	2, 4, (5), (6)
イオン化ポテンシャル(kJ mol^{-1})	805
イオン半径 (pm)	$^{2+}$86, $^{3+}$64
密度 (kg m^{-3})	12020
融点 (°C)	1554
沸点 (°C)	3140
線膨張係数 (10^{-6}K^{-1})	11.2
熱伝導率 (W m^{-1}K^{-1})	71.8
電気抵抗率 (10^{-8}Ωm)	10.8
地球埋蔵量 (t)	2×10^4
年間生産量 (t)	90

る.

白金族元素としては薬品に対する抵抗力が小さい.暗赤熱時に酸素と反応してPdOになるが,より高温では解離する.フッ素,塩素と加熱時に反応してフッ化パラジウム(II) PdF$_2$ および PdCl$_2$ になる.硫黄,セレン,リンおよびヒ素と加熱すると反応する.また多くの金属と合金をつくる.王水にはたやすく溶け,希硝酸には徐々に溶解し,チッ素酸化物を含む濃硝酸にはよく溶ける.濃硫酸と加熱すると二酸化イオウを発生して溶けて,硫酸パラジウム(II) PdSO$_4$ となる.また過酸化ナトリウムと加熱するとPdOとなる.

[**主な化合物**] Pd^{2+}を含む化合物がふつうに知られている.元素間の直接反応,金属または酸化物の酸への溶解などによってつくられる.PdO,硫化パラジウム(II) PdS,PdF$_2$などの多くの塩が知られている.塩化物,硫酸塩,硝酸塩は水によく溶けるが,その他の塩は溶けにくい.水溶液に水素,エチレン,一酸化炭素を作用させると,還元されて金属が析出する.[PdX$_4$]$^{2-}$(X=Cl,Br,I,SCN)の形の錯陰イオンがつくられ,通常アンモニウム塩(たとえばテトラクロロパラジウム(II)酸アンモニウム (NH$_4$)$_2$[PdCl$_4$]) として結晶化できる.テトラアンミンパラジウム(II)塩化物 [Pd(NH$_3$)$_4$]Cl$_2$ のようなアンモニアやアミンを配位子とする錯体も広く知られている.Pd^{2+}を含む錯体は通常平面型4配位の配置をとる.Pd^{3+}を含む化合物は現在のところ知られていない.見かけ上PdF$_3$ とみえる化合物は Pd^{II}[Pd^{IV}F$_6$] である.Pd^{4+}を含む化合物はすべて錯体の構造を含み,対応する白金(IV)の化合物ほど安定ではない.金属を王水に溶した際に生じるヘキサクロロパラジウム(IV)酸イオン [PdCl$_6$]$^{2-}$ はよく知られていて,その溶液に塩化カリウムを加えると結晶が得られる.

[**用途**] 白金より安価で軽いので,通常種々の合金として用いられる.単体としては電子機器の低電流電気接点に利用される.他の電気・電子関係の用途として,抵抗線用の銀-パラジウム合金,熱電対用の金や白金との合金などがあげられる.パラジウムは多くの金属と合金をつくり,一般に延性のある固溶体をつくる.金を母体とした歯科用合金にパラジウムを加えると強度が改善される.貴金属製品には広く利用され,ある種の合金は良質のはんだ(硬ろう)として用いられる.活性体,アルミナなどに保持されたパラジウム触媒は,液相および気相反応における水素化,脱水素化反応に応用されている.

(古川)

47 銀 Ag

silver　Silber　argent　серебро　银 yín

[**起　源**]　金，銅とともに人類が最も古くから知っていた金属であるが，その使用は金と銅よりはいくぶん遅れたらしい．紀元前4000年頃からという説もあるが確かではない．エジプト先王朝時代紀元前3500年頃のメネス法典に「金は2.5倍の銀と等価」とあるので，銀がそれまでに使われていたことが伺える．ギリシャの古い貨幣には金銀の合金が使われ，エレクトロンと呼ばれた．ローマ時代には銀器が珍重された．中国では夏の時代にあったとの記述があるが，この王朝の存在そのものも不確かなので信頼できない．春秋戦国時代（紀元前8～3世紀）には金とともに青銅器の象嵌に使われた．わが国の5～6世紀の古墳から出土する鉄の大刀には，国宝「熊本県江田船山古墳出土大刀」や「島根県岡田山一号墳出土大刀」のように銀象嵌の文字が刻まれたものがある．国産銀の記録は日本書紀の天武天皇三年（674）の項に，「対馬国から献上された」とあるのが初出である．元素記号 Ag は銀を意味するラテン語 argentum（白く輝く）からとられている．漢字'銀'も"しろかね"の意．

[**存　在**]　自然銀や輝銀鉱 Ag_2O として産出することもあるが，ふつうは金鉱とともに金銀鉱をなして産するか，銅・鉛・亜鉛などの鉱石に含まれて産する．地殻中にはわずか0.07ppmしか存在しない．メキシコ，ペルー，旧ソ連などが生産量の多い国である．

[**同位体**]　銀の安定同位体には質量数107と109の2種類がある．

[**製　法**]　金と共存することが多いことから，シアン化法・混汞法・乾式法のような金製錬法で同じように処理され，副産物として生産される．精錬には電解法が用いられるが，副産物中の金，銀を乾式で分離する方法として灰吹き法がある．これは炉（分銀炉）の中で鉛を加えて金銀もろとも溶解

表 47.1　銀の同位体

同位体	半減期 存在度	主な壊変形式
Ag-104	1.15 h	EC 84%, β^+ 16%
104 m	33.5 m	β^+ 43%, EC 24% IT 33%
105	41.29 d	EC
105 m	7.23 m	IT 99.66%, EC 0.34%
106	23.96 m	β^+ 59.1%, EC 40.9%
106 m	8.46 d	EC
107	**51.839%**	
107 m	44.3 s	IT
108	2.37 m	β^- 97.2%, EC 2.5%, β^+ 0.3%
108 m	127 y	EC 91.3%, IT 8.7%
109	**48.161%**	
109 m	39.6 s	IT
110	24.6 s	β^- 99.7%, EC 0.3%
110 m	249.8 d	β^- 98.64%, IT 1.36%
111	7.45 d	β^-
111 m	1.08 m	IT 99.3%, β^- 0.7%
112	3.13 h	β^-
113	5.37 h	β^-
113 m	1.15 m	IT 80%, β^- 20%

データ・ノート

原子量	107.8682
存在度　地殻	0.07 ppm
宇宙（Si=10⁶）	0.529
電子構造	4d¹⁰5s
原子価	1, (2)
イオン化ポテンシャル（kJ mol⁻¹）	731.0
イオン半径（pm）	¹⁺113, ²⁺89
密　度（kg m⁻³）	10500
融　点（℃）	961.93
沸　点（℃）	2163
線膨張係数（10⁻⁶K⁻¹）	19.2
熱伝導率（W m⁻¹K⁻¹）	429
電気抵抗率（10⁻⁸Ωm）	1.59
地球埋蔵量（t）	2.6×10^5
年間生産量（t）	1.2×10^4

し，その後鉛を酸化除去して金銀を残す方法である．

[**性　質**] 文字通り銀白色の光沢をもち，軟らかい金属．展性・延性は金に次いで大きい．1gの銀は1.8kmの銀線に伸ばすことができる．すべての金属の中で，熱および電気の伝導率は最も大きい．結晶は面心立方構造．格子定数 $a=408.6$ pm．化学的にはかなり安定で，空気中で熱しても酸化されないが，硫黄や硫化水素と反応して黒色の硫化銀 Ag_2S をつくる．ふつうの酸・アルカリには溶けないが，酸化力を有する硝酸や熱濃硫酸には溶ける．

[**主な化合物**] +1価が安定で，ハロゲン化銀（$AgCl$，$AgBr$，AgI）や硝酸銀 $AgNO_3$ が最も一般的な化合物であるが，シアノ錯塩 $K[Ag(CN)_2]$ やアンミン錯塩 $[Ag(NH_3)_2]Cl$ も知られている．ハロゲン化銀は水に不溶であるが，アンモニアには錯イオンをつくって溶解する．シアンイオンやチオ硫酸イオン（ハイポ）も同様に錯イオンをつくって溶解する．ハロゲン化銀は光によって分解して黒化する．

[**用　途**] 古来，金と並んで貨幣・装飾品・工芸品・銀器に使われてきた．銀はかつて，金とともに本位貨幣に用いられ，国際通貨の役割を果たしたが，現在ではその機能を失い，補助貨幣として使われるにすぎない．フィルム・写真乾板・印画紙などの感光材料，および銀ロウにも使われる．銅より酸化しにくく，電気伝導度が大きいので，電気接点とか，電気配線の要所とか，エレクトロニクスの中で需要が高い．

図 47.1 銀製和同開珎拓本（出雲出土）

[**トピックス**] 銀銭「和同開珎」

和同開珎（わどうかいちん，または，わどうかいほう）はわが国で最初に鋳造された公の貨幣として知られている．和銅元年（708）5月に銀銭が発行され，同年8月に銅銭が発行された．記録によると，市井には2種類の貨幣が出回っていたが，銀銭を私鋳するものが多く，和銅二年1月には銀銭の私鋳を禁止し，さらに同年8月には銀銭を廃止し銅銭のみを発行したという．その後50余年，銅銭「和同開珎」は使用され続ける．1968年から3カ年行われた出雲国庁跡の調査で1枚の和同開珎が出土した．一見，銅銭に見えたが，科学的に調べたところ銀銭であった．鉛同位体比法で銀の産地を調べた結果は朝鮮半島産と出た．銅銭「和同開珎」は日本産原料であることが実験で確かめられ，文献と一致しているが，銀は8世紀にはまだ国内で生産できなかったのだろうか．

（馬淵）

48 カドミウム Cd

cadmium　Kadmium　cadmium　кадмий　镉 gé
Cadmium

[**起　源**] 1817年，ドイツの化学者F. Stromeyerは，酸化亜鉛であるはずの市販の薬剤が実は炭酸亜鉛であることに不審の念を抱き，薬品工場の責任者に問い質したところ，焼いて酸化亜鉛にすると黄色になるためとわかった．彼は黄色の原因が鉄ではなく，他の未知の元素であると考え，分離して新元素であることを証明した．さらに彼は，新元素をカラミン（calamine：鉄の混ざった酸化亜鉛，またそれを含む鉱石）の語源のラテン語 cadmia にちなんでカドミウムと名づけた．

[**存　在**] 天然には硫カドミウム鉱 Greenockite CdS としても存在するが，一般的には亜鉛鉱石の中に硫化物として産出する．地殻には 0.11 ppm だけ含まれている．

[**同位体**] 天然に存在する同位体の数は，スズ・キセノンに次いで多く，質量数106, 108, 110, 111, 112, 113, 114, 116 の8核種ある．^{113}Cd は長寿命の放射性同位体である．また，その熱中性子吸収断面積が 20000 バーンと非常に大きい．

[**製　法**] 亜鉛または銅・鉛などの製錬の副産物として得られる．カドミウムは亜鉛より還元されやすく，沸点も低いので，これらの性質を利用して亜鉛から分離する．乾式亜鉛製錬法では蒸留の初期に生じる亜鉛末の中にカドミウムが濃縮しているので，これを再蒸留して分ける．湿式製錬法では，電解液を亜鉛末で精製する工程で置換析出して分離される．精製は電解で行う．

[**性　質**] 銀白色の軟らかい金属で，延性・展性に富む．化学的性質は亜鉛に似ている．金属結晶はひずんだ六方最密構造で，格子定数 $a=297.9\,\mathrm{pm}$, $c=561.8\,\mathrm{pm}$．空気中では速やかに表面が酸化され，被膜をつくって内部を保護する．空気中で加熱すると赤い炎をあげて燃え，酸化カドミウム CdO の褐色の煙を出す．鉱酸に溶けて H_2 を発生して Cd^{2+} になる．カドミウムは人

表 48.1　カドミウムの同位体

同位体	半減期 存在度	主な壊変形式
Cd-104	57.7 m	EC 99.8%, β^+ 0.2%
105	55.5 m	EC 73.9%, β^+ 26.1%
106	1.25%	
107	6.50 h	EC 99.8%, β^+ 0.2%
108	0.89%	
109	1.265 y	EC
110	12.49%	
111	12.80%	
111 m	48.5 m	IT
112	24.13%	
113	9.3×10^{15}y 12.22%	
113 m	14.1 y	β^- 99.86%, EC
114	28.73%	
115	2.23 d	β^-
115 m	44.6 d	β^-
116	7.49%	
117	2.49 h	β^-
117 m	3.36 h	β^-
118	50.3 m	β^-, no γ

データ・ノート

原子量	112.411
存在度 地殻	0.11 ppm
宇宙 ($Si=10^6$)	1.69
電子構造	4 d^{10}5 s^2
原子価	(1), 2
イオン化ポテンシャル(kJ mol^{-1})	867.6
イオン半径 (pm)	$^{2+}$103, $^{1+}$114
密 度 (kg m^{-3})	8650
融 点 (°C)	320.9
沸 点 (°C)	765
線膨張係数 (10^{-6}K^{-1})	29.8
熱伝導率 (W m^{-1}K^{-1})	96.8
電気抵抗率 (10^{-8}Ωm)	6.83 (0°C)
地球埋蔵量 (t)	—
年間生産量 (t)	1.4×10^4

図 48.1 F. Stromeyer (1776-1835)

体に有害で,腎臓を侵す.金属蒸気や酸化物の微粉末は肺に入ると障害をひき起こす.

[**主な化合物**] 酸化数+2の化合物が重要で,黄色の硫化物 CdS は水に不溶.塩化物,硫酸塩,硝酸塩は無色で水によく溶ける.

[**用 途**] 鉄鋼製品,銅製品のカドミウムめっきは亜鉛よりも防錆効果が大きい.同位体の一つ ^{113}Cd は中性子を吸収する能力が高いので,原子炉の制御棒などに使われる.銅に少しカドミウムを混ぜた合金は,電気伝導度をあまり下げずに機械的強度を増すことができる.はんだやヒューズなどの低融点合金にもカドミウムが入っている.硫酸カドミウム溶液を用いて,カドミウムアマルガムと水銀を電極とする電池は,標準電池として使われる.化合物の中には発色するものがある.カドミウムイエローは CdS と ZnS の固溶体で CdS・nZnS の組成をもつ黄色顔料.カドミウムレッドは,CdS と CdSe の固溶体で CdS・nCdSe の組成をもつ赤色顔料.これらは,塗料・印刷インキ・プラスチック・ガラス・陶磁器への用途がある.

[**トピックス**] *イタイイタイ病*

第2次世界大戦後の数年を中心に,富山県神通川流域の農村地帯で,全身の激痛を訴える骨軟化症類似の病気が頻発した.女子,とくに更年期以降の経産婦に多かったが,症状からイタイイタイ病と名づけられた.原因として重金属に疑いが持たれたが,患者の多発地区の産米にカドミウム濃度が高いこと,患者の尿や臓器にもカドミウムが濃縮していることから,長期間に及ぶ神通川のカドミウム汚染に起因すると考えられた.1968年,厚生省はこの病気が神通川上流の三井金属鉱業神岡鉱業所から排出されたカドミウムに起因する公害病と認める見解を出した.その後,国と県は医療救済措置を行い,民事訴訟でも会社側が敗訴し,1973年以降の医療費は会社から支払われることになった.発生時の患者数の正確な把握は困難だが,1963年以後の調査では,要観察者も含めて約500名に及んでいる.この痛い経験により,国は規制措置を講じ,工場・事業所が大気へ排出するカドミウム量は1mg/m^{3}以下,水質汚濁に係る環境基準は0.01mg/l以下と定めている.

(馬淵)

49 インジウム In

indium　Indium　indium　индий　铟 yīn

[**起　源**]　1863 年，F.Reich とその助手 H. T. Richtel によって発見された．Himmelsfürst 産の閃亜鉛鉱の一片をブンゼンバーナー中で熱し，分光器で観察したところ，セシウムのどの青線にも一致しない藍色(indigo，ラテン語 indicum)線($\lambda = 451.1$ nm)を見出した．彼らは，これが未知の新元素によるものとし，その色にちなんでインジウムと命名した．また，この元素の塩化物と水酸化物を分離し，木炭上で吹管によって還元し，金属を得た．

[**存　在**]　地殻における存在度は約 0.05 ppm で，アルミニウムよりはるかに少ない．イオン半径の類似した亜鉛に伴って硫化物鉱に産することが多い．閃亜鉛鉱 ZnS，黄錫鉱 Cu_2FeSnS_4 に伴われることは古くから知られていた．1963 年に独立鉱物のインジウム銅鉱 $CuInS_2$ が発見された．黄銅鉱と同構造である．次いで，インダイト $FeIn_2S_4$，ザリンダイト $In(OH)_3$，桜井鉱 $(Cu, Fe)_3(In, Sn)S_4$，自然インジウム In が報告された．桜井鉱は兵庫県生野鉱山で発見されたもので，黄錫鉱と同形である．

[**同位体**]　天然に存在するインジウム同位体は ^{113}In と ^{115}In である．このうち ^{115}In は長寿命放射性核種(半減期 4.4×10^{14} 年)である．放射性同位体としては，^{111}In，^{114m}In，$^{116m1}In$ が重要である．原子炉中性子照射では ^{114m}In，$^{116m1}In$ が生成し，とくに後者の生成量が大きい．

[**製　法**]　インジウムは亜鉛や鉛の硫化鉱を焙焼する際生じる煤煙から回収したり鉄や銅の硫化物鉱を焙焼する際に回収する．

表 49.1　インジウムの同位体

同位体	半減期 存在度	主な壊変形式
In-106	6.2 m	β^+ 65%, EC 35%
106 m	5.2 m	β^+ 85%, EC 15%
107	32.4 m	EC 65%, β^+ 35%
107 m	50.4 s	IT
108	58.0 m	β^+ 53%, EC 47%
108 m	39.6 m	EC 67%, β^+ 33%
109	4.2 h	EC 92.1%, EC 7.9%
109 m	1.34 m	IT
110	1.15 h	β^+ 61.5%, EC 38.5%
110 m	4.9 h	EC
111	2.81 d	EC
111 m	7.7 m	IT
112	15.0 m	β^- 44%, EC 34%, β^+ 22%
112 m	20.6 m	IT
113	4.3%	
113 m	1.658 h	IT
114	1.20 m	β^- 99.5%, EC 0.5%
114 m	49.5 d	IT 95.6%, EC 4.4%
115	4.4×10^{14} y 95.7%	β^-, no γ
115 m	4.49 h	IT 95%, β^- 5%
116	14.1 s	β^-
116 m^1	54.4 m	β^-
116 m^2	2.18 s	IT
117	43.8 m	β^-
117 m	1.94 h	β^- 52.9%, IT 47.1%

データ・ノート

原子量	114.818
存在度　地殻	0.05 ppm
宇宙（Si=10⁶）	0.184
電子構造	4 d¹⁰5 s²5 p
原子価	1, 2, 3
イオン化ポテンシャル(kJ mol⁻¹)	558.3
イオン半径 (pm)	³⁺92, ¹⁺132
密度 (kg m⁻³)	7310
融点 (℃)	156.61
沸点 (℃)	2080
線膨張係数 (10⁻⁶K⁻¹)	33
熱伝導率 (W m⁻¹K⁻¹)	81.6
電気抵抗率 (10⁻⁸Ωm)	8.37 (0℃)
地球埋蔵量 (t)	>10³
年間生産量 (t)	75

1925年以前は世界で1gのインジウムしか利用されなかったが，現在では50トンを超えている．金属は塩類の水溶液を電解してつくられる．

[**性　質**]　金属は非常に軟らかく，銀白色を呈し，光沢がある．純粋なものは，曲げると高い音を出す．ガリウム同様，ガラス表面をぬらす．低融点 (156.61℃) であり，またIn 24%, Ga 76% の合金は，室温で液体である．インジウム単体の構造は，規則的な最密構造からややひずんだ珍しいもので，面心の正方晶で各In原子が四つの隣接原子を324 pm，八つの隣接原子を336 pmの距離にもっている．

溶液中のイオンは+3価であるが，固体では+1価，+2価の化合物も知られている．酸には溶けるが，水酸化アルカリとは反応しない．

[**主な化合物**]　三酸化インジウム In₂O₃ の蒸着薄膜は透明で導電性があり，液晶表示用電極に用いられる．

第15族元素との化合物 InP, InAs, InSb は半導体である．このうち，InSb はエネルギー帯ギャップが小さく，光エネルギーを電気的エネルギーに変える光伝導性の赤外線検出器として有効である．InAs や InSb は低温トランジスター，InP は高温トランジスターとして用いられる．

[**用　途**]　かつては，インジウムはベアリングの摩耗や腐食防止に使われたが，近年では低融点合金や電子機器への応用が重要になっている．融解性の安全装置，熱制御器，スプリンクラーなどはインジウムとビスマス，カドミウム，鉛，スズなどとの合金を用いている．またインジウム分の多いはんだは，高真空装置の金属と非金属の結合部分のシールに有効である．インジウムは，またゲルマニウムのp-n-pトランジスター接合の製造にもとくに有用である．低温で半導体のリード線をはんだ付けするのにも用いられる．

インジウムは中性子吸収断面積が大きく，ある種の原子炉の制御棒の成分として使われている．

（冨田）

50 スズ Sn

tin Zinn étain ОЛОВО 锡 xī

[**起　源**] スズは銅との合金，すなわち青銅として，紀元前3000年頃から中近東地域で使われていた．スズの製品としては，エジプト第18王朝（1580～1350 B. C.）の墓から見出された環などがいままでに知られる最古のものである．エジプトにはスズの鉱床は見当たらないので，他の地域から輸入されたものらしい．紀元前1000年頃には，イギリスのコーンウオール Cornwall でフェニキア人がスズを採掘し，貿易品としていた．中国では紀元前1600年頃から始まる殷の青銅器に多量のスズが含まれている．

ヨーロッパ系の語 tin, Zinn, etain および元素記号 Sn は，ラテン語 stannum に由来する．stannum は元来，鉛と銀の合金を指していたが，紀元後4世紀頃からスズに対して用いられるようになった．漢字の錫は，形声の音符'易（エキ）'→'晳（セキ）'で，白い金属の意との説がある．錫という字は前漢時代末に書かれた『周礼』考古記に，金の六斉（銅と錫の六種の調合法）として現れている．日本では7世紀末から8世紀にかけての採鉱や鋳鏡を記した続日本紀や正倉院文書に白鑞（しろなまり）として登場するが，現在の呼称スズの起源は明らかでない．

[**存　在**] 希元素ではないが，地殻にはあまり多量に存在しない．主要な鉱物はスズ石 SnO_2 で，ペグマタイト，気成鉱床，高温交代鉱床のような高温性鉱床中に存在する．また，スズ石は風化しにくく，比重が6.8～7.1と大きいので，水で運ばれた堆積

表 50.1　スズの同位体

同位体	半減期 存在度	主な壊変形式
Sn-109	18.0 m	EC 91%, β^+ 9%
110	4.11 h	EC
111	35.3 m	EC 69.4%, β^+ 30.6%
112	0.97%	
113	115.1 d	EC
113 m	21.4 m	IT 91.1%, EC 8.9%
114	0.65%	
115	0.34%	
116	14.53%	
117	7.68%	
117 m	13.60 d	IT
118	24.23%	
119	8.59%	
119 m	293 d	IT
120	32.59%	
121	1.128 d	β^-, no γ
121 m	55 y	IT 77.6%, β^- 22.4%
122	4.63%	
123	129.2 d	β^-
123 m	40.1 m	β^-
124	5.79%	
125	9.64 d	β^-
125 m	9.52 m	β^-
126	~1.0×10^5 y	β^-
127	2.10 h	β^-
127 m	4.13 m	β^-
128	59.1 m	β^-
128 m	6.5 s	IT

データ・ノート

原子量	118.710
存在度 地殻	2.2 ppm
宇宙 ($Si=10^6$)	3.82
電子構造	$4d^{10}5s^25p^2$
原子価	2, 4
イオン化ポテンシャル(kJ mol^{-1})	708.6
イオン半径 (pm)	$^{2+}93$, $^{4+}74$
密度 (kg m^{-3})	5750(α), 7310(β)
融点 (°C)	231.97
沸点 (°C)	2270
線膨張係数 (10^{-6}K^{-1})	5.3(α), 21.2(β)
熱伝導率 (W m^{-1}K^{-1})	66.6(α)
電気抵抗率 (10^{-8}Ωm)	11.0 (α, 0°C)
地球埋蔵量 (t)	4.5×10^6
年間生産量 (t)	2.2×10^5

物中に砂スズとして存在することがある.世界の産出地としてはイギリスのコーンウオール地方が歴史的に有名であるが,ヨーロッパによい鉱石がなくなった現在では,マレーシア,ボリビア,タイ,インドネシアが主要な産出地になっている.日本では,小規模ながら鹿児島県谷山,宮崎県見立,大分県尾平,兵庫県生野・明延などの鉱山で採掘されていたが,生産コスト上昇による国際競争力低下のために閉山するものが多くなり,1987年には円高不況のあおりを受けて,最後のスズ鉱山明延が閉山に追い込まれた.

[**同位体**] スズはすべての元素のうちで最も多くの安定同位体をもつ.質量数112,114,115,116,117,118,119,120,122,124の10種である.これは原子核を構成する陽子の数が魔法の数(マジックナンバー)と呼ばれる50のため,原子核が安定になるからである(→カルシウム).

[**製法**] 酸化スズは炭素によって容易に還元されて金属になるので,古代から使用されてきた.現在では,スズ石の比重が大きいことを利用してまず比重選鉱し,反射炉などで還元する.還元には粉コークスまたは無煙炭粉を用いる.生成した粗スズは溶離法や電解精製法により精錬される.

[**性質**] 金属は青みがかった白色の金属光沢をもち,軟らかく展延性に富み,うすい箔にできる.空気中や水中で安定で腐食されにくい.純スズには寒冷な環境に長く置かれるとぼろぼろになり,劣化するという特性がある.これは19世紀半ば,ヨーロッパの博物館に収蔵されるスズ製のメダルや貨幣,教会のオルガンパイプなどで観測され,伝染性の腐食とみられたことからスズペスト tin pest と呼ばれた.これは結晶の変態によるもので,高温型のβスズ(white tin)が低温型のαスズ(grey tin)に転移するためである.変態点は13°Cであるが,ふつうは低温でも高温型が過冷却のまま安定に存在し,-30°Cくらいに長時間保たれないと変態は起こらない.

スズは非遷移第4族元素の一員で,原子価は+2価と+4価をとる.両性物質なので強酸,強アルカリの両方に作用するが,中性溶液には比較的作用されにくい.濃厚で加熱されたハロゲン化水素酸や酸化剤と共存する濃硫酸によく溶解する.水酸化ナトリウムにはスズ酸塩を生じて溶解する.水溶液中では,2価のときには金属性が強く,陽イオンとして存在するが,4価ではほとんどスズ酸あるいは錯イオンとなり,陰イオンとして溶存する.

[**主な化合物**] スズ(II)化合物は一般に酸化されやすく,種々の物質に対して還元剤として働き,スズ(IV)化合物に変る.スズ(II)化合物としては酸化物SnO,硫

化物 SnS，ハロゲン化物 SnCl$_2$，M^{1}SnCl$_3$，硫酸塩 SnSO$_4$，硝酸塩 Sn(NO$_3$)$_2$ など，スズ(IV)化合物としては水素化物 SnH$_4$，酸化物 SnO$_2$，M$^1_4$SnO$_4$，硫化物 SnS$_2$，ハロゲン化物 SnCl$_4$，硫酸塩 Sn(SO$_4$)$_2$，さらにアルキル基・アリル基と結合した多種類の有機スズ化合物がある．一般式は R$_n$SnX$_{4-n}$（$n=1\sim4$，R はアルキル基またはアリル基，X は OH，Cl など）．

[**用 途**] 最も多い用途はめっきと合金である．金属スズは鉄よりも不活性なので鉄板にめっきして侵食を防ぐ．これがブリキで，かん詰めの材料として使われる．合金には，銅にスズを 5～25% 加える青銅 bronze（→銅）とスズをベースにして銅や鉛を加えるものとがある．青銅は古代から知られているが，後者の例としてはスズに 12% 程度の銅を混ぜたベアリングメタルや，鉛を 40～70% 混ぜたはんだがある．オルガンのパイプはスズ-鉛の合金が主流で，笛の種類によって混合比を変えている．SnO$_2$ は電気伝導性をもち，薄いと透明なの

図 50.1 日本最大の東京芸術劇場のオルガン（吉田・志村・高橋・馬淵編「日本のオルガン」より）

で，ガラスにコーティングして電導ガラスといっている．有機スズ化合物のうち，ジブチルスズ・トリブチルスズ・トリフェニルスズは毒性を利用して農用殺菌剤や殺虫剤に用いられる．

[**トピックスⅠ**] オルガンのパイプ

オルガンは紀元前3世紀にアレキサンドリアで発明されたが，長い歴史の中でパイプにはいろいろな材質が使われてきた．初期のパイプは銅製だったらしいが，ヨーロッパで大型化する過程で，スズ・鉛・木が主流になった．フィリピンのマニラ近郊に竹パイプのオルガンがあるが例外である．また，今世紀になって，安価のために亜鉛を使うこともあったが，良いオルガンでは避けるのが常道である．ルイ15世の時代に出版されたその道のバイブルといわれるDom Bédos de Cellesの「オルガン製作技法」(1766)には，"コーンウオールのスズはオルガンに最も適し，マレー産のスズは避けるべきだ"と書かれている．

終戦時に数台しかなかったわが国のパイプオルガンは，経済成長とともに1970年以後著しく数が増え，1993年には大小併せて600台に達し，毎年30台のスピードで増えている．それらすべてがスズ-鉛合金のパイプを備えている．因みに，日本最大級のNHKホールのオルガンは7640本のパイプを有し，そのほとんどがスズ50～75%の合金である．日本は世界的に資源の少ないスズの蓄積国になりつつある．

[**トピックスⅡ**] 有機スズ化合物の害

有機スズ化合物の環境への放出が問題になっている．なかでも，フナクイムシなどの付着を防ぐ目的で船底塗料やハマチ養殖の漁網防汚剤に使ってきたトリブチルスズが海水に溶け出し，天然魚に汚染したりカキの養殖を妨害したりすることが明らかになってきた．有機スズ化合物は，海中では，熱・光・酸素・オゾンなどによって比較的早く分解し，スズは海底に沈殿する．したがって，瀬戸内海のように船舶の密度の高い内海が最も問題になる．瀬戸内海に面する8府県はとくに監視を強めている．

[**コラム**] スズのめっき

缶詰，清涼飲料水，ビールなど，われわれの身の回りにはスズめっき鋼（ブリキ）の缶を使った食品が多いが，ブリキの歴史は古い．エーゲ海のトルコ寄りに位置するLesbos島のEresosに生れ，プラトンとアリストテレスの弟子だったTheophrastosは，紀元前320年に鉄にスズをめっきすることを述べている．古代ローマでは，金属製の食物の容器が腐らないように，スズの保護膜をつくることが行われていた．はるかに降って，17世紀の初め，スズ鉱山がドイツのザクセン地方で発見されてスズめっき工場がつくられ，8万人の工員を擁する規模にまで発展したという．電気のないこれらの時代でもめっきが可能だったのは，金属スズの融点が低いために，青銅の鋳造を知っていた古代の技術でも容易に鉄板を溶融スズに浸すことができたからである．現代では，スズと銅・鉛・亜鉛・カドミウム・ニッケルなどとの合金でめっきをすると，緻密で硬く，耐食性や光沢において優れた被膜ができるので，装身具やハンドバッグの枠などに盛んに使われている．

(馬淵)

51 アンチモン Sb

antimony　Antimon　antimoine　сурьма　锑 tī
stibium　Stibium

[起源] アンチモンは古くから知られ，黒色の鉱物，輝アン鉱(Sb_2S_3)，を婦人の眉およびまつ毛の化粧に用いた．スコットランドにおけるアンチモンを含む花びんの製造は 4000 B.C. にさかのぼり，エジプトでは 2500 B.C. からアンチモンで被覆した器具が使用されていた．後にこの鉱物は stibium または antimonium と呼ばれるようになり，この二つの名前が 18 世紀末まで鉱物と元素に用いられた．錬金術の影響もあってアンチモンの歴史には明確でない部分が多いが，15 世紀のベネディクト派の修道僧 B. Valentine はその著書の中で金属の製法について述べている．この頃には鉛との合金として活字金に使用していた．

[存在] 輝アン鉱が最も重要で，中国，南アフリカ，メキシコなどに産出する．他にも硫化物鉱物の存在が知られ，アンチモン華(Sb_2O_3)のような酸化物も産出する．地球上に広く分布するが，量は少ない．火成岩中の含有量は 0.2 ppm であるが，「親銅元素」として硫化鉱中に濃縮される．

[同位体] 安定同位体は ^{121}Sb，^{123}Sb の二つである．主な放射性同位体には ^{119}Sb，^{120}Sb，^{120m}Sb，^{122}Sb，^{124}Sb，^{125}Sb があり，原子炉中性子照射で ^{122}Sb，^{124}Sb が生成し，^{125}Sb は核分裂生成物として知られている．

[製法] 高品位(Sb 40%以上)の輝アン鉱は，Sb_2S_3 が融けやすいことを利用して，550～600°C に加熱し，岩石分と分離した後に金属鉄で単体を遊離させる．

$$Sb_2S_3 + 3Fe \longrightarrow Sb_2 + 3FeS$$

低品位鉱(Sb 25～40%)については，酸化加熱して得られる酸化物を炭素で還元する．粗アンチモンの精製には電解法が用い

表 51.1　アンチモンの同位体

同位体	半減期 存在度	主な壊変形式
Sb-115	32.1 m	EC 67%, β^+ 33%
116	15.8 m	β^+ 50%, EC 50%
116 m	60.3 m	EC 78%, β^+ 22%
117	2.80 h	EC 98.3%, β^+ 1.7%
118	3.6 m	β^+ 74%, EC 26%
118 m	5.00 h	EC 99.88%, β^+ 0.12%
119	1.59 d	EC
120	15.89 m	EC 59%, β^+ 41%
120 m	5.76 d	EC
121	**57.36%**	
122	2.70 d	β^- 97.6%, EC 2.4%
122 m	4.21 m	IT
123	**42.64%**	
124	60.2 d	β^-
124 m[1]	1.55 m	IT 75%, β^- 25%
124 m[2]	20.2 m	IT
125	2.73 y	β^-
126	12.4 d	β^-
126 m	19.0 m	β^- 86%, IT 14%
126 m	~11 s	IT
127	3.85 d	β^-
128	9.01 h	β^-
128 m	10.4 m	β^- 96.4%, IT 3.6%
129	4.40 h	β^-
130	39.5 m	β^-
130 m	6.3 m	β^-
131	23 m	β^-

データ・ノート

原子量	121.75
存在度 地殻	0.2 ppm
宇宙 (Si=10^6)	0.352
電子構造	4 d^{10} 5 s^2 5 p^3
原子価	3, 5
イオン化ポテンシャル(kJ mol^{-1})	833.7
イオン半径 (pm)	$^{3+}$89, $^{5+}$62
密 度 (kg m^{-3})	6691
融 点 (°C)	630.74
沸 点 (°C)	1750
線膨張係数 (10^{-6} K^{-1})	8.5
熱伝導率 (W m^{-1} K^{-1})	24.3
電気抵抗率 (10^{-8} Ωm)	39.0 (0°C)
地球埋蔵量 (t)	2.5×10^6
年間生産量 (t)	6.2×10^4

られ,さらに高純度のもの(99.99%以上)を得るには帯溶融法を利用する.

[**性 質**] 常温で安定な灰色アンチモンは灰色ヒ素と同様の構造をもつ.銀白色の金属光沢を有する結晶で,もろく容易に粉砕できる.他にもいくつかの多形が存在するが,常温では安定でない.

乾いた空気の中では安定であるが,湿気があると表面が曇る.空気中または酸素中で加熱すると燃焼し,通常は酸化アンチモン(III) Sb$_2$O$_3$ を生じる.フッ素および塩素とは激しく反応し,それぞれフッ化アンチモン(V) SbF$_5$, 塩化アンチモン(V) SbCl$_5$ が生成する.臭素,ヨウ素とはよりおだやかに反応し,それぞれ臭化アンチモン(III) SbBr$_3$, ヨウ化アンチモン(III) SbI$_3$ となる.塩酸とは反応しないが,少量の硝酸を含む塩酸および王水には溶ける.濃硝酸,濃硫酸とも反応する.硫黄と加熱すれば反応し,多くの金属と化合物をつくる.

[**主な化合物**] アンチモンは+3, +5, -3 の酸化状態で存在する.見かけ上,4価のアンチモンを含むような化合物は3価と5価を同時に含むと考えられる.Sb$_2$O$_3$ はアンチモン化合物をつくる際の出発物質となる白色粉末で,空気中でさらに加熱すると四酸化二アンチモン Sb$_2$O$_4$ となる.酸化アンチモン(V) Sb$_2$O$_5$ は塩化アンチモン(V) SbCl$_5$ を加水分解し,275°Cに加熱すると得られる.Sb$_2$O$_3$ と Sb$_2$O$_5$ はともに両性で,酸と塩基の両方と塩をつくる.酸との塩は水溶液中で容易に加水分解する.フッ化アンチモン(V) SbF$_5$ と SbCl$_5$ は揮発性のある液体であり,Sb(III) のハロゲン化物はいずれも融点の低い固体である.

水素化アンチモン(III)(スチビン,SbH$_3$)は Sb(III) の水溶液に発生期の水素を作用させるか,アンチモンとマグネシウムの合金を塩酸に溶かすと生成し,室温で徐々に分解する.半導体工業においても利用されているが,水素化ヒ素(III) AsH$_3$ ほどではないが毒性は強い.d-酒石酸アンチモニルカリウム K$_2$[Sb$_2$(d-C$_4$O$_6$H$_2$)$_2$]·3H$_2$O は吐酒石と呼ばれ,医薬品として用いられた.

[**用 途**] 年間生産量はヒ素より多い.金属は,主として鉛との合金の形で用いられ,大部分が鉛蓄電池の製造に向けられ,これにスズを加えた合金は古くから活字の製造に用いられた.鋼の表面の装飾用被覆としても利用される.アンチモン化ガリウム GaSb などはヒ化ガリウムなどと同様に電子工業の分野での利用がさかんになってきた.Sb$_2$O$_3$ は紙,繊維,プラスチック類の燃焼防止に利用され,Sb$_2$S$_3$ は安全マッチ・火薬の製造,ルビー色のガラスびんの生産およびポリエチレンなどに添加する顔料に応用されている. (古川)

52 テルル Te

tellurium　Tellur　tellure　теллур　碲 dì
　　　　　　　　　　　　　　　　　 锑 dì

[起 源] 1782年にF. J. Müllerがトランシルバニアの金の鉱石中に見出したが，アンチモンとの区別に困難があった．1798年になって，M. H. Klaprothがその詳しい性質を確認し，ラテン語のtellus（地球）にちなんでテルルtelluriumと名づけた．tellusの由来は，同じKlaprothが1789年に発見したウラン（名の由来はuranus天王星から）との対照からである．

[存 在] 地球上の存在はきわめて少ないが，天然には硫化物中に少量ではあるが混在する．

[同位体] 天然に存在する同位体は ^{120}Te，^{122}Te，^{123}Te，^{124}Te，^{125}Te，^{126}Te，^{128}Te，^{130}Teの八つであり，原子量の正確な決定には困難がある．この中で ^{123}Teは長寿命の放射性同位体である．人工放射性同位体は，^{125m}Te，^{127m}Te，^{129m}Te，^{131}Te，^{131m}Te，^{132}Teなどが知られ，^{132}Teは核分裂生成物として重要である．

[製 法] 工業的には銅の電解精錬のときの電解槽中の陽極泥から回収される．セレンとの混合溶液の中から酸化テルル(IV) TeO_2として沈殿分離した後に，塩基性溶液から電解還元する．

[性 質] テルルは，セレンとよく似た半金属的な元素で，常温では六方晶系に属する結晶のみが知られている．灰色セレンと同じラセン状構造をとり，半導体の性質を示す．灰色セレンとは任意の割合で固溶体をつくる．

テルルは反応性に富み，他のほとんどの元素と化合する．陽性の元素と化合してテルル化合物をつくるか，陰性の強い元素と化合して +2, +4, +6 の酸化状態の化合物

表 52.1　テルルの同位体

同位体	半減期 存在度	主な壊変形式
Te-116	2.49 h	EC 99.4%, β^+ 0.6%
118	6.00 d	EC, no γ
119	16.05 h	EC 97.9%, β^+ 2.06%
119 m	4.69 d	EC 99.3%, β^+ 0.7%
120	0.096%	
121	16.78 d	EC
121 m	154 d	IT 88.6%, EC 11.4%
122	2.603%	
123	1.3×10^{13} y	EC
	0.908%	
123 m	119.7 d	IT
124	4.816%	
125	7.139%	
125 m	58 d	IT
126	18.952%	
127	9.35 h	β^-
127 m	109 d	IT 97.6%, β^- 2.4%
128	31.687%	
129	1.16 h	β^-
129 m	33.6 d	IT 64%, β^- 36%
130	33.799%	
131	25.0 m	β^-
131 m	1.25 d	β^- 77.8%, IT 22.2%
132	3.26 d	β^-
133	12.5 m	β^-
133 m	55.4 m	β^- 82.5%, IT 17.5%
134	41.8 m	β^-

データ・ノート

原子量	127.60
存在度　地殻	～0.005 ppm
宇宙 (Si=10^6)	4.91
電子構造	4 d^{10}5 s^{2}5 p^4
原子価	2, 4, 6
イオン化ポテンシャル(kJ mol^{-1})	869.2
イオン半径 (pm)	$^{2-}$211, $^{4+}$97, $^{6+}$56
密　度 (kg m^{-3})	6240
融　点 (°C)	449.5
沸　点 (°C)	989.8
線膨張係数 (10^{-6} K^{-1})	16.75
熱伝導率 (W m^{-1}K^{-1})	2.35
電気抵抗率 (10^{-8} Ωm)	—
地球埋蔵量 (t)	—
年間生産量 (t)	200

をつくるのが一般的である．テルルは毒性があるので取扱いに注意を要する．

[**主な化合物**] 酸化テルル(IV) TeO$_2$ は水に溶けにくいが強塩基に溶け，亜テルル酸塩を生じる．酸化テルル(VI) TeO$_3$ は水に溶けない．テルル酸は，一般にオルトテルル酸 H$_6$TeO$_6$ をいい，弱い二塩基酸である．テルル化水素 H$_2$Te はマグネシウムのテルル化物に希塩酸を作用させると生じる無色で臭いの強い気体(沸点 -4°C)で，毒性がきわめて強いので注意を要する．液体は淡黄色を呈する．

[**用　途**] セレンと比べて生産量は少なく，利用の範囲も狭い．大部分が特殊合金の製造に向けられ，少量の TeO$_2$ が特殊ガラスの製造の際に用いられる．

[**トピックス**] 興味深いテルルの同位体

テルル同位体には，核的に面白いものがある．一つは，^{125m}Te で，この核種は半減期58日で35.48 keV のガンマ線を出して ^{125}Te に内部転換する．この寿命の長さ，エネルギーの大きさなどから，適当な核種としてメスバウアー分光学に利用される．それよりもめずらしい現象は，^{130}Te について観測された二重ベータ崩壊である．^{130}Te は2個の電子を放出して一気に ^{130}Xe に崩壊することが，テルル鉱中のキセノンの質量分析によって認められ，半減期は約 10^{21} 年と解析されている．この二重ベータ崩壊は，理論的にはその可能性が考えられるが，実際に観測されたのは ^{130}Te についてのみで，その機構についても核物理学的に面白い議論が提起されている．また，二重ベータ崩壊という核物理学の理論的問題の解明に，テルル鉱中のキセノンの分析という地球化学的手法が用いられたことは興味深く，xenology (→キセノン)とも関係してくる．

(高木)

53 ヨウ素 I

iodine Jod iode иод, йод **碘** diǎn

[**起 源**] B. Courtois は 1811 年に，大量の海藻灰の抽出液を硫酸で処理して得られる暗赤色の結晶を精製し，ヨウ素を得た．F. N. Clément と J. L. Gay-Lussac によって詳細な研究が行われ，1813 年に紫色の蒸気にちなんで，ギリシャ語の ioeides (紫色) から iode と名づけられた．決して天然の存在量が大きいとはいえないこの元素が，ハロゲン元素研究の比較的初期に発見・研究されたのは，その顕著な化学的性質によるといえる．

また，Courtois が大量の海草灰を使ってヨウ素にたどりついたのは，実はチリ硝石 $NaNO_3$ からカリ硝石 KNO_3 を製造していたからだ．それはナポレオンの軍隊が火薬のために硝石を必要とし，それも吸湿性のチリ硝石でなく，カリ硝石が必要だったからだ．ここにも早くも軍事と科学の微妙な関係があった．

[**存 在**] 存在量は決して大きくないが，海水や海草からは容易に得られる．天然には遊離の形では存在せず，ヨウ化物，ヨウ素酸塩，有機ヨウ素化合物として存在する．たとえば，チリ硝石中にはヨウ素酸ソーダ $NaIO_3$ として含まれ，またヨウ化銀 AgI の天然の析出もみられる．海水中のヨウ素の存在量は約 $50\,\mu g/l$，海藻灰中のヨウ素含有量は約 0.5% である．哺乳動物の甲状腺にはヨウ素が不可欠であるが，それは甲状腺の分泌する成長ホルモンがヨウ素化合物，チロキシン (thyroxine，下の図) およ

$HO-$〔環(I,I)〕$-O-$〔環(I,I)〕$-CH_2CH(NH_2)CO_2H$

表 53.1 ヨウ素の同位体

同位体	半減期 存在度	主な壊変形式
I-119	19.1 m	β^+ 54%, EC 46%
120	1.35 h	EC 61%, β^+ 39%
120 m	53 m	β^+ 80%, EC 20%
121	2.12 h	EC 86.8%, β^+ 13.2%
122	3.63 m	β^+ 76%, EC 24%
123	13.2 h	EC
124	4.18 d	EC 77.1%, β^+ 22.9%
125	60.1 d	EC
126	13.02 d	EC 55%, β^+ 0.92%, β^- 44%
127	**100%**	
128	25.0 m	β^- 93.1%, EC 6.9%
129	1.57×10^7 y	β^-
130	12.36 h	β^-
130 m	9.0 m	IT 84%, β^- 16%
131	8.04 d	β^-
132	2.30 h	β^-
132 m	1.39 h	IT 86%, β^- 14%
133	20.8 h	β^-
133 m	9 s	IT
134	52.6 m	β^-
134 m	3.69 m	IT 97.7%, β^- 2.3%
135	6.57 h	β^-
136	1.39 m	β^-
136 m	46.9 s	β^-
137	24.5 s	β^-, β^-n 7.1%
138	6.5 s	β^-, β^-n 5.5%

データ・ノート

原子量	126.90447
存在度 地殻	0.14 ppm
宇宙 (Si=10⁶)	0.90
電子構造	4 d¹⁰ 5 s² 5 p⁵
原子価	1, 3, 5, 7
イオン化ポテンシャル(kJ mol⁻¹)	1008.4
イオン半径 (pm)	1⁻220
密 度 (kg m⁻³)	4930
融 点 (°C)	113.6
沸 点 (°C)	185.2
線膨張係数 (10⁻⁶K⁻¹)	—
熱伝導率 (W m⁻¹K⁻¹)	0.449
電気抵抗率 (10⁻⁸Ωm)	—
地球埋蔵量 (t)	2.6×10⁶
年間生産量 (t)	1.2×10⁴

び 3,3′,5-チロニンだからである.

このようにヨウ素は人体にとっても重要な元素である.

[同位体] 天然に存在する同位体は ^{127}I のみである. 多くの人工放射性同位体が知られ, ^{125}I, ^{129}I, ^{131}I などがとくに重要である. ^{125}I はラジオイムノアッセイなどに広く利用され, ^{126}I はトレーサーとして利用しやすい. ^{129}I は長寿命核種として「消滅放射性核種」の有力候補であるとともに使用済み核燃料の中に長期にわたって残存する. ^{131}I は核分裂の際に大量に生成する核種であり, 以前は医療用, トレーサー利用などに用いられたが, 現在では ^{125}I, ^{126}I などによって置き換えられつつある.

[製 法] ヨウ素の工業的製法として日本で最も一般的なのは, 地下水中に含まれる I^- を塩素で酸化してヨウ素を得, これを昇華法によって精製する方法である. 他の代表的な製法は, チリ硝石から得るもので, これは $NaIO_3$ を亜硫酸水素ナトリウムで処理(還元)して I_2 を得る方法である. 日本は前者の方法により世界の生産量の半分以上を占め, 第一のヨウ素生産国である. 実験室的には, ヨウ化カリウムと重クロム酸カリウムとを加熱蒸留するか, ヨウ化カリウム溶液を硫酸銅で酸化する.

$$4KI+2CuSO_4 \longrightarrow 2CuI+2K_2SO_4+I_2$$

[性 質] 単体 I_2 は, 常温で光沢のある暗紫色をした固体で, 蒸気圧が高いため, 加熱していくと融解(融点は 113.6°C)前に紫色の蒸気となって昇華してしまう. 水にはわずかしか溶けない(20°C で約 0.3g/l)が, 一般に有機溶媒によく溶けるので, 化学操作には便利である(25°C でベンゼンに 16.4g/100g, エタノールに 27.2g/100g, クロロホルムに 4.97g/100g). クロロホルムや二硫化炭素中では紫色を示すが, ベンゼンやエタノール中では茶褐色を呈し, 後者はヨウ素と溶媒分子との間に錯体が形成されていることに対応する.

ヨウ素は, 他のハロゲンと同様にきわめて反応性に富むが, 塩素や臭素より反応性に劣る. 水素とは高温で反応し, ヨウ化水素 HI を与える. 酸素, 硫黄, ホウ素とは反応しないが, オゾンとは反応して酸化物をつくる. 多くの金属とは比較的容易に反応してヨウ化物を与える. I_2 は多くの還元剤によって還元されてヨウ化水素ないしヨウ化物となる. また種々の酸化剤により酸化されて +1 価から +7 価までのさまざまな酸化状態をとることが特徴的である. また, 他のハロゲン元素と反応して種々のハロゲン間化合物を種々つくる. ヨウ素はよく知られるように, デンプンと容易に反応して青紫色を呈し, この反応はヨウ素の検出にも用いることができる. これは, デンプン分子の鎖をつくるラセン構造の中に生じる

空洞にヨウ素分子が取り込まれたために呈する色である.

[主な化合物] ヨウ化水素 HI は無色発煙性の気体で,水によく溶ける(融点 -50.8℃,沸点 -35.4℃).その水溶液,ヨウ化水素酸は強酸である.

酸化ヨウ素 I_2O_5 は白色粉末で酸化剤として用いられる.水によく溶け,ヨウ素酸 HIO_3 となる.また,70℃ で CO を定量的に CO_2 に酸化するため,CO の定量に用いることができる.HIO_3 は無色,ガラス光沢のある結晶で,水によく溶けて強い酸となる.酸化力があり,加熱すると脱水して I_2O_5 となる.ヨウ素酸カリウム KIO_3 などのヨウ素酸塩も知られている.

オルト過ヨウ素酸 H_5IO_6 は無色の結晶で,潮解性を示す.メタ過ヨウ素酸 HIO_4 は H_5IO_6 を減圧下で加熱して得られる.ともに強い酸化剤である.過ヨウ素酸カリウム KIO_4 は無色の結晶で,強い酸化剤として分析化学で用いられる.

ジョードメタン(ヨウ化メチレン)CH_2I_2 は黄色の液体(融点 6℃,沸点 181℃)であるが,比重が 20℃ で 3.3254 と大きな液体(液体としては水銀に次ぐ)としてよく知られる.鉱物の浮遊分析などには不欠可の液体である.

[用途] ヨウ素とその化合物は,試薬および医薬品として,広く用いられる.分析用の試薬としては,酸化還元滴定法,不飽和脂肪酸の飽和度を調べるヨウ素価測定法などに用いる.医薬品,防腐剤としての利用も目立ち,ヨードチンキ(1000 ml 中にヨウ素 60g,ヨウ化カリウム 40g を含む 70%エタノール溶液)は医療用消毒剤として用いられる.ヨウ化銀は高感度写真乳剤に含まれ,ヨウ化ナトリウム NaI の単結晶がガンマ線測定用のシンチレーターとして用いられる.

[トピックス] 放射性ヨウ素の問題

1986 年 4 月末に発生した旧ソ連ウクライナ共和国のチェルノブイリ原発事故は,放射性ヨウ素を一躍有名にした.これは ^{131}I(半減期 8.04 日)で,推定 2000～4000 万キュリー($8×10^{17}～1.5×10^{18}$ ベクレル)の ^{131}I が破壊された炉心から放出され,風に乗って広くヨーロッパ一帯に,さらにはジェット気流に乗って世界中に到達し,強い汚染をもたらした.放射性ヨウ素の甲状腺への取り込みを防ぐためのヨウ素剤を求めて,ポーランドの一部地域ではパニックが生じたと伝えられる.

人間の取り込むヨウ素の約 30% は甲状腺に集まり,これは放射性ヨウ素にもあてはまるから,放射性ヨウ素は人間および他の哺乳類にとって大きな脅威である.甲状腺に入ったヨウ素は,甲状腺腫瘍や甲状腺機能低下の原因となる被曝を与える.ヨウ素剤は,通常のヨウ化カリウムの錠剤ないし水溶液で,放射性ヨウ素の飛来前に服用して,あらかじめ甲状腺を非放射性ヨウ素で飽和することで甲状腺を防護するという原理に基づく.ただしその有効性,副作用については議論のあるところである.

^{129}I(半減期 1570 万年)は,生成量が少ないため,原発事故の際は一般にあまり問題にされないが,原発の放射性廃棄物の中では,その長い半減期からして軽視しえない.とくに再処理工場(→プルトニウム)では,ヨウ素の化学の複雑さと相まって,その放出の制御が大きな問題となる.ちなみに,100 万 kW 級原発が一年間稼働した場合,その炉心には ^{131}I が約 8400 万キュリー($3.1×10^{18}$ ベクレル),^{129}I が約 1.2 キュリ

—(4.4×10^{10} ベクレル) 蓄積する．現行の国内法規に定められている ^{131}I の年摂取限度（職業人の吸入摂取の場合）は 1.7×10^{6} ベクレル，^{129}I に対するそれは，3.1×10^{5} ベクレルである．　　　　　　　　　　（高木）

[**コラム**] 消滅放射性核種

いま地球上に存在する天然放射性核種以外に過去に放射性核種が存在していたことを実証できる実験事実は多くない．隕石のような太陽系の形成時（約46億年前）にさかのぼる試料の研究を必要とする．消滅放射性核種（extinct radionuclide）とは，半減期が 10^{7} から 10^{8} 年の放射性核種で，惑星や隕石の形成過程まで存在し，現在得られる試料中に壊変生成物が見出され，存在が確認できる核種をいう．この発想が成り立つには，元素合成の終了する時期と隕石固化時の間隔を約1億年とする前提が必要である．消滅放射性核種の候補となる核種を表53.2にあげるが，放射壊変による生成核種を含む元素の存在量が小さい親核種が有望であり，キセノンの生成に至る ^{129}I，^{244}Pu の探索が中心になる．現在までの研究結果によると，石質隕石の中に ^{129}I の壊変生成物（^{129}Xe）あるいは ^{244}Pu の自発核分裂によって生成したキセノン同位体（^{131}Xe，^{136}Xe など）の過剰が発見されたことから，

表 53.2　消滅放射性核種となり得る核種

核種	半減期(年)	壊変	生成核種
^{92}Nb	3.5×10^{7}	EC	^{92}Zr
^{129}I	1.57×10^{7}	β^{-}	^{129}Xe
^{146}Sm	1.03×10^{8}	α	^{142}Nd
^{205}Pb	1.52×10^{7}	EC	^{205}Tl
^{236}U	2.34×10^{7}	α	^{232}Th
^{244}Pu	8.08×10^{7}	α	^{240}U,
		SF	^{134}Xe, ^{136}Xe
^{247}Cm	1.56×10^{7}	α	$^{243}Pu(^{235}U)$

^{129}I および ^{244}Pu がかつて太陽系内に存在していたことはほぼ確実と考えられるようになった．

$$^{129}I \xrightarrow[1.57\times10^{7}y]{\beta^{-}} {}^{129}Xe,$$

$$^{244}Pu \xrightarrow[8.08\times10^{7}y]{SF} {}^{131}Xe, {}^{134}Xe, {}^{136}Xe \text{ など}$$

地球上のキセノン中の ^{129}Xe の存在度（26.4%）は ^{128}Xe（1.91%），^{130}Xe（4.1%）の存在度の和より大きい．^{129}Xe のような偶奇核の存在度が両隣の偶々核の存在度の和より大きな例は他になく，地球大気中の ^{129}Xe についても消滅核種の可能性が高い．しかしその起源については理解しにくい点が多く，今後の解明が期待されている．

　　　　　　　　　　　　　　　　（古川）

54 キセノン Xe

xenon Xenon xénon ксенон 氙 xiǎn

[起 源] W. Ramsay と M. W. Travers は, その一連の希ガス研究の最後に, 空気中から大量のクリプトンを分別蒸留することによって, もう一つの揮発しにくい不活性気体の存在に到達した(1898 年). この第 5 番目の希ガスは, ギリシャ語の xenos(見慣れない) にちなんで名づけられた.

[存 在] 空気中に体積で 8×10^{-6} % 存在し, 地上の存在量の小さい希ガス元素の一つである.

[同位体] 天然に存在する安定同位体は ^{124}Xe, ^{126}Xe, ^{128}Xe, ^{129}Xe, ^{130}Xe, ^{131}Xe, ^{132}Xe, ^{134}Xe, ^{136}Xe の九つあり, スズに次いで数が多い. 主な放射性同位体は, ^{123}Xe, ^{125}Xe, ^{127}Xe, ^{133}Xe, ^{135}Xe などであり, ^{133}Xe は代表的な核分裂生成物である. ^{135}Xe は短寿命ではあるが, ^{135}I (6.57 時間)の娘核種で, その中性子吸収断面積が極端に大きい(2.6×10^6 バーン) ことで知られている.

[製 法] 液体空気の分留による酸素の工業的製造の際に, 副産物として得られる粗アルゴンをさらに分留すれば得られる.

[性 質] 無色無臭の気体で, 外殻の電子軌道が満たされているため化学的に活性が低いと考えられるが, イオン化電圧が比較的低いため, フッ素などの陰性の大きな元素とは化合物をつくることが期待される.

[主な化合物] 実際に, キセノンの化合物を実現させ, 「希ガスは不活性」の"常識"を最初に打ち破ったのは, カナダの N. Bartlett であった. 彼は PtF_6 と Xe の反応により, $XePtF_6$(ヘキサフルオロ白金酸キセノン) を合成することに成功した (1962 年). これが最初の希ガス化合物で, その後

表 54.1 キセノンの同位体

同位体	半減期 存在度	主な壊変形式
Xe-120	40 m	EC 97.3%, β^+ 2.9%
121	39.0 m	EC 92%, β^+ 8%
122	20.1 h	EC
123	2.08 h	EC 77.5%, β^+ 22.5%
124	0.10%	
125	16.9 h	EC
125 m	57 s	EC
126	0.09%	
127	36.4 d	EC
127 m	1.15 m	IT
128	1.91%	
129	26.4%	
129 m	8.89 d	IT
130	4.1%	
131	21.2%	
131 m	11.9 d	IT
132	26.9%	
133	5.24 d	β^-
133 m	2.19 d	IT
134	10.4%	
134 m	0.29 s	IT
135	9.14 h	β^-
135 m	15.29 m	IT 99.97%, β^- 0.03%
136	8.9%	
137	3.82 m	β^-
138	14.1 m	β^-
139	39.7 s	β^-
140	13.6 s	β^-

データ・ノート

原子量	131.29
存在度　地殻	2×10^{-6}ppm
宇宙 (Si=10^6)	4.35
電子構造	4 $d^{10}5\,s^25\,p^6$
原子価	2, 4, 6, 8
イオン化ポテンシャル(kJ mol^{-1})	1170.4
イオン半径 (pm)	1^+190
密　度 (kg m^{-3})	
3540 (固体), 2939 (液体), 5.8971 (気体, 0°C)	
融　点 (°C)	−111.8
沸　点 (°C)	−108.1
線膨張係数 (10^{-6}K^{-1})	—
熱伝導率 (W m^{-1}K^{-1})	0.00569
電気抵抗率 (10^{-8}Ωm)	
地球埋蔵量 (t)(大気中)	2×10^9
年間生産量 (t)	~1

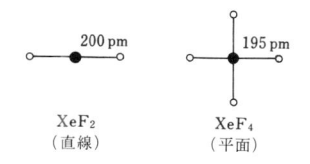

図 54.1　XeF_2, XeF_4 の構造

に，クリプトンの化合物も合成された．現在までに，多くのキセノン化合物が得られ，キセノンの酸化数も +2 (XeF_2), +4 (XeF_4, $XeOF_2$), +6(XeF_6, $CsXeF_7$, $XeOF_4$, XeO_3), +8 (XeO_4, Ba_2XeO_6) と多様である．

化合物の多くは，無色ないし黄色の固体であるが，$XeOF_4$ は気体，XeO_4 は液体，XeO_3 の固体は無色で爆発性である．

Xe と F_2 を一定の高温・加圧下でニッケル容器中で反応させることにより XeF_2, XeF_4, XeF_6 が得られる．XeF_4 は水によって分解し，1/3 は爆発性の XeO_3 となるので，Xe-F_2 系の化学には湿気が禁物である．また XeF_6 は，反応性に富みガラスや石英容器を腐食するので要注意である．この場合にも XeO_3 が生成する ($2XeF_6+3SiO_2\longrightarrow 2XeO_3+3SiF_4$).

また，キセノンは Ar, Kr と同様に包接化合物を形成する (→アルゴン)．

[**用　途**] キセノンランプで知られるように，放電管の充塡ガスに用いられる．

[**トピックス**] 隕石中のキセノン同位体

隕石中に見出される希ガス類は，量的には決して多くない．しかし，質量分析の手法による精密分析技術が発達したことに大きく支えられて，隕石中の希ガス存在度は，隕石ひいては太陽系の起源や歴史についての貴重で豊富な情報をもたらすものとして，盛んな研究の対象となってきた．なかでもキセノンは，九つの安定同位体をもち，初生のキセノン，宇宙線による核反応起源，消滅核種 ^{244}Pu の核分裂に由来するものなどの起源の違いによって同位体の組成が異なるため，宇宙の謎解きのよい手がかりとなり，その研究は xenology (キセノン学) と呼ばれるほどである．宇宙の歴史の観点から最も興味深い核種は ^{129}Xe である．アメリカの J. H. Reynolds は 1960 年にある隕石中の ^{129}Xe の存在比が通常の組成に比べて異常に大きいことを見出し，半減期 1.57×10^7 年の ^{129}I の β^- 崩壊によって生成したものと考えた．隕石の生成時には ^{129}I としてとらえられたものが，現在 ^{129}Xe として残っていると考えられるわけで，その定量から隕石ひいては太陽系生成の時間スケールについての，貴重な情報が得られる (→ヨウ素)．

(高木)

55 セシウム Cs

caesium　Cäsium　césium　цезий　铯 sè
cesium（米）

[**起　源**]　セシウムは1860年, R. W. Bunsen と G. R. Kirchhoff によって発見された．ルビジウムとともに分光器を用いて見出された最初の元素といわれる．すなわち，彼らは1859年に発光分光分析法と呼ばれる元素のスペクトル分析法を創始したが，1860年ドイツの Dürkheim 鉱泉の水 40000 l を処理し，大部分のリチウムを除いた部分を分光分析した．その結果，4555 Å（455.5nm）および4593 Å に，ともに空色の輝線を与える新元素を発見し，ラテン語の caesius（英語の sky blue を意味する）にちなんでセシウムと命名した．

[**存　在**]　セシウムは地殻の岩石中に3 ppm 程度存在する．主として水和アルミノケイ酸塩（ポルサイト pollucite）$Cs_4Al_4Si_9O_{26}\cdot H_2O$ や，リシア雲母（lepidolite）などとして産する．しかし，世界における商業ベースの資源はカナダ・マニトバ州の Bernic Lake のみである．ポルサイトにして30万トンの埋蔵量と推定される．

[**同位体**]　天然に存在する同位体は ^{133}Cs のみであり，原子量は正確に決定されている．放射性同位体としては ^{131}Cs, ^{132}Cs, ^{134}Cs, ^{136}Cs, ^{137}Cs が重要である．^{134}Cs はセシウムの原子炉中性子照射で生成し，使用済み核燃料の中にも含まれ，^{137}Cs は代表的な核分裂生成物である（トピックス参照）．

[**製　法**]　金属を単離するには多くの方法があるが，融解したシアン化物の電気分解や塩化物を融解し減圧下，750°C で金属カルシウムで還元するなどの方法が知られている．また，アジ化セシウムの熱分解によって純粋なセシウムが得られるという．クロム酸セシウムをジルコニウム，またはケイ素，アルミニウムなどで還元する方法もある．

[**性　質**]　単体は黄金色を呈し，他のアルカリ金属の銀白色と異なっている（銀白色

表 55.1 セシウムの同位体

同位体	半減期 存在比	主な壊変形式
Cs-125	45 m	EC 60%, β^+ 40%
126	1.64 m	β^+ 81%, EC 19%
127	6.25 h	EC 96.4%, β^+ 3.6%
128	3.62 m	β^+ 68.5%, EC 31.5%
129	1.34 d	EC
130	29.2 m	EC 55.7%, β^+ 42.7%, β^- 1.6%
131	9.69 d	EC, no γ
132	6.48 d	EC 97.7%, β^+ 0.3%, β^- 2.0%
133	**100%**	
134	2.062 y	β^- 99.99%, EC 0.0003%
134 m	2.91 h	IT
135	2.3×10^6 y	β^-, no γ
135 m	53 m	IT
136	13.16 d	β^-
137	30.1 y	β^-
138	32.2 m	β^-
138 m	2.91 m	IT 81%, β^- 19%
139	9.27 m	β^-
140	1.06 m	β^-

データ・ノート

原子量	132.90543
存在度　地殻	3 ppm
宇宙（Si=10^6）	0.372
電子構造	6s
原子価	1
イオン化ポテンシャル(kJ mol^{-1})	375.7
イオン半径 (pm)	$^{+1}$165
密　度 (kg m^{-3})	1873
融　点 (°C)	28.4
沸　点 (°C)	678
線膨張係数 (10^{-6} K^{-1})	97
熱伝導率 (W m^{-1} k^{-1})	35.9
電気抵抗率 (10^{-8} Ωm)	20.0
地球埋蔵量 (t)	—
年間生産量 (t)	~20

と記載したものも多い）．融点（28.4°C）が低く，ガリウム，水銀とともに常温付近で液体の金属である．

最も金属性の大きい元素であり，単体は反応性（還元性）が強烈である．単体を取り扱う場合は不活性ガスなどの雰囲気で行う必要がある．水との反応を例にとると，冷水とは爆発的に反応し，−116°C以上で氷とも反応する．アルカリ金属が液体アンモニアによく溶けて特異な物性を示すことはよく知られているが，セシウムは液体アンモニアにとくによく溶ける（1 mol のセシウム（132.9 g）が 2.34 mol（39.8 g）のアンモニアに溶ける）．またテトラヒドロフラン，エチレングリコール，ジメチルエーテルやその他のポリエーテル溶液が知られている．

[**主な化合物**]　セシウムは多様な酸化物を生じることで知られ，組成式で Cs_7O から CsO_3 までの9種類の化合物がつくられた．空気中で金属セシウムを燃焼させたときの主な生成物は超酸化物 CsO_2 である．亜酸化物には Cs_7O（青銅色），Cs_4O（赤紫色），$Cs_{11}O_3$（紫色）や非化学量論的な化合物 $Cs_{3+x}O$ などがある．

アルカリ金属元素として正常な +1 価のイオン価に対応する Cs_2O は，層状構造をもった橙黄色の酸化物である．亜硝酸塩を金属セシウムまたはアジ化セシウム CsN_3 と反応させるなどしてつくる．

過酸化セシウム Cs_2O_2 は過酸化物イオン O_2^{2-} をもつもので，二塩基酸としての H_2O_2 の塩と見なすことができる．金属を液体アンモニア溶液中で酸化して得られる．

超酸化物は常磁性の O_2^- イオンをもつ．CsO_2 は橙黄色である．熱分解すると三酸化二セシウム M_2O_3 の常磁性粉末を生じる．また，無水の水酸化物 $CsOH$ のオゾン化によってオゾン化物 CsO_3 ができる．

水酸化セシウム $CsOH$ は，最も強い塩基でありガラスを侵す．

塩化セシウム $CsCl$，臭化セシウム $CsBr$，ヨウ化セシウム CsI の結晶構造は，塩化セシウム型と呼ばれ，岩塩型構造の他のすべてのハロゲン化アルカリと異なっている．なおこの二つの結晶構造は，いずれも立方晶系に属し，イオン結晶において最もふつうのものである．塩化セシウムの格子および単位格子を図55.1に示す．格子定数 $a=412.3$ pm（25°C），高温では岩塩型構造となる（転移温度 445°C）．

[**用　途**]　セシウムの工業的利用はそれほど多くはない．金属は酸素と非常に結合しやすいため電子管内で残留酸素のゲッターとして用いられる．また古くから光電管の光陰極として広く用いられている．また，ある種の有機化合物の水素化反応の触媒として使われる．

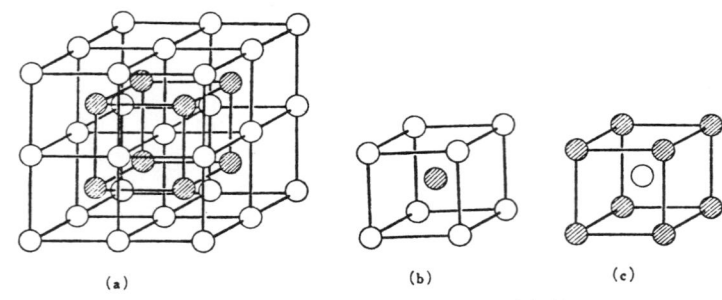

図 55.1 塩化セシウムの格子(a)と単位格子(b), (c)

原子時計（原子周波数標準）にセシウムが用いられていることはよく知られている．300年間に5秒という正確度をもつ．

宇宙空間における宇宙船の推進剤としての金属セシウムが検討されている．これまでに知られているどの液体または固体燃料よりもはるかに強力な推進力をもつといわれている．

[**トピックス**] セシウム-137

天然に存在するセシウム同位体が ^{133}Cs ただ一つであることはすでに述べたが，数多い人工放射性同位体の中で，最も悪名高いものが ^{137}Cs であり，ウランなどの原子核分裂で，高い収率で生成する半減期30.1年の長寿命の核種である．^{137}Cs とともに放射能汚染で厄介者とされる ^{90}Sr も 29.1年の半減期をもつ．^{235}U のような重い原子核が分裂する場合，ひき金となる粒子のエネルギーにもよるが，ちょうど半分に割れるよりは，やや重い核とやや軽い核に分かれる．そして質量数 90～100 辺りと質量数 130～140 辺りの放射性核種が高い収率で生じる．^{137}Cs や ^{90}Sr はそれぞれこの二つのピークに含まれており，半減期も比較的長いので，最も警戒されるのである．寿命が長いために，最近では ^{60}Co に代る γ 線源としての用途もある． (冨田)

[**コラム**] 核分裂と放射能の生成

錬金術の昔から物質の変換に関する興味は絶えなかったが，現在では，核反応以外

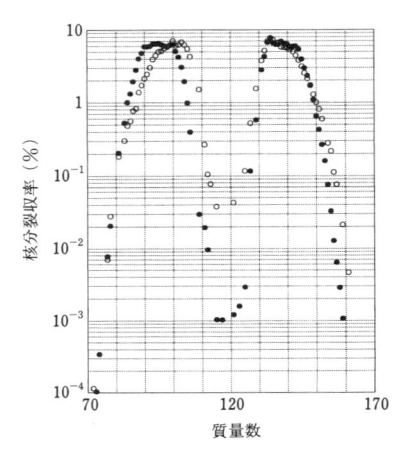

図 55.2 低エネルギー中性子による核分裂の質量分布

(●印は ^{235}U の熱中性子照射，○印は ^{239}Pu の熱中性子照射．E. A. C. Crouch, *At. Data Nucl. Data Tables*, **19**, 417 (1977) 中の数値による)

表 55.2 電気出力 1 GW。の軽水炉中に存在する放射性核種 (2 年間運転の場合)

核種	半減期	放射能量* (Bq)	年摂取限度** (経口)(Bq)
³H	12.33 y	5×10^{14}	2.9×10^9
⁸⁵Kr	10.76 y	2.8×10^{16}	—
⁸⁹Sr	50.5 d	2.7×10^{18}	2.3×10^7
⁹⁰Sr	29.1 y	2.0×10^{17}	1.3×10^6
⁹⁹Mo	2.75 d	4.4×10^{18}	6.0×10^7
¹³¹I	8.04 d	3.1×10^{18}	3.5×10^6
¹³³I	20.8 h	2.4×10^{18}	1.8×10^7
¹³³Xe	5.24 d	6.0×10^{18}	—
¹³⁴Cs	2.062 y	(7×10^{16})	2.5×10^6
¹³⁷Cs	30.1 y	2.7×10^{17}	3.6×10^6
¹⁴⁰Ba	12.75 d	5.1×10^{18}	2.1×10^7
¹⁴⁰La	1.678 d	5.4×10^{18}	2.4×10^7
¹⁴⁴Ce	284.9 d	3.9×10^{18}	9.4×10^6
²³⁹Pu	2.41×10^4 y	1.2×10^{15}	5.1×10^4

* 主としてアイゼンバッド "Environmental Radioactivity" 3rd Ed., Academic Press (1987)による.
** 「放射線を放出する同位元素の数量等を定める件」による.

に元素の変換に至る道がないことがわかっている.実際に大規模な変換を行うには核分裂が有効で,原子炉運転の際には,大量の新しい物質が生み出され,核分裂の直後にはすべての生成物が放射性である.

核分裂においては,標的核と入射粒子が反応して,ふつうは二つの原子核に分かれる(二体分裂).二体分裂には二つの型が知られている.分裂する原子核の質量のほぼ半分に相当する二つの原子核ができる場合を対称分裂といい,質量の分割が対称でない場合を非対称分裂と呼ぶ.

²³⁵U, ²³⁹Pu の核分裂はおそい中性子による照射によって起こり,典型的な非対称分裂である.原子炉燃料(核燃料)にはこの二つの核種を含む物質が用いられる.核分裂生成物の質量数と核分裂収率の関係を質量分布というが,上の二例に対する測定結果を図 55.2 に示す.標的核の違いによって分布が変化し,ときにはその差が重要になる.たとえば,代表的な長寿命核種 ⁹⁰Sr (29.1 y) の収率は ²³⁵U および ²³⁹Pu を照射した場合で異なり,¹³⁷Cs (30.1 y) では差がない.⁹⁰Sr/¹³⁷Cs の放射能比から核分裂した核種を推定することも可能である.

100 万 kW の電気出力をもつ原子炉(発電効率 33%)が 1 年間運転した際に,炉内に蓄積する ¹³⁷Cs の壊変率は次のように計算できる.

1 年間の発生エネルギーは $(365 \times 86400) \times (3 \times 10^9) = 9.45 \times 10^{16}$ J.核分裂 1 回当りのエネルギーは 200 MeV $= 3.2 \times 10^{-11}$ J であるから,1 年間の核分裂回数は 2.95×10^{27} となる.¹³⁷Cs の原子数は,放射性壊変による減衰を無視し,核分裂収率を 6.0% とすると,$(2.95 \times 10^{27}) \times 0.06 = 1.77 \times 10^{26}$,壊変率は 1.30×10^{17} Bq となり,表 55.2 に示す 2 年間運転した際の放射能の生成量とよく対応している.

発電用原子炉の中で生成する放射性核種の種類は多く,その量は非常に大きい.核分裂生成物の他に,²³⁸U の中性子捕獲によって生成する原子番号が 94 を超える超プルトニウム元素が加わり,他にも中性子の吸収断面積が大きい核種については捕獲生成物を考慮する必要がある.原子炉の運転状況によって多少の差はあるが,軽水炉を 2 年間運転した際の主要な放射性核種の生成量を表 55.2 に示す.「科学技術庁告示」に定められている「年摂取限度(職業人に対する)」と比べると,炉内の放射能の 1% が外部に放出されても甚大な影響が現れることは容易に想定できる.

(古川)

56 バリウム Ba

barium　Barium　baryum　барий　钡 bèi

[起源] この元素を含む密度の大きい鉱物は17世紀から知られていた。1774年から1779年にかけて，C. W. Scheele と J. G. Gahn が独立に研究し，この重い鉱物が硫酸塩であること，酸化物(バリタ，Baryta)が生石灰とは異なるものであることなどが明らかになった。そして1808年に H. Davy がバリタから単体をつくり出した。barys とはギリシャ語の「重い」を意味する。実際，金属の密度は 3594 kg m^{-3} であって，同族元素としては重い。

[存在] 天然に単体は存在せず，ジュウショウ石(重晶石，barite) $BaSO_4$，ドクジュウ石(毒重石，witherite) $BaCO_3$ などとして産する。地殻における存在度は500 ppm で，ストロンチウムよりやや多い。ジュウショウ石は，世界各地で採鉱されるが，その40%以上はアメリカ産である。

[同位体] 安定同位体は，^{130}Ba, ^{132}Ba, ^{134}Ba, ^{135}Ba, ^{136}Ba, ^{137}Ba, ^{138}Ba の七つである。このうち，中性子数82の ^{138}Ba の同位体存在度が最も大きい。これは中性子に対するマジックナンバーの影響と考えられる。放射性同位体は，^{131}Ba, ^{133}Ba, ^{137m}Ba, ^{139}Ba, ^{140}Ba がとくに重要である。^{137m}Ba は ^{137}Cs (30.17年) の娘核種であり，^{140}Ba は代表的な核分裂生成物で，^{140}La (1.678日)の親核種である。また O. Hahn と F. Strassmann による「核分裂」の発見は，ウランを中性子照射したときのバリウムの放射同位体の生成の確認によるものであった。

[製法] 金属バリウムの製法はストロンチウムと同様で，酸化物を高温真空中でアルミニウムで還元するか，塩化物を融解電解して単体を得る。

[性質] アルカリ土類金属元素の一つで，軟らかい金属である。純粋であれば銀白色で鉛に似る。体心立方格子(a=502.5

表 56.1　バリウムの同位体

同位体	半減期 存在比	主な壊変形式
Ba-126	1.67 h	EC 98.3%, β^+ 1.7%
127	12.7 m	β^+ 54%, EC 46%
128	2.43 d	EC
129	2.23 h	EC 80%, β^+ 20%
129 m	2.17 h	EC 98%, β^+ 2%
130	0.106%	
131	11.8 d	EC
131 m	14.6 m	IT
132	0.101%	
133	10.52 y	EC
133 m	1.621 d	IT 99.99%, EC 0.01%
134	2.417%	
135	6.592%	
135 m	1.196 d	IT
136	7.854%	
136 m	0.308 s	IT
137	11.23%	
137 m	2.55 m	IT
138	71.70%	
139	1.382 h	β^-
140	12.75 d	β^-
141	18.3 m	β^-
142	10.6 m	β^-

データ・ノート

原子量	137.327
存在度 地殻	500 ppm
宇宙 ($Si=10^6$)	4.36
電子構造	$6s^2$
原子価	2
イオン化ポテンシャル($kJ\ mol^{-1}$)	502.8
イオン半径 (pm)	$^{2+}$143
密 度 ($kg\ m^{-3}$)	3594
融 点 (°C)	725
沸 点 (°C)	1640
線膨張係数 ($10^{-6}K^{-1}$)	21
熱伝導率 ($W\ m^{-1}K^{-1}$)	18.4
電気抵抗率 ($10^{-8}\Omega m$)	34
地球埋蔵量 (t)	5×10^8
年間生産量 (t)	6×10^6

pm).

化学的にはカルシウムに似ているが,バリウムのほうが活発である.金属はたやすく酸化してしまうので,石油中に保存する.水やアルコールに会うとこれを分解する.窒素と反応して直接窒化バリウム Ba_3N_2 を生成する.酸化によって酸化バリウム BaO を生じるが,500°C で空気中で熱すると BaO_2 のような過酸化物もできる.水酸化物 $Ba(OH)_2$ は強塩基である.

水溶液中では無色の Ba^{2+} として存在する.炎色反応は緑黄色である.

[主な化合物] BaO は炭酸塩の加熱によって得られる.結晶構造は塩化ナトリウム型である.二酸化炭素や水とよく反応し,それぞれ炭酸バリウムと水酸化バリウムを生じる.酸化バリウムを空気中で赤熱すると過酸化バリウム BaO_2 ができる.水酸化バリウムは水によく溶け($38 g Ba(OH)_2/l$, 20°C),水酸化アルカリに匹敵する強塩基である.バリタ水と呼ばれ,化学分析によく用いられる.しかし固体の $Ba(OH)_2$ の結晶構造は複雑で,完全には解明されていない.

塩化バリウム $BaCl_2\cdot 2H_2O$ は工業的には塩化カルシウムと炭素と硫酸バリウム(重晶石)を熱してつくる.バリウムを含む化合物として最もよく用いられる.

炭酸バリウム $BaCO_3$ は特殊ガラスやセラミックスの原料となる.殺鼠剤にもなる.

硫酸バリウム $BaSO_4$ は重晶石として天然に産するが,精製するには石炭と焼いて BaS に還元し,これを水に溶かして不純物を除いたのち,硫酸ナトリウムを加えて沈殿させる.不溶性の白色固体で化学分析に用いられるほか,顔料,紙,ゴム製品,リノリウム,X線の造影剤などに用いられる.$BaSO_4$ と硫化亜鉛 ZnS の混合物は白色塗料リトポンとして用いられる.これは硫化物が存在しても黒くならない.

硝酸バリウム $Ba(NO_3)_2$ や塩素酸バリウム $Ba(ClO_3)_2$ は花火の製造に用いられる.

チタン酸バリウム $BaTiO_3$ は強誘電体として有名である.圧電効果も大きく,小型セラミックコンデンサー,超音波発振子,着火素子,圧力センサー,赤外線センサー,太陽電池など広い用途をもつ.

[用 途] ゲッターとしての用途のほか,プラグの差込み線用のバリウム-ニッケル合金としても用いられる.また,バビット金属の代りとなるフラリー金属(鉛,バリウム,カルシウムから成る合金)としての用途もある.

(冨田)

57 ランタン La

lanthanum　Lanthan　lanthane　лантан　镧 lán

ランタン ($_{57}$La) からルテチウム ($_{71}$Lu) に至る 15 元素（ランタノイドとも呼ばれる）とスカンジウム，イットリウムを含む 17 個の元素は通常「希土類元素」と呼ばれる．希土類元素はその存在，化学的性質，用途などにおいて共通した面を多く含んでいるので，ここで共通した性質などを述べ，各元素に固有の事柄についてはそれぞれの項に譲ることとする．

[**起　源**]　希土類元素の歴史は 1794 年に始まる．この年フィンランド人 J. Gadolin はスウェーデンのストックホルムに近い小村 Ytterby で発見された鉱物を化学分析し，新元素と思われる酸化物 38% を含むことを見出した．この酸化物は酸化カルシウムにも酸化アルミニウムにも似た化学的性質をもっていた．1797 年スウェーデン人 A. G. Ekeberg はこの酸化物の存在を確認してイットリアと名づけ，元の鉱物をガドリン石 (gadolinite) と命名した．1803 年ドイツの M. H. Klaproth とスウェーデン人 J. J. Berzelius はスウェーデン産の他の鉱物（後にセル石 (cerite) と呼ばれる）から新酸化物を得た．Berzelius は 2 年前に発見された小惑星 Ceres にちなんでこの酸化物をセリアと名づけた．

約 40 年後，Berzelius 門下の C. G. Mosander はイットリアとセリアを研究して，それぞれを三つの新元素の酸化物に分離した．1839 年にセリアから新元素ランタンの酸化物を，翌年にジジムの酸化物を分離するのに成功した．ランタンという名前はギリシャ語の lanthanein（かくれるの意）に由来している．またジジムはギリシャ語の didymos（双子の意）に語源をもち，セリアの中にランタンと一緒に含まれていたために名づけられた．1843 年に Mosander はアンモニアによる水酸化物分別沈殿と微酸性溶液からのシュウ酸による分別沈殿によってイットリアを三つの成分に分けることに成功し，その一つにはイットリウムの名を保留し，他の二つには産地 Ytterby の地名からテルビウムおよびエルビウムの名前を与えた．

表 57.1　ランタンの同位体

同位体	半減期 存在比	主な壊変形式
La-132	4.8 h	EC 59%, β^+ 41%
132 m	24.3 m	IT 76%, EC・β^+ 24%
133	3.91 h	EC 95.7%, β^+ 4.3%
134	6.45 m	β^+ 62.9%, EC 37.1%
135	19.5 h	EC
136	9.87 m	EC
137	6×10^4y	EC, no γ
138	1.05×10^{11}y	EC 66.4%, β^-33.6%
	0.0902%	
139	99.9098%	
140	1.678 d	β^-
141	3.92 h	β^-
142	1.52 h	β^-
143	14.2 m	β^-

データ・ノート

原子量	138.9055
存在度 地殻	32 ppm
宇宙 (Si=10^6)	0.448
電子構造	5d6s^2
原子価	3
イオン化ポテンシャル(kJ mol^{-1})	538.1
イオン半径 (pm)	$^{3+}$122
密度 (kg m^{-3})	6145
融点 (°C)	921
沸点 (°C)	3457
線膨張係数 (10^{-6} K^{-1})	4.9
熱伝導率 (W m^{-1} K^{-1})	13.5
電気抵抗率 (10^{-8} Ωm)	57
地球埋蔵量 (t)	~3×10^7
年間生産量 (t)	8×10^3

このように分離操作が精細になり,分光分析や吸収スペクトルの測定のような新しい分析法が導入されるにつれて,希土類元素の研究は徐々に進んだが,61番元素を除く他の元素がすべて発見されたのは今世紀になってからである.表57.2に希土類元素発見の歴史を示したが,ここにも化学者の一世紀を越える苦闘の跡がうかがえる.61番元素,プロメチウムは人工放射性元素で,1947年に製造された.

[**存在**] 希土類元素 (rare earth elements) という名前から存在量の少ない元素のような印象を与えるが,必ずしもそうではない.ランタンは花崗岩中に43 ppm,玄武岩中に21 ppm含まれ,最も多いセリウム (Ce) は花崗岩中に83 ppm,玄武岩中に59 ppm含まれていて,コバルト,スズより量が多い.最も少ないツリウムでも火成岩中に0.5 ppm含まれていて水銀と同程度の含有量をもつ.希土類元素を主成分とする鉱物としてはモナズ石 (monazite,

表 57.2 希土類元素発見の歴史

元素名	原子番号	元素記号	発見者
ランタン	57	La	C. G. Mosander (1839)
セリウム	58	Ce	M. H. Klaproth J. J. Berzelius (1803)
プラセオジム	59	Pr	C. A. von Welsbach (1885)
ネオジム	60	Nd	C. A. von Welsbach (1885)
プロメチウム	61	Pm	J. A. Marinsky, L. A. Glendenin, C. D. Coryell (1947)
サマリウム	62	Sm	L. de Boisbaudran (1879)
ユウロピウム	63	Eu	E. A. Demarçay (1896)
ガドリニウム	64	Gd	J. C. G. de Marignac (1880)
テルビウム	65	Tb	C. G. Mosander (1843)
ジスプロシウム	66	Dy	L. de Baisbaudran (1886)
ホルミウム	67	Ho	P. T. Cleve (1879)
エルビウム	68	Er	C. G. Mosander (1843)
ツリウム	69	Tm	P. T. Cleve (1879)
イッテルビウム	70	Yb	J. C. G. de Marignac (1878)
ルテチウム	71	Lu	G. Urbain, C. James, C. A. von Welsbach (1907)
スカンジウム	21	Sc	L. F. Nilson (1879)
イットリウム	39	Y	J. Gadolin (1794)

LnPO$_4$, Lnは希土類元素を示す),バストネサイト (bastnaesite, LnCO$_3$F),ゼノタイム (xenotime, YPO$_4$) などが知られている.前の二つは資源として重要であり,ゼノタイムはイットリウムを主成分とする鉱物である.その化学組成の一例を表57.3に示す.モナズ石は花崗岩,片麻岩,片岩などの中の副成分鉱物として産出するが,母岩の風化によって運搬・濃集・堆積した漂

表 57.3 主要な希土類元素鉱物の化学組成

	モナズ石	バストネサイト	ゼノタイム
La_2O_3	21	32	
CeO_2	42	49.5	
Pr_6O_{11}	5	4.2	10.6%
Nd_2O_3	16	13	
小計	84%	98.7%	10.6%
Sm_2O_3	2.1	0.8	1.2
Eu_2O_3	0.06	0.11	0.01
Gd_2O_3	1.5	0.15	3.6
Tb_4O_7	0.14		1
Dy_2O_3	0.47		7.5
Ho_2O_3	0.08	0.12	2
Er_2O_3	0.12		6.2
Tm_2O_3	0.012		1.27
Yb_2O_3	0.055	0.01	6
Lu_2O_3	0.005		0.63
Y_2O_3	1.8	0.1	60
小計	6.3%	1.3%	89.4%
ThO_2	~10%	~0.5	

砂鉱床が資源として重要である.マレーシア,南インド,南アフリカ,ブラジル,オーストラリアが主な産地で,1960 年代までは自由世界の希土類元素とトリウムの産出量の大部分を占めていた.しかし 1949 年に発見されたアメリカ,シエラ・ネバダのバストネサイトの鉱床はその規模が大きいことがわかり,いまでは世界中で最も重要な鉱床となっている.

モナズ石とバストネサイトの化学組成は似ているが,前者は重希土とトリウムの含有量が大きい.トリウムの資源としてみればモナズ石の価値は大きいが,核燃料の原料としての用途の前途が明るくない現在ではむしろ放射能の存在が邪魔になっている.モナズ石の処理の際に共存する ^{228}Ra (半減期 5.75 年)などの壊変生成物の処理にも配慮しなければならない.バストネサイトの場合はそのような心配は少ない.

[**同位体**] 安定同位体は ^{139}La のみであるが,存在比の小さい天然放射性核種 ^{138}La が存在する.人工放射性同位体としては ^{136}La, ^{137}La, ^{140}La, ^{141}La, ^{142}La など多くが知られている.原子炉中性子の照射では

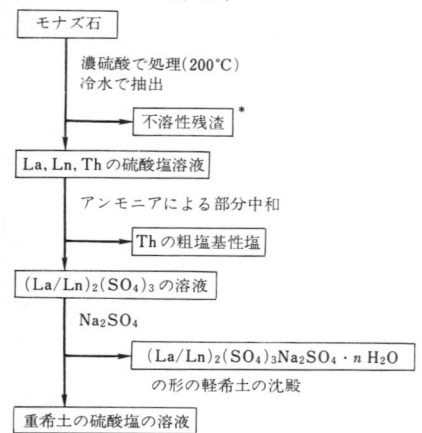

(その1)

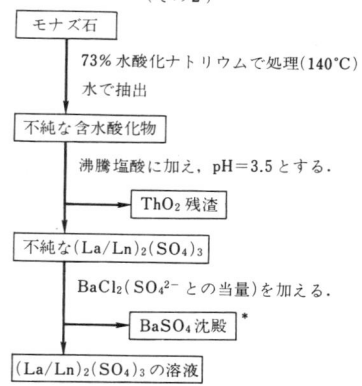

```
モナズ石
  │
  │ 濃硫酸で処理(200℃)
  │ 冷水で抽出
  ├──────→ 不溶性残渣 *
  ↓
La, Ln, Th の硫酸塩溶液
  │
  │ アンモニアによる部分中和
  ├──────→ Th の粗塩基性塩
  ↓
(La/Ln)₂(SO₄)₃ の溶液
  │
  │ Na₂SO₄
  ├──────→ (La/Ln)₂(SO₄)₃Na₂SO₄·nH₂O
  ↓           の形の軽希土の沈殿
重希土の硫酸塩の溶液
```

* ^{228}Ra を含むので処理に注意が必要

(その2)

```
モナズ石
  │
  │ 73% 水酸化ナトリウムで処理(140℃)
  │ 水で抽出
  ↓
不純な含水酸化物
  │
  │ 沸騰塩酸に加え,pH=3.5 とする.
  ├──────→ ThO₂ 残渣
  ↓
不純な (La/Ln)₂(SO₄)₃
  │
  │ BaCl₂(SO₄²⁻ との当量)を加える.
  ├──────→ BaSO₄ 沈殿 *
  ↓
(La/Ln)₂(SO₄)₃ の溶液
```

図 57.1

^{140}La が生じるが,これは主要な核分裂生成物の一つである ^{140}Ba (12.75 日) の娘核種である.

[製　法] 希土類元素の相互分離は決してやさしくないが,現在では以前よりも技術が進歩している. 鉱物の前処理は場合によって異なるが,通常は選鉱法によって 90% 以上の純度の成分を得る. モナズ石については図 57.1 に示す 2 通りの方法で希土類元素を取り出す. トリウムの水酸化物が加水分解しやすいことを利用して分離し,ときには希土類元素とナトリウムを含む硫酸塩の溶解度の差を利用して軽希土と重希土を分離する.

このようにして得られた希土類元素の混合物の中で最も量が多く,分離しやすいのはセリウムである. Ce^{4+} のイオンは加水分解しやすいので,$KMnO_4$ などの酸化剤を作用させた後に塩基性塩か水酸化セリウム (IV) $Ce(OH)_4$ をつくって分離できる. この後に従来では古典的な分別沈殿法を用いて各元素を分離していた. ランタンは量も多いので,$La(NO_3)_3\cdot 2NH_4NO_3\cdot 4H_2O$ の分別結晶法が現在でも有効である. しかし現在の大規模な相互分離には溶媒抽出法が用いられる. リン酸トリブチル ($(C_4H_9O)_3PO$) (ときには希釈剤として白灯油を混ぜる) を有機相とし,硝酸塩の水溶液と混合して希土類元素を抽出する. 原子番号の増加とともに有機相への抽出率が増加することを利用し,連続操作にも便利である. 高純度の製品を得たい場合や小規模の生産には陽イオン交換分離法が有効である. 希土類元素を陽イオン交換樹脂に吸着させた後に,適当な条件に調整したエチレンジアミンの四酢酸 (EDTA) やクエン酸のような有機酸の塩の溶液を通過させて溶出させる. 通常原子番号の大きい元素から溶出されてくる.

希土類元素の混合物の塩化物を食塩 NaCl または塩化カルシウム $CaCl_2$ と混合し,溶融して電解する方法で古くから「ミッシュメタル」がつくられていたが,最近ではハロゲン化物のカルシウムによる還元法が利用されて単体が得られている. 通常フッ化物が用いられるが,生成物中の主な不純物はカルシウムで,真空溶融によって除かれる. Sm, Eu, Yb については 2 価の塩が生成し,金属が得られないので溶融塩電解法を用いる.

[性　質] 軟らかい灰白色の金属. 通常は六方最密格子で,$a=377.4$ pm, $c=1217.1$ pm. 空気中で灰白色のくもりを生じる. 加熱すれば容易に燃えて酸化ランタン La_2O_3 となる. 酸にはよく溶けるが,フッ酸,リン酸,シュウ酸とは不溶性の塩をつくる. ハロゲンとは室温で反応し,加熱すればほとんどすべての非金属と反応する. 冷水とは徐々に,熱水とは速やかに反応して水酸化物を生じる. 水素気流中で熱すると水素化物を生成し,窒素の中では窒化物 LaN を生じる. 水溶液中では +3 価を示し,ランタンの塩基性は希土類元素の中で最も強く,塩の水溶液は加水分解しにくい.

[主な化合物] 希土類元素の一つとして +3 価の化合物を考えればよい. La_2O_3 は金属の酸化または水酸化ランタン $La(OH)_3$ の加熱脱水によってつくられるが,空気中で炭酸ガスを吸収しやすい. 酸化ランタンを塩酸,硝酸に溶かして濃縮すれば,塩化ランタン $LaCl_3\cdot 7H_2O$ および硝酸ランタン $La(NO_3)_3\cdot 6H_2O$ が得られる. 酸化ランタンを希硫酸に溶かして加熱し,過剰の酸を除けば硫酸ランタン $La_2(SO_4)_3$ が生

じるが, この塩の溶解度は小さい. La^{3+} の熱水溶液にアンモニアを加えると水酸化ランタンが得られるが, これは希土類元素の水酸化物の中で最も塩基性が強い. アルカリ金属の硝酸塩, 硫酸塩と $Na_2La(NO_3)_5$, $(NH_4)_2SO_4 \cdot La_2(SO_4)_3$ のような複塩をつくる. 塩化ランタンの水溶液にフッ化水素酸を加えるとフッ化ランタン LaF_3 が沈殿し, シュウ酸溶液を加えるとシュウ酸ランタン $La_2(C_2O_4)_3$ の含水塩が生ずる. リン酸ランタン $LaPO_4$ は硫酸ランタンの水溶液にリン酸ナトリウム溶液を加えてつくられ, ランタン塩の水溶液に炭酸ナトリウム溶液を加えて得られた沈殿を常温で乾燥すると炭酸ランタン $La_2(CO_3)_3 \cdot 8H_2O$ となる.

希土類元素の配位化合物の研究は最近になって進展し, 主として酸素を配位子とする多くの化合物がつくられ, 12に至る高い配位数で注目されている. ランタンに例をとると, $K[La(EDTA)(H_2O)_3] \cdot 5H_2O$ では9配位をとり, La^{3+} イオンには水の中で8個ないし9個の水が配位している. $La_2(SO_4)_3 \cdot 9H_2O$ では一個のランタン原子は SO_4^{2-} の12個の酸素原子と配位し, 他の一つは6個の水分子と3個の酸素原子と配位しているとされている.

[**用 途**] 以前は希土類元素の混合物として, 発火合金 (~25% La を含む), ガラスの研磨材, 鉄鋼への添加剤などに使用されていた. 近年では各元素が分離されて利用されるようになった. La_2O_3, Y_2O_3, Yb_2O_3 などをジルコニアなどと組み合わせたガラスは高い屈折率と低い分散をあわせもち, カメラ, 顕微鏡などの光学機器用レンズ・ガラスとして用いられている. LaF_3 を含むフッ化ジルコニウム (ZrF_4) 系のガラスは紫外域から赤外域にかけて透明であり, 新しい光学ガラスまたは光ファイバー用ガラスとして注目されている. 直接撮影でレントゲン写真をとる際には, X線フィルムの両面をけい光体を塗布した増感紙ではさみ, けい光体の発光でフィルムを黒化させる方式がとられる. この際に従来用いられていた $CaWO_4$ に代って感度が数倍優れる $BaFCl : Eu^{2+}$, $LaOBr : Tb^{3+}$, $Y_2O_2S : Tb^{2+}$, $Gd_2O_2S : Tb^{3+}$ などが用いられて被曝線量の低減に役立っている. セラミックコンデンサーに La_2O_3, CeO_2, Nd_2O_3 などの希土類元素酸化物が用いられることがある. 誘電率が大きく, 誘電率の温度係数が小さく, 誘電損失が小さいためにエレクトロニクス機器の小型軽量化に役立っている. 希土類元素の金属間化合物が水素吸蔵材料として実用化されつつあり, $LaNi_5$ が用いられている. 自動車の排気ガスの制御に関して La_2O_3 の利用も考えられている. 1986年頃からブームとなった高温超電導の研究の過程では希土類元素が重要な役割を果たしており, 今後の発展も考えられる.

長寿命放射性核種 [138]La とその娘核種 [138]Ce の系は特殊な岩石の年代測定に利用されている.

[**トピックス**] ランタノイド収縮

ランタノイド元素のイオン半径あるいは原子半径が原子番号の増加とともに小さくなる現象で, V. M. Goldschmidt によって名づけられた (表57.4参照). この原因は希土類元素では最外殻の電子の数が変らずに内側の4f軌道に入る電子の数が増していくためである. その結果として, 電子の増加とともに原子核の正電荷も増えていくので, 電子を引きつける力が強くなると解釈できる. ランタノイド収縮の影響は希土類

表 57.4 希土類元素のイオン半径*(pm)

元素	半径	元素	半径
₂₁Sc	75	₆₄Gd	94
₃₉Y	90	₆₅Tb	92
₅₇La	105	₆₆Dy	91
₅₈Ce	101	₆₇Ho	90
₅₉Pr	100	₆₈Br	89
₆₀Nd	98	₆₉Tm	88
₆₁Pm	97	₇₀Yb	87
₆₂Sm	96	₇₁Lu	86
₆₃Eu	95		

* R. D. Shannon, C. T. Prewitt (1970) による.
「データ・ノート」中の値とは異なる.

元素以外にも及び,ハフニウムは周期律表のすぐ上のジルコニウムと,タンタルはニオブとそれぞれ同じイオン半径,原子半径をもつこととなる.天然においてジルコニウムとハフニウム,ニオブとタンタルが共存し,それぞれの元素相互の分離が難しいのはそのためである.HoやErが原子番号の小さいイットリウムとほぼ同一のイオン半径をもつのもランタノイド収縮の影響によっている.アクチニウムに始まるアクチノイドにもアクチノイド収縮として同じような現象が認められていて,この場合は 5 f 軌道が関与している. (古川)

[**コラム**] ランタニドとランタノイド

1907 年にルテチウムが発見されて,周期表のランタン族は 61 番元素を除いて全部出そろったが,それらは一括してランタニド元素 lanthanide elements と呼ばれていた.語尾の '-ide' は '似たようなもの' を意味する接尾語なので,3 族第 6 周期に入る元素は厳密には 'ランタンおよびランタニド' と記載された.1960 年代になってランタノイド lanthanoid という語が現れた.'-oid' も '似たようなもの' を意味するので,しばらくはランタニドと混用されたが,便宜上の智恵で,ランタノイドの方をランタンを含めた 57 番〜71 番元素の総称として使うようになった.化学の研究で,ランタンだけを除外して論ずることはまれなので,'ランタニド' はほとんど死語になりつつある.3 族第 7 周期のアクチニドとアクチノイドの関係も同じである. (馬淵)

58 セリウム Ce

cerium Zerium cérium церий 铈 shì
Cer

[起源] 1803年ドイツのM. H. Klaproth およびスウェーデン人 J. J. Berzelius は独立にスウェーデン産の後にセル石 (cerite) と呼ばれる新鉱物から新たな酸化物を得た。2年前に発見された小惑星 ceres にちなんで，この酸化物はセリアと名づけられ，元素はセリウムとされた．

[存在] 希土類元素の中で最も多く産出し，花崗岩中に83ppm，玄武岩中に59ppm含まれ，コバルト，スズより多い．セル石 (cerite) のようにセリウムを主成分とする鉱物もあるが，資源としてはモナズ石とバストネサイトが重要である．(→ ランタン)

[同位体] 安定同位体は ^{136}Ce, ^{138}Ce, ^{140}Ce, ^{142}Ce の四つである．放射性同位体としては ^{137}Ce, ^{137m}Ce, ^{139}Ce, ^{141}Ce, ^{143}Ce, ^{144}Ce などがある．中性子照射では主として ^{141}Ce, ^{143}Ce が生成し，核分裂生成物としては ^{141}Ce 以後の核種が重要である．^{144}Ce はその娘核種 ^{144}Pr (17.3分) の放出する β 線のエネルギーが高いために放射線源として注目されている．

[製法] 鉱石から分離した希土類元素混合物の中からセリウムを分離するのは容易である．セリウムは，水溶液中で過マンガン酸カリウムあるいは次亜塩素酸ナトリウムによって酸化されて Ce^{4+} を生じ，このイオンの塩基性が弱いために，水酸化ナトリウムを加えると他の希土類より早く塩基性塩または水酸化物として沈殿する．Ce^{4+} の特徴を生かしてリン酸塩 $Ce_3(PO_4)_4$, ヨウ素酸塩 $Ce(IO_4)_4$ としてさらに精製できる．希土類混合物の金属を得るには塩化物の溶融塩電解法が用いられるが，単体を得るにはハロゲン化物をカルシウムで還元する方法がとられる．

[性質] 軟らかい灰白色の金属．$-172°C$ 以下では面心立方格子 (α-Ce, $a=485$ pm)．常温では六方最密格子 (β-Ce, $a=368.1$ pm, $c=1185.7$ pm) をとり，168°C以上で再び面心立方格子 (γ-Ce, $a=516.1$ pm) に変る．726°C以上では体心立方格子 (δ-Ce, $a=412$ pm)．

空気中で容易に酸化され，160°Cで発火

表 58.1 セリウムの同位体

同位体	半減期 存在比	主な壊変形式
Ce-134	3.16 d	EC
135	17.7 h	EC 98.6%, β^+ 1.4%
135 m	20 s	IT
136	0.19%	
137	9.0 h	EC 99.98%, β^+ 0.014%
137 m	1.43 d	IT 99.22%, EC 0.78%
138	0.25%	
139	137.6 d	EC
139 m	54.8 s	IT
140	88.48%	
141	32.5 d	β^-
142	11.08%	
143	1.379 d	β^-
144	284.9 d	β^-
145	3.01 m	β^-

データ・ノート

原子量	140.115
存在度　地殻	68 ppm
宇宙 (Si=10⁶)	1.16
電子構造	4 f²6 s²
原子価	3, 4
イオン化ポテンシャル(kJ mol⁻¹)	527.4
イオン半径 (pm)	³⁺107, ⁴⁺94
密　度 (kg m⁻³)	
8240(α), 6749(β), 6773(γ), 6700(δ)	
融　点 (°C)	798
沸　点 (°C)	3426
線膨張係数 (10⁻⁶K⁻¹)	8.5
熱伝導率 (W m⁻¹K⁻¹)	11.4
電気抵抗率 (10⁻⁸Ωm)	73
地球埋蔵量 (t)	4×10⁷
年間生産量 (t)	9×10³

する. 酸化生成物は酸化セリウム(IV)CeO_2 である. ハロゲンとはたやすく反応し, 加熱すればほとんどすべての非金属と反応する. 熱水には水素を発生して溶け, 塩酸などの無機酸に溶ける. 水素と反応して水素化セリウムが生成する. 窒素気流中で加熱すると窒化セリウム(III)CeNを生じる. 水溶液中では通常 +3 価を示すが, 酸化されると +4 価が生じる. Ce^{4+} は強い酸化剤となる.

[**主な化合物**] 希土類元素の一つとして +3 価の化合物が重要であるが, 多くの +4 価の化合物が生成するところに特徴がある. 金属を空気中で熱するか, 水酸化セリウム, 炭酸セリウムを加熱するとCeO_2が得られる. 酸化セリウム(III)Ce_2O_3 は特殊な条件でつくられるが, 純粋には得にくい. CeO_2 は淡黄色の粉末で, 塩酸, 硝酸には溶けにくいが, 過酸化水素を加えた塩酸には溶ける. フッ化物は CeF_3, CeF_4 の二つが知られ, 他のハロゲン化物は Ce^{3+} を含むものがつくられている. 硝酸セリウム(III) $Ce(NO_3)_3$(の無水塩および含水塩), 硫酸セリウム (III) および硫酸セリウム (IV) が知られている. セリウム (III) 塩の水溶液に水酸化ナトリウムを加えると水酸化セリウム (III) $Ce(OH)_3$ が得られるが, 空気中で酸化されて一部が水酸化セリウム (IV) $Ce(OH)_4$ になる. アルカリ金属やアンモニウムイオンを含む硝酸塩, 硫酸塩と $(NH_4)_3Ce_2^{III}(NO_3)_9$, $(NH_4)_2Ce^{IV}(NO_3)_6$ のような複塩をつくる. Ce^{3+} の溶液にシュウ酸またはリン酸水素ナトリウムの溶液を加えると, シュウ酸セリウムおよびリン酸セリウムの沈殿が得られる. セリウムの配位化合物も多数知られている. たとえば上述の Ce^{4+} を含む複塩は $(NH_4)_2[Ce(NO_3)_6]$ と書くのが正しく, Ce^{4+} は 12 個の酸素に配位されている.

[**用途**] 希土類元素の混合物（ミッシュメタル）の主成分であり, その形で以前から発火合金（ライターの石などに用いる）, ガラスの研磨材, 鉄鋼への添加剤などとして利用されてきた. 精製したセリウムの用途は必ずしも多くないが, けい光体の製造や触媒としての利用の可能性がある. CeO_2 はセルフクリーニング・オーブンの内部の塗装に用いることがある. また CeO_2 を含むガラスはガンマ線などの放射線の照射による着色を防ぐ性質があり, 特殊な条件下で利用されている.

(古川)

59 プラセオジム Pr

praseodymium　Praseodym　praséodyme　празеодимий　镨 pǔ

[**起　源**]　1840年 C. G. Mosander はセリア（セリウム族の酸化物）からランタン，セリウムに続いてジジムを分離した．1885年 C. A. von Welsbach は，このジジムを，硝酸アンモニウムとの複塩の分別結晶によって，二成分に分割し，その一方にギリシャ語の prasios（うすい黄緑）にちなんでプラセオジムと命名した．

[**存　在**]　他の希土類元素とともに産出する．花崗岩中に 11 ppm，玄武岩中に 7.8 ppm 含まれる．資源としてはモナズ石，バストネサイトが重要である．(→ ランタン)

[**同位体**]　安定同位体は ^{141}Pr だけである．放射性同位体は ^{139}Pr, ^{140}Pr, ^{142}Pr, ^{143}Pr, ^{144}Pr, ^{145}Pr などが知られ，中性子照射では ^{142}Pr が生成し，核分裂生成物としては ^{143}Pr 以後が重要である．^{144}Pr は短寿命ではあるが，^{144}Ce（284.9日）の壊変生成物として ^{144}Ce と同時に存在する

[**製　法**]　希土類元素混合物として鉱石から抽出した後に溶媒抽出法などで精製する．単体を得るにはフッ化物または塩化物を金属カルシウムで還元する．

[**性　質**]　銀白色の軟らかい金属．空気で酸化されて黄色に変る．通常は六方最密格子．$a=367.25 pm$, $c=1183.5 pm$.

空気中で酸化されて着色する．290°Cで引火する．酸にはたやすく溶ける．熱水に溶けて水素を発生する．ハロゲンを含むすべての非金属と加熱すれば反応する．窒素気流中で加熱すると窒化物 PrN を生じ，水素と加熱すると水素化物となる．水溶液中では Pr^{3+} であり，イオンの色は緑色．

[**主な化合物**]　希土類元素の一つとして +3価が重要であり，水溶液中では Pr^{3+} だけを考えればよい．水酸化プラセオジム $Pr(OH)_3$ を空気中で加熱すると黒色の十一酸化六プラセオジム Pr_6O_{11} が生成し，酸化プラセオジム(III) Pr_2O_3 はこれを水素気流中で加熱すると得られる．酸化プラセオジム(IV) PrO_2 は Pr_6O_{11} を加圧下で酸素と加熱すると生成する．ハロゲン化物は Pr^{3+} を含むものが知られ，フッ化プラセオジム(IV) PrF_4 は極端な条件下でつくられる．通常 Pr_6O_{11} を出発物質として他の化合物が

表 59.1　プラセオジムの同位体

同位体	半減期 存在比	主な壊変形式
Pr-136	13.1 m	β^+ 56.8%, EC 43.2%
137	1.28 h	EC 75.0%, β^+ 25.0%
138	1.45 m	β^+ 74.8%, EC 25.2%
138 m	2.1 h	EC 76.5%, β^+ 23.5%
139	4.41 h	EC 92.1%, β^+ 7.9%
140	3.39 m	β^+ 51.0%, EC 49.0%
141	**100%**	
142	19.12 h	β^- 99.98%, EC 0.016%
142 m	14.6 m	IT
143	13.57 d	β^-
144	17.3 m	β^-
144 m	7.2 m	IT 99.93%, β^- 0.07%
145	5.98 h	β^-
146	24.2 m	β^-

データ・ノート

原子量	140.9077
存在度 地殻	9.5 ppm
宇宙 ($Si=10^6$)	0.174
電子構造	$4f^3 6s^2$
原子価	3, (4)
イオン化ポテンシャル($kJ\ mol^{-1}$)	523.1
イオン半径 (pm)	$^{3+}106,\ ^{4+}92$
密度 ($kg\ m^{-3}$)	6773
融点 (°C)	931
沸点 (°C)	3512
線膨張係数 ($10^{-6}K^{-1}$)	6.79
熱伝導率 ($W\ m^{-1}K^{-1}$)	12.5
電気抵抗率 ($10^{-8}\Omega m$)	68
地球埋蔵量 (t)	4×10^6
年間生産量 (t)	1×10^3

表 59.2 希土類元素の酸化数

	+2	+3	+4
Sc		◎	
Y		◎	
La		◎	
Ce		◎	○
Pr		◎	△
Nd		◎	
Pm		◎	
Sm	△	◎	
Eu	○	◎	
Gd		◎	
Tb		◎	△
Dy		◎	
Ho		◎	
Er		◎	
Tm		◎	
Yb	△	◎	
Lu		◎	

◎ 安定
○ 準安定
△ 特定条件下で可能

つくられる．これを塩酸，硝酸，硫酸に溶かし，加熱濃縮するとそれぞれの可溶性の塩が得られる．可溶性の塩の水溶液にシュウ酸，フッ化水素酸，CO_2 を飽和した炭酸水素ナトリウム溶液を加えると，それぞれシュウ酸塩，フッ化物，炭酸塩が沈殿する．プラセオジムの塩も水溶液も緑色を示し，元素名はそこに由来する．硝酸塩や硫酸塩はそれぞれがアルカリ金属などの硝酸塩，硫酸塩と $3Mg(NO_3)_2 \cdot 2Pr(NO_3)_3$，$3K_2SO_4 \cdot Pr_2(SO_4)_3$ のような複塩をつくる．

[**用途**] 単体としての用途は比較的少ない．その着色に注目して，セラミック産業では高温に強い顔料の製造に利用されている．ガラスに添加すると緑色を示すので特殊なフィルターの製造に使われ，ネオジムとの混合物が溶接用のメガネのガラスに入れられたこともある． (古川)

[**コラム**] 希土類元素の酸化数

プラセオジムにみられるように，希土類元素は一般に酸化数 +3 が安定だが，セリウムの +4，ユウロピウムの +2 のように酸化数が +3 以外のものも存在する元素がある．これらは相互分離のときに役立つし，自然界での濃度分布に関与することがある．参考までに一覧表にしてみよう (表59.2). (馬淵)

60 ネオジム Nd

neodymium　Neodym　néodyme　неодимий　钕 nǔ

[起 源] 1840年C. G. Mosanderはセリア（セリウム族の酸化物）からランタン，セリウムに続いてジジムを分離した．1885年C. A. von Welsbachは，これを二成分に分離して，一方をプラセオジム，他方を新しいジジム（ギリシャ語のneos＋didymos，新しい双子の意）としてネオジジムと名づけた．現在はネオジムと呼ばれる．

[存 在] 他の希土類元素とともに産出する．花崗岩中に44 ppm, 玄武岩中に32 ppm含まれる．資源としてはモナズ石，バストネサイトが重要である．（→ランタン）

[同位体] 安定同位体は ^{142}Nd, ^{143}Nd, ^{145}Nd, ^{146}Nd, ^{148}Nd, ^{150}Nd の六つであり, ^{144}Nd は長寿命の α 放射体である．放射性核種は ^{140}Nd, ^{141}Nd, ^{147}Nd, ^{149}Nd, ^{151}Nd などがあるが, ^{147}Nd は中性子照射によって生成し，核分裂生成物としても知られている．

[製 法] 希土類元素混合物として鉱石から抽出した後に溶媒抽出法，イオン交換法によって精製する．フッ化物または塩化物を金属カルシウムで還元すれば単体が得られる．

[性 質] 銀白色の金属．通常は六方最密格子．$a = 365.8$ pm, $c = 1179.9$ pm.

空気中で徐々に酸化被膜をつくり，加熱すれば発火する．熱水に溶けて水素を発生する．ハロゲンを含むすべての非金属と加熱すれば反応する．窒素気流中で加熱すると窒化物 NdN を生じ，水素と加熱すると水素化物になる．イオンの色は赤から紫色．

[主な化合物] すべての化合物は Nd^{3+} を含む．酸化ネオジム Nd_2O_3 は水酸化ネオジム $Nd(OH)_3$ またはシュウ酸ネオジム $Nd_2(C_2O_4)_3$ を加熱分解してつくられ，青色を呈す．塩酸，硝酸，硫酸に Nd_2O_3 を溶かして蒸発濃縮するとそれぞれの可溶性の塩が得られる．可溶性塩の水溶液にシュウ酸，フッ化水素酸，炭酸ガスを飽和した炭酸水素ナトリウム溶液を加えると，それぞれシ

表 60.1　ネオジムの同位体

同位体	半減期 存在比	主な壊変形式
Nd-138	5.04 h	EC
139	29.7 m	EC 74.5%, β^+ 25.5%
139 m	5.50 h	EC 84%, β^+ 4%, IT 12%
140	3.37 d	EC, no γ
141	2.49 h	EC 97.5%, β^+ 2.5%
141 m	1.04 m	IT 99.97%, EC 0.036%
142	27.13%	
143	12.18%	
144	2.3×10^{15} y 23.80%	α
145	8.30%	
146	17.19%	
147	10.98 d	β^-
148	5.76%	
149	1.72 h	β^-
150	5.64%	
151	12.4 m	β^-

データ・ノート

原子量	144.24
存在度　地殻	38 ppm
宇宙（Si=10⁶）	0.836
電子構造	4 f⁶6 s²
原子価	3
イオン化ポテンシャル(kJ mol⁻¹)	529.6
イオン半径 (pm)	³⁺104
密　度 (kg m⁻³)	7007
融　点 (℃)	1021
沸　点 (℃)	3068
線膨張係数 (10⁻⁶K⁻¹)	6.7
熱伝導率 (W m⁻¹K⁻¹)	16.5
電気抵抗率 (10⁻⁸Ωm)	64.0
地球埋蔵量 (t)	～10⁷
年間生産量 (t)	3×10³

ュウ酸塩，フッ化物 NdF₃，炭酸塩が沈殿する．ネオジムの塩も水溶液も通常は赤紫色を示す．硝酸塩や硫酸塩はそれぞれがアルカリ金属などの塩と 2NH₄NO₃·Nd(NO₃)₃ のような複塩をつくる．

[用　途]　希土類元素混合物（ミッシュメタル）の中にはセリウム，ランタンに次いで 10% 程度含まれている．単体としては比較的広い範囲で使われている．YAG（イットリウム・アルミニウム・ガーネット，Y₃Al₅O₁₂）を動作物質とする YAG レーザーは代表的な固体レーザーとして知られるが，通常は活性中心に Nd³⁺ が用いられる．このレーザーは室温で動作し，機械的に強いケイ酸塩系の母体を用いて，広く利用されている．リン酸塩系のガラスも同じように母体として用いられることがある．ガラスにネオジムを加えると，うすいピンクからこい青紫まで，添加した量とガラスの厚さ次第でさまざまな着色をする．美術用のガラスや特殊なフィルターとして利用される．また少量を加えると鉄による着色を補正する効果をもつ．溶接の際に用いるメガネのガラスの中に入れてナトリウムによる黄色の発光から目を保護するのに用いられ，その際にはプラセオジムとの混合物も使われている．

（古川）

61 プロメチウム Pm

promethium　Promethium　prométhium　прометий　钷 pǒ

[**起　源**] 安定核種を含む元素としての探索はすべて不成功に終った．原子核に関する知識が蓄積されるにつれてこの元素には安定核種が存在しないことがはっきりした．1947年アメリカのJ. A. Marinsky, L. E. Glendenin, C. D. Coryell は，核分裂生成物の中から分離確認し，(Coryell夫人の示唆によって)ギリシャ神話のPrometheus（天の火を盗み，人類に与えた神）にちなんでプロメチウムと名づけた．

[**存　在**] プロメチウムの同位体の中で最も長寿命の核種は ^{145}Pm (17.7年) であるから，地球生成時に存在していたとしても現在は消滅している．しかしウランを含む鉱物の中では ^{238}U の自発核分裂によってウラン1g当り 10^{-17}g の ^{147}Pm が存在することが確認されている．また希土類元素を含む鉱物の中では宇宙線起源の中性子による核反応で希土類元素1g当り 10^{-18}g 程度の ^{147}Pm が生成している．一方で発電用原子炉から取り出される使用済み核燃料の中には大量の ^{147}Pm が含まれている．燃料1t当り約100g（約10万キュリー，約 4×10^{15} ベクレル）の ^{147}Pm が取出し直後に存在するとされ，1988年現在の日本の原子力発電の能力を考えると年間約60kgに相当する．

[**同位体**] 安定核種は存在しない． ^{132}Pm から ^{154}Pm に至る放射性核種がつくられている． ^{145}Pm はネオジムの陽子または重陽子照射で生成するが， ^{144}Sm の中性子照射によって生成する ^{145}Sm (340日) の壊変生成物として純粋に製造され，プロメチウムの同位体の中で最も長寿命である． ^{147}Pm は核分裂生成物の中に多量に存在し，ネオジムの中性子照射によって生成する ^{147}Nd (10.98日) の壊変生成物としても得られる．マクロ量を用いる物理的性質，化学的性質の研究は通常 ^{147}Pm を用いて行われる（ ^{147}Pm は ^{147}Sm になるのでこのような研究は数％のサマリウムの混在する状態で行われると考えてよい）． ^{149}Pm および ^{151}Pm はそれぞれがネオジムの中性子照射

表 61.1　プロメチウムの同位体

同位体	半減期 存在比	主な壊変形式
Pm-143	265 d	EC
144	363 d	EC
145	17.7 y	EC, (α)
146	5.53 y	EC 66.1%, β^- 33.9%
147	2.623 y	β^-
148	5.37 d	β^-
148 m	41.3 d	β^- 95%, IT 5%
149	2.21 d	β^-
150	2.68 h	β^-
151	1.183 d	β^-
152	4.1 m	β^-
152 m	7.52 m	β^-
152 m	13.8 m	β^-
153	5.4 m	β^-
154	1.73 m	β^-
154 m	2.68 m	β^-

データ・ノート

原子量	(145)
存在度 地殻	—
宇宙 (Si=10^6)	—
電子構造	4 f^5 6 s^2
原子価	3
イオン化ポテンシャル(kJ mol^{-1})	535.9
イオン半径 (pm)	$^{3+}$106
密 度 (kg m^{-3})	7220
融 点 (°C)	1040
沸 点 (°C)	(2500)
線膨張係数 (10^{-6}K^{-1})	—
熱伝導率 (W m^{-1}K^{-1})	17.9 (推定)
電気抵抗率 (10^{-8}Ωm)	50 (推定)
地球埋蔵量 (t)	—
年間生産量 (t)	—

によって得られる ^{149}Nd(1.72 時間), ^{151}Nd (12.4 分) の壊変生成物である.

[**製 法**] 核分裂生成物の中から希土類元素のフラクションを分離した後に,陽イオン交換樹脂を用いてクエン酸,NTA(ニトリロ三酢酸)を溶離剤として溶出分離する.分離したプロメチウムは酸化プロメチウム Pm$_2$O$_3$ に変えた後に CCl$_4$ によって塩化プロメチウム PmCl$_3$ とし,金属カルシウムで還元して単体とする.

[**性 質**] ネオジムに似ている.通常は六方最密格子で,$a=365$ pm, $c=1165$ pm. 金属は空気中で徐々に酸化され,ふつうの無機酸に溶けるが,フッ化水素酸には溶けない.ハロゲンを含む多くの非金属と加熱すれば反応する.

[**主な化合物**] 原子価は3価をとり,Pm^{3+} の色はピンクで,化合物にもピンクないし赤色のものが多い.酸化プロメチウムは濃い赤色ないし藤色を示す.プロメチウム化合物の性質は対応するネオジムとサマリウムの化合物の中間にあると考えてよい.

[**用 途**] 使用済みの核燃料の中に含まれる ^{147}Pm の利用について真剣に考えられてきたが,現在の核燃料再処理の工程では ^{147}Pm の価格が高くなることもあって,利用はそれほど進んでいない.密封線源として厚み計に利用されたり,けい光体に放射線を当てて発光させる光源として使われたり,崩壊熱を利用する熱源としての利用が考えられたりしたが,どれもそれほど進展していない.

[**トピックス**] 希土類元素と放射能

希土類元素の鉱物の中にトリウムやウランが含まれていることはよく知られているが,そのために市販の希土類元素の化合物の中に放射能が含まれていることが多い.^{227}Ac の入っていないランタン化合物は珍しく,セリウム化合物の中にトリウムの含まれていることも多い.^{138}La, ^{144}Nd, ^{147}Sm, ^{148}Sm, ^{152}Gd および ^{176}Lu のような天然放射性核種も発見されている.1940 年以後にアメリカで希土類元素の研究が急速に進展したのは,原子力の開発に関連がある.ウランまたはトリウムを精製して希土類元素を完全に除く必要があること,および核分裂生成物の中に希土類元素の放射性同位体が多数含まれていることが研究を進めた主な動機であろう.アイオワ州立大学の F. H. Spedding によって開発された陽イオン交換分離法が,核分裂生成物の研究だけでなく,各々の希土類元素の物性定数の決定に役立ったのは,その顕著な例である.

(古川)

62 サマリウム Sm

samarium　Samarium　samarium　самарий　钐 shān

[起　源]　鉱山技師 Samarski はロシアのウラル地方で新鉱物を発見したが，1847年 H. Rose は発見者を記念してサマルスキー石 (samarskite) と名づけた．1879年フランスの L. de Boisbaudran はアメリカ・北カロライナ州産のサマルスキー石の中の希土類元素を研究し，新しい酸化物を得て，鉱物名にちなんでサマリウムと命名した．

[存　在]　他の希土類元素とともに産出する．花崗岩中に 8.5 ppm，玄武岩中に 7.3 ppm 含まれる．資源としてはモナズ石，バストネサイトが重要である．(→ ランタン)

[同位体]　安定同位体は ^{144}Sm，^{149}Sm，^{150}Sm，^{152}Sm，^{154}Sm の五つであり，^{147}Sm，^{148}Sm は天然放射性核種である．人工放射性核種としては ^{142}Sm，^{143}Sm，^{145}Sm，^{146}Sm，^{151}Sm，^{153}Sm，^{155}Sm などが知られている．^{146}Sm は長寿命の人工放射性核種として注目され，^{153}Sm は原子炉中性子の照射によって最も生成しやすい．

[製　法]　希土類元素混合物として鉱石から抽出した後に溶媒抽出法などで精製する．単体を得るには，塩化物を食塩または塩化カルシウムと溶融し，電気分解する．ハロゲン化物の金属カルシウムによる還元では単体は得られない．

[性　質]　灰白色の軟らかい金属．通常は斜方晶系．空気中で酸化されて着色する．酸にはたやすく溶け，熱水に溶けて水素を発生する．ハロゲンを含むすべての非金属と，加熱すれば，反応する．窒素気流中で加熱すると窒化サマリウム SmN となり，水素と加熱すると水素化物を生ずる．

[主な化合物]　希土類元素として +3 価の化合物が重要であるが，不安定ながら Sm^{2+} を含む化合物もつくられている．その溶液は Sm^{3+} を含む水溶液を電解還元して得られる．Sm^{2+} は水溶液中で赤色を呈するが，空気だけでなく水によっても酸化される．塩化サマリウム (II) $SmCl_2$，臭化

表 62.1 サマリウムの同位体

同位体	半減期 存在比	主な壊変形式
Sm-142	1.21 h	EC 94.3%, β^+ 5.7%
143	8.83 m	EC 54.4%, β^+ 45.6%
143 m	1.10 m	IT 99.7%, EC・β^+ 0.3%
144	3.1%	
145	340 d	EC
146	1.03×10^8 y	α
147	1.06×10^{11} y	α
	15.0%	
148	7×10^{15} y	α
	11.3%	
149	13.8%	
150	7.4%	
151	90 y	β^-
152	26.7%	
153	1.928 d	β^-
154	22.7%	
155	22.3 m	β^-
156	9.4 h	β^-

データ・ノート

原子量	150.36
存在度　地殻	7.9 ppm
宇宙 (Si=10^6)	0.261
電子構造	4f^{6}6s^2
原子価	(2), 3
イオン化ポテンシャル(kJ mol^{-1})	543.3
イオン半径 (pm)	$^{2+}$111, $^{3+}$100
密　度 (kg m^{-3})	7520
融　点 (°C)	1077
沸　点 (°C)	1791
線膨張係数 (10^{-6}K^{-1})	10.4
熱伝導率 (W m^{-1}K^{-1})	13.3
電気抵抗率 (10^{-8}Ωm)	88.0
地球埋蔵量 (t)	～10^6
年間生産量 (t)	～100

サマリウム (II) SmBr$_2$ などのハロゲン化物が知られ, 硫酸サマリウム (II) SmSO$_4$, 炭酸サマリウム (II) SmCO$_3$ は難溶性である. どの化合物も不安定であるが, 性質は Ba^{2+} などのアルカリ土類金属と似ている.

　Sm^{3+} を含む化合物は一般の希土類元素と同じような性質を示す. 酸化サマリウム Sm$_2$O$_3$ を出発物質として他の化合物がつくられる. これを塩酸, 硝酸, 硫酸に溶かして加熱濃縮すると, それぞれの可溶性の塩が得られる. 可溶性の塩の水溶液にシュウ酸, フッ化水素酸, 炭酸ガスを含む炭酸水素ナトリウムの溶液を加えると, それぞれシュウ酸塩, フッ化物, 炭酸塩が沈殿する. サマリウムの塩は水溶液中で黄色を示す. 硝酸塩は 3 Mg (NO$_3$)$_2$·2 Sm (NO$_3$)$_3$·24 H$_2$O のような複塩をつくる.

[**用　途**]　1970年代の前半までは単体の用途はほとんど知られていなかったが, 最近ではコバルトとの合金 (SmCo$_5$ または Sm$_2$Co$_{17}$ など) が磁性材料として広く利用されている. この磁石は従来のフェライトやアルニコ鋼に比べて磁力が大きく, 他の特性も優れている. ヘッドホンステレオ, パソコン用プリンターなど高性能の小型軽量エレクトロニクス機器の生産に利用されている.　　　　　　　　　　　　　(古川)

[**コラム**]　^{147}Sm-^{143}Nd 年代測定法

　^{147}Sm は半減期が約 10^{11}年という長寿命核種なので, 太陽系の始まり頃の事象の時計となることが予想されていた. 1970年代に入って, 質量分析計の性能が向上し, ネオジム同位体比が正確に測れるようになって, 実用化した. 原理は ^{87}Rb-^{87}Sr 法と同じであるが, α壊変であることと, 親と子が希土類元素で化学的性質が類似していることが ^{87}Rb-^{87}Sr 法と違った特徴である. 現在の地学の研究では, 両者は相補的に盛んに使われている (→ルビジウム).　(馬淵)

63 ユウロピウム Eu

europium Europium europium европий 铕 yǒu

[起源] 1896年フランスのE. A. Demarçayは当時サマリウムとされていたものから硝酸マグネシウム複塩の分別結晶によって特有の吸収スペクトルをもつ他の元素を分離し，ヨーロッパにちなんでユウロピウムと命名した．

[存在] 他の希土類元素とともに産出する．軽希土では最も存在量が小さい．花崗岩中に2ppm，玄武岩中に2.2ppm含まれる．Eu^{2+}が安定なために他の希土類元素と分布がやや異なるが，資源として重要なのはモナズ石，バストネサイトである．(→ランタン)

[同位体] 安定同位体は^{151}Eu，^{153}Euの二つである．放射性同位体は^{147}Eu，^{148}Eu，^{149}Eu，^{150}Eu，^{150m}Eu，^{152}Eu，^{152m}Eu，^{154}Eu，^{155}Euなどが知られている．原子炉中性子照射で生成する^{152}Eu，^{152m}Eu，^{154}Euが生成量が大きいこともあって重要である（ユウロピウムは中性子を吸収しやすい元素として知られている）．

[製法] 希土類元素混合物として鉱石から分離した後に溶媒抽出法などで精製する．単体の製造には，塩化物を食塩または塩化カルシウムと混合して溶融し，電気分解する．ハロゲン化物の金属カルシウムによる還元では，Eu^{2+}が生成するだけで，単体は得られない．

[性質] 灰白色の軟らかい金属．体心立方格子．$a=458.2 pm$．

空気中で容易に酸化されて着色する．加熱すれば酸化ユウロピウムEu_2O_3となる．酸にたやすく溶け，熱水に溶けて水素を発生する．ハロゲンを含むすべての非金属と，加熱すれば，反応する．窒素気流中で加熱すれば窒化ユウロピウムが得られ，水素と加熱すると水素化物を生じる．

[主な化合物] 化合物における原子価はふつうは3価であるが，Eu^{2+}を含む化合物も

表 63.1 ユウロピウムの同位体

同位体	半減期 存在比	主な壊変形式
Eu-145	5.93 d	EC 98.0%, β^+ 2.0%
146	4.59 d	EC 95.3%, β^+ 4.7%
147	24.1 d	EC, β^+ 0.36%, α 0.0022%
148	54.5 d	EC, β^+ 0.14%, (α)
149	93.1 d	EC
150	35.8 y	EC
150 m	12.8 h	β^- 89%, EC 10.6%, β^+ 0.4%
151	47.8%	
152	13.54 y	EC 72.1%, β^- 27.9%
152 m^1	9.27 h	β^- 72.0%, EC 28.0%, β^+ 0.01%
152 m^2	1.60 h	IT
153	52.2%	
154	8.59 y	β^- 99.98%, EC 0.02%
154 m	46.0 m	IT
155	4.68 y	β^-
156	15.19 d	β^-
157	15.18 h	β^-
158	45.9 m	β^-

データ・ノート

原子量	151.965
存在度 地殻	2.1 ppm
宇宙 (Si=10^6)	0.097
電子構造	4f^{7}6s^2
原子価	2, 3
イオン化ポテンシャル (kJ mol^{-1})	546.7
イオン半径 (pm)	$^{2+}$112, $^{3+}$98
密 度 (kg m^{-3})	5243
融 点 (°C)	822
沸 点 (°C)	1597
線膨張係数 (10^{-6} K^{-1})	32
熱伝導率 (W m^{-1} K^{-1})	13.9
電気抵抗率 (10^{-8} Ωm)	90.0
地球埋蔵量 (t)	~10^5
年間生産量 (t)	~100

つくられていて，希土類元素の2価化合物の中で最も安定である．Eu^{2+}イオンはEu^{3+}の水溶液を電解還元するか，亜鉛アマルガムで還元すると得られる．塩化ユウロピウム(II) EuCl$_2$ は EuCl$_3$ を水素で還元するか，金属ユウロピウムと EuCl$_3$ の反応でつくられる．Eu^{2+} を含む他のハロゲン化物も類似の方法で得られる．硫酸ユウロピウム(II) EuSO$_4$ は水に溶けにくく，硫酸バリウム BaSO$_4$ に似ている．一般に Eu^{2+} の化合物はアルカリ土類金属，とくに Sr^{2+}，Ba^{2+} の化合物と性質が似ている．

Eu^{3+} を含む化合物は他の希土類元素と似た性質をもつ．通常 Eu$_2$O$_3$ を出発物質として他の化合物がつくられる．塩酸，硝酸，硫酸に溶して加熱濃縮すると，それぞれの可溶性の塩が得られる．可溶性の塩の水溶液にフッ化水素酸，シュウ酸，炭酸ガスを含む炭酸水素ナトリウムの溶液を加えると，それぞれフッ化物，シュウ酸塩，炭酸塩が沈殿する．

[用 途] 近年のユウロピウムの工業利用はけい光体に関連する分野に集中している．イットリウム化合物 (Y$_2$O$_3$ と Y$_2$O$_2$S) に付活された Eu^{3+} は赤色けい光体の発光主体であって，カラーテレビ用ブラウン管に広く使われている．この赤色発光体に LaPO$_4$ などの複合酸化物に Tb^{3+} または Ce^{3+} を付活した緑色けい光体および BaMg$_2$Al$_{16}$O$_{17}$ に Eu^{3+} を付活した青色けい光体を組み合わせた三波長けい光ランプは白色の自然光ランプとして需要が増している．BaFCl：Eu^{2+} は X 線の直接撮影に利用され，被曝線量の低減に役立っている．

(古川)

64 ガドリニウム Gd

gadolinium　Gadolinium　gadolinium　гадолиний　钆 gá

[**起　源**]　1880年スイスの化学者 J. C. G. de Marignac は希土類元素を含む鉱物サマルスキー石から2種の希土を分離した．一つは前年発見されたサマリウムであり，他方は新元素であることが確定し，彼は希土類元素の研究の開拓者 J. Gadolin にちなんでガドリニウムと命名した．

[**存　在**]　他の希土類元素と同時に産出する．花崗岩中に7.4ppm，玄武岩中に8ppm含まれる．資源として重要な鉱物はモナズ石，バストネサイトである．(→ ランタン)

[**同位体**]　安定同位体は ^{154}Gd, ^{155}Gd, ^{156}Gd, ^{157}Gd, ^{158}Gd, ^{160}Gd の六つであり，^{152}Gd は天然放射性核種である．放射性同位体としては ^{146}Gd, ^{147}Gd, ^{148}Gd, ^{149}Gd, ^{151}Gd, ^{153}Gd, ^{159}Gd などが知られている．熱中性子の吸収断面積は4万バーンに達し，すべての元素の中で最大である．しかし中性子の捕獲によって放射性同位体の生成に至る確率は低い．

[**製　法**]　希土類元素混合物として鉱石から抽出した後に溶媒抽出法などによって精製する．単体を得るにはフッ化ガドリニウムを金属カルシウムで還元する．

[**性　質**]　灰白色の金属．通常は六方最密格子．$a=363.4$ pm, $c=578.1$ pm.

空気中で酸化されて着色する．加熱すれば酸化ガドリニウム Gd_2O_3 となる．酸にたやすく溶けて，熱水と反応して水素を発生する．ハロゲンを含むすべての非金属と，加熱すれば，反応する．窒素気流中で加熱すれば，窒化ガドリニウムが得られ，水素と加熱すると水素化物が得られる．

[**主な化合物**]　希土類元素の典型として3価の化合物のみを考えればよい．通常 Gd_2O_3 を出発物質として他の化合物がつくられる．これを塩酸，硝酸，硫酸に溶かして加熱濃縮すると，それぞれの可溶性の塩が

表 64.1　ガドリニウムの同位体

同位体	半減期 存在比	主な壊変形式
Gd-144	4.50 m	EC 55%, β^+ 45%
145	23.0 m	EC 67%, β^+ 33%
145 m	1.42 m	IT 94.3%, β^+ 4.3%, EC 1.4%
146	48.3 d	EC 99.93%, β^+ 0.07%
147	1.586 d	EC 99.8%, β^+ 0.2%
148	74.6 y	α
149	9.4 d	EC, (α)
150	1.79×10^6 y	α
151	124 d	EC, (α)
152	1.08×10^{14} y 0.20%	α
153	242 d	EC
154	2.18%	
155	14.80%	
156	20.47%	
157	15.65%	
158	24.84%	
159	18.56 h	β^-
160	21.86%	
161	3.66 m	β^-
162	8.4 m	β^-

データ・ノート

原子量	157.25
存在度　地殻	7.7 ppm
宇宙（Si=10^6）	0.33
電子構造	4 f^{7}5 d 6 s^2
原子価	3
イオン化ポテンシャル(kJ mol^{-1})	592.5
イオン半径（pm）	$^{3+}$97
密度（kg m^{-3}）	7900
融点（°C）	1311
沸点（°C）	3266
線膨張係数（10^{-6}K^{-1}）	8.6
熱伝導率（W m^{-1}K^{-1}）	10.6
電気抵抗率（10^{-8}Ωm）	134.0
地球埋蔵量（t）	～10^5
年間生産量（t）	～100

得られる．可溶性の塩の水溶液にシュウ酸，フッ化水素酸，炭酸ガスを含む炭酸水素ナトリウムの溶液を加えると，それぞれシュウ酸塩，フッ化物，炭酸塩が沈殿する．硝酸塩は 3 Ni(NO$_3$)$_2$·2 Gd(NO$_3$)$_3$·24 H$_2$O, 3 Mg(NO$_3$)$_2$·2 Gd(NO$_3$)$_2$·24 H$_2$O のような複塩をつくる．

[**用　途**]　最近では単体の利用も知られている．Gd$_2$O$_2$S：Tb^{3+} は BaFCl：Eu^{2+} などとともにレントゲンの直接撮影の際に利用されている．この場合は X 線フィルムをけい光体を塗布した増感紙ではさみ，けい光体の発光でフィルムを黒化させる方式をとっている．けい光体として従来は CaWO$_4$ が使われていたが，最近では感度の高いこの種の希土類元素を含む物質が利用され，被曝線量の低減に役立っている．ガドリニウムは中性子を強く吸収するために，原子力工業ではある種の燃料棒の中に可燃性毒物としてガドリニウム化合物を加えている．また非破壊検査の一つとして近年注目されている中性子ラジオグラフィーでは，中性子の透過像を X 線フィルムの上に発現させるためにガドリニウムの箔が利用されている．一時期話題となった磁気バブル記憶装置では，その媒体としてガドリニウムを含む物質（たとえばガドリニウム・ガリウム・ガーネット，Gd$_3$Ga$_5$O$_{12}$）が用いられた．ランタンに比べて少量ではあるが，ガラス工業でも利用されている．　（古川）

65 テルビウム Tb

terbium Terbium terbium тербий 鋱 tè

[起源] 1843年，スウェーデン人 C. G. Mosander は以前にガドリン石から分離されていたイットリアを，アンモニアによる水酸化物の分別沈殿および微酸性溶液からシュウ酸による分別沈殿によって，3種の成分に分けてそのうちの一つに含まれる元素をスウェーデンの村の名前 Ytterby にちなんでテルビウムと名づけた．(→イットリウム)

[存在] 他の希土類元素と同時に産出する．花崗岩中に 1 ppm，玄武岩中に 1.2 ppm 含まれる．資源として重要な鉱物はモナズ石，バストネサイトである．(→ランタン)

[同位体] 安定同位体は ^{159}Tb のみである．放射性同位体は，^{150}Tb, ^{150m}Tb, ^{151}Tb, ^{152}Tb, ^{152m}Tb, ^{153}Tb, ^{154}Tb, ^{154m}Tb, ^{155}Tb, ^{156}Tb, ^{156m}Tb, ^{157}Tb, ^{158}Tb, ^{160}Tb, ^{161}Tb, ^{162}Tb などがある．^{160}Tb は中性子照射によって大量に生成する．

[製法] 希土類元素混合物として鉱石から抽出した後に溶媒抽出法などによって分離精製する．単体を得るにはフッ化テルビウムを金属カルシウムで還元する．

[性質] 灰白色の金属．通常は六方最密格子．$a=360.5$ pm，$c=569.6$ pm．

空気中で酸化されて着色する．加熱すると酸化物となる．酸にたやすく溶け，熱水と反応して水素を発生する．ハロゲンを含むすべての非金属と，加熱すれば，反応する．窒素気流中で加熱すれば窒化物が得られ，水素と加熱すると水素化物が得られる．

[主な化合物] 通常は Tb^{3+} を含む化合物が重要であり，とくに溶液中では +3 価に

表 65.1 テルビウムの同位体

同位体	半減期 存在比	主な壊変形式
Tb-149	4.13 h	EC 80.7%, β^+ 3.5%, α 15.8%
149 m	4.16 m	EC 88%, β^+ 12%, α 0.02%
150	5.8 m	EC 83%, β^+ 17%
150 m	3.48 h	EC・β^+, α 2×10^{-4}%
151	17.61 h	EC 99%, β^+ 1%, α 0.0095%
151 m	25 s	IT 93.8%, EC・β^+ 6.2%
152	17.5 h	EC 81%, β^+ 19%
152 m	4.2 m	IT 78.9%, EC 21.1%
153	2.34 d	EC
154	21.5 h	EC 99%, β^+ 1%
154 m	9.0 h	EC・β^+ 78.2%, IT 21.8%
154 m	22.7 h	EC 98.2%, IT 1.8%
155	5.32 d	EC
156	5.35 d	EC
156 m^1	1.017 d	IT
156 m^2	5.3 h	EC, IT
157	99 y	EC
158	180 y	EC 83%, β^- 17%
158 m	10.5 s	IT
159	100%	
160	72.3 d	β^-
161	6.88 d	β^-
162	7.76 m	β^-
163	19.5 m	β^-
164	3.0 m	β^-

データ・ノート

原子量	158.92534
存在度 地殻	1.1ppm
宇宙 (Si=10^6)	0.059
電子構造	$4f^9 6s^2$
原子価	3, 4
イオン化ポテンシャル(kJ mol^{-1})	564.6
イオン半径 (pm)	$^{3+}$93, $^{4+}$81
密度 (kg m^{-3})	8229
融点 (°C)	1356
沸点 (°C)	3123
線膨張係数 (10^{-6}K^{-1})	6.6
熱伝導率 (W m^{-1}K^{-1})	11.1
電気抵抗率 (10^{-8}Ωm)	114
地球埋蔵量 (t)	~10^5
年間生産量 (t)	~100

限られる．水酸化テルビウム Tb(OH)$_3$ を空気中で加熱すると七酸化四テルビウム Tb$_4$O$_7$ が得られ，それを水素気流中で還元すると酸化テルビウム (III) Tb$_2$O$_3$ が生成する．酸化テルビウム (IV) TbO$_2$ は Tb$_4$O$_7$ を加圧下で酸素と加熱すると生じる．ハロゲン化物は Tb^{3+} に対応するものが得られているが，フッ化テルビウム (IV) TbF$_4$ は TbF$_3$ を320°Cでフッ素と反応させてつくられる．通常は Tb$_4$O$_7$ を出発物質として他の化合物を調製する．これを塩酸，硝酸，硫酸に溶かして加熱濃縮すると，それぞれの可溶性の塩が得られる．可溶性の塩の水溶液にフッ化水素酸，シュウ酸を加えると，それぞれフッ化物およびシュウ酸塩が沈殿する．化合物およびその水溶液の色はほとんど無色．

[用途] 元素を単独で用いることは少ないが，その少量を利用する例は知られている．X線の直接撮影に用いるXフィルムでは，感度増強のためのけい光体として BaFCl:Eu^{2+}, LaOBr:Tb^{3+}, Y$_2$O$_2$S:Tb^{3+}, Gd$_2$O$_2$S:Tb^{3+} などが用いられているが，テルビウムは付活のために役立っている．

(古川)

66 ジスプロシウム Dy

dysprosium　Dysprosium　dysprosium　диспрозий　鏑 dī

[起　源]　1886年フランスの化学者 L. de Boisbaudran は吸収スペクトルの研究によって，以前に発見されていたホルミウムの化合物が単一でないことを認め，ギリシャ語の dysprositos（近付き難いの意）によって命名した．

[存　在]　他の希土類元素と同時に産出する．花崗岩中に約 5 ppm，玄武岩中に 6.9 ppm 含まれる．資源として重要な鉱物はモナズ石，バストネサイトである．（→ ランタン）

[同位体]　安定同位体は ^{156}Dy, ^{158}Dy, ^{160}Dy, ^{161}Dy, ^{162}Dy, ^{163}Dy, ^{164}Dy の七つである．放射性同位体は ^{153}Dy, ^{154}Dy, ^{155}Dy, ^{157}Dy, ^{159}Dy, ^{165}Dy などが知られている．Dy の原子炉中性子照射では ^{165}Dy が大量に生成する．熱中性子吸収断面積は 1100 バーンに達する．

[製　法]　希土類元素の混合物として鉱石から抽出した後に溶媒抽出法などによって分離精製する．単体を得るにはフッ化ジスプロシウムを金属カルシウムで還元する．

[性　質]　灰白色の金属．通常は六方最密格子．$a=359.0$ pm, $c=565.1$ pm．

空気中で酸化されて着色する．加熱すると酸化ジスプロシウム Dy_2O_3 となる．酸にたやすく溶け，熱水と反応して水素を発生する．ハロゲンを含むすべての非金属と加熱すれば反応する．窒素気流中で加熱すれば窒化物 DyN が得られ，水素と加熱すれば水素化物となる．

[主な化合物]　Dy^{3+} を含む化合物のみが重要である．Dy_2O_3 は白色の粉末で，他の化合物を調製する際の出発物質となる．これを塩酸，硝酸，硫酸に溶かして加熱濃縮すると，それぞれの可溶性の塩が得られる．可溶性の塩の水溶液にフッ化水素酸，シュウ酸を加えると，フッ化物およびシュウ酸塩が沈殿する．化合物および水溶液の色は一般に黄色．

[用　途]　元素単独での用途は比較的少な

表 66.1　ジスプロシウムの同位体

同位体	半減期 存在比	主な壊変形式
Dy-152	2.38 h	EC 99.9%, α 0.1%
153	6.4 h	EC 98.7%, β^+ 1.3%, α 0.01%
154	3.0×10^6 y	α
155	10.0 h	EC 98.5%, β^+ 1.5%
156	0.06%	
157	8.14 h	EC
158	0.10%	
159	144.4 d	EC
160	2.34%	
161	18.9%	
162	25.5%	
163	24.9%	
164	28.2%	
165	2.33 h	β^-
165 m	1.26 m	IT 97.76%, β^- 2.24%
166	3.40 d	β^-
167	6.20 m	β^-

データ・ノート

原子量	162.50
存在度 地殻	6 ppm
宇宙 (Si=10⁶)	0.40
電子構造	$4f^{10}6s^2$
原子価	3
イオン化ポテンシャル(kJ mol⁻¹)	571.9
イオン半径 (pm)	³⁺91
密度 (kg m⁻³)	8550
融点 (℃)	1412
沸点 (℃)	2562
線膨張係数 (10⁻⁶K⁻¹)	10.0
熱伝導率 (W m⁻¹K⁻¹)	10.7
電気抵抗率 (10⁻⁸Ωm)	92.6
地球埋蔵量 (t)	～10⁵
年間生産量 (t)	～100

い．その中でジスプロシウムの特性を生かしたものとしては，非破壊検査の一種である中性子ラジオグラフィーへの応用があげられる．中性子の画像をX線フィルムの上に発現させるには通常ガドリニウムが用いられるが，試料が強い放射能をもっている場合には異なった技術が必要となる．使用済み核燃料の検査の際には，0.1 mm厚のジスプロシウム箔を試料に密着させて中性子を照射し，箔の中に生成する ^{165}Dy が放出する放射線でX線フィルムを感光させる．

(古川)

67 ホルミウム Ho

holmium　Holmium　holmium　гольмий　鈥 huǒ

[**起　源**]　1879年，スウェーデンのP. T. Cleveは酸化エルビウムから二つの新しい酸化物を分離し，その一つをストックホルムにちなんで酸化ホルミウムと命名した．

[**存　在**]　他の希土類元素と同時に産出する．花崗岩中に1.3ppm，玄武岩中に1.5ppm存在する．資源として重要な鉱物はモナズ石，バストネサイトである．(→ランタン)

[**同位体**]　安定同位体は^{165}Hoのみである．放射性同位体は多くが知られているが，^{163}Ho, ^{164}Ho, ^{164m}Hoおよび原子炉中性子照射で生成する^{166}Ho, ^{166m}Hoがより重要である．

[**製　法**]　希土類元素の混合物として鉱石から抽出した後に溶媒抽出法などによって分離精製する．単体を得るにはフッ化ホルミウムを金属カルシウムで還元する．

[**性　質**]　灰白色の金属．通常は六方最密格子．$a=357.7$pm，$c=561.8$pm．

空気中で酸化されて着色する．加熱すると酸化ホルミウムHo_2O_3が生じる．酸にたやすく溶け，熱水と反応して水素を発生する．ハロゲンを含むすべての非金属と加熱すれば反応する．窒素気流中で加熱すれば窒化物が得られ，水素と加熱すれば水素化物となる．

[**主な化合物**]　Ho^{3+}を含む化合物が重要であり，溶液中では原子価は3価に限られる．Ho_2O_3は淡黄色を呈し，他の化合物を調製する際の出発物質となる．これを塩酸，硝酸，硫酸に溶して濃縮すると，それぞれの可溶性の塩が得られる．可溶性の塩の水溶液にフッ化水素酸，シュウ酸を加えると，それぞれフッ化物およびシュウ酸塩が沈殿する．一般に化合物および水溶液の色は黄色から褐緑色を示す．

[**用　途**]　現在のところ単独の元素としての用途は少ない．存在量の小ささとそれに

表67.1　ホルミウムの同位体

同位体	半減期 存在比	主な壊変形式
Ho-158	11.3 m	EC 92%, β^+ 8%
158 m	27 m	IT>81%, EC<19%
158 m	21.3 m	EC・β^+
159	33.1 m	EC 99.6%, β^+ 0.4%
159 m	8.3 s	IT
160	25.6 m	EC・β^+
160 m	5.02 h	IT 65%, EC・β^+ 35%
161	2.48 h	EC
161 m	6.76 s	IT
162	15 m	EC 95.8%, β^+ 4.2%
162 m	1.12 h	IT 63%, EC 37%
163	5×10^3 y	EC, no γ
163 m	1.09 s	IT
164	29 m	EC 60%, β^- 40%
164 m	38 m	IT
165	100%	
166	1.117 d	β^-
166 m	1.2×10^3 y	β^-
167	3.1 h	β^-
168	2.99 m	β^-

伴う高価格がその理由でもある．（古川）

データ・ノート

原子量	164.9304
存在度　地殻	1.4 ppm
宇宙（Si=10^6）	0.088
電子構造	$4f^{11}6s^2$
原子価	3
イオン化ポテンシャル(kJ mol^{-1})	580.7
イオン半径（pm）	$^{3+}$89
密　度（kg m^{-3}）	8795
融　点（℃）	1474
沸　点（℃）	2695
線膨張係数（10^{-6} K^{-1}）	9.5
熱伝導率（W m^{-1} K^{-1}）	16.2
電気抵抗率（10^{-8} Ωm）	87.0
地球埋蔵量（t）	$\sim 10^5$
年間生産量（t）	~ 100

68 エルビウム Er

erbium Erbium erbium эрбий 铒 ěr

[起 源] 1843年，スウェーデン人C. G. Mosander は以前にガドリン石から分離されていたイットリアを，アンモニアによる水酸化物の分別沈殿および微溶性溶液からのシュウ酸を用いる分別沈殿によって3種の成分に分けて，その中の一つに含まれる元素をスウェーデンの小村の Ytterby にちなんでエルビウムと名づけた．(→ イットリウム)

[存 在] 他の希土類元素と同時に産出する．花崗岩中に3.7ppm，玄武岩中に3.9ppm 含まれる．資源として重要な鉱物はモナズ石，バストネサイトである．(→ ランタン)

[同位体] 安定同位体は ^{162}Er, ^{164}Er, ^{166}Er, ^{167}Er, ^{168}Er, ^{170}Er の六つである．放射性同位体としては多くが知られているが，^{160}Er, ^{161}Er および中性子照射で生成する ^{169}Er, ^{171}Er がより重要である．

[製 法] 希土類元素の混合物として鉱物から抽出した後に溶媒抽出法などによって分離精製する．単体を得るにはフッ化エルビウムを金属カルシウムで還元する．

[性 質] 灰白色の金属．通常は六方最密格子．$a=355.9$pm，$c=558.5$pm．

空気中で酸化されて着色し，加熱すると酸化エルビウム Er_2O_3 となる．酸にたやすく溶け，熱水と反応して水素を発生する．ハロゲンを含むすべての非金属と加熱すれば反応する．窒素気流中で加熱すれば窒化物を生じ，水素と加熱すれば水素化物が得られる．

[主な化合物] Er^{3+} を含む化合物が重要であり，水溶液中では常に原子価は3価である．Er_2O_3 は赤黄色を示し，他の化合物を調製する際の出発物質となる．これを塩酸，硝酸，硫酸に溶かして加熱濃縮するとそれぞれの可溶性の塩が得られる．可溶性の塩の水溶液にフッ化水素酸，シュウ酸を加えるとそれぞれフッ化物およびシュウ酸塩が沈殿する．化合物および水溶液の色は一般に赤色．

表 68.1 エルビウムの同位体

同位体	半減期 存在比	主な壊変形式
Er-158	2.24 h	EC 99.5%, β^+ 0.5%
159	36 m	EC 93%, β^+ 7%
160	1.191 d	EC, no γ
161	3.21 h	EC 100%, β^+ 0.03%
162	0.14%	
163	1.25 h	EC 100%, β^+ 0.004%
164	1.61%	
165	10.36 h	EC, no γ
166	33.6%	
167	22.95%	
167 m	2.27 s	IT
168	26.8%	
169	9.40 d	β^-
170	14.9%	
171	7.52 h	β^-
172	2.05 d	β^-
173	1.4 m	β^-

データ・ノート

原子量	167.26
存在度　地殻	3.8 ppm
宇宙 (Si=10^6)	0.25
電子構造	$4f^{12}6s^2$
原子価	3
イオン化ポテンシャル(kJ mol^{-1})	588.7
イオン半径 (pm)	$^{3+}$89
密　度 (kg m^{-3})	9066
融　点 (℃)	1529
沸　点 (℃)	2863
線膨張係数 (10^{-6} K^{-1})	9.2
熱伝導率 (W m^{-1} K^{-1})	14.3
電気抵抗率 (10^{-8} Ωm)	87
地球埋蔵量 (t)	~10^5
年間生産量 (t)	~100

[**用　途**] 元素を単独で用いる例は少ないが，原子番号の大きい希土類元素の中では用途が多いほうである．Er_2O_3 はガラスの中に添加すると独特のうすピンク色を呈するために，高級なクリスタルガラスの製造に利用される．またエルビウムはツリウムとともに最近実用化されている封管型中性子発生装置の標的物質として用いられる．

（古川）

69 ツリウム Tm

thulium　Thulium　thulium　туллий　铥 diū

[**起　源**]　1879年，スウェーデンのP. T. Cleveは酸化エルビウムから二つの新しい酸化物を分離し，その一つをホルミウム，他方をスカンジナビアの旧名 Thule にちなんでツリウムと名づけた．

[**存　在**]　他の希土類元素と同時に産出する．花崗岩中に 0.5 ppm，玄武岩中に 0.4 ppm 含まれる．希土類元素の中でルテチウムとならんで最も存在量の小さな元素である．資源として重要な鉱物はモナズ石，バストネサイトである．(→ ランタン)

[**同位体**]　安定同位体は ^{169}Tm のみである．放射性同位体は多くが知られているが，^{166}Tm，^{167}Tm，^{168}Tm および中性子照射によって生成する ^{170}Tm がより重要である．

[**製　法**]　希土類元素の混合物として鉱石から抽出した後に溶媒抽出法などによって分離精製する．単体を得るにはフッ化ツリウムを金属カルシウムで還元する．

[**性　質**]　灰白色の金属．六方最密格子．$a=353.8$ pm, $c=555.5$ pm．

空気中で酸化されて着色し，加熱すると酸化ツリウム Tm_2O_3 となる．酸にたやすく溶け，熱水と反応して水素を発生する．ハロゲンを含むすべての非金属と加熱すれば反応する．窒素気流中で加熱すれば窒化物を生じ，水素と加熱すれば水素化物が得られる．

[**主な化合物**]　Tm^{3+} を含む化合物が重要であり，溶液中では原子価は3価に限られる．Tm_2O_3 は白色の粉末で，他の化合物を調製する際の出発物質となる．この酸化物はときには酸に溶かしにくいので，水酸化ツリウム $Tm(OH)_3$ から出発することもある．これらを塩酸，硝酸，硫酸に溶かして加熱濃縮するとそれぞれの可溶性の塩が得られる．可溶性の塩の水溶液にフッ化水素酸，シュウ酸を加えると，それぞれフッ化物 TmF_3 およびシュウ酸塩 $Tm_2(C_2O_4)_3 \cdot 6H_2O$ が沈殿する．化合物および水溶液の色は一般に淡緑色．

[**用　途**]　元素単独での用途は少ない．その中の一例をあげると，エルビウムととも

表 69.1 ツリウムの同位体

同位体	半減期 存在比	主な壊変形式
Tm-161	33 m	EC・β^+
162	21.7 m	EC 82.5%, β^+ 7.5%
162 m	24.3 s	IT 82%, EC 18%
163	1.81 h	EC 98.6%, β^+ 1.4%
164	2.0 m	EC 64%, β^+ 36%
164	5.1 m	IT 80%, EC・β^+ 20%
165	1.253 d	EC
166	7.70 h	EC 98.4%, β^+ 1.6%
167	9.25 d	EC
168	93.1 d	EC
169	**100%**	
170	128.6 d	β^- 99.85%, EC 0.15%
171	1.92 y	β^-
172	2.65 d	β^-
173	8.24 h	β^-
174	5.4 m	β^-

に封管型中性子発生装置の標的物質がある.

（古川）

データ・ノート

原子量	168.93421
存在度　地殻	0.48 ppm
宇宙（Si=10^6）	0.039
電子構造	$4f^{13}6s^2$
原子価	3
イオン化ポテンシャル（kJ mol^{-1}）	596.7
イオン半径（pm）	$^{3+}$87
密　度（kg m^{-3}）	9321
融　点（℃）	1545
沸　点（℃）	1947
線膨張係数（10^{-6} K^{-1}）	13.3
熱伝導率（W m^{-1} K^{-1}）	16.8
電気抵抗率（10^{-8} Ωm）	79.0
地球埋蔵量（t）	～10^5
年間生産量（t）	～100

70 イッテルビウム Yb

ytterbium Ytterbium ytterbium иттербий 镱 yì

[起源] 1878年，スイスのJ. C. G. de Marignacは，それまで単一の酸化物と考えられていた酸化エルビウムから，硝酸塩の分別結晶によって淡紅色の酸化エルビウムと異なる白色の酸化物を分離し，その性質が酸化エルビウムと酸化イットリウムの中間にあることから，再びスウェーデンの小村Ytterbyにちなんで，この新酸化物中の元素をイッテルビウムと命名した．

[存在] 他の希土類元素と同時に産出する．花崗岩中に3.3ppm，玄武岩中に3.4ppm含まれる．資源として重要な鉱物はモナズ石，バストネサイトである．(→ランタン)

[同位体] 安定同位体は ^{168}Yb, ^{170}Yb, ^{171}Yb, ^{172}Yb, ^{173}Yb, ^{174}Yb, ^{176}Yb の七つである．放射性同位体は多くが知られているが，^{166}Yb, ^{167}Yb, ^{169}Yb, ^{175}Yb, ^{177}Yb がより重要である．

[製法] 希土類元素の混合物として鉱石から分離した後に溶媒抽出法などによって分離精製する．単体を得るには，塩化イッテルビウム YbCl$_3$ を食塩または塩化カルシウムと溶融し，電気分解する．ハロゲン化物の金属カルシウムによる還元では，Yb^{2+} が生じて金属は得られない．

[性質] 灰白色の金属．通常は面心立方格子．$a=548.5$ pm．

空気中で酸化されて着色し，加熱すると酸化イッテルビウム Yb$_2$O$_3$ が生じる．酸にたやすく溶け，熱水と反応して水素を発生する．ハロゲンを含むすべての非金属と加熱すれば反応する．窒素気流中で加熱すれば窒化物が得られ，水素と加熱すれば水素化物となる．

[主な化合物] 希土類元素の一つとして通常は +3 価の原子価が重要であるが，不安定ながら Yb^{2+} を含む化合物もつくられている．Yb^{2+} を含む溶液は Yb^{3+} を含む溶液を電解還元してつくられる．Yb^{2+} は水溶液中でうすい黄色を示すが，空気だけでなく

表 70.1 イッテルビウムの同位体

同位体	半減期 存在比	主な壊変形式
Yb-163	11.1 m	EC 74%, β^+ 26%
164	1.26 h	EC
165	9.9 m	EC 90%, β^+ 10%
166	2.36 d	EC
167	17.5 m	EC 99.5%, β^+ 0.5%
168	**0.13%**	
169	32.0 d	EC
169 m	46 s	IT
170	**3.05%**	
171	**14.3%**	
172	**21.9%**	
173	**16.12%**	
174	**31.8%**	
175	4.19 d	β^-
176	**12.7%**	
176 m	11.4 s	IT
177	1.9 h	β^-
177 m	6.41 s	IT
178	1.23 h	β^-

データ・ノート

原子量	173.04
存在度　地殻	3.3 ppm
宇宙 (Si=10⁶)	0.24
電子構造	$4f^{14}6s^2$
原子価	2, 3
イオン化ポテンシャル($kJ\ mol^{-1}$)	603.4
イオン半径 (pm)	²⁺113, ³⁺86
密　度 ($kg\ m^{-3}$)	6965
融　点 (°C)	824
沸　点 (°C)	1193
線膨張係数 ($10^{-6}K^{-1}$)	25.0
熱伝導率 ($W\ m^{-1}K^{-1}$)	34.9
電気抵抗率 ($10^{-8}\Omega m$)	29.0
地球埋蔵量 (t)	~10^5
年間生産量 (t)	~100

水によっても酸化される。塩化イッテルビウム(II) YbCl₂, 臭化イッテルビウム(II) YbBr₂ などのハロゲン化物が得られ, 硫酸イッテルビウム(II) YbSO₄, 炭酸イッテルビウム(II) YbCO₃ は難溶性であることが知られている。どの化合物も不安定であるが, その性質は Ba^{2+} などのアルカリ土類の相当する化合物と似ている.

Yb³⁺ を含む化合物は他の希土類元素の化合物と同じような性質を示す. Yb₂O₃ は白色の粉末で, 水酸化イッテルビウム Yb(OH)₃ とともに他の化合物を調製する際の出発物質となる。これらを塩酸, 硝酸, 硫酸に溶かして加熱濃縮するとそれぞれの可溶性の塩が得られる。可溶性の塩の水溶液にフッ化水素酸, シュウ酸を加えると, それぞれフッ化イッテルビウム YbF₃ およびシュウ酸イッテルビウム Yb₂(C₂O₄)₃·nH₂O が沈殿する.

[**用　途**]　比較的高価なこともあって元素単独での利用は少ない。少量が特殊ガラスの製造に利用されている.

（古川）

71 ルテチウム Lu

lutetium　Lutetium　lutétium　лютеций　**镥 lǔ**

[**起 源**]　1905年 C. A. von Welsbach は イッテルビウムについてスペクトル線の研究を行い，その単一でないことに気づき，分別結晶によってこれから新元素を分離した．1907年これを実際上純粋に得ることに成功し，カシオペイウムと名づけた．G. Urbain もこれとほとんど同時に同じ元素を発見して，パリの古名(Lutecia)にちなんでルテシウムと命名した．これにやや遅れて C. James もこの元素を発見した．現在ではルテチウムと呼ばれている．このようにしてプロメチウムを除くすべての希土類元素の発見の歴史は幕を閉じる．

[**存 在**]　他の希土類元素と同時に産出する．花崗岩中に0.5ppm，玄武岩中にも0.5ppm含まれる．希土類元素の中でツリウムとならんで最も存在量の小さい元素である．資源として重要な鉱物はモナズ石，バストネサイトである．(→ランタン)

[**同位体**]　安定同位体は ^{175}Lu のみであるが，天然放射性核種 ^{176}Lu が存在する．^{176}Lu $\xrightarrow{\beta^-}$ ^{176}Hf の壊変を利用する年代決定法が実用化されている．放射性同位体は多くが知られているが，^{173}Lu，^{174}Lu，^{174m}Lu および中性子照射で生成する ^{177m}Lu，^{177}Lu がより重要である．

[**製 法**]　希土類元素の混合物として鉱石から抽出した後に溶媒抽出法などによって分離精製する．単体を得るにはフッ化ルテチウムを金属カルシウムで還元する．

[**性 質**]　灰白色の金属．六方最密格子．$a=350.3$pm，$c=555.1$pm．

空気中で酸化されて着色し，加熱すると酸化ルテチウム Lu$_2$O$_3$ となる．酸にたやすく溶け，熱水と反応して水素を発生する．ハロゲンを含むすべての非金属と加熱すれば反応する．窒素気流中で加熱すれば窒化物となり，水素と加熱すれば水素化物が得られる．

[**主な化合物**]　Lu^{3+} を含む化合物のみが

表71.1　ルテチウムの同位体

同位体	半減期存在度	主な壊変形式
Lu-169	1.419 d	EC
169 m	2.7 m	IT
170	2.00 d	EC 99.74%, β^+ 0.26%
171	8.24 d	EC
171 m	1.31 m	IT
172	6.70 d	EC
172 m	3.7 m	IT
173	1.37 y	EC
174	3.31 y	EC
174 m	142 d	IT 99.38%, EC 0.62%
175	97.41%	
176	3.78×10^{10}y	β^-
	2.59%	
176 m	3.64 h	β^- 99.9%, EC 0.1%
177	6.71 d	β^-
177 m	160.9 d	β^- 79%, IT 21%
178	28.4 m	β^-
178 m	23.1 m	β^-
179	4.59 h	β^-

データ・ノート

原子量	174.967
存在度 地殻	0.51 ppm
宇宙 (Si=10^6)	0.037
電子構造	4f^{14}5d6s^2
原子価	3
イオン化ポテンシャル (kJ mol^{-1})	523.5
イオン半径 (pm)	$^{3+}$85
密 度 (kg m^{-3})	9840
融 点 (°C)	1663
沸 点 (°C)	3395
線膨張係数 (10^{-6} K^{-1})	8.12
熱伝導率 (W m^{-1} K^{-1})	16.4
電気抵抗率 (10^{-8} Ωm)	58.2
地球埋蔵量 (t)	~10^5
年間生産量 (t)	~100

重要であり,溶液中では原子価は3価にかぎられる.Lu$_2$O$_3$ は白色の粉末で,他の化合物を調製する際の出発物質となる.これを塩酸,硝酸,硫酸に溶かして加熱濃縮するとそれぞれの可溶性の塩が得られる.可溶性の塩の水溶液にフッ化水素酸,シュウ酸を加えると,それぞれフッ化物 LuF$_3$ およびシュウ酸塩 Lu$_2$(C$_2$O$_4$)$_3$·nH$_2$O が沈殿する.化合物および水溶液の色は一般に無色.

[**用 途**] 産出量が少なく高価なこともあって,元素単独での用途はほとんどない.

(古川)

72 ハフニウム Hf

hafnium　Hafnium　hafnium　гафний　铪　hā

[**起　源**] 1911年，フランスの化学者G. Urbainは希土（rare earth）の残物試料から原子番号72の元素を単離したと発表し，セルチウムと名づけた．1922年には彼とA. DauvillierはX線的にもこの発見が支持されると主張した．しかしこの頃までにN. Bohrは彼の原子論を展開し，72番元素は周期表4族（4A族）に属し，希土類元素よりもむしろジルコニウムに伴って発見されるべきことを主張していた．コペンハーゲンのボーアの研究所で研究していたD. CosterとG. von Hevesyは1922～1923年，ノルウェー産のジルコン中にX線スペクトルのモーズリーの方法によって72番元素の存在を確かめ，コペンハーゲンのラテン名Hafniaにちなんで，これをハフニウムと名づけた．ジルコニウムからのハフニウムの分離はその後フッ素錯体の再結晶を繰り返して行われ，金属ハフニウムはナトリウムによる還元によって得られた．

[**存　在**] ジルコニウム鉱物は1～5%のハフニウムを含んでいる．ジルコンでHfO_2が最高6%，苗木石7%，バッデリ石1.2%，またシルト石で最高10%以上という．ランタノイド収縮の結果，ハフニウムの原子半径やイオン半径はほとんどジルコニウムのそれに等しい．地殻存在度は5.3ppmであり，ジルコニウムよりはるかに少なく，単独の鉱物はない（1974年ハフニウムを多く含むジルコンと同型の鉱物が発見されハフノンと名づけられた）．ハフニウムのあるところ必ずジルコニウムが存在し，ジルコニウムのないところにはハフニウムはない，といい切ってよいほど相伴って存在する．

[**同位体**] 天然に存在する安定同位体は，^{176}Hf，^{177}Hf，^{178}Hf，^{179}Hf，^{180}Hfの五つで，

表 72.1 ハフニウムの同位体

同位体	半減期 存在度	主な壊変形式
Hf-169	3.24 m	$EC \cdot \beta^+$
170	16.0 h	EC
171	12.1 h	$EC \cdot \beta^+$
172	1.87 y	EC
173	23.6 h	EC
174	2.0×10^{15}y	α
	0.162%	
175	70 d	EC
176	5.206%	
177	18.606%	
177 m^1	1.08 s	IT
177 m^2	51.4 m	IT
178	27.297%	
178 m^1	4.0 s	IT
178 m^2	31 y	IT
179	13.629%	
179 m^1	18.7 s	IT
179 m^2	25.1 d	IT
180	35.100%	
180 m	5.5 h	IT
181	42.4 d	β^-
182	9×10^6y	β^-
182 m	1.03 h	β^- 58%, IT 42%
183	1.07 h	β^-

データ・ノート

原子量	178.49
存在度　地殻	5.3 ppm
宇宙（Si=10⁶）	0.176
電子構造	$4f^{14}5d^26s^2$
原子価	(3), 4
イオン化ポテンシャル($kJ\ mol^{-1}$)	642
イオン半径 (pm)	$^{4+}84$
密　度 ($kg\ m^{-3}$)	13310
融　点 (℃)	2230
沸　点 (℃)	4602
線膨張係数 ($10^{-6}K^{-1}$)	5.9
熱伝導率 ($W\ m^{-1}K^{-1}$)	23.0
電気抵抗率 ($10^{-8}\Omega m$)	35.1
地球埋蔵量 (t)	—
年間生産量 (t)	~100

^{174}Hf は天然放射性核種である．放射性同位体は，^{172}Hf, ^{173}Hf, ^{175}Hf, ^{181}Hf が重要で，原子炉中性子照射では ^{181}Hf が生成しやすい．

[**製　法**] 単体は，現在では四塩化ハフニウム $HfCl_4$ をマグネシウムまたはナトリウムで還元する方法（Kroll 法）によってつくられる．

[**性　質**] 単体はしなやかな，銀色に輝く金属である．六方最密格子．$a=319.5$ pm, $c=505.1$ pm. その性質は不純物として存在するジルコニウムにかなり影響される．鉄，チタン，ニオブ，タンタルなどと合金をつくる．細粉状のハフニウムは空気中で自然発火する．700℃ でハフニウムは速やかに水素を吸収し，$HfH_{1.86}$ の組成のものになる．ハフニウムはまた濃アルカリに侵されない．高温では，酸素，窒素，炭素，ホウ素，硫黄，ケイ素などと反応する．

ジルコニウムの2倍の密度（$13310\ kg\ m^{-3}$）をもち，またジルコニウムの600倍の熱中性子吸収断面積をもつ．

主な原子価は +4 であり，化学的性質はジルコニウムにまったく似ており，すべての元素中（ランタノイドをも含めて），この両者ほど分離しにくいものはないといわれる．チオシアン酸ハフニウム $Hf(SCN)_4$ が塩酸酸性溶液からヘキソン（メチルイソブチルケトン）に選択的に抽出される．また，フッ素錯陰イオンのイオン交換分離の方法がある．

[**主な化合物**] 炭化ハフニウム HfC は二成分の化合物では最も耐火性のものとして知られている．また窒化物はすべての金属窒化物の中で最も耐火性である（融点 3310℃）．フッ化ハフニウム HfF_4 はフッ化ジルコニウムと並んで，フッ化物ガラスの主成分となる．フッ化物錯体はよく知られているが，$[HfF_6]^{2-}$ 型ばかりでなく，$[HfF_7]^{3-}$, $[Hf_2F_{14}]^{6-}$, $[HfF_8]^{4-}$ のような型のものもつくられている．これはジルコニウムも同様である．

[**用　途**] ハフニウムは，熱中性子吸収断面積が大きく，機械的強度も高く，きわめて耐食性であることから，原子炉の制御棒に用いられ，原子力潜水艦などで利用する．この点は，ジルコニウムがその小さい中性子吸収断面積を利用して，燃料棒の被覆に使われるのと対照的である．

ハフニウムはまたガス入り電球や白熱電球に用いて，酸素や窒素のゲッターとして有効である．

（冨田）

73 タンタル Ta

tantalum Tantal tantale тантал 鉭 tǎn

[**起 源**] 1802年, スウェーデンのA. G. Ekebergは, フィンランドのKimito産の鉱物(後のタンタル石)とスウェーデンYtterby産の鉱物(後のイットロタンタル石)から新元素を発見し, ギリシャ神話のPhrygiaの王Tantalusにちなんで Tantalumと命名した. Tantalusは神の秘密を人に漏らしたため地獄の湖中につながれ, のどがかわいて水を飲もうとすると, 水が退き, 頭上の果物をとろうと手を伸ばすとそれも退いて, 散々じらされた逸話の持ち主である. Ekebergは, この鉱物を酸に浸したときに遭遇したさまざまな困難をたとえて, このように名づけたのである.

ところが, 1844年になってドイツのH. Roseは Bodenmais産のコルンブ石から2種の元素を分離し, 一方がEkebergのタンタルであり, もう一方を新元素と考えてTantalusの娘Niobeにちなんで Niobiumと命名した. これは後に1801年にC. Hatchettが見出したcolumbiumと同一の元素であることが判明した. 結局, ニオブ酸とタンタル酸とが, 異なるものであることがわかったのはRoseの研究以後のことであって, それ以前の研究者は両者の混合物を分離していたことになる.

[**存 在**] 地殻における存在度は2ppm程度でスズやヒ素と同じくらいである. ランタノイド収縮の結果, ニオブとタンタルはイオン半径がほとんど等しく, 化学的性質も酷似していて, 地球化学的にも密接な関係にある. 主要鉱物は$(Fe, Mn)M_2O_6$ (M = Nb, Ta)の組成をもつコルンブ石で, Nb > Taのものをニオブ石, Ta > Nbのものはタンタル石という. 岩石, 鉱物ではNbやTaはTiを置換することが多い. イットロタンタル石, フェルグソン石, ユークセン石, ベタフォ石, サマルスキー石や, またルチル, 黒雲母などである.

[**同位体**] 同位体は^{180m}Taと^{181}Taが天然に存在するが, ^{180m}Taは長寿命放射性核種(半減期 > 10^{15}年)として取り扱われてい

表 73.1 タンタルの同位体

同位体	半減期 存在度	主な壊変形式
Ta-173	3.14 h	EC 76%, β^+ 24%
174	1.18 h	EC 73.3, β^+ 26.7%
175	10.5 h	EC 99.4%, β^+ 0.6%
176	8.09 h	EC 99.3%, β^+ 0.7%
177	2.36 d	EC
178	9.31 m	EC 98.9%, β^+ 1.1%
178	2.36 m	EC
179	1.79 y	EC, no γ
180	8.15 h	EC 86%, β^- 14%
180 m	0.012%	
181	99.988%	
182	114.4 d	β^-
182m^1	0.283 s	IT
182m^2	15.8 m	IT
183	5.1 d	β^-
184	8.7 h	β^-
185	49 m	β^-
186	10.5 m	β^-

データ・ノート

原子量	180.9479
存在度　地殻	2 ppm
宇宙（Si=10⁶）	0.0226
電子構造	$4f^{14}5d^36s^2$
原子価	(1), (2), (3), 4, 5
イオン化ポテンシャル(kJ mol⁻¹)	761
イオン半径 (pm)	$^{3+}72, ^{4+}68, ^{5+}64$
密度 (kg m⁻³)	16654
融点 (℃)	2996
沸点 (℃)	5425
線膨張係数 (10^{-6}K⁻¹)	6.6
熱伝導率 (W m⁻¹K⁻¹)	57.5
電気抵抗率 (10^{-8}Ωm)	13.4
地球埋蔵量 (t)	—
年間生産量 (t)	3×10^2

る.放射性同位体としては,^{177}Ta,^{178}Ta,^{179}Ta,^{182}Ta,^{183}Taなどが重要で,タンタルを原子炉中性子で照射すると^{182}Taが大量に生成する.

[製　法] 単体を商業ベースでつくるにはいくつかの方法がある.フルオロタンタル酸カリウムK_2TaF_7の融解電解,K_2TaF_7のナトリウムによる還元,あるいは炭化物と酸化物を反応させる方法などである.

[性　質] 単体は灰色の重く,きわめて硬い金属である.純粋なものは延性があり,針金にすることができる.結晶は体心立方格子.$a=330.3$ pm.

150℃以下では化学的にきわめて安定で,フッ化水素酸やフッ化物イオンを含む酸性溶液,それに三酸化硫黄に侵される程度である.アルカリにはゆっくり侵される.高温ではタンタルは反応性が高くなる.融点(2996℃)が高く,これより高いのはタングステンやレニウムくらいである.人体には無害である.

主な原子価は+5である.+1～+4価もとりうるが,低い原子価状態はバナジウムからタンタルへ周期表を下がるにつれて困難になる.水溶液中で+5価のタンタル酸イオンはポリ酸となりやすく,またコロイド状になりやすい.

[主な化合物] 5価のタンタルには,酸化物,タンタル酸塩,ハロゲン化物や,フルオロタンタル酸塩(M^ITaF_6, $M_2^ITaF_7$, $M_3^ITaF_8$ など),ペルオキソタンタル酸塩 $M_3^ITaO_8$ などが知られている.Ta_2O_5 は白色,不溶性の粉末で,フッ化水素酸にのみ溶ける.水酸化アルカリや炭酸アルカリと融解すればタンタル酸塩ができる.一般にタンタル酸塩は重合や加水分解などのため組成が複雑である.

Ta_2O_5 をフッ化水素酸に溶かし,フッ化カリウムを加えて得られる K_2TaF_7 は常温で水に難溶であるが,同様の操作でニオブは $K_2NbOF_5\cdot2H_2O$ のような水に可溶な形をとるのでタンタルとニオブの分離ができる(Marignac法).

[用　途] タンタルは,高融点,高強度,展延性,耐食性など,種々の性質をもった合金をつくるのに用いられる.化学プラントなどで腐食性のとくに強い環境下での熱交換器などに使われている.タンタルは高温でゲッターとして働き,また酸化物の薄膜は安定で,整流性と高い誘電性をもつ.タンタルの利用の60%は,電解コンデンサーと真空炉の部品である.また,原子炉や航空機,ミサイルの部品にも使われている.タンタルは,人体の組織に対して異物としての作用が最も少ないので,外科手術用具に用いられている.

(冨田)

74 タングステン W

wolfram Wolfram tungstène вольфрам 钨 wū tungsten

[**起　源**] 元素記号はドイツ語 Wolfram によっているが，その起源はタングステンの鉱石である鉄マンガン重石（組成 (Fe, Mn)WO₄）が wolframite と呼ばれていたことによる．古くから，スズ石の精錬の際にこれが共存すると，スズをスラグの中に取り込んでしまうために，鉱夫たちは「狼がスズをおそう」と恐れていたという．1781年スウェーデンの C. W. Scheele は当時 tungsten（スウェーデン語で重い石）と呼ばれ，現在灰重石（scheelite, 組成 CaWO₄）といわれている鉱石から新たな酸化物を分離した．2年後にスペインの de Elhuyart 兄弟は鉄マンガン重石から同じ酸化物を分離し，炭素で還元して金属を得た．

[**存　在**] 比較的広く分布しているが，その量は多くない．火成岩の中に1ppm 程度含まれている．重要な鉱物は鉄マンガン重石，灰重石で，主な産地は中国（世界埋蔵量の50% 以上），アメリカ，韓国，ボリビア，ポルトガルなどである．

[**同位体**] 安定同位体は ¹⁸⁰W，¹⁸²W，¹⁸³W，¹⁸⁴W，¹⁸⁶W の五つである．放射性同位体は ¹⁷⁸W，¹⁷⁹W，¹⁷⁹ᵐW，¹⁸¹W，¹⁸⁵W，¹⁸⁷W，¹⁸⁸W などが知られ，原子炉中性子の照射では ¹⁸⁷W が最も大量に生成する．

[**製　法**] 鉄マンガン重石が原鉱の場合はアルカリ融解を行って水で抽出しタングステン酸ナトリウム Na₂WO₄·2H₂O としてから，塩酸で処理してタングステン酸 WO₃·H₂O を沈殿させる．灰重石から出発するときは直ちに塩酸でタングステン酸とする．これを焙焼して酸化タングステン(Ⅵ)WO₃ とし，850°C で水素還元すれば金属が得られる．

[**性　質**] 白色の光沢のある白金に似た金属．純粋なものは軟らかい．体心立方格子で $a=316.5\,\mathrm{pm}$．炭素に次いで融点が高い．

乾いた空気中ではきわめて安定であるが，湿っていると酸化される．粉末を熱す

表 74.1 タングステンの同位体

同位体	半減期 存在度	主な壊変形式
W-174	31 m	EC・β⁺
175	34 m	EC・β⁺
176	2.5 h	EC・β⁺
177	2.25 h	EC
178	21.6 d	EC, no γ
179	37.5 m	EC
179 m	6.4 m	IT 99.72%, EC 1.28%
180	0.13%	
181	121.2 d	EC
182	26.3%	
183	14.3%	
183 m	5.2 s	IT
184	30.67%	
185	75.1 d	β⁻
185 m	1.67 m	IT
186	28.6%	
187	23.7 h	β⁻
188	69.4 d	β⁻
189	11.5 m	β⁻
190	30.0 m	β⁻

データ・ノート

原子量	183.84
存在度　地殻	1 ppm
宇宙 (Si=10^6)	0.137
電子構造	$4f^{14} 5d^4 6s^2$
原子価	1, 2, 3, 4, 5, 6
イオン化ポテンシャル(kJ mol^{-1})	770
イオン半径　(pm)	$^{4+}$68, $^{6+}$62
密　度 (kg m^{-3})	19300
融　点 (℃)	3410
沸　点 (℃)	5660
線膨張係数 (10^{-6} K^{-1})	4.59
熱伝導率 (W m^{-1} K^{-1})	174
電気抵抗率 (10^{-8} Ωm)	5.65
地球埋蔵量 (t)	2.8×10^6
年間生産量 (t)	4.5×10^4

ると，300℃ で反応が始まり，650℃ で急速に WO_3 となる．希塩酸，希硫酸とは反応しないが，濃硝酸は粉末と熱時反応する．フッ化水素酸と硝酸の混合物には速やかに溶解する．KNO_3 のような酸化剤を含むアルカリと溶融すると侵されてタングステン酸塩となる．フッ素とは常温で，他のハロゲンとは加熱時に反応する．水素，窒素とは著しい反応はみられない．

[**主な化合物**] タングステンは 2, 3, 4, 5, 6 価の原子価をとるが，6 価の化合物が最も重要である．2 価の化合物は塩化物，臭化物，ヨウ化物が知られ，$[W_6Cl_8]Cl_4$ のような形をとっている．W^{3+} を含む化合物としては WCl_3，WBr_3，WI_3 がつくられ，形式上 3 価となる $K_3[W_2Cl_9]$ は W-W の結合を含んでいる．4 価の化合物は WF_4，WCl_4，WBr_4，WO_2，WS_2 などが知られ，いずれも対応するモリブデンの化合物と似た性質を示す．オクタシアノタングステン (IV) 酸カリウム $K_4[W(CN)_8]$ のような錯化合物もつくられている．W (V) の化合物にも配位化合物が多く知られ，配位子として酸素を含むものが多い (例：$K_2[WOCl_5] \cdot 2H_2O$)．フッ化物，塩化物，臭化物がつくられ，W_2O_5 に相当する酸化物はないが，$W_{18}O_{49}$，$W_{20}O_{58}$ のような化合物が存在する．WO_3 は金属を酸化させた際の最終生成物として得られる黄色の粉末で，室温付近で多くの結晶形の間の転移が起こる．この酸化物は空気中で安定で，水にはほとんど溶けない．酸には溶けにくいが，フッ化水素酸，濃硫酸に溶け，アルカリ，アンモニアに溶かすとタングステン酸塩 ($M_2^I WO_4$) となる．多くのタングステン酸塩がつくられ，$[W_4O_{16}]^{8-}$，$[W_{10}O_{32}]^{4-}$，$[HW_6O_{20}]^{3-}$ のような形をしたイソポリ酸イオンも知られている．また異種の元素を含むヘテロポリ酸塩 (例：$[PW_{12}O_{40}]^{3-}$) もよく研究されている．ハロゲン化物は WF_6，WCl_6，WBr_6 が得られ，WOF_4，$WOCl_4$，WO_2Br_2 のような酸素を含むハロゲン化物が知られている．

[**用途**] 産出量の半分は炭化タングステン WC の製造にあてられる．WC は非常に硬く，工具などに用いられる超硬合金（組成の例，WC 85%，Co 15%）の製造に向けられる．高速度鋼，耐火合金の製造にも利用されるが，金属としてはなお電球のフィラメントとしての使用量が大きく，X 線管の対陰極，ガラス封入線にも用いられる．タングステン酸カルシウム $CaWO_4$ はけい光ランプの中に含まれている． (古川)

75 レニウム Re

rhenium Rhenium rhénium рений 錸 lái

[起源] 1925年ドイツのW. Noddack と I. Tacke, O. Berg はガドリン石（希土類元素を含むケイ酸塩鉱物）の中から得た濃縮試料のX線分析から75番元素を発見したと発表し，Rhein川にちなんでレニウムと名づけた．彼らは後に輝水鉛鉱（組成 MoS$_2$）から1gのレニウムを抽出した．

[存在] 地殻中の存在量は0.0004ppm程度でイリジウムとならんでふつうの元素としては最も存在量の小さい元素である．レニウムを主成分とする鉱物は未発見であり，化学的性質の似ているモリブデンを含む輝水鉛鉱（含量0.2%）が最も含有量が多い．資源としてはこの鉱物の焙焼の際の煙塵の中から回収されている．銅の鉱石にも微量が含まれるので，第二次大戦中のドイツでは銅精錬の副産物として回収していた．

[同位体] 安定同位体は^{185}Reのみであり，^{187}Reは天然放射性核種である．放射性同位体は多くが知られているが，^{183}Re, ^{184}Re, ^{184m}Reおよび中性子照射で生成する^{186}Re, ^{188}Reなどが重要である．

[製法] 煙塵から回収したレニウムは酸化レニウム（VII）Re$_2$O$_7$の形をとっている．これを抽出して精製し，過レニウム酸アンモニウムNH$_4$ReO$_4$に変えてから水素還元すると黒色の粉末が得られる．これをアーク溶解すると銀白色となる．

[性質] 銀白色の金属．結晶は六方最密格子．$a=276.1$pm，$c=445.8$pm．融点はタングステン（3410°C）に次いで高い．

塊状の場合は空気中で安定であるが，1000°C以上で酸化が進む．粉末の場合は酸素気流中で加熱すると酸化されてRe$_2$O$_7$が生じる．水素，窒素とは反応しない．フッ素と反応してフッ化レニウム（VI）ReF$_6$とフッ化レニウム（VII）ReF$_7$となる．硫黄とは直接化合して硫化レニウム（IV）ReS$_2$を生成する．フッ化水素酸，塩酸にはほとんど溶けないが，硝酸，濃硫酸，臭素水に溶けて過レニウム酸HReO$_4$となる．テクネ

表75.1 レニウムの同位体

同位体	半減期 存在度	主な壊変形式
Re-179	19.5 m	EC 99.2%, β^+ 0.8%
180	2.44 m	EC 91.5%, β^+ 8.5%
181	19.9 h	EC
182	2.67 d	EC
182 m	12.7 h	EC 99.8%, β^+ 0.2%
183	70.0 d	EC
184	38.0 d	EC
184 m	169 d	IT 75.4%, EC 24.6%
185	37.40%	
186	3.78 d	β^- 93.1%, EC 6.9%
186 m	2.0×10^5 y	IT
187	4.4×10^{10} y	β^-, no γ
	62.60%	
188	17.0 h	β^-
188 m	18.6 m	IT
189	1.01 d	β^-
190	3.1 m	β^-
190 m	3.2 h	β^- 54%, IT 46%

データ・ノート

原子量	186.207
存在度　地殻	$4×10^{-4}$ ppm
宇宙 (Si=10^6)	0.051
電子構造	4 f^{14} 5 d^5 6 s^2
原子価　　(1), (2), 3, 4, 5, 6, 7	
イオン化ポテンシャル(kJ mol^{-1})	760
イオン半径 (pm)　　$^{4+}$72, $^{6+}$61, $^{7+}$60	
密度 (kg m^{-3})	21020
融点 (°C)	3180
沸点 (°C)	5627
線膨張係数 (10^{-6}K^{-1})	6.63
熱伝導率 (W m^{-1}K^{-1})	47.9
電気抵抗率 (10^{-8}Ωm)	19.3
地球埋蔵量 (t)	—
年間生産量 (t)	~20

チウムと異なって過酸化水素にも溶ける.

[主な化合物] レニウムは正1価から7価までの原子価をとるが, とくに Re (IV) と Re (VII) を含む化合物が重要である. 酸化レニウム (IV) ReO$_2$ は Re$_2$O$_7$ を水素中で 300°C に加熱するか, 真空中で長時間加熱すると得られる黒色の粉末で, 真空中で 1000°C に加熱すると Re$_2$O$_7$ とレニウムになる. フッ化レニウム (IV) ReF$_4$ は青色の結晶で 300°C 以上で昇華する. 硫化レニウム (IV) は黒色の板状結晶. ヘキサクロロレニウム (IV) 酸カリウム K$_2$[ReCl$_6$] のようなハロゲノ錯体も知られている. 酸化レニウム (VI) ReO$_3$ は Re$_2$O$_7$ を一酸化炭素で還元すると生成する金属光沢をもつ赤色の固体である. フッ化レニウム (VI) はレニウムに 125°C でフッ素を作用させて得られる黄色の固体(融点 18.5°C, 沸点 33.7°C)で, 湿った空気中で分解する. Re$_2$O$_7$ は黄色の固体で揮発性が高く(融点 300.3°C, 沸点 360.3°C), 吸湿性が強く, 水に溶けて過レニウム酸 HReO$_4$ となる. 過レニウム酸カリウム KReO$_4$ はレニウムの代表的な化合物で, 白色の結晶. 過レニウム酸塩の水溶液は可視光線を吸収しないので無色であり, 同族の過マンガン酸塩のような強い酸化力を示さない. 硫化レニウム (VII) Re$_2$S$_7$ は Re$_2$O$_7$ と乾燥した硫化水素 H$_2$S を反応させて生じる黒色の粉末で, 空気があれば水に溶けて過レニウム酸になる. ReF$_7$ は黄色の固体(融点 48.3°C, 沸点 73.7°C)で, 湿気によって分解する.

[用途] 産出量が少なく, 高価なために用途は小規模なものにかぎられる. 固体用質量分析計のフィラメント, 真空炉のヒーター, 熱電対(Pt-Re など), 水素化, 脱水素化反応の触媒などがその主なものである.

(古川)

[トピックス] 宇宙時計 ^{187}Re-^{187}Os

長寿命 ^{187}Re を地学の時計に使おうとする計画は, 1950 年から試みられたが, 半減期を正確に求めるのが困難なため, その方に力が注がれた. 1960 年代になって, 元素生成理論の考察から, ^{187}Os の同位体存在度が理論計算よりも高いことがわかり, その高い分は, ^{187}Re が星の内部で生成してから太陽系が生まれるまでに壊変した量に相当するとの考えが生まれた. このことを利用すると, ^{187}Re が生成してから太陽系が生まれるまでの平均経過時間が計算で求められることになる. その結果はおよそ 100 億年程度になって, 他の方法による年代と大体一致した. 一方, ^{187}Re-^{187}Os 系を岩石・鉱物の固化年代測定に使おうとする実験はいまなお継続している.

(馬淵)

76 オスミウム Os

osmium　Osmium　osmium　осмий　锇 é

[**起　源**]　1803年イギリス人S. Tennantが発見し，ギリシャ語のosme（臭い）にちなんで命名した．酸化オスミウム(VIII)OsO$_4$の強い臭いによるという．

[**存　在**]　地殻中の存在度は~10^{-4}ppm程度である．主として白金鉱中にイリジウムとの合金として存在し，南アフリカ，カナダのSudbery，旧ソ連のウラル地方が主な産地である．

[**同位体**]　安定同位体は ^{184}Os，^{187}Os，^{188}Os，^{189}Os，^{190}Os，^{192}Os の六つがあり，^{186}Os は天然放射性核種である．^{187}Os は ^{187}Re(4.4×10^{10}年)の壊変生成核種なので，レニウムを含む古い鉱物の中から抽出されたオスミウムの中の ^{187}Os の存在濃度は高くなる場合がある．放射性同位体としては ^{183}Os，^{185}Os，^{191}Os，^{191m}Os，^{193}Os，^{194}Os など多くが知られている．中性子照射では主として ^{185}Os，^{193}Os が生成する．

[**製　法**]　白金鉱またはニッケル精錬の際の「白金族混合物」を王水で処理して，白金，パラジウムを除く．残渣を硫酸水素ナトリウムと溶融してから，ロジウムを水で溶かし出す．その残留物を過酸化ナトリウムと溶融し，水で処理するとオスミウムとルテニウムの溶液が得られる．この溶液を塩素を通じながら加熱すると四酸化オスミウム，四酸化ルテニウムが揮発する．留出物を塩酸中に集め加熱するとオスミウムだけが揮発するので，水酸化ナトリウム水溶液中に集める．塩化アンモニウムを加えてジオクソテトラアンミンオスミウム(VI)塩化物 OsO$_2$(NH$_3$)$_4$Cl$_2$ を沈殿させ，水素で還元すると単体が得られる．加工はむずかしいので2000℃付近で焼結して金属塊とする．

[**性　質**]　かたまりは青灰色を示し，硬くてもろい．粉末は青黒色．比重は22.57で物質中で最も大きい．結晶は六方最密格子．

表 76.1　オスミウムの同位体

同位体	半減期 存在度	主な壊変形式
Os-181	2.7 m	EC 97%，β^+ 3%
181 m	1.75 h	EC
182	22.1 h	EC
183	13.0 h	EC 99.9%，β^+ 0.1%
183 m	9.9 h	EC 85%，IT 15%
184	0.02%	
185	93.6 d	EC
186	2.0×10^{15} y	α
	1.58%	
187	1.6%	
188	13.3%	
189	16.1%	
189 m	5.8 h	IT
190	26.4%	
190 m	9.9 m	IT
191	15.4 d	β^-
191 m	13.1 h	IT
192	41.0%	
192 m	6.1 s	IT
193	1.27 d	β^-
194	6.0 y	β^-

データ・ノート

原子量	190.23
存在度　地殻	約 $1×10^{-4}$ ppm
宇宙（Si=10^6）	0.72
電子構造	$4f^{14}5d^66s^2$
原子価	1, 2, 3, 4, 5, 6, (7), 8
イオン化ポテンシャル(kJ mol^{-1})	840
イオン半径 (pm)	$^{2+}$89, $^{3+}$81, $^{4+}$67
密度 (kg m^{-3})	22570
融点 (℃)	3045
沸点 (℃)	5027
線膨張係数 (10^{-6} K^{-1})	4.7
熱伝導率 (W m^{-1} K^{-1})	87.6
電気抵抗率 (10^{-8} Ωm)	8.12
地球埋蔵量 (t)	$2×10^2$
年間生産量 (t)	0.06

a=273.4 pm, c=439.2 pm.

白金属元素の中で最も酸化されやすく，微粉状のオスミウムは空気中で常温でも一部酸化されて OsO_4 の臭気を発するが，100℃付近から反応は著しくなる．塊状のものも200℃以上で酸化が始まる．フッ素とは約100℃で反応し，反応熱によって白熱する．塩素とも加熱時に反応するが，この反応は塩化ナトリウムの添加によって完全となる．臭素，ヨウ素とは加熱しても反応しない．王水にはやや溶けにくいが，濃硝酸には溶けて OsO_4 を発する．溶融アルカリには空気または酸化剤の存在下で溶けるが，酸化性の試薬（たとえば過酸化ナトリウム）と融解すればよく溶けてオスミウム酸塩 $[OsO_2(OH)_4]^{2-}$ となる．

[**主な化合物**] 1価から8価に至るすべての原子価の化合物が知られているが，一般には4価オスミウム化合物が知られている．酸化オスミウム(IV) OsO_2 は金属を酸化チッ素 NO 中で650℃に加熱して得られる黄褐色の固体である．OsO_4 は揮発しやすい（融点40℃，沸点130℃）化合物で，金属の加熱による酸化か，他のオスミウム化合物に HNO_3 を作用させて得られる．これはオスミウムの化合物の中で最も重要なものであるが，毒性はきわめて高く，アルカリ水溶液に溶けると $[OsO_4(OH)_2]^{2-}$ を生じ，濃塩酸を酸化して Cl_2 を発生させる．フッ化物は4価から7価に至る元素を含むものが知られているが，OsF_7 は極端な条件でつくられ，不安定である．他のハロゲン化物は主として Os^{2+}, Os^{3+} を含むものが報告されているが，その性質は必ずしもよくわかっていない．二硫化オスミウム OsS_2 は唯一の硫化物で，Os^{2+} を含んでいる．

Os^{2+} は CN^-，ホスフィン，アルシンなどと安定な錯化合物をつくるが，水やアンモニアとは安定な錯体を生じない．Os^{3+} を含む錯化合物はほとんど知られていない．$[Os^{IV}X_6]^{2-}$（X=F, Cl, Br, I）はよく知られている．$K_2[OsNCl_5]$, $K_2[OsO_2Cl_4]$ のように Os^{6+} を含む錯体も多数つくられている．濃水酸化カリウム溶液に OsO_4 を溶かし，NH_3 を加えて得られる黄色の結晶，オスミアム酸カリウム $K[OsO_3N]$ は安定である．

[**用途**] オスミウムとその合金は硬度が高く，摩耗と腐食に対する耐性が優れているために，万年筆のペン先，電気接点，ピボットなどに用いられる．OsO_4 は有機合成において炭素二重結合をシスジオールに酸化する際に用いられ，組織の顕微鏡観察の際の着色剤にも利用される． （古川）

77 イリジウム Ir

iridium　Iridium　iridium　иридий　铱 yī

[**起　源**]　1803年，粗白金鉱を王水で処理した黒色残渣の中から，イギリス人 S. Tennant によって発見された．ギリシャ神話の Iris（虹の女神）にちなんで命名されたが，その意は塩類の色が多様なことにある．

[**存　在**]　地殻中の存在量はきわめて少ない．他の白金族元素と同時に産出するが，一部は遊離の形で，一部はオスミウムとの合金イリドスミンとして存在する．主要な産地は南ア連邦，アラスカ，カナダである．

[**同位体**]　安定同位体は ^{191}Ir, ^{193}Ir の二つである．放射性同位体としては ^{188}Ir, ^{189}Ir, ^{190}Ir, ^{192}Ir, ^{194}Ir など多くが知られている．^{192}Ir は原子炉からの中性子照射で生成しやすいことと，多数のガンマ線を放出することから，非破壊検査のための放射線源として広く用いられている．不適当な取扱いによって被曝事故を起こした事例も知られている．

[**製　法**]　白金鉱を王水で処理すると，イリジウム，イリドスミン，ロジウムは不溶性残渣として残る．イリドスミンからイリジウムを得るには，溶解後，ヘキサクロロイリジウム（III）酸アンモニウム $(NH_4)_3[IrCl_6]$ として分離する．これを赤熱するとイリジウム海綿となる．焼結するか，高周波加熱してインゴットを得る．

[**性　質**]　銀白色のもろい金属．加工にくく，とくに不純物が入ると加工できない．結晶構造は面心立方格子．$a = 383.1$ pm.

空気中で加熱すると酸化イリジウム（IV）IrO_2 への酸化が起こり，1000°C では IrO_2 の揮発が始まる．1100°C 以上では解離して成分にもどる．酸には侵されず，粉末でなければ王水にも溶けない．塩素とは高温で反応するが，とくに塩化ナトリウムと混合すると反応が早い．この混合物は臭素，ヨウ素とも反応するが，単体は反応しない．フッ素とは赤熱時に激しく反応する．粉末を過酸化ナトリウムと融解すると，IrO_2 を生じ，この酸化物は王水に溶ける．イリジ

表 77.1　イリジウムの同位体

同位体	半減期 存在度	主な壊変形式
Ir-185	14.4 h	EC 97%, β^+ 3%
186	16.6 h	EC 97.5%, β^+ 2.5%
186 m	2.0 h	EC
187	10.5 h	EC
188	1.729 d	EC 99.6%, β^+ 0.4%
189	13.2 d	EC
190	11.8 d	EC
190m^1	1.2 h	IT
190m^2	3.25 h	EC 94%, IT 6%
191	**37.3%**	
192	73.8 d	β^- 95.4%, EC 4.6%
192m^1	1.45 m	IT 99.98%, β^- 0.02%
192m^2	241 y	IT
193	**62.7%**	
193 m	10.53 d	IT
194	19.2 h	β^-
194 m	171 d	β^-
195	2.5 h	β^-
195 m	3.8 h	β^- 95%, IT 5%

データ・ノート

原子量	192.22
存在度　地殻	約 3×10^{-6} ppm
宇宙 ($Si=10^6$)	0.66
電子構造	$4f^{14}5d^76s^2$
原子価	1, (2), 3, 4, (5), (6)
イオン化ポテンシャル (kJ mol^{-1})	880
イオン半径 (pm)	$^{2+}89$, $^{3+}75$, $^{4+}66$
密　度 (kg m^{-3})	22420
融　点 (℃)	2410
沸　点 (℃)	4130
線膨張係数 (10^{-6} K^{-1})	6.4
熱伝導率 (W m^{-1} K^{-1})	147
電気抵抗率 (10^{-8} Ωm)	5.3
地球埋蔵量 (t)	1×10^3
年間生産量 (t)	13

ウムを能率よく溶かすには，封管中で塩素を含む塩酸と125〜150℃で加熱するとよい.

[**主な化合物**] Ir^{3+} および Ir^{4+} を含む化合物が重要である. IrO_2 は，金属を酸素と加熱してつくられるが，唯一の存在が確実な酸化物である. フッ化物としては3価，4価，5価および6価の元素を含むものが知られている. 塩化物，臭化物およびヨウ化物は Ir (III) を含む化合物だけが確立されている. ハロゲノ錯体をつくれば，イリジウム (IV) 塩も安定になる. 一般にイリジウム化合物が水に溶けている場合，イリジウムは錯イオンとして存在している. 代表的な例は $[IrCl_6]^{3-}$, $[IrCl_6]^{2-}$ および $[Ir(NH_3)_6]^{3+}$ であるが，Cl^- または NH_3 の一部またはすべてが Br^-, I^-, OH^-, CN^-, H_2O などの他の配位子で置換されたものが多数知られている.

[**用　途**] 白熱状態で加工して高温反応研究用のるつぼがつくられている. これは還元性, 不活性雰囲気中, 大気中のいずれでも使用できる. 合金元素としては白金および白金族金属の硬化元素としての用途が多い. このような合金は電解の際の不溶解電極, 高温における接点材料, ピボットなどに利用されている. オスミウムとの合金は万年筆のペン先に利用された. 白金との合金は熱膨張係数が小さいので, かつてメートル原器に用いられた. またイリジウム自体およびその合金は特殊な航空機の点火プラグに用いられ, ベトナム戦争中にはアメリカ製のヘリコプターに使用されたために需要が急増したという. 年間の生産量が少ないので, 利用の実態は種々の条件によって左右される.

[**トピックス**] 恐竜の絶滅と天変地異

1980年頃から恐竜の絶滅は巨大な隕石の落下によってひき起こされたとする新説が提唱されてきている. カリフォルニア大学の L. Alvarez を中心とする研究グループは, イタリアとデンマークにある KT 境界(白亜紀と第三紀の境界, 約6500万年前)にあたる地層の中に, 異常にイリジウムが濃集していることを発見した. 彼らは直径10 km に及ぶ隕石が地球上に落下し, その結果として多くの生物が死滅したと解釈している. 白金族元素の隕石中の含有量が地球上の物質の1000倍以上に達し, 白金族元素の分析が地球外物質の探索に役立った例は多い. またイリジウムは元素を放射能に変えて分析する「放射化分析法」の感度が高く, 10^{-12} g を検知することも可能なので, この研究には好都合である. その後, 関連する研究成果が積み重ねられ, この説はかなり広く受け入れられている.

(古川)

78 白金 Pt

platinum Platin platine платина 铂 bó

[起　源] 不純な自然白金は古代エジプトにおいて銀の代りに利用されていたし，スペイン侵入以前にエクアドルのインディアンは工芸品の材料として利用していた．その他の国々でも古くから利用されていたとの報告は残されている．ヨーロッパへの導入は1741年C. Woodがイギリスに最初の試料を持ち帰ったのに始まり，1748年にスペインのA. de Ulloaの著した南米西海岸探検記の中の記述によって広く知られるようになった．白金の性質の研究はイギリスとスウェーデンで始められ，"white gold"または「8番目の金属」(Au, Ag, Hg, Cu, Fe, Sn, Pbは古代から知られていた)と呼ばれるようになったが，融点が高く，不純な金属はもろかったために，初期の研究は困難をきわめた．粉末冶金法の開発によってこの状況は改善され，イギリスのW. H. Wollastonは1800～1821年に1トン以上の加工可能な金属を生産した．

[存　在] 地殻中の存在度は約0.001ppmである．通常他の白金族元素と共存し，砂白金として見出されるか，硫化鉱の中で硫化物またはヒ化物として産出される．1820年までは南アフリカが唯一の産出地であったが，1819年にはロシアのウラル地方で大規模な砂白金鉱が発見された．今世紀になるとカナダ，南ア連邦，旧ソ連の各地から産出する銅ニッケル硫化鉱からの副産物としての生産も寄与するようになってきた．しかし，高品位の鉱石が得られるために，南ア連邦からの生産量は世界の大半を占めている．

[同位体] 安定同位体は ^{192}Pt, ^{194}Pt, ^{195}Pt, ^{196}Pt, ^{198}Pt の五つがあり，^{190}Pt は 6.5×10^{11} 年の半減期で α 壊変する．放射性同位体としては ^{188}Pt, ^{193}Pt, ^{193m}Pt, ^{197}Pt などが知られているが，原子炉中性子照射による放射能の生成は少ない．

[製　法] 白金砂はスイヒによって選鉱す

表 78.1　白金の同位体

同位体	半減期 存在度	主な壊変形式
Pt-186	2.0 h	EC, $\alpha\,1.4\times10^{-4}$%
187	2.35 h	EC・β^+
188	10.2 d	EC, $\alpha\,2.6\times10^{-5}$%
189	10.9 h	EC 99.5%, β^+ 0.5%
190	6.5×10^{11}y	α
	0.01%	
191	2.9 d	EC
192	0.79%	
193	50 y	EC, no γ
193 m	4.33 d	IT
194	32.9%	
195	33.8%	
195 m	4.02 d	IT
196	25.3%	
197	18.3 h	β^-
197 m	1.59 h	IT 96.7%, β^- 3.3%
198	7.2%	
199	30.8 m	β^-
199 m	13.6 s	IT
200	12.5 h	β^-

データ・ノート

原子量	195.08
存在度 地殻	約 0.001 ppm
宇宙 ($Si=10^6$)	1.37
電子構造	$4f^{14} 5d^9 6s$
原子価	2, 4, (5), (6)
イオン化ポテンシャル($kJ\ mol^{-1}$)	870
イオン半径 (pm)	$^{2+}85,\ ^{4+}70$
密度 ($kg\ m^{-3}$)	21450
融点 (°C)	1772
沸点 (°C)	3827
線膨張係数 ($10^{-6} K^{-1}$)	9.0
熱伝導率 ($W\ m^{-1} K^{-1}$)	71.6
電気抵抗率 ($10^{-8} \Omega m$)	10.6
地球埋蔵量 (t)	2.7×10^4
年間生産量 (t)	90

る.得られた白金鉱を王水で処理すると,オスミウム,イリジウム,ロジウム,砂などの不純物が残り,白金はパラジウムとともに溶ける.この沪液に塩酸を加えて蒸発するとヘキサクロロ白金(IV)酸 H_2PtCl_6 が得られ,その溶液に塩化アンモニウムを加えるとアンモニウム塩 $(NH_4)_2PtCl_6$ が沈殿し,パラジウムと分離できる.これを加熱すると黒色海綿状の白金海綿が得られる.これを融解または鍛造して塊状の金属とする.硫化鉱からは,その製錬の段階で白金含量の高い部分(たとえば銅の電解精錬の際の陽極泥)を分けて,王水で処理し,必要ならば塩化鉄(II)で金を分離してから上と同様な操作を行う.

[**性　質**] 銀白色のあまり硬くない金属で,展延性がある.冷時でも加工できるが,通常インゴットは 800 から 1000°C に加熱して熱間加工を施してから,冷間で圧延などを行う.結晶構造は面心立方格子,$a=$ 392.3 pm.線膨張係数はガラスとほぼ等しい.赤熱すると多量の水素を吸収し透過する.微粉状の白金はその体積の 100 倍以上の水素を吸収する.またかなり多量の酸素も吸収するが,吸収された水素,酸素は活性化されるので,酸化,還元の触媒として適当である.

白金族元素としてはパラジウムとともに薬品などに対する抵抗力が小さいが,典型的な貴金属の性質は保っている.酸素とは直接化合せず,王水以外の酸には溶けない.塩素水とは常温で徐々に反応し,乾いた塩素と 250°C 以上で反応して塩化白金(II)を生じる.フッ素とは熱時に反応し,主としてフッ化白金(IV) PtF_4 が生じる.セレン,テルルと化合し,ホウ素,リン,ヒ素,アンチモン,ビスマス,スズ,鉛とは低融点の合金をつくる.王水に溶けて H_2PtCl_6 になる.過酸化アルカリと加熱すると溶解し,水酸化アルカリを白金容器で融解した場合も容器はかなり侵される.

[**主な化合物**] Pt^{2+} および Pt^{4+} を含む化合物が重要であるが,多くの場合錯化合物がつくられていて,単純な塩は少ない.酸化白金(IV) PtO_2 は唯一の安定な酸化物であり,650°C 以上で白金と酸素に分解する.硫化白金(II) PtS および硫化白金(IV) PtS_2 がつくられ,フッ化白金(II)を除くすべての Pt^{2+} および Pt^{4+} を含むハロゲン化物が知られている.見かけ上 Pt^{3+} を含むとみえる $PtCl_3$ は実は $PtCl_2 \cdot PtCl_4$ である.フッ化白金(VI) PtF_6 は Pt^{6+} を含む強力な酸化剤で,キセノンを酸化してヘキサフルオロ白金(VI)酸キセノン $XePtF_6$ をつくる.

白金はコバルトとならんで多種類の錯体をつくることで知られているが,白金(II)では通常平面型四配位,白金(IV)では正

八面体型六配位の配置をとる．Pt^{2+} を含む [PtX$_4$]$^{2-}$ (X=Cl, Br, I, SCN, CN) の形で表される錯イオンは NH$_4^+$ およびアルカリ金属イオンと結合して結晶化しやすい．赤色の [PtCl$_4$]$^{2-}$ を含むテトラクロロ白金酸カリウム K$_2$PtCl$_4$ は他の同種の錯体を合成する際の出発物質となる．アンモニアやアミンを含む錯体も広く研究され，PtCl$_2$ の水溶液にアンモニアを加えて得られる [Pt(NH$_3$)$_4$]Cl$_2$·2H$_2$O は 1828 年から知られていた．[PtCl$_4$]$^{2-}$ にアンモニアを作用してつくられるシス・ジクロロジアンミン白金(II) cis [PtCl$_2$(NH$_3$)$_2$] はシスプラチンと呼ばれ，その抗がん性で注目されている．Pt^{4+} を含む錯体も多数報告されていて，白金を王水に溶かして蒸発乾固すると得られる H$_2$PtCl$_6$，およびそのカリウム塩 (K$_2$PtCl$_6$) は最も知られている例である．一般式で [PtX$_6$]$^{2-}$ から [PtX$_4$L$_2$] を経て [PtL$_6$]$^{4+}$ に至る多くの化合物が合成されている．ここで X は F, Cl, Br, I, CN, SCN, L は NH$_3$ またはアミンを示す(ただし [Pt(CN)$_6$]$^{2-}$ は知られていない)．

白金の有機金属化合物研究の歴史は，白金にエチレンが配位した [Pt(C$_2$H$_4$)Cl$_2$]$_2$ の合成に始まる (W. C. Zeise, 1827)．これは有機金属化合物の中で最も古くから知られている化合物である．その後に多くの化合物がつくられ，活発な研究分野となっている．

[用 途] 現在の白金の年間生産量は 100 t に近いが，その触媒活性と化学的に不活性なために広い用途をもっている．触媒としては，アンモニアの酸化による硝酸の製造，石油精製の諸工程への利用など，水素化，脱水素化，異性化，環化および酸化反応に広く使用されている．最近では自動車の排気ガスの除去にも利用される．その他の化学工業では，腐食性の強い試薬(たとえばフッ化水素酸，溶融ガラス)を取り扱う際の容器またはその内張りに用いられ，電子工業では，電極や良質の接点，抵抗線として利用されている．また温度測定用の熱電対や抵抗温度計としても用いられ，装飾品の製造には欠かせない．

[トピックス] 科学の発達と白金

自然科学の多くの分野で白金の果たした役割は，そこでの使用量が少ないにもかかわらず，決して過少評価できない．白金製のるつぼ，蒸発皿は現在でも岩石の化学分析には不可欠であり，電気化学的研究の発達には白金製の電極の果たした役割は大きい．白熱電球，熱電子管の開発段階でも白金の使用は大いに役立った．

[コラム] 白金族元素

8, 9, 10 (VIII) 族元素の第 5, 6 周期に属するルテニウム Ru, ロジウム Rh, パラジウム Pd, オスミウム Os, イリジウム Ir, 白金 Pt の 6 元素は，互いによく似た性質をもつことなどから「白金族元素」と呼ばれる．白金族元素は，いずれも存在量の小さい元素であるが，天然に単体として見出され，いくつかの元素の合金がイリドスミン (Ir と Os の意) などとして産出する．その他に，硫化物および匕化物の鉱物も知られている．資源としては，銅およびニッケルを電解精錬するときの不溶性残渣の中に白金族元素が濃縮されるので，ふつうはその中から回収される．

美しい銀白色の外観をもち，融点が高く，酸化腐食を受けにくいために，11 (1B) 族元素の銀 Ag, 金 Au とともに貴金属として取り扱われる．表 78.2 に白金族元素の主な物理的性質を示す．第 5 周期の Ru, Rh, Pd

表 78.2 白金族元素の性質

	Ru	Rh	Pd	Os	Ir	Pt
原子番号	44	45	46	76	77	78
イオン化エネルギー($kJ\ mol^{-1}$)	711	720	805	840	880	870
イオン半径*(pm)	65	67	64	67	66	70
金属半径(pm)	134	134.5	137.6	135	135.7	138
融　点(℃)	2310	1966	1554	3045	2410	1772
密　度($kg\ m^{-3}$)	12370	12410	12020	22590	22560	21450
代表的な原子価	3,4,6,8	3	2	4,6,8	3,4	2,4

* 4価のイオンに対する値を示す．

と第6周期の Os, Ir, Pt を比較すると，密度にはいちじるしい差があるが，原子番号が大きく異なるにもかかわらず，イオン半径はほぼ同じ大きさであり，金属半径についても同じことがいえる．

化学的性質についても元素の間に多くの共通点が認められるが，周期表の縦方向の類似性が強く，Ru, Os は Fe と，Rh, Ir は Co と，Pd, Pt は Ni と似た性質を示すことが多い．陽イオンにはなりにくく，$[PtCl_6]^{2-}$ のように適当な配位子と結合した錯陰イオンを生成しやすい．化合物としても $[Pt(NH_3)_2Cl_2]$ のような錯化合物として存在することが多い．原子価は1から8までのさまざまな値をとるが，一般には，2および3価がとくに重要である．Ruと Os には8価のイオンを含む化合物が存在し，RuO_4 と OsO_4 は揮発性が大きいことで知られている．表78.2に，各々の元素がとる原子価の中でとくに重要なものを示した．

白金族元素は，多くの有機化学反応において触媒として役立ち，最近では自動車の排気ガスの浄化にも利用されている．白金族元素の有機金属化合物の研究は19世紀前半にさかのぼる．その中には興味深い性質をもつ例が多く，いちじるしい触媒作用を示す化合物が知られている．Ru, Rh の有機金属化合物の中には，不斉有機化学反応の触媒として最近とくに注目されている物質がある．

（古川）

79	金 Au
	gold Gold or зорото 金 jīn Aurum

[**起　源**]　銅に次いで人類が最も古くから知っていた金属である．その使用は銀より早く，銅よりはいくぶん遅れたらしい．エジプト先王朝時代，紀元前3500年頃のメネス法典に，「金は2.5倍の銀と等価」との記述があり，旧約聖書にも頻繁に金に関する叙述があるので，エジプトやメソポタミア地方で早くから使われていたことがうかがわれる．イラク南部ユーフラテス川のほとりウルにある紀元前2600年頃の王墓から金を使った宝石細工が出土している．中国では商（殷）代中期，紀元前1300年頃には金の製法についての技術水準は高くなっていたらしい．河北省藁城や河南省輝県の商の遺跡から金箔，河南省殷墟の遺跡からは金塊が出土している．わが国に現存するものでは，紀元後57年，後漢の光武帝より下賜され，江戸時代に福岡県志賀島から出土した金印が現存する中で最も古い．5～6世紀の古墳からは，埼玉県行田市埼玉稲荷山古墳出土の国宝「辛亥銘」鉄剣のように，金象嵌の文字が刻まれたものが出土している．5～6世紀の古墳からは，さらに銅にアマルガムを使って鍍金した，いわゆる金銅製品が出土する．これらは当時朝鮮半島で栄えた新羅の技術の系統を引くと考えられる．国産金については，続日本紀・文武天皇五年（701）の項に「陸奥に金を冶せしむ」とあり，さらに同天平廿一年（749）の項に「陸奥国始めて黄金を貢す」とあるのが初期の記録である．元素記号Auの出所であるラテン語aurumはオーロラと同じ語源をもつ．

[**存　在**]　自然界にはあまり多くなく，地殻には0.0011 ppmしか含まれていない．自然金やテルル化鉱物として産するが，これらには銀鉱物を伴うものもある．現在，世界最大の産金国は南アフリカ共和国で，旧ソ連，カナダがそれに続く．

[**同位体**]　安定同位体は^{197}Auのみであ

表 79.1　金の同位体

同位体	半減期 存在度	主な壊変形式
Au-190	42.8 m	EC 98%, β^+ 2%
191	3.18 h	EC 99.8%, β^+ 0.2%
191 m	0.92 s	IT
192	4.94 h	EC 95%, β^+ 5%
193	17.65 h	EC
193 m	3.9 s	IT 99.97%, EC・β^+ 0.03%
194	1.58 d	EC 99.4%, β^+ 0.6%
195	186.1 d	EC
195 m	30.5 s	IT
196	6.18 d	EC 92.5%, β^- 7.5%
196m^1	8.1 s	IT
196m^2	9.7 h	IT
197	**100%**	
197 m	7.73 s	IT
198	2.694 d	β^-
198 m	2.30 d	IT
199	3.14 d	β^-
200	48.4 m	β^-
200 m	18.7 h	β^- 82%, IT 18%

データ・ノート

原子量	196.96654
存在度　地殻	0.0011 ppm
宇宙（Si=10^6）	0.186
電子構造	4f^{14}5d^{10}6s
原子価	1, 3
イオン化ポテンシャル(kJ mol^{-1})	890.1
イオン半径　(pm)	1+137, 3+91
密度　(kg m^{-3})	19320
融点　(°C)	1064.43
沸点　(°C)	3080
線膨張係数　(10^{-6}K^{-1})	14.2
熱伝導率　(W m^{-1}K^{-1})	317
電気抵抗率　(10^{-8}Ωm)	2.35
地球埋蔵量　(t)	4.0×10^4
年間生産量　(t)	1.4×10^3

り，放射性同位体は^{198}Au が重要である．

[**製法**]　金の産出状態は砂金と山金に分類される．砂金は，金鉱石が風化によって金粒として押し流され，川床や海岸の砂れき中に存在するものである．その採集は比較的容易で，古代から金の比重が大きいことを利用して水篩で分離してきた．山金は岩石中に混在するもので，金粒の大きさや岩石の種類・状態から判断して，水銀アマルガムを利用する混こう（汞）法，酸素の存在で金がシアン化アルカリに溶解することを利用したシアン化法，銅・鉛鉱の副産物として金を回収する乾式法などで製錬する．

[**性質**]　いわゆる黄金色の光沢をもつ貴金属の一つ．展性・延性に著しく富み0.00001 mm の厚さの金箔に，また直径20 nm の金線にすることができる．熱および電気の伝導率は銀の70%程度である．結晶は面心立方構造で格子定数$a=407.8$ pm．化学的には反応性が小さく，酸素や硫黄，またふつうの酸・アルカリとは反応しない．しかし，ハロゲンに対しては反応するので，塩素を発生する王水には溶解する．酸素の存在でシアンイオンを含む溶液に溶けて錯イオン[Au(CN)$_2$]$^-$となる．水溶液中では，必ず[Au(CN)$_2$]$^-$・[AuCl$_2$]$^-$・[AuCl$_4$]$^-$のような酸化数+1または+3の錯イオンになっていると考えてよい．化合物についても，Au(I)の硫化物・ハロゲン化物，Au(III)の酸化物・ハロゲン化物のほかに多くの種類の錯化合物が知られている．

[**主な化合物**]　化合物としては，Au(I)のシアン化物 AuCN，塩化物 AuCl などが知られているが，いずれも不安定である．AuCl は水と接触すると 3AuCl ⟶ AuCl$_3$+2Au の反応によって分解する．Au(III)の安定な化合物は，酸化物・シアン化物・ハロゲン化物のほかに多くの種類の錯化合物が知られている．なかでもクロロ金酸 H[AuCl$_4$]・4H$_2$O は用途があり，そのナトリウム塩は金めっきや写真に利用され，それと KCN を反応させて得られるシアノ金酸カリウム K[Au(CN)$_4$] は金のめっき液に使われる．

[**用途**]　腐食しにくく美しい輝きをもつため，古来，王冠・メダル・装飾工芸品として，また貨幣として貴ばれてきた．純金のままでは軟らかすぎるので，銅・銀・白金・ニッケルなどの合金として用いられることが多い．金合金の品位はカラット（略号K）で表す．これは，合金の重量を24としたときに含まれる金の割合を示し，俗に"きん"と呼ばれる．たとえば18Kまたは18金は，金含有率=18/24=75%である．古代の金は銀を含む場合が多く，たとえば志賀島出土の金印は約5%の銀を含むとの

5面ジャガーの金冠 (48×13.5 cm)　　14人面の金冠 (46.5×18 cm)

図 79.1 ペルー共和国クントゥル・ワシ遺跡出土の金冠
(「考古学と自然科学」25号, p.15(1992)より)

報告がある．現在，金は国際的価値尺度として重要な役割を果たしている（金本位制）．金は高価なので，装飾品や銅像などは銅の本体に金をめっき（金鍍金）してつくることが古来行われてきている．古代の鍍金法は金箔法・アマルガム法・金箔アマルガム併用法だったと推定されるが，現在では一部の芸術作品を除いては，電気分解による方法が主流である．

[**トピックス**] アンデスの金冠

1988～1990年の期間に，東京大学古代アンデス文明調査団はペルー共和国のクントゥル・ワシ遺跡(1000 B.C.～200 B.C.)から金製・銅製遺物を発掘した．金製遺物の中には，5面のジャガーを周囲に配した金冠と14人面を配した金冠があり，非破壊けい光X線分析により，それぞれ37%・15%の銀を含む金であることがわかった（図79.1）．南アメリカでこのように早い時期の金製品が出土したのは初めてであり，その起源について興味が持たれている．

[**コラム**] 金印偽物説

天明4年(1784)3月23日，筑前国那珂郡志賀島(しかのしま)の百姓甚兵衛が水田の溝を補修中，石積みの下に【漢委奴国王】なる蛇鈕(つまみ)の金印を発見，黒田藩に届け出た（図79.2）．当時の学者はただちにこれが『後漢書・倭伝』に見える，「建武中元二年(A.D.57)，倭の奴国，奉賀朝貢す．使人自ら大夫と称す．倭国の極南界なり．光武，賜うに印綬を以てす．」に相当するものと見抜いたが，皇国史観全盛の折りで，周辺諸

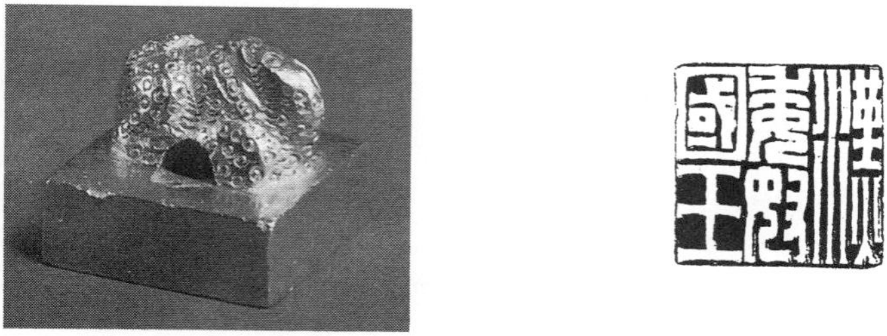

図 79.2 志賀島出土の金印（「日本の考古学」東博カタログ, p.23(1988)より，福岡市美術館蔵）

国を野蛮とみなし卑しめた国名を使った漢はけしからぬ，との意見が出て，危うく鋳潰されるところであった．鋳潰しは『金印弁』を書いた亀井南冥の懸命の努力によって免れ，黒田の家宝として所蔵されるようになったが，あまりにも出土地がみすぼらしく，百姓甚兵衛以外の証人がいないことから，天保7年（1836）には早くも松浦道輔の偽物説が現れた．これは明治31年の三宅米吉の論文で否定され，昭和6年には国宝に指定された．しかし，その後も田沢金吾（昭和26年），後藤守一（昭和27年），藤田元春（昭和28年）と，さまざまな理由による偽物説が新聞を賑わした．それらの根拠を一括すると，①金印には「…之爾」または「…之章」の字がない，②「漢」という余計な字が付いている，③鋳物つまり陽刻でなく，印として押すと白文（白抜きの字）になる，④陰刻の技法は，近世になって生れた薬研彫りである，⑤天明の印聖といわれた高芙蓉（1784年3月16日に江戸で死亡）の印譜の中に寸分違わない【漢委奴国王】の捺印があった，などが挙げられる．これらの根拠には，多くの反論が提出された．まず，①②③は中国の文献から否定され，大谷大学所蔵の銅印【漢匈奴悪適尸逐王】によって確認された．④については，薬研彫りが古くからあることと，漢代の印は封泥に使うものであることから否定され，⑤は芙蓉という名は二人あって，その印譜は後世の芙蓉斎（松平定能）のものとわかり解決した．その後，計測の結果，一辺の長さが漢尺の1寸とよく一致することがわかり，また1957年には，中国石寨山第6号墓から蛇鈕金印【滇王の印】が出土したことから，志賀島の金印が本物であることは確立した． （馬淵）

80 水銀 Hg

mercury　Merkur　　mercure　ртуть　汞 gǒng
　　　　Quecksilber

[起源] 人類が古くから使っていた金属の一つ．紀元前1500年〜1600年のエジプトの墳墓から見出されている．ヨーロッパでは紀元後1〜4世紀に書かれた本に，辰砂HgSから水銀をつくる方法の記述が残っている．以後，錬金術の重要な対象として扱われた．中国でも，紀元前16〜11世紀の殷(商)の頃には知られていたらしい．紀元前5〜3世紀の戦国時代には銅器にアマルガムを使って鍍金することが盛行し，煉丹術の原料には辰砂HgSが使われた．アマルガム鍍金の技術は朝鮮半島に伝わり，5〜6世紀新羅の金銅製品(銅器に鍍金したもの)の技術を生む．日本の古墳からは，しばしば棺に辰砂HgS(朱)が振りかけられてあるのが見出される．元素名mercuryはローマ神話の商売の神メルクリウスに由来し，水星と同じ名称であるが，両者の関係は不明．漢字には，音声の「工」の下に液体を表す「水」をつけた『汞』と，文字通り金属状態を表す『水銀』が併存している．現代の中国では，日常生活には両者を用いているが，化学用語としての元素名には1字が原則で『汞』としている．日本では日常語も学術語も中国古代にふつうだった『水銀』を使い，わずかに甘汞・昇汞(塩化水銀)という慣用名に『汞』のなごりを留めている．元素記号のHgは，「液体の銀」を意味するhydrargyrumからとっている．

[存在] 自然界にはあまり多くなく，地殻には0.05ppmだけ含まれている．天然には，地表近くに形成された熱水性鉱床中に，辰砂HgSとして存在する．主な産出国はスペイン，イタリア，旧ソ連，メキシコ，アメリカ，日本である．

[同位体] 安定同位体は ^{196}Hg, ^{198}Hg,

表 80.1 水銀の同位体

同位体	半減期 存在度	主な壊変形式
Hg-189	7.6 m	EC・β^+
189 m	8.6 m	EC・β^+
190	20.0 m	EC・β^+
191	49 m	EC・β^+
191 m	50.8 m	EC・β^+
192	4.85 h	EC
193	3.80 h	EC・β^+
193 m	11.8 h	EC 92.9%, IT 7.1%
194	520 y	EC, no γ
195	9.9 h	EC
195 m	1.73 d	IT 54.2%, EC 45.8%
196	0.15%	
197	2.67 d	EC
197 m	23.8 h	IT 93%, EC 7%
198	9.97%	
199	16.87%	
199 m	42.6 m	IT
200	23.10%	
201	13.18%	
202	29.86%	
203	46.6 d	β^-
204	6.87%	
205	5.2 m	β^-
206	8.15 m	β^-

水　　　銀　　239

データ・ノート

原子量	200.59
存在度　地殻	0.05 ppm
宇宙 ($Si=10^6$)	0.52
電子構造	$4f^{14}5d^{10}6s^2$
原子価	1, 2
イオン化ポテンシャル(kJ mol^{-1})	1007.0
イオン半径 (pm)	$^{1+}$127, $^{2+}$112
密　度 (kg m^{-3})	13546
融　点 (°C)	-38.87
沸　点 (°C)	356.58
線膨張係数 (10^{-6}K^{-1})	—
熱伝導率 (W m^{-1}K^{-1})	8.34
電気抵抗率 (10^{-8}Ωm)	94.1
地球埋蔵量 (t)	6×10^5
年間生産量 (t)	8×10^3

^{199}Hg, ^{200}Hg, ^{201}Hg, ^{202}Hg, ^{204}Hg の7核種である．放射性同位体は^{203}Hgがとくに重要である．

[**製　法**]　辰砂を空気中で焼くと次式のような還元が簡単に起こり，蒸留製錬することにより金属が得られる．

$$HgS + O_2 \longrightarrow Hg + SO_2$$

[**性　質**]　室温で唯一の液体の金属元素．25°Cで1.9×10^{-3}mmHgの飽和蒸気圧をもつ．気体はほぼ完全に単原子である．固体は液体と同様に銀白色で，2種の同素体がある．α型は三方晶形で，変形した六方最密構造．β型は正方晶形．金属としては異常に大きい電気抵抗値をもつので，電気抵抗の基準として用いられる．4.15K以下では超伝導を示す．空気中では安定であるが，300°C程度に加熱すると赤色の酸化物HgOになる．酸化力のある硝酸，濃硫酸，王水には溶ける．亜鉛やカドミウムと同族元素であるが，化学的性質はあまり似ていない．亜鉛とカドミウムは酸化数+2しかとらないが，水銀は+1と+2をとる．水銀の蒸気は人体に有害で，長い期間人が吸い込んでいると神経が侵される．メチル水銀などの有機水銀はさらに毒性が強く，工場廃液などで河川水，海水に混入した場合，深刻な公害をひき起こしてきた．

[**主な化合物**]　1価の化合物としては難溶性で白色のハロゲン化物があるが，分子は直線的にならんだ$X-Hg-Hg-X$という構造をとるのでHg_2X_2と表される．

硝酸水銀（I）と塩素酸水銀（I）は水に容易に溶けるが，多くの第1水銀塩は難溶である．この難溶な第1水銀塩は，次式のように水銀と水銀（II）に不均化しやすい．

$$Hg_2^+ \longrightarrow Hg + Hg^{++}$$

2価の塩では，硝酸塩，過塩素酸塩，硫酸塩が無色のイオン性結晶で水に溶けやすい．水溶液は加水分解を起こしやすいので，酸性に保つ必要がある．ハロゲン化物およびチオシアン酸塩の場合には，結合が共有結合的で，水よりも有機溶媒に溶けやすい．2価の水銀は錯体をつくりやすく，たとえばハロゲン化物は過剰のハロゲン化アルカリを含む溶液に溶解し，$[HgX_4]^{2-}$($X=Cl$, Br, I)のような錯イオンとなる．酸化物HgOは，あまり安定でなく，400°C以上で分解して金属水銀を生成する．一般式がRHgXまたはR_2Hgで表されるさまざまな有機水銀化合物が知られている．Rは親和性のアルキル基（メチル，エチル，メトキシエチルなど）とアリル基（フェニル，トリルなど），Xは親水性のハロゲン，水酸基などで，たとえば塩化メチル水銀，リン酸エチル水銀，酢酸フェニル水銀，メトキシエチル塩化水銀などである．

[**用　途**]　水銀はガラスの壁をぬらさない

性質があり，さらに膨張係数が大きくて広い温度範囲でほぼ一定なので，温度計・体温計として昔から利用されている．また，密度が高い液体であることから，気圧計にも使われる．水銀電池，電気接点，水銀灯など電気関係の用途も多い．水銀灯は365.0/366.3, 404.7, 435.8, 546.1, 577.0/579.0 nm に輝線スペクトルをもつので，紫外線光源として役立つ．白金，鉄，マンガン，ニッケル，コバルト，マグネシウム，タングステン以外の多くの金属を溶かしアマルガムをつくる．ナトリウム，アルミニウム，亜鉛のアマルガムは還元剤として使われる．鉛，ビスマスのアマルガムは鏡面に使われ，銅アマルガムないし銀・スズのアマルガムは歯科用に利用される．硫化物 HgS は朱 (vermilion) と呼ばれ，赤色の無機顔料として古代から使われてきた．水銀の雷酸塩 $Hg(CNO)_2$ は爆発物の雷管として使われる．2種類の塩化水銀（甘汞 Hg_2Cl_2 と昇汞 $HgCl_2$）はインドで12世紀につくられており，医薬用に使われていた．難溶性の甘汞は，$2Hg + 2Cl^- = Hg_2Cl_2 + 2e^-$ の可逆反応に基づく半電池になり，一定温度で一定の電位を示すので，標準電池として使われ，甘汞電極ないしカロメル電極と呼ばれる．有機水銀化合物は医薬や農薬に広く使われてきた．しかし，農薬としての有機水銀剤は，人間への毒性が問題になり，使用禁止になっている．たとえば，酢酸フェニル水銀を散布すると，イネの成育が盛んになっていもち病にかかりにくくなることが1950年代にわかり，わが国の水田で広く使われたが，1970年からは禁止されている．

[**トピックス**] 水俣病

1956年，熊本県水俣市で中枢神経系の障害を訴える人が顕著になり，水俣病として一挙に有名になり，大きな社会問題になった．患者は，手足のしびれ，歩行時の動揺，言語の不明瞭から始まり，痙攣，よだれ，視力障害，意識混濁，精神錯乱にまで至り，数カ月で死亡するものも出現した．原因究明が熊本大学医学部によって行われ，新日本窒素肥料（のちチッソと改名）の水俣工場が汚染源と同定された．工場廃水に含まれたメチル水銀が水俣湾を中心に不知火海一帯の魚介類に汚染し，それを食べた人に現れた有機水銀中毒であった．政府が正式にこの結論を認定したのは1968年9月であり，その対策の遅れはさまざまな禍根を残した．一方，チッソは数次にわたる患者

図 80.1 中世ヨーロッパの水銀蒸発器（ウィークス/レスター「元素発見の歴史」オ1巻，朝倉書店，p.52 より）

図 80.2 中国古代の練丹炉

からの損害賠償請求訴訟に破れ，大きな財政的負担を余儀なくされた．その後，他の地域にも発生し，カドミウムの起こすイタイイタイ病とともに代表的な公害病になっている．

[**コラム**] 練丹術・道教・化学

西洋の錬金術では，後9世紀にアラビアのJabir ibn Hayyanが，黄金を得ようとして，水銀-硫黄の組合せによる金属生成理論を展開したのは有名であるが，中国では紀元前の春秋戦国時代から水銀の硫化物である丹を重視した練丹術（元の字は煉）が盛行した（図80.1，80.2参照）．もともと，丹砂（辰砂 HgS）はその薬効から不老長寿の薬と考えられていたが，さらに金・木・水・火・土が相互に変化していくとする"陰陽五行の説"と結びついて，丹を煉る，つまり人工的に不老不死の仙人になる薬をつくる方向へと発展していった．前漢の武帝の宮廷で暗躍した李少君という方士（仙術を行う人）は「竈を祭って丹砂を黄金に変え，その黄金で食器を作れば益寿がかない，海中蓬莱の仙人に会える…」と説いたという．ここには，錬金術と同様に黄金を求める思想も込められている．後漢末期には，練丹術は新興の道教と結びついた．道教を確立したと言われる晋の葛洪（A.D. 281〜361）は，名高い練丹家で，その有名な著作「抱朴子」の中で，「丹砂を焼けば水銀になり，さらに変って丹砂になる」と書いて，今日の可逆反応を示唆している．下って唐の時代になると，丹薬服用のために命を縮める天子が少なくなかったので，従来の練丹術は外丹といって退けられ，体内の精気を薬剤として，心の修養によって丹薬を作り出そうとする内丹が盛んになった．

(馬淵)

81 タリウム Tl

thallium　Thallium　thallium　таллий　铊 tā

[**起源**] R. W. E. Bunsen と G. R. Kirchhoff が分光分析法を確立し，これによってセシウムおよびルビジウムが発見されたが，このすぐあとの 1861～1862 年に W. Crookes と C. A. Lamy が独立にタリウムを分光分析法によって見出した．Crookes は Harz 山中の Tilkerode の硫酸工場の残留物についてセレンやテルルの研究を行っていたが，炎光スペクトル中に美しい緑色（$\lambda=535$ nm）を確認し，これが新元素によるものと考えた．そしてギリシャ語の thallos（新芽または小枝）にちなんで thallium と命名した．Lamy も，硫酸工場の鉱泥からタリウム化合物を取り出し，電解によって金属を得た．そして，タリウムが 1 価および 3 価のイオンとして挙動すること，Tl (I) がアルカリ金属，Tl (III) がアルミニウムに似ていることを見出している．

[**存在**] ふつうは硫化物鉱物に伴われるが，地殻における存在度は 0.6 ppm 程度で，インジウムよりやや多い．主要鉱物は Crooksite $(Cu, Tl, Ag)_2Se$, Lorandite $TlAsS_2$, Hutchinsonite $PbTlAs_5S_9$, Wallisite $PbTlCuAs_2S_5$ などであり，また黄鉄鉱 FeS_2 中に存在するので，硫酸製造に関連してこの鉱石を焙焼する際に回収される．大洋底にあるマンガン団塊にもタリウムが含まれている．

[**同位体**] 安定同位体は ^{203}Tl と ^{205}Tl の 2 種である．天然放射性壊変系列のメンバーとして，放射性同位体 ^{210}Tl, ^{206}Tl, ^{208}Tl, ^{207}Tl などが存在するが，いずれも比較的短寿命である．人工放射性元素としては，^{200}Tl, ^{201}Tl, ^{202}Tl, ^{204}Tl がより重要であり，^{204}Tl は原子炉中性子照射で生成する．

[**製法**] 工業用純度のタリウムを得るには，煤煙中の他の元素（Ni, Zn, Cd, In, Ge, Pb, As, Se, Te など）から分離するために，温かい希酸に煤煙を溶かし，次に $PbSO_4$ を沈殿で除き，塩酸を加えて $TlCl$ を沈殿させる．希硫酸中で硫酸タリウム (I) Tl_2SO_4 を白金電極を用いて電解し，析

表 81.1　タリウムの同位体

同位体	半減期 存在度	主な壊変形式
Tl-197	2.84 h	EC 98.7%, β^+ 1.3%
197 m	0.54 s	IT
198	5.3 h	EC 99.3%, β^+ 0.7%
198 m	1.87 h	EC・β^+ 54%, IT 46%
199	7.42 h	EC
200	1.088 d	EC 99.65%, β^+ 0.35%
201	3.038 d	EC
202	12.23 d	EC
203	29.524%	
204	3.78 y	β^- 97.43%, EC 2.57%
205	70.476%	
206	4.20 m	β^-
206 m	3.74 m	IT
207	4.77 m	β^-
207 m	1.33 s	IT
208	3.05 m	β^-
209	2.20 m	β^-
210	1.30 m	β^-, β^-n 0.007%

データ・ノート

原子量	204.3833
存在度　地殻	0.6ppm
宇宙（Si=10⁶）	0.184
電子構造	4f¹⁴5d¹⁰6s²6p
原子価	1, 3
イオン化ポテンシャル(kJ mol⁻¹)	589.3
イオン半径（pm）	¹⁺149, ³⁺105
密　度（kg m⁻³）	11850
融　点（℃）	303.5
沸　点（℃）	1457
線膨張係数（10⁻⁶K⁻¹）	28
熱伝導率（W m⁻¹K⁻¹）	46.1
電気抵抗率（10⁻⁸Ωm）	18
地球埋蔵量（t）	—
年間生産量（t）	30

出した単体を 350～400℃ で水素雰囲気中で融解して精製する.

[**性　質**] 単体を空気中に置くと、初めは白色で金属光沢を示すが、すぐに青味がかった灰色で鉛に似た外観となる. 空気中に放置すれば, 表面に酸化被膜を生じる. 水があれば水酸化物ができる. 金属は非常に軟らかく, ナイフで切ることができ, 展性に富む. ふつうは六方最密格子. $a=345.6$ pm, $c=552.5$ pm. 200℃ 以上では立方晶系の形をとる. 石油中に保存する. 単体, 化合物ともに毒性があり, 取扱いには注意を要する. 金属を皮膚に接触させることは危険である. 発がん性の疑いもある.

タリウムは酸には溶けるが, アルカリには溶けない. 水溶液中では1価および3価の原子価をとる. Tl^+ はアルカリ金属イオンや銀, 鉛イオンに似ている. 水溶液中で Tl（I）のほうが Tl（III）よりも安定である. Tl（III）では, $Tl(OH)_3$ が難溶性である点, また塩酸酸性で $TlCl_6^{3-}$ のようなクロロ錯イオンとなり, 陰イオン交換樹脂に吸着したり, エーテルに抽出されたりする点では Fe（III）に似た面もある.

[**主な化合物**] 銀のハロゲン化物に似て, TlF は水に易溶であるが, TlCl, TlBr, TlI は水に不溶である. 水酸化タリウム（I）TlOH は強塩基である. タリウム化合物はすべて毒性が強いが, Tl_2SO_4 は広く殺鼠剤や殺虫剤に使われた. 臭いも味もないので警戒されず, 効果のある反面危険性があり, 次第に使われなくなった. 硫化タリウム（I）Tl_2S は, タロファイドといわれ, 電気伝導度が赤外線にあたると変化するので, 光電池として用いられる. また, TlBr と TlI の混晶は, KRS-5 と呼ばれ, 吸湿性がなく, 赤外吸収測定用の窓材やセル材として用いられる. すべての固体物質の中で最も赤外線透過性に優れている. ヨウ化ナトリウム NaI の大型の単結晶に少量の TlI を含ませたものは, ガンマ線などの放射線があたると閃光（シンチレーション）を出すので, ガンマ線や X 線の検出やエネルギー測定に用いられる. 酸化タリウムは屈折率の大きいガラスの製造に用いられることがある.

[**用　途**] 水銀とタリウムの合金は, 8.5% Tl の組成で共融混合物となり $-60℃$ で固化するといわれ, 水銀の融点よりも 20℃ ほど低いので, 極地用の温度計に使われる. タリウムは, 硫黄, セレン, ヒ素などとともに低軟化点のガラスをつくるのに用いられた. このガラスは常温では通常のガラスに似た性質をもつが, 125～150℃ で液状になる.

(冨田)

82 鉛 Pb

lead Blei plomb свинец **铅** qiān

[**起源**] 銅，金，銀，スズとともに人類が古くから知っていた金属である．エジプトの紀元前3400年頃の遺跡からは鉛の小彫像が出土している．紀元前後のローマ文明の時代には装飾品や実用品に鉛が使われていた．東洋では，中国の殷王朝（商ともいう．およそ 1700～1100 B.C.）のときに鋳造された青銅の食器・酒器・武器の中に，鋳造を容易にする目的で鉛が人為的に加えられていた．殷の末期の酒器には鉛でできたものが出土している．春秋戦国時代には鉛の印章やおもりがつくられ，青銅貨やガラスの主成分にもなった（鉛バリウムガラス）．元素記号は，鉛を意味するラテン語 plumbum に由来する．漢字の'鉛'は，青黒い金属の意味をもつ．

[**存在**] 重い元素の中では多量に産出する．その理由は，鉛の原子核がマジックナンバーに相当する82個の陽子をもって安定になるためと解釈される．事実，天然に存在するウランとトリウムは，放射壊変によって次式のように鉛になる．46億年前の地球生成以来，このようにして，ウランとトリウムは鉛に変ってきた（→図87.1）．

$$^{238}U \longrightarrow 8\alpha + 6\beta^- + {}^{206}Pb$$
(半減期 4.468×10^9 y)
$$^{235}U \longrightarrow 7\alpha + 4\beta^- + {}^{207}Pb$$
(半減期 7.038×10^8 y)
$$^{232}Th \longrightarrow 6\alpha + 4\beta^- + {}^{208}Pb$$
(半減期 1.405×10^{10} y)

地殻の存在量は 14 ppm である．主な鉱石は方鉛鉱 PbS で，そのほかに白鉛鉱 $PbCO_3$，硫酸鉛鉱 $PbSO_4$，紅鉛鉱 $PbCrO_4$ な

表 82.1 鉛の同位体

同位体	半減期存在度	主な壊変形式
Pb-194	12.0 m	EC・β^+, (α)
195	~15 m	EC・β^+
195 m	15.0 m	EC 91.5%, β^+ 8.5%
196	37 m	EC・β^+
197	8 m	EC 97%, β^+ 3%
197 m	43 m	EC 79%, β^+ 12%, IT 19%
198	2.40 h	EC
199	1.5 h	EC 98.9%, β^+ 1.1%
199 m	12.2 m	IT 93%, EC・β^+ 7%
200	21.5 h	EC
201	9.33 h	EC
201 m	1.02 m	IT
202	5.3×10^4 y	EC, no γ
202 m	3.53 m	IT 90.5%, EC 9.5%
203	2.161 d	EC
203 m	6.3 s	IT
204	**1.4%**	
204 m	1.12 h	IT
205	1.52×10^7 y	EC, no γ
206	**24.1%**	
207	**22.1%**	
208	**52.4%**	
209	3.25 h	β^-, no γ
210	22.3 y	β^-, (α)
211	36.1 m	β^-
212	10.64 h	β^-
213	10.2 m	β^-
214	26.8 m	β^-

データ・ノート

原子量	207.2
存在度　地殻	14 ppm
宇宙 ($Si=10^6$)	3.15
電子構造	$4f^{14}5d^{10}6s^26p^2$
原子価	2, 4
イオン化ポテンシャル($kJ\ mol^{-1}$)	715.5
イオン半径 (pm)	$^{2+}132, ^{4+}84$
密度 ($kg\ m^{-3}$)	11350
融点 (°C)	327.50
沸点 (°C)	1740
線膨張係数 ($10^{-6}K^{-1}$)	29.1
熱伝導率 ($W\ m^{-1}K^{-1}$)	35.3
電気抵抗率 ($10^{-6}\Omega cm$)	21.0
地球埋蔵量 (t)	1.5×10^8
年間生産量 (t)	3.2×10^6

どがある．鉛鉱の分布は広く，南アメリカ以外のどこでも産する．古代から方鉛鉱は鉛の原料になってきたが，現在でも主要な原鉱である．旧ソ連，オーストラリア，カナダ，アメリカなどが主要な産出国である．

[**同位体**]　安定同位体には^{204}Pb, ^{206}Pb, ^{207}Pb, ^{208}Pb の4核種がある．地球上の鉛はすべて，地球生成時にあった始源鉛とその後ウランとトリウムから生まれた放射起源鉛との混合物である．したがって安定同位体比は鉛鉱床の生成時に定まる固有の値をとり，鉱山が違えば違うことになる．表82.1に示した同位体存在度はおおよその平均で，場所によってかなりの変動がある．このため，鉛は原子量を正確に求めるのが不可能な元素である．

[**製法**]　鉛製錬には，乾式製錬によって粗鉛をつくり，次に電気製錬によって電気鉛にするという操作が行われる．乾式製錬には，鉱石を焙焼して酸化物とし，炭素で還元する方法と，鉛を硫化物のまま鉄屑と混ぜて電気炉で溶融分離する電気炉法とがある．日本古来の製錬法としては，木炭を燃料および還元剤として用いる吹床法というのがある．

[**性質**]　軟らかい白色の金属で，面心立方構造．格子定数 $a=495.1\ pm$. 新しい切り口は白色の金属光沢をもつが，空気中ですぐにさび，灰白色のいわゆる鉛色になる．この表面の酸化物は保護膜となって内部を腐食させない特性がある．化合物は +2価と +4価をとる．空気中で酸化すると，まず酸化鉛(II) PbO に，次に酸化鉛(II, IV) Pb_3O_4 になる．加熱すると，ハロゲン元素や硫黄と直接反応してハロゲン化物，硫化物を生じる．酸には一般に溶けにくいが，硝酸と熱濃硫酸には溶ける．酢酸も酸素が存在すれば溶かすことができる．

$$2Pb + O_2 + 4CH_3COOH \longrightarrow 2Pb(CH_3COO)_2 + 2H_2O$$

このようなふつうの化学反応では鉛(II)ができ，鉛(IV)の化合物をつくるには強力な酸化剤を使う必要がある．溶解性の鉛を吸入または飲み下すと中毒症状を起こす．鉛の毒性は蓄積性があるので，鉛を扱う職業の人は十分注意する必要がある．

[**主な化合物**]　2価および4価の化合物が知られている．14族に属するにもかかわらず，2価の化合物のほうが安定である．PbO (蜜陀僧), $PbCl_2$, PbS, $Pb(N_3)_2$, $Pb(NO_3)_2$, $PbSO_4$, $PbCO_3$, $2PbCO_3\cdot Pb(OH)_2$ (鉛白), $PbCrO_4$, $Pb(CH_3CO_2)_2$ が主な2価の化合物である．4価の化合物には PbH_4, PbO_2, $PbCl_4$, $Pb(N_3)_4$, $Pb(CH_3CO_2)_4$ などが知られている．赤色顔料の鉛丹 Pb_3O_4 は2価と4価の混合である．有機鉛化合物としては，テトラアルキル鉛 R_4Pb, トリアルキル鉛 R_3Pb, ジアリール鉛 R_2Pb などが

[**用　途**]　鉛は加工しやすいことと水に溶けず腐食し難いため，水道管や工業化学の装置に古くから使われてきたが，現在では合成樹脂などの人工材料に変りつつある．スズとともにオルガンのパイプに用いられる．量的に大きな用途は自動車に使われる鉛蓄電池である．鉛は密度が高く，X線・γ線の吸収能が大きいため，原子力関係の放射線遮蔽材料としての用途がある．アルカリやカルシウムの代りに鉛を主成分として含むガラスは，屈折率が大きいので光学ガラスとして用いられる．鉛ガラスはまた，比重が大きく放射線吸収能が大きいので，透明な放射線防止板として原子力関連分野で使われる．四メチル鉛，四エチル鉛は，ガソリンに混ぜて自動車のアンチノック剤として使われてきたが，このために起こる空気の鉛汚染の問題が顕在化して使用禁止の方向に向っている．鉛の化合物は古来，顔料・医薬として知られていた．黄色の密陀僧 PbO，赤色の鉛丹 Pb_3O_4，白色の鉛白 $2PbCO_3 \cdot Pb(OH)_2$ などがそれである．現在ではこれらのほかにクロム酸鉛が黄色顔料として使われている．理論研究の面では，鉛同位体比変動の事実は地球科学の年代測定や考古学の鉛産地の推定に利用されている．

[**トピックス**]　鉛同位体比による考古試料の産地推定

鉛の安定同位体 ^{204}Pb, ^{206}Pb, ^{207}Pb, ^{208}Pb の存在比（同位体比）は，通常一つの鉱山の中ではほぼ一定で，鉱山が違うと異なる値をとることが知られている．この変動は偶然に支配されるものでなく，鉱山生成の母体となる物質中の U/Pb 比と Th/Pb 比，および鉛鉱床の生成年代によって決まるので，理論的考察も可能である．この現象を古代の鉛ガラスや青銅器に応用し，含まれる鉛の産地を知ろうとする試みは，1960 年代から始まり，質量分析計の進歩によって詳しい情報が得られるようになった．たとえば，日本の弥生時代の銅鐸についていうと，初期の銅鐸は朝鮮半島の鉛を含み，それ以外は中国北部の鉛を含むことが明らかになっている．現在，古代ギリシャ・古代ローマ・エジプト・オリエント・東アジアの青銅器について，その原料のルーツが鉛同位体比法によって追究されつつある．ルーツ探しとは別に，この方法は真贋の判定や犯罪科学にも応用され，有力な手段になる可能性を秘めている．

[**コラムI**]　重い元素とマジックナンバー（魔法数）

元素の周期表で，原子の軌道電子数が 2, 10, 18, 36, 54, 86 のとき安定（希ガス元素）になるように，原子核も構成粒子である陽子と中性子が 2, 8, 20, 28, 50, 82, 126 の数をとるとき安定になる．これを原子核のマジックナンバーという（→カルシウム）．

陽子数（＝原子番号）がマジックになるのはヘリウム，酸素，カルシウム，ニッケル，スズ，鉛である．このなかで，鉛の安定同位体 ^{208}Pb は中性子数が 208－82＝126 とマジックになり，二重マジックで非常に安定と考えられる．

すべての安定元素のなかで，最も重い元素は鉛と 83 番元素ビスマス（安定同位体は ^{209}Bi だけ）である．84 番ポロニウムより重い元素は，いつかは壊変する放射性元素で，自発核分裂で壊変する場合を除くと，壊変の終着点は ^{206}Pb, ^{207}Pb, ^{208}Pb, ^{209}Bi のいずれかである．^{209}Bi の中性子数は 209－83＝126 とやはりマジックナンバーなの

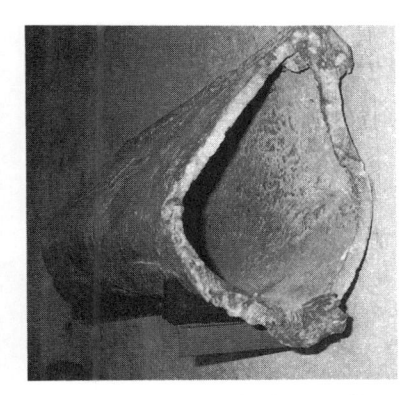

図 82.1 古代ローマの水道に使われた鉛管
（A.D. 2世紀, 古代ローマ博物館蔵）

で, 水素から始まる安定元素の最重端はマジック核種で守られていることになる.

[**コラムII**] 古代ローマの水道

ローマと言えばカラカラ帝の大浴場を連想するほど, ローマ人の生活と水とは切っても切れない縁がある. ローマ人がつくった水道では, 南仏ニームの近くのポン・デュ・ガール Pont du Gard の水道橋が有名である. すでに紀元前312年には, ローマの東北東12kmにある泉からローマに達するアッピア水道が建設されていた. 以後, 人口増加とともにローマへ導く水道の数は増えて, 後1世紀のアスグストゥス帝のときには7本, 後3世紀には11本にまで達した. いずれも, 数十キロの長さで, その模様は, 後97年に水道長官になったフロンティヌス Frontinus の著作「ローマの水道書」によって詳しく伝えられている. この文献と市の内外に残る導水管遺跡から推測すると, 高地にある川ないし泉から, 積み石や岩を掘り抜いて地下につくったアーチ形導水管によって市内の貯水槽まで水を導いている. 導水管が川のような低地を横切るときには, 高度を保つために地上に出て, 水道橋で導く. 貯水槽から使用者までの給水管は, 初期には陶管・木管が用いられたが, 間もなく鉛管になり全盛をきわめた. 現代の都市水道では, 幹線から管径を徐々に落として枝分れさせ, 無駄がないようにしているが, 当時は貯水槽から使用者まで独立に給水したため大量の鉛管を使ったらしい. 今日, ローマのあちこちから文字を表面に鋳込んだ鉛管が出土しているが, これらの文字資料は遺跡の確認にも役立っている(図82.1). 前1世紀アウグストゥス帝時代のウィトルウィウス Vitruvius は, その有名な「建築書」で, 「水は鉛によって有害になる」と述べている. 当時は, 食器も鉛でつくり, 鉛毒を知っていたらしい.

明治維新以後, 日本の都市でも鉛管による水道が普及した. 当時の化学では, 鉛は表面に不溶性の酸化被膜をつくるので無害と説明していたが, 分析機器の進歩によって溶け出す量が測れるようになり, 水道管には好ましくない材料ということになった. 現在では, ステンレススチールと合成樹脂の管が使われている. （馬淵）

83 ビスマス Bi

bismuth　Bismutum　bismuth　висмут　**铋** bì
Wismut

[**起 源**] 古くは鉛，スズ，アンチモンなどと混同されていたが，15世紀には金属として認められるようになった．1440年にグーテンベルクが印刷法を発明した後には，活字合金に添加された．単一の元素として確立されたのは18世紀に入ってからである．名称については，ドイツの鉱夫の古い慣用語 Wiesmatte（牧草地の鉱山？）によるとする説，アラビヤ語の wiss majaht に由来するとの説などあって，明確でない．日本では以前は蒼鉛とも呼ばれていた．

[**存 在**] 鉱物としては，輝蒼鉛鉱（組成 Bi_2S_3），ビスマイト（Bi_2O_3）などがあり，ときには単体も産出する．銀，ニッケル，スズなどの鉱石とともに鉱脈をつくる．地球上に広く分布するが，その量は少ない．火成岩中に0.05ppm程度含まれているが，「親銅元素」として硫化鉱物の中に濃集されている．

[**同位体**] 安定同位体は ^{209}Bi のみであり，原子量は正確に求められる．^{209}Bi は最も重い安定同位体であり，質量数210以上の核種はすべて放射性である．またその熱中性子吸収断面積（0.019 バーン）は小さく，中性子数126がマジックナンバーであることによる．放射性同位体は多くが知られているが，^{210}Bi, ^{211}Bi, ^{212}Bi, ^{214}Bi はウラン，トリウムの崩壊生成物で，天然放射性核種である．^{210}Bi はビスマスの原子炉照射によっても生成し，β 壊変によって ^{210}Po（138.4日）となる．

[**製 法**] 通常，銅や鉛の精錬の副産物として得られる．ビスマスの抽出および精製の方法は主要製品次第で異なる．ビスマスを酸化物として含む粉末は塩酸を加えて反応させた後，その溶液に水を加えてオキシ塩化ビスマス BiOCl を沈殿させ，沪過乾燥後，石灰と木炭を加えて溶融して金属を得る．

$$4\,BiOCl + 2\,CaCO_3 + 3\,C \longrightarrow$$

表 83.1 ビスマスの同位体

同位体	半減期 存在度	主な壊変形式
Bi-200	36.4 m	EC 90%, β^+ 10%
200 m	31 m	EC・β^+
201	1.80 h	EC・β^+
201 m	59.1 m	EC>93%, IT<6.8%
202	1.72 h	EC 97%, β^+ 3%
203	11.76 h	EC 99.8%, β^+ 0.2%
204	11.22 h	EC
205	15.31 d	EC
206	6.24 d	EC
207	32.2 y	EC
208	3.68×10^5 y	EC
209	**100%**	
210	5.01 d	β^-, $\alpha\,1\times 10^{-4}$%
210 m	3.0×10^6 y	α
211	2.14 m	α 99.72%, β^- 0.28%
212	1.010 h	β^- 64.1%, α 35.9%, $\beta^-\,\alpha$ 0.01%
212m^1	25 m	α<93%, β^->7%
212m^2	9.0 m	β^-
213	45.6 m	β^- 97.84%, α 2.16%
214	19.9 m	β^- 99.98%, α 0.02%

データ・ノート

原子量	208.98037
存在度　地殻	0.048 ppm
宇宙（Si=10⁶）	0.144
電子構造	4 f¹⁴ 5 d¹⁰ 6 s² 6 p³
原子価	3, 5
イオン化ポテンシャル(kJ mol⁻¹)	703.2
イオン半径 (pm)	³⁺96, ⁵⁺74
密　度 (kg m⁻³)	9747
融　点 (°C)	271.3
沸　点 (°C)	1560
線膨張係数 (10⁻⁶ K⁻¹)	13.4
熱伝導率 (W m⁻¹ K⁻¹)	7.87
電気抵抗率 (10⁻⁸ Ωm)	107
地球埋蔵量 (t)	—
年間生産量 (t)	4×10³

$$4\,Bi + 2\,CaCl_2 + 5\,CO_2$$

粗ビスマスの精製には電解法が用いられ，高純度の金属（>99.99%）を得るには帯溶融法が適用される．

[**性　質**]　赤味をもつ銀白色の金属．常温で安定な α-ビスマス（α-Bi）は灰色ヒ素と同様の構造をもつ．常温では加工しにくいが，225°C 以上では成型可能となる．電気伝導度，熱伝導度は実用になる金属の中で最も小さく，最も強い反磁性体である．凝固の際に 3.3% の体積増加があり，ガリウムおよびゲルマニウムとともにすべての元素の中で特異な存在である．

湿った空気の中でも安定に存在するが，水中に入れると変色する．空気中で強熱すると，燃えて酸化ビスマス(III) Bi_2O_3 を生じる．フッ素，塩素とは発火して反応し，臭素，ヨウ素とは加熱すると反応してハロゲン化ビスマス(III)（BiF_3 など）をつくる．クロム，鉄とは合金をつくりにくいが，多くの金属と合金をつくる．酸化剤を含む塩酸，濃硝酸，王水には溶けるが，乾いた塩化水素，濃硫酸には侵されにくい．

[**主な化合物**]　ビスマスは通常正 3 価の状態で存在し，正 5 価，負 3 価になることはまれである．酸化ビスマス(III) Bi_2O_3 は塩基性であって酸に溶けて塩をつくるが，アルカリには溶けない．黄色の結晶で，他の化合物をつくる際の出発物質であるが，いくつかの多形が知られている．フッ化ビスマス(V) BiF_5 は高温でビスマスとフッ素を反応させると生じる白色の固体で，強力なフッ素化剤である．水と反応してオゾン O_3 と二酸化フッ素 OF_2 を生じる．フッ化ビスマス(III) BiF_3 は白色の固体，塩化ビスマス(III) $BiCl_3$ も白色の結晶である．酸素を含む $BiOCl$ のようなオキシハロゲン化物もよく知られている．テトラフルオロビスマス酸カリウム $K[BiF_4]$ のような配位化合物もつくられている．水素との化合物はきわめて不安定である．

[**用　途**]　年間生産量の中で日本の寄与は大きい．鉛，スズ，カドミウムなどと低融点の合金をつくり，特殊なはんだ，ボンベの安全弁，火災報知器などに用いられる．活字合金にはなお使われている．鉄鋼に少量加えると加工性が向上する．医薬品としても皮膚病などの治療に利用されている．Bi_2O_3 はセラミック製品やガラス製品の製造にも用いられる．

（古川）

84 ポロニウム Po

polonium Polonium polonium пороний 钋 pō

[起源] Marie Curie は，その放射能研究の過程で，ピッチブレンドがウランそのものより強い放射能をもつことをつきとめた．それはピッチブレンド中に，ウランより強い放射能を発する新元素が存在するに違いないと考え，夫 Pierre の協力を得て大量のピッチブレンドを化学処理して，この放射性物質を抽出する努力を重ねた結果，1898 年にまずビスマスと結びつきの強い新元素を，次いで化学的にバリウムと挙動をともにする新元素を単離することに成功した．前者をポロニウムと名づけたのは，Marie の故郷ポーランドにちなんだものである（後者はラジウム）．

[存在] 安定同位体は知られていないが，天然の崩壊系列に属する核種として七つの同位体が存在する．しかし，重要なのは，ウラン系列に属し比較的半減期の長い ^{210}Po のみである．各種のウラン鉱中に存在するが，鉱石から放出されやすいため鉱石中の存在度は 10^{-4} ppm 程度である．

[同位体] ウラン系列に属する質量数 218, 214, 210 の 3 種，アクチニウム系列の 215, 211，およびトリウム系列の 216, 212 が天然に存在する．この他に，20 種類の人工放射性核種が知られている（図 87.1）．

[製法] ポロニウム（^{210}Po）は天然にも存在するが，存在量が限られるため，一般にはビスマスを原子炉で中性子照射して生じる ^{210}Bi の壊変生成物として得られる．

$$^{209}\text{Bi}(n, \gamma)^{210}\text{Bi} \xrightarrow[5.01 \text{ 日}]{\beta^-} {}^{210}\text{Po}$$

ポロニウムは中性子照射金属ビスマスの真空蒸留によるか，薄い塩酸溶液から銀などの金属表面に析出させることにより金属状態で得ることができる．

表 84.1 ポロニウムの同位体

同位体	半減期 存在度	主な壊変形式
Po-201	15.3 m	EC・β^+ 98.4%, α 1.6%
201 m	8.9 m	EC・β^+ 57%, IT 40%, α 2.9%
202	44.7 m	EC・β^+ 98%, α 2%
203	34.8 m	EC・β^+ 99.89%, α 0.11%
203 m	1.2 m	IT 95.5%, EC・β^+ 4.5%
204	3.53 h	EC 99.34% α 0.66%
205	1.66 h	EC 97.9%, β^+ 2.1%, α 0.04%
206	8.8 d	EC 94.55%, α 5.45%
207	5.80 h	EC 99.5%, β^+ 0.5%, α 0.02%
207 m	2.8 s	IT
208	2.90 y	α 99.998%, EC 0.002%
209	102 y	α 99.74%, EC 0.26%
210	138.4 d	α
211	0.52 s	α
211 m	25.2 s	α
212	0.30 μs	α
212 m	45.1 s	α
213	4.2 μs	α
214	0.164 ms	α
215	1.78 ms	α, β^- 2×10^{-4}%
216	0.15 s	α
217	<10 s	α>95%, β^- <5%
218	3.10 m	α 99.98%, β^- 0.02%

データ・ノート

原子量	(209)
存在度 地殻	—
宇宙 ($Si=10^6$)	—
電子構造	$4f^{14}5d^{10}6s^26p^4$
原子価	2, 4, 6
イオン化ポテンシャル (kJ mol^{-1})	812
イオン半径 (pm)	$^{4+}65$
密度 (kg m^{-3})	9200 (α)
融点 (°C)	254
沸点 (°C)	962
線膨張係数 (10^{-6}K^{-1})	23.0
熱伝導率 (W m^{-1}K^{-1})	20
電気抵抗率 (10^{-8}Ωm)	40
地球埋蔵量 (t)	—
年間生産量 (t)	—

[**性 質**] 周期表上16族(酸素族)の最後のメンバーで、この族で唯一の金属性を示す元素である。単体は灰白色でα型は単純立方格子で密度9200 kg m^{-3}、β型は菱面体格子で密度9400 kg m^{-3}。$\alpha \to \beta$の転移点は36°C。ポロニウムは、同族のテルルと周期表で隣り合うビスマスに化学的性質が似ているが、テルルよりは容易に塩酸に溶け、Po^{II}に特有のピンク色を示す。Po^{II}はさらに容易に酸化されて黄色のPo^{IV}となる。

ポロニウムは、他のほとんどの元素と化合物をつくることが知られており、酸化数−2, +2, +4, +6をとる。

同位体はすべて放射性なので、取扱いに注意を要するが、とくに^{210}Poは強い放射能毒性をもつα放射体なので体内に取り込まないようにしなくてはならない。ICRP(国際放射線防護委員会)のモデルによれば、体内に摂取されたポロニウムは、肝臓、腎臓および脾臓に沈着し、生物学的半減期50日で体内から排出される。ICRPの1977年勧告に基づく年摂取限度は、1×10^5Bq(経口)および2×10^4Bq(吸入)である。

[**主な化合物**] 酸化物で安定なものとしてはPoO$_2$が知られている。また、ハロゲン化物としては主にPoCl$_4$, PoBr$_4$, PoI$_4$と+4価のポロニウム化合物が知られ、これらを還元してPoCl$_2$, PoBr$_2$も得られる。

[**用途**] ^{210}Poはアルファ線源として用いられる。たとえば、ベリリウムとともに用いて中性子線源となる($^9_4$Be(α, n))。かつては一部の核弾頭の引金用の中性子源にポロニウムが用いられたこともあった。また、原子力電池にも用いられる。

[**トピックス**] キュリー夫人

Marie Curieは、ピッチブレンドの比放射能を測定して、酸化ウランより4倍強いことを見出した。知られている元素はすべて調べて、そのような性質はもたないことを確かめたMarieとPierreは、ピッチブレンド中に新元素が含まれているに違いないと考え、その化学分離に専念した。そして1898年夏に、新元素ポロニウムの発見を学会に報告した。放射性元素としての重要性はその後に発見したラジウムにとって代わられることになるが、Marieが最初に発見した元素にポロニウムと名づけたのは、特別な思いがこめられていたからである。Marieは、Pierreに求婚され、最終的にはPierreと結婚して物理学者としての道をパリで歩むことになったが、一時は故国ポーランドに残って、ロシア帝国の支配に苦しむ人々の解放のために身を捧げようと真剣に考えていた。その深い思いが、ポロニウムという元素名にこめられている。

(高木)

85 アスタチン At

astatine Astatin astatine астатин 砈 ài

[**起 源**] 1940年に，D. R. Corson, K. R. Mackenzie, E. Segrè はサイクロトンで加速した α 粒子を用いてビスマスを照射し，85番元素に相当する放射能を得た．これは ^{211}At であると考えられる．

$$^{209}_{83}\text{Bi} + ^{4}_{2}\text{He} \longrightarrow ^{211}_{85}\text{At} + 2n$$

この最初の報告には新元素の発見と認めるのに十分な内容が含まれていたが，化学的性質についての検討は不十分であった．しかし，大戦中の特殊な事情のために，研究の継続は許されなかった．戦後，彼らは研究を再開し，1947年になって元素名として，アスタチン astatine を提案した．この名は，ギリシャ語の astatos（不安定な）にちなむ．この言葉の示すように，アスタチンの同位体はすべて不安定である．

[**同位体**] ^{196}At から ^{219}At まで24の同位体が知られているが，最も半減期の長いもので ^{210}At の8.1時間である．すべての同位体は加速器によってつくられるが，天然にも天然壊変系列のごくわずかな分岐として，^{219}At, ^{215}At（以上はアクチニウム系列），および ^{218}At（ウラン系列）が存在するが，その量は小さく，半減期も短いために化学的研究の対象にはなり得ない（図87.1）．

天然放射性元素に分類できるが，実際は人工放射性元素と考えてもよい．

[**性 質**] 短寿命の放射性同位体しか存在しないため，マクロ量での研究はまったく行われていない．しかしトレーサー実験の結果で知られるところからは，"第5番目のハロゲン元素" として予測される性質を示すと考えられる．たとえば単体は常温で固体であるが，揮発性があり，ベンゼンや四塩化炭素で抽出されること，溶液中では At$^-$, AtO$^-$, AtO$_3^-$ などの形をとるらしいこと，などである．

アスタチンを生きている動物に投与したときは，ヨウ素と同じように甲状腺に蓄積する傾向があることも知られている．

(高木)

表 85.1 アスタチンの同位体

同位体	半減期存在度	主な壊変形式
At-205	26.2 m	EC 87%, β^+ 3%, α 10%
206	30.0 m	EC 82%, β^+ 17%, α 0.96%
207	1.80 h	EC·β^+ 91.3%, α 8.7%
208	1.63 h	EC·β^+ 99.45%, α 0.55%
209	5.41 h	EC 95.9%, α 4.1%
210	8.1 h	EC 99.82%, α 0.18%
211	7.21 h	EC 58.3%, α 41.7%
212	0.31 s	α
212 m	0.12 s	α
213	0.11 μs	α, no γ
214	0.56 μs	α
214 m	0.76 μs	α
215	0.10 ms	α
216	0.30 ms	α
217	32.3 ms	α 99.99%, β^- 0.012%
218	1.6 s	α 99.9%, β^- 0.1%
219	0.9 m	α 97%, β^- 3%

データ・ノート

原子量	(210)
存在度 地殻	—
宇宙 ($Si=10^6$)	—
電子構造	$4f^{14}5d^{10}6s^26p^5$
原子価	1, 3, 5, 7
イオン化ポテンシャル($kJ\ mol^{-1}$)	(930)
イオン半径 (pm)	(5^+57)
密　度 ($kg\ m^{-3}$)	—
融　点 (°C)	(302)
沸　点 (°C)	(337)
線膨張係数 ($10^{-6}K^{-1}$)	—
熱伝導率 ($W\ m^{-1}K^{-1}$)	—
電気抵抗率 ($10^{-8}\Omega m$)	—
地球埋蔵量 (t)	—
年間生産量 (t)	—

[コラム] 85, 87 元素の発見まで

1934 年現在の周期表(図31.4)によると, その時点で原子番号 92 までの元素の中で 61, 85 および 87 番の元素が未発見であった. 実際は, 43 番元素(Ma, masurium) の発見も誤りであり, 未発見の元素はすべて奇数番元素であった. これは陽子または中性子の数が奇数の核は不安定という一般則の現れと理解された.

一部の化学者は新元素の発見に血眼になっていた. 43 番元素テクネチウムは, 1937 年に C. Perrier と E. Segrè によって人工的に製造されたが, ほかの 3 元素の探索はなお精力的に続けられた.

85 番元素は「エカヨウ素」としてヨウ素に似た性質をもつと予測できる. アメリカのグループによる人工的な製造の前にもいくつかの発見の報告があり, いずれも否定された. その中で有力視されていたのは Fred Allison による磁気-光学的な同定で, 元素名には alabamin (Alabama 州にちなむ) が提案されていた.

87 番元素は「エカセシウム」に相当するが, フランスの M. Perey が天然放射性系列の中から発見する前に, 多くの発見の報告があり, すべて否定されていた. 元素名には, 発見者にゆかりのある地名が提案されることが多いが, エカセシウムに対しても, russium, virginium, moldavium, alkalinium などが提案されていた. このような名前を見ても多くの国々で研究されていたことがわかる.

61 番元素はランタノイドに属する放射性元素と予測できるようになったが, 1947 年にプロメチウムがウランを中性子照射したときに生じる核分裂生成物の中から分離確認されたことはその項目で述べた通りである.

(古川)

86 ラドン Rn

radon Radon radon радон 氡 dōng

[起源] P. Curie と M. Curie は，1898年にその放射性物質探求の途上で微量のポロニウムとラジウムに到達したが，そのときすでにラジウムに接した空気も放射能をもつことに気づいていた．1900年にドイツの F. Dorn は，この放射能がラジウムの崩壊によって生じる気体の放射性物質であることを発見した．E. Rutherford はこの気体が希ガス元素であることを確認し，R. Gray によって比重測定から最も重い希ガスであることが明らかにされた．ラドンの名はラジウムにちなむ．

[存在] 天然の存在はすべて天然崩壊系列に属する3種の同位体による．空気中の存在量は一定ではないが，その量はかなり大きい．岩石および土壌中にはウラン，トリウムの壊変生成物として存在し，その一部が大気中に放出される．また，地下水中のラドン濃度の時間変化は地震予知と関連して注目されている．

[同位体] 天然に存在するものもすべて放射性で，^{219}Rn はアクチニウム系列に属しアクチノン (An) と呼ばれ，^{220}Rn はトリウム系列に属しトロン (Tn) と呼ばれる．最も長い寿命をもつ ^{222}Rn (α, 3.824日) は，単にラドン (Rn) と呼ばれウラン系列に属する．他の主な同位体には，^{218}Rn, ^{221}Rn などがある (→図 87.1)．

[製法] 利用されるラドンは ^{222}Rn で，これはラジウム (^{226}Ra) 塩の水溶液から発生する気体を捕集して得られる．

[性質] ラドンは単原子の気体で，外殻の電子軌道が満たされているため化学的な活性は小さいが，キセノンよりイオン化エネルギーが小さいことから，キセノンの化学から類推してフッ化物などさまざまな化合物を形成しうると推測される．しかし，その放射能の危険性が大きいため，実験がむずかしく，またその発する放射線による放射線分解が激しいため，化合物の生成の

表 86.1 ラドンの同位体

同位体	半減期	主な壊変形式
Rn-207	9.3 m	EC 77%, α 23%
208	24.4 m	α 62%, EC 38%
209	28.5 m	EC 79%, β^+ 4%, α 17%
210	2.4 h	α 96%, EC 4%
211	14.6 h	EC 74%, α 26%
212	24 m	α
213	25.0 ms	α
214	0.27 μs	α
215	2.3 μs	α, no γ
216	45 μs	α
217	0.54 ms	α
218	35 ms	α
219	3.96 s	α
220	55.6 s	α
221	25 m	β^- 78%, α 22%
222	3.824 d	α
223	23 m	β^-
224	1.78 m	β^-
225	4.5 m	β^-
226	6.0 m	β^-

データ・ノート

原子量	(222)
存在度　地殻	—
宇宙（Si=10^6）	—
電子構造	4f^{14}5d^{10}6s^{2}6p^6
原子価	(2), (4), (6)
イオン化ポテンシャル(kJ mol^{-1})	(1037)
イオン半径 (pm)	—
密度 (kg m^{-3})	
	4400(液体, 沸点), 9.73(気体, 0℃)
融点 (℃)	−71
沸点 (℃)	−62
線膨張係数 (10^{-6} K^{-1})	—
熱伝導率 (W m^{-1} K^{-1})	—
電気抵抗率 (10^{-8} Ωm)	—
地球埋蔵量 (t)	—
年間生産量 (t)	—

確認は容易でない．ラドンは，二硫化炭素，エーテルなどの有機溶媒に溶けやすいことで知られる．

[**用　途**] かつてはラドンは，安価で便利な放射線源として，医療（がんの治療）や非破壊検査の目的に頻繁に使われた．しかし現在では，より取り扱いやすく，寿命の長い各種の線源によって置き換えられている．ラドンを線源として用いる場合には，ラドン管が用いられた．これは塩化ラジウム水溶液から発生した気体を精製したのちガラスに封入したもので，安価な線源として以前はよく用いられた．初期の原子核研究では ^{222}Rn-Be 中性子源も広く用いられていた．しかし，現在のラドンの利用の例はきわめて少ない．

[**トピックス**] ラドンと肺がん

ラドン（^{222}Rn）は，呼吸によって吸入されると肺に放射線被曝を与え，肺がんの原因となる．この被曝はラドン自体よりも，ラドンの娘および孫の核種にあたる ^{218}Po（半減期3.10分），^{214}Pb（26.8分），^{214}Bi（19.9分），^{214}Po（164マイクロ秒），^{210}Pb（22.3年）などの寄与が大きいと考えられる．チェコスロバキアやアメリカ・コロラドのウラン鉱山などで働いた労働者に過剰な肺がんがあったことについては，確かな報告がある．また各国の核兵器開発や原子力開発に伴うウラン採掘でも，鉱山労働者に肺がんや健康障害が多発しているとする報告も少なくない．とくに北アメリカのインディアン，オーストラリアのアボリジニ，南アフリカの鉱山労働者などについては，社会的な問題となっている．

最近になって，通常の家屋内におけるラドン濃度が，一部の地域では健康上憂慮すべきほど高いことが議論を呼んでいる．アメリカの平均的家屋中では，ラドン濃度は 0.003～1.1 Bq/l の範囲にあると報告されている．0.8 Bq/l 以上という濃度の空気中で1年間生活すると，生涯では肺がん発生率は10分の1にも達すると見積られ，ラドン濃度低減が家屋設計上考慮すべき新たな要素となりつつある．ラドンの発生源は，以前は建物のコンクリートなどと考えられてきたが，最近の研究では，むしろ床下などの地面から室内に入ってくるものが多いとされ，アメリカなど一定の建築上のガイドラインを設定する国もでてきた．

(高木)

87 フランシウム Fr

francium Francium francium франций 钫 fāng

[起源] 1939年, パリのCurie研究所のMarguerite Pereyがアクチニウムのα崩壊の結果生成する放射性元素として見出し, 彼女の祖国フランスの名をとってフランシウムと命名した. この核種は ^{223}Fr であり, ^{227}Ac から 1.38% の分岐崩壊で生成し, 半減期21.8分で主にβ⁻崩壊するが, フランシウム同位体の中では最も長寿命である. すなわち, 秤量できるほどの量のフランシウムを得ることはできず, その性質もよく知られているとはいい難い.

[存在] 天然に存在する同位体は ^{223}Fr のみであり, ウラン鉱石中にアクチニウム系列の一員として生じるが, 短寿命であるので地表1km中の全量が約15gと推定される.

[同位体] ^{223}Fr 以外の同位体は原子核反応を用いて人工的につくられている.

[性質] 上述のようにフランシウムはきわめて不安定な元素であるので(101番元素までの中で最も不安定), その化学的性質は放射化学的手法を用いて調べられる. 一般的性質はセシウムに類似するといわれ, 他の重アルカリ金属に伴って, 過塩素酸塩, 塩化白金酸塩, ケイタングステン酸塩などとともに沈殿する. (冨田)

[コラム] 天然放射壊変系列
^{238}U, ^{235}U, ^{232}Th の3核種はそれぞれがウラン系列((4n+2)系列), アクチニウム系列((4n+3)系列), トリウム系列(4n系列)と呼ばれる放射壊変系列の出発点となる核種である(→バークリウム). 各々の系列の中に多数の放射性核種が含まれ, ^{223}Fr はアクチニウム系列に属する(図87.1).

(古川)

データ・ノート

原子量	(223)
存在度 地殻	—
宇宙 (Si=10⁶)	—
電子構造	7s
原子価	1
イオン化ポテンシャル(kJ mol⁻¹)	(400)
イオン半径 (pm)	1+(180)
密度 (kg m⁻³)	—
融点 (℃)	(27)
沸点 (℃)	(677)
線膨張係数 (10⁻⁶K⁻¹)	—
熱伝導率 (W m⁻¹K⁻¹)	—
電気抵抗率 (10⁻⁸Ωm)	—
地球埋蔵量 (t)	—
年間生産量 (t)	—

表 87.1 フランシウムの同位体

同位体	半減期 存在度	主な壊変形式
Fr-219	21 ms	α
220	27.4 s	α 99.65%, β⁻ 0.35%
221	4.90 m	α
222	14.2 m	β⁻
223	21.8 m	β⁻ 99.99%, α 0.01%
224	3.30 m	β⁻
225	4.0 m	β⁻

ウラン系列

											^{234}Th 24.1d β^-	α ←	^{238}U 4.47Gy
												^{234}Pa* β^-	
		^{214}Pb 26.8m β^-	α ← 99.98%	^{218}Po 3.05m β^-	α ←	^{222}Rn 3.82d	α ←	^{226}Ra 1.60ky	α ←	^{230}Th 75ky	α ←	^{234}U 245ky	
	^{210}Tl 1.30m β^-	α ← 0.02%	^{214}Bi 19.9m β^-	α ←	^{218}At 1.6s								
^{206}Hg 8.1m β^-	α ← 10^{-4}%	^{210}Pb 22.3y β^-	α ←	^{214}Po 0.16ms						*	^{234m}Pa 1.2m β^- 99.85%	^{234}Pa 6.7h β^-	
	^{206}Tl 4.20m β^-	α ← 10^{-4}%	^{210}Bi 5.01d β^-								IT 0.15%		
		^{206}Pb 安定	α ←	^{210}Po 138d									

アクチニウム系列

										^{231}Th 1.06d β^-	α ←	^{235}U 704My
		^{215}Bi 7.4m β^-	α ← 97%	^{219}At 0.9m β^-	α ← 10^{-4}%	^{223}Fr 21.8m β^-	α ← 1.2%	^{227}Ac 21.8y β^-	α ←	^{231}Pa 32.8ky	
	^{211}Pb 36.1m β^-	α ← ~100%	^{215}Po 1.8ms β^-	α ←	^{219}Rn 3.9s	α ←	^{223}Ra 11.4d	α ←	^{227}Th 18.6d		
^{207}Tl 4.77m β^-	α ← 99.68%	^{211}Bi 2.14m β^-	α ←	^{215}At 0.1ms							
	^{207}Pb 安定	α ←	^{211}Po 0.52s								

トリウム系列

							^{228}Ra 5.75y β^-	α ←	^{232}Th 14.1Gy		
								^{228}Ac 6.15h β^-			
		^{212}Pb 10.6h β^-	α ←	^{216}Po 0.15s	α ←	^{220}Rn 55.6s	α ←	^{224}Ra 3.66d	α ←	^{228}Th 1.91y	
^{208}Tl 3.05m β^-	α ← 35.9%	^{212}Bi 1.01h β^-									
	^{208}Pb 安定	α ←	^{212}Po 0.3μs								

図 87.1 天然放射性元素の壊変系列
(ky, My, Gy はそれぞれ 10^3y, 10^6y, 10^9y を表す)

88 ラジウム Ra

radium Radium radium радий 镭 léi

[**起　源**]　P. Curie および M. Curie によって 1898 年に発見された. 彼らは, ウラン鉱石ピッチブレンドの約 2 トンを出発物質として, 化学的に分離したバリウムフラクションから, 純粋なウランよりも強い放射能をもつ新元素を塩化物の形で分別結晶によって取り出した. M. Curie によってこの新元素はラテン語の radius (ray 放射線を意味する) にちなんでラジウムと名づけられた. 1902 年までに Curie 夫人は分光学的にバリウムを含まない塩化ラジウム 100 mg を単離したと報告した. 計算上は 7 トンのピッチブレンド中に約 1 g のラジウムがウランの壊変生成物として存在する.

[**存　在**]　ラジウムは放射性元素であり, 最も寿命の長い核種は ^{226}Ra で半減期 1600 年である. したがって親元素のウランに伴ってしか存在しない. ウラン 3 kg 当り約 1 mg のラジウムを伴う. ラジウム化合物の世界の年産は 100 g 程度であろうと推定されている.

歴史的にはボヘミア地方ヨアヒムシュタール産の良質のピッチブレンド (センウラン鉱 UO_2-U_3O_8 の微晶質塊状鉱物) からラジウムが得られた. このほかコロラドのカルノー石 $K_2(UO_2)_2(V_2O_8)\cdot 3H_2O$ もラジウム供給源として知られた. 現在ではザイール共和国やカナダ Great Bear Lake 地方などに良鉱が見つかっている. ラジウムはウラン鉱石中には必ず存在するから, ウラン製造工程の廃液から抽出できるはずである.

[**同位体**]　安定同位体は存在せず, ^{226}Ra のほか天然にはトリウム系列に属する ^{228}Ra (半減期 5.75 年), ^{224}Ra (3.66 日), アクチニウム系列の ^{223}Ra (11.43 日) などがある. このほか人工放射性核種も数多く知られている.

[**製　法**]　ラジウムの単体は 1910 年, M. Curie と A. Debierne によって水銀陰極を用いる塩化ラジウム溶液の電解によってつくられた. 電解によって生じるのはアマルガムであるが, これを水素雰囲気中で蒸留すると純粋な金属が得られた.

[**性　質**]　アルカリ土類金属元素の一つで, 新しくつくった金属は白色に輝くという. 空気中に放置すれば, おそらく窒化物

表 88.1　ラジウムの同位体

同位体	半減期 存在度	主な壊変形式
Ra-221	29 s	α
222	38.0 s	α, ^{14}C 3×10^{-6}%
223	11.43 d	α, (^{14}C) w
224	3.66 d	α, ^{12}C 4.3×10^{-9}%
225	14.9 d	β^-
226	1.60×10^3 y	α, ^{14}C 3×10^{-9}%
227	42.2 m	β^-
228	5.75 y	β^-
229	4.0 m	β^-
230	1.55 h	β^-
231	1.72 m	β^-

データ・ノート

原子量	(226)
存在度 地殻	6×10^{-7} ppm
宇宙（Si＝10^6）	—
電子構造	$7s^2$
原子価	2
イオン化ポテンシャル（kJ mol^{-1}）	509.3
イオン半径（pm）	$^{2+}$152
密度（kg m^{-3}）	約5000
融点（℃）	700
沸点（℃）	(1140)
線膨張係数（10^{-6}K^{-1}）	—
熱伝導率（W m^{-1}K^{-1}）	—
電気抵抗率（10^{-8}Ωm）	—
地球埋蔵量（t）	
年間生産量（t）	

生成のため暗色になる．結晶格子は体心立方格子で，$a=515$pm とされている．単体も塩も冷光を発する．水を分解し，またバリウムよりやや揮発性が高い．炎色反応は洋紅色（carmine red）である．^{226}Ra，^{224}Ra，^{223}Ra は α 線を放出し，^{228}Ra は β^- 線を出す．1g の ^{226}Ra は毎秒 3.61×10^{10} 個の α 粒子を放出するが，歴史的には ^{226}Ra の放射能が放射能強度の単位（キュリー）となった．その後，1 キュリー（Ci）は 3.7×10^{10}/秒と数値的に定義され壊変率の単位として用いられた．現在では「1秒当り1個の原子の壊変」が1ベクレル（Bq）と定義され，キュリーは用いないようになっている．．

周期表上の位置からいって，化学的性質はアルカリ土類金属元素のうちで最も陽性が強いと考えられる．水溶液中では＋2価のイオンとして存在し，バリウムイオン Ba^{2+} と類似の挙動をとる．

[**主な化合物**] 市販のラジウムは塩化物または臭化物の形がふつうである．しかし，ラジウムを用いる場合には，その放射能が利用の対象となるので，特定の化合物がとくに重要であるということはない．周期表上の位置から，水酸化ラジウムは水酸化バリウムよりもさらに塩基性が強く，硫酸ラジウムは硫酸バリウムよりさらに不溶性と考えられる．

[**用 途**] 以前はラジウムを用いた夜光塗料や放射線治療のための線源などがよく用いられたが，次第により安全な放射性物質に置き換えられている．たとえば放射線治療には ^{60}Co または ^{137}Cs 線源が使われるようになった．また，文字盤などに塗る夜光塗料に加えられたこともあるが，これも他の放射性物質などに置き換えられている．

ラジウム化合物とベリリウム化合物との混合物は，実験室規模の中性子源に使用されることがある．ラジウムからの α 粒子がベリリウムの原子核と反応し，^{9}Be(α, n) ^{12}C の過程で中性子を発生する．中性子の発見（Chadwick，1932 年）は，この核反応によるものであった． (富田)

89 アクチニウム Ac

actinium Aktinium actinium актиний 锕 ā

[起源] Curie 夫妻がポロニウムとラジウムをピッチブレンドから分離・発見した翌年の1899年に, 同じ研究室の A. Debierne は同じ鉱物から新放射性元素を発見し, 放射線を意味するギリシャ語 aktis にちなんで, アクチニウムと名づけた. これとは独立に, 1902年 F. Giesel は, やはりピッチブレンド中に希土類元素と振舞いをともにする新元素を発見し, エマニウム (emanium) と呼んだが, これらは同一のものであることが後に判明した. この元素は89番元素で, ピッチブレンドから得られるのは ^{227}Ac であることがわかったが, ランタンときわめて性質が似ているため, 希土類元素から分離して純粋な形で ^{227}Ac を得るのは困難をきわめた.

[存在] 天然に存在が確かめられたのは, アクチニウム系列に属する ^{227}Ac とトリウム系列に属する ^{228}Ac である. ^{227}Ac が最も半減期が長く, 重要な同位体であるが, それとて 21.77 年という半減期のため比放射能は強く, 取扱いは容易でない. また, 天然同位体組成が 0.720% である ^{235}U の娘核種であるために, ウラン鉱石中の存在量が小さく, ピッチブレンド 1 トン中に約 0.2mg が含まれるにすぎない.

1949 年になって S. Peterson は
$$^{226}\text{Ra}(n, \gamma)^{227}\text{Ra} \xrightarrow[42.2\text{分}]{\beta^-} {}^{227}\text{Ac}$$
という核反応によって純粋な ^{227}Ac が比較的容易につくりうることを示し, 翌年 F. T. Hagemann は 1g の ^{226}Ra の中性子照射によって 1.27mg の純粋な ^{227}Ac を得た.

^{228}Ac はメソトリウム 2 (MsTh$_2$) と呼ばれ, トリウム鉱物中に微量に存在する.

[同位体] 天然に存在する ^{227}Ac, ^{228}Ac も含めてすべてが放射性同位体である.

[製法] フッ化アクチニウム AcF$_3$ をリチウムの蒸気で還元することによって得られる.

[性質] 娘核種の蓄積もあって, その強い比放射能のゆえに, アクチニウムの化学的・物理的性質の解明は十分に進んでいない. 暗所では輝いてみえる. 金属はランタンに似て銀白色で, 面心立方格子構造をもつ. $a = 531.1$ pm.

湿った空気中で酸化されるが被膜をつくり, 中まで酸化は進まない. アクチニウム

表 89.1 アクチニウムの同位体

同位体	半減期	主な壊変形式
Ac-223	2.2 m	α 99%, EC 1%
224	2.9 h	EC 90.9%, α 9.1%
225	10.0 d	α
226	1.23 d	β^- 83%, EC 17%, α 0.006%
227	21.77 y	β^- 98.62%, α 1.38%
228	6.15 h	β^-, (α)
229	1.05 h	β^-
230	2.03 m	β^-
231	7.5 m	β^-
232	35 s	β^-

データ・ノート

原子量	(227)
存在度 地殻	—
宇宙 (Si=10⁶)	—
電子構造	6d7s²
原子価	3
イオン化ポテンシャル (kJ mol⁻¹)	(499)
イオン半径 (pm)	³⁺118
密　度 (kg m⁻³)	10060
融　点 (℃)	(1050)
沸　点 (℃)	(3200)
線膨張係数 (10⁻⁶ K⁻¹)	—
熱伝導率 (W m⁻¹ K⁻¹)	—
電気抵抗率 (10⁻⁸ Ωm)	—
地球埋蔵量 (t)	—
年間生産量 (t)	—

表 89.2 アクチノイド元素の酸化数

元素	2	3	4	5	6	7
₈₉Ac		◎				
₉₀Th		△	◎			
₉₁Pa		△	△	◎		
₉₂U		△	△	△	◎	
₉₃Np		○	◎	◎	△	△
₉₄Pu		○	◎	◎	◎	△
₉₅Am	△	◎	○	○	△	
₉₆Cm		◎				
₉₇Bk		◎	○			
₉₈Cf		◎				
₉₉Es		◎				
₁₀₀Fm	△	◎				
₁₀₁Md	△	◎				
₁₀₂No	◎	△				
₁₀₃Lr		◎				

◎ 安定, ○ 準安定, △ 可能

はランタンによく似た化学的性質を示し，一般に酸化状態 +3 の化合物をつくり，また溶液中でも Ac³⁺ としてのみ存在する．

[**主な化合物**] AcF₃, AcCl₃, AcBr₃, AcOF, Ac₂O₃ などがつくられている．どの化合物の性質も対応するランタンの化合物とよく似ていると考えられている．

[**用　途**] 得られる量も少なく，強い放射性のために，用途はまったくないといってよい．
(高木)

[**コラム**] アクチノイド元素

₈₉Ac から ₁₀₃Lr に至る 15 元素をアクチノイド元素 (actinoids) と呼ぶ．電子配置は，ラドンの配置を核にして，7s 軌道が満たされた後に 5f 軌道が満たされていく系列である．すべてが第 7 周期の 3(3A) 族に属し，ふつうの周期表では，ランタノイド元素 (lanthanoids) とともに欄外に配置している．化学的性質でみると，ランタノイド元素の場合ほどではないが，ある程度の元素相互の類似性が認められる．「アクチノイド仮説」は，超ウラン元素，とくにアメリシウム以降の元素の化学的性質の研究結果に基づいて，Seaborg によって提案された (1944 年)．

周期表上，ランタノイド元素の下に 5f 軌道が順次満たされていく第二の希土類，アクチノイド元素があるはずだという見解は，原子の電子軌道が明らかになってきた 1940 年代に提案されていたが，安定な酸化数が Ac(+3), Th(+4), Pa(+5), U(+6) と，あたかも 3, 4, 5, 6 族と進むかのように見えたため，超ウラン元素の性質が確認されるまで判断は保留された (→ ネプツニウム)．結局，理論的に最終のアクチノイドになるはずの 103 番元素が +3 価をとり，104 番元素の性質が希土類元素と異なることが確認され，めでたくアクチノイドの概念が確立された．ランタノイドにならって表 89.2 にとり得る原子価をまとめてみる (→ プラセオジム)．
(古川)

90 トリウム Th

thorium Thorium thorium торий 钍 tǔ
Thor

[起源] スウェーデンの化学者 J. J. Berzelius は，1828 年にノルウェーの鉱石トール石中に新元素の酸化物をみつけ，北欧神話の雷神（ないし戦の神）トールにちなんでトリウムと名づけた．後にガスマントルの発光体として用いられるようになり，需要が増すとともに研究が盛んになった．1898 年 M. Curie と G. C. Schmidt は，それぞれ独立にトリウムも放射性物質の一つであることを明らかにした．

[存在] トリウム（^{232}Th）は，天然に存在する放射性同位体であり，またトリウム系列の始まりの核種で，多くの放射性同位体の親である．濃度は高くないがきわめて広く地殻中に分布し，その存在量はウランの約 3 倍である．資源として有力な鉱物としては，モナズ石で，これは希土類元素とトリウムのリン酸塩で，主産地はインド，南アフリカ，ブラジル，オーストラリアおよびマレーシアで，一般にトリウム含有量は 10% 程度である．他の主な鉱物としては，ホウトリウム鉱（酸化トリウム），トール石（ケイ酸塩），イットリア石（Y, Th のケイ酸リン酸塩）などがあげられる．

[同位体] トリウムには多くの同位体が知られているが，すべて放射性である．そのうち，^{232}Th，^{228}Th（ラジオトリウム）はトリウム系列に，^{230}Th（イオニウム），^{234}Th（UX$_1$）はウラン系列に，^{231}Th（UX$_1$），^{227}Th（ラジオアクチニウム）はアクチニウム系列に属する天然に存在する同位体であるが，他は人工的につくられる．^{232}Th に次いで寿命の長い ^{230}Th（イオニウム）はウラン鉱石から抽出され，研究上の用途にはよく利用される．

[製法] 工業的にトリウムを得るには，モナズ石を硫酸で溶かし，分別沈殿法を利用して共存する希土類元素と分離したのち，溶媒抽出法によって精製する．金属をつくるには，酸化トリウム ThO$_2$ をカルシウムによって還元するか，塩化トリウム ThCl$_4$ やフッ化トリウム ThF$_4$ などの溶融塩電解を行うことによって得られる．Berzelius が最初に金属トリウムを得たときは，塩化トリウムをナトリウムによって還

表 90.1 トリウムの同位体

同位体	半減期存在比	主な壊変形式
Th-224	1.05 s	α
225	8.72 m	α～90%, EC～10%
226	30.6 m	α
227	18.72 d	α
228	1.913 y	α
229	7.3×10^3 y	α
230	7.54×10^4 y	α
231	1.063 d	β^-, (α)
232	1.405×10^{10} y 100%	α
233	22.3 m	β^-
234	24.10 d	β^-
235	7.2 m	β^-
236	37.5 m	β^-

データ・ノート

原子量	232.0381
存在度 地殻	12 ppm
宇宙 (Si=10^6)	0.034
電子構造	$6d^27s^2$
原子価	4
イオン化ポテンシャル(kJ mol^{-1})	587
イオン半径 (pm)	$^{4+}$0.94
密度 (kg m^{-3})	11720
融点 (℃)	1750
沸点 (℃)	(4850)
線膨張係数 ($10^{-6}K^{-1}$)	12.5
熱伝導率 (W $m^{-1}K^{-1}$)	54.0
電気抵抗率 ($10^{-8}\Omega m$)	13.0
地球埋蔵量 (t)	3×10^6
年間生産量 (t)	3.1×10^4

元した.

[**性 質**] 金属トリウムは銀白色で,軟らかい.常温では面心立方格子.$a=508.4$ pm.

化学的性質としては,水,アルカリには侵されないが,酸とは一般に反応する.塩酸には激しく反応するが,残渣が残る.硫酸との反応は遅い.硝酸とは不働態が生じるが,F^-を含む硝酸には溶ける.また粉末状態では空気中で燃えやすい.

トリウムはアクチノイドの一員であるが,もっぱら+4の酸化状態を示す.例外的にThI_2やThI_3のような化合物も得られている.

[**主な化合物**] ThO_2は白色の安定な化合物で,酸化物としては全元素中で最も高い融点 (3390℃) をもつ.酸に溶けにくいが,HFを加えた硝酸には溶ける.他の化合物としては,ThF_4(白色,融点1110℃),$ThCl_4$(白色,770℃),$ThBr_4$(白色,679℃),ThI_4(白色,570℃),ThS(銀色,2200℃),Th_2S_3(褐色),ThS_2(紫色)などが知られている.溶液中ではトリウムは+4の酸化状態のみをとるが,Th^{4+}としてよりはさまざまな加水分解生成物として存在すると考えられる($Th(OH)_2^{2+}$, ThO^{2+}, $Th(OH)_3^+$など).

[**用 途**] トリウムは核燃料としての利用を期待される(トピックス欄参照)ほか,アクチノイドとしては例外的に多くの利用がされてきた.その大きな理由は,熱せられるとトリウムが熱電子を放出しやすいことで,ガス放電管ランプ,紫外部用光電管などに用いられる.また真空管の熱陰極に用いられているタングステンに酸化トリウムを添加して,熱電子放出を容易にしている.かつてはガスマントルの発光体として大きな用途をもった.その他にタングステンや鉄鋼などに少量のトリウムを添加して品質を向上させる用途にも用いられている.

[**トピックス**] トリウムから生まれる核燃料

^{232}Th自身は核分裂性ではないが,核燃料としての利用が考えられている.それは,中性子照射によって

$$^{232}\text{Th}(n,\gamma)^{233}\text{Th} \xrightarrow[22.3分]{\beta^-} {}^{233}\text{Pa} \xrightarrow[26.97日]{\beta^-} {}^{233}\text{U}$$

によって生じる^{233}U (半減期1.592×10^5年) が核分裂するためである.つまりトリウムを親物質とし,^{233}Uを核分裂物質とする一種の増殖炉サイクルが成立すれば,トリウムを燃料とする原子力発電が可能であり,実際にも試験的な試みが世界的にある(たとえば,高温ガス炉).しかし,技術的な難点も多く,原子力発電そのものが退潮傾向のなかで,実用化に向けて大きな発展はなされそうにはない. (高木)

91 プロトアクチニウム Pa

protactinium　Protaktinium　protactinium　протактиний　镤 pú

[**起　源**] 1913年に K. Fajans と O. H. Göhring は，ウラン系列の放射性物質 UX₂ を発見し，これを"brevium"と名づけた．これは後に ²³⁴91 であることが判明したが，この時点では解明されず，新元素の発見とはならなかった．1918年にドイツの O. Hahn と L. Meitner およびこれと独立にイギリスの F. Soddy と J. A. Cranston は，ピッチブレンドから長寿命の91番元素の同位体を分離することに成功し，これをアクチニウムに先立つという意味で protoactinium と名づけた．発見は比較的早かったが，プロトアクチニウムはその複雑な化学的性質も手伝って，長い間最も知識の少ない元素の一つであった．

[**存　在**] 天然に存在するのは，天然崩壊系列に属する三つの同位体，すなわち ²³¹Pa (アクチニウム系列，記号 Pa)，²³⁴Pa (ウラン系列，UX₂)，²³⁴ᵐPa (ウラン系列，UZ) である．UX₂ と UZ は短寿命なので，一般に天然のプロトアクチニウムといえば ²³¹Pa を指し，この元素に関する化学的研究ももっぱらこの同位体によって行われてきた．天然の存在の少ない元素の一つである．もっとも，最近では ²³¹Pa は，²³⁰Th を標的として人工的に合成することができる．

$$^{230}\text{Th}(n, \gamma)^{231}\text{Th} \xrightarrow[1.063 \text{日}]{\beta^-} {}^{231}\text{Pa}$$

[**同位体**] 今日まで知られている同位体を表91.1に掲げる．この中では，²³³Pa がその半減期の長さが適当なために，トレーサーとして広く用いられる．その製造には

$$^{232}\text{Th}(n, \gamma)^{233}\text{Th} \xrightarrow[22.3 \text{分}]{\beta^-} {}^{233}\text{Pa}$$

が利用される．²³¹Pa は，長寿命であるために，物理的性質の決定などに用いられる．

²³⁴Pa は天然に存在する唯一の核異性体として知られている．

[**製　造**] 酸化プロトアクチニウム Pa₂O₅ から出発して，ヨウ化プロトアクチニウム

表 91.1　プロトアクチニウムの同位体

同位体	半減期	主な壊変形式
Pa-226	1.8 m	α 74%, EC 26%
227	38.3 m	α ～85%, EC～15%
228	22 h	EC 98%, β^+ 0.15%, α 1.85%
229	1.50 d	EC 99.52%, α 0.48%
230	17.4 d	EC 91.6%, β^- 8.4%, α 0.003%
231	3.28×10^4 y	α
232	1.31 d	β^-, EC 0.2%
233	26.97 d	β^-
234	6.70 h	β^-
234m	1.17 m	β^- 99.87%, IT 0.13%
235	24.4 m	β^-
236	9.1 m	β^-

データ・ノート

原子量	(231)
存在度 地殻	—
宇宙 (Si=10^6)	—
電子構造	5 f^2 6 d 7 s^2
原子価	3, 4, 5
イオン化ポテンシャル(kJ mol^{-1})	568
イオン半径 (pm)	$^{3+}$113, $^{4+}$98, $^{5+}$89
密 度 (kg m^{-3})	(15370)
融 点 (°C)	1575
沸 点 (°C)	(3900)
線膨張係数 ($10^{-6} K^{-1}$)	—
熱伝導率 (W $m^{-1} K^{-1}$)	—
電気抵抗率 ($10^{-8}\Omega m$)	—
地球埋蔵量 (t)	—
年間生産量 (t)	—

PaI_5 をつくり，その熱分解によって単体が得られる．

[**性　質**] 金属は灰色で展性に富む．常温での構造は正方晶系に属し，格子定数は $a=393.2\,pm$, $c=323.8\,pm$.

化学的には空気中で比較的安定で，酸化はきわめてゆっくりと起こる．酸との反応は一般に遅く，完全には進みにくい．金属を溶かすために最も良いのは $8\,M\,HCl$ と $1\,M\,HF$ の混合物である．

水溶液中のプロタクチニウムの挙動はとくに複雑で，一般に PaO^+ の形で存在し，酸性の強い溶液では PaO^{3+} や Pa^{5+} で存在すると考えられる．しかし，ほとんどの溶液ではコロイドの形成が起こり，またガラス容器などの器壁への吸着が生じるので，完全な溶液を得ようとすれば F^- などの存在下で，ポリエチレン容器などを用いて取り扱うことが必要となる．

[**主な化合物**] プロタクチニウムの化学的性質は複雑でなかなか十分なことが知られていないが，一般に +5 価の酸化状態が最も安定で，Pa_2O_5 (白色)が最も重要である．他に $PaCl_5$ (黄色，融点 306°C)など．また +4 価の化合物としては，PaO_2 (黒色), PaF_4 (褐色), $PaCl_4$ (黄緑色), $PaBr_4$ (褐色), PaI_4 (緑色)や $PaOS$ なども知られている．

[**用　途**] とくに利用法は知られていない．

(高木)

92 ウラン U

uranium　Uran　uranium　уран　铀 yóu

[**起　源**]　1789年に M. H. Klaproth は、ザクセンのピッチブレンド試料中から新元素を抽出・発見した。それまではピッチブレンドは、鉄のタングステン酸塩と考えられていたのだが、Klaproth は新元素を含むと断定して、ウランと名づけたのである。ウランの名は、1781年に Herschel によって発見された天王星 uranius にちなみ、いわば天王の元素である。Klaproth は U_3O_8 を還元してウラン金属を得たと思ったが、彼が得たのは実際には UO_2 であった。このことを明らかにし、実際にウラン金属の単離に成功したのは E. M. Peligot (1841年) であった。もっと軽い元素と考えられていたウランを、原子量240と推定し、周期表上最も重い元素の位置を与えたのは D. I. Mendeleev (1872年) で、これは1882年に J. I. C. Zimmerman によって確かめられた。さらに、1896年に H. Becquerel がウラン中の放射能の存在を明らかにし、さらに Curie 夫妻がその放射能の究明をするに及んで、ようやく元素ウランの全体像が明らかになった。

[**存　在**]　存在量は大きくないが、地殻表層中に広く分布する。酸性の花崗岩中には平均して4.4ppmと多いが、塩基性の玄武岩では0.43ppmと少ない。また堆積岩中では3.1ppm、リン酸塩岩石では100ppm程度である。海水中の平均濃度はおよそ 3×10^{-9} gU/g と低い。地球全体のウラン濃度は、放射能による発熱の考察からすれば、前述の表層値よりはるかに低いと考えられている。

主な鉱物は、ピッチブレンド、カルノー石、リンカイウラン石、リンドウウラン石などで、ペグマタイト脈中ないし熱水鉱床に一般に産出する。ウランの主要な産出国は、カナダ、アメリカ、オーストラリア、南アフリカ、ナミビア、ニジェール、旧ソ連、中国などである (年間生産量は表92.1参照)。

[**同位体**]　天然に存在する同位体としては ^{238}U、^{235}U、^{234}U があり、^{238}U は天然崩壊系

表 92.1　ウランの年間生産量 (t)
(1990年現在)[1]

国　名	生産量
カナダ	8729
南ア共和国[2]	5687
オーストラリア	3530
アメリカ合衆国	3420
旧西ドイツ	2972
フランス[3]	2841
ニジェール	2831
ガボン	700
ハンガリー	524
スペイン	213

1) 生産量の数値が明らかでない国は除かれている。
2) ナミビアを含む。
3) モナコを含む。
(出所:「世界国勢図会」、1993年4月による)

データ・ノート

原子量	238.0289
存在度　地殻	2.4 ppm
宇宙（Si=10⁶）	0.0090
電子構造	5 f³6 d 7 s²
原子価	3, 4, (5), 6
イオン化ポテンシャル(kJ mol⁻¹)	584
イオン半径（pm）	
³⁺103, ⁴⁺97, ⁵⁺89, ⁶⁺80	
密　度（kg m⁻³）	18950
融　点（℃）	1130
沸　点（℃）	3930
線膨張係数（10⁻⁶ K⁻¹）	12.6
熱伝導率（W m⁻¹ K⁻¹）	27.6
電気抵抗率（10⁻⁸ Ωm）	30
地球埋蔵量（t）	6×10^6
年間生産量（t）	3.5×10^4

列のウラン系列の親であり，^{234}U はそれと平衡にある娘核種であるが，天然の存在においていつも厳密に平衡は成立していない．たとえば，海水中の ^{234}U/^{238}U の放射能比は，放射平衡が成立する際の1.00でなく，1.15になる．^{235}U はアクチニウム系列の親である．

天然に存在するものも含めてすべてが放射性同位体である．このうち ^{234}U, ^{235}U, ^{238}U 以外は人工的に核反応によって得られるが，とくに ^{236}U より重い同位体は原子炉内でウラン燃料中に一定量が生成する．

[**製　法**] 鉱石からウランを精製して得る工業的方法としては，まず酸またはアルカリで抽出したのち沈殿法，溶媒抽出法やイオン交換などにより精製して U_3O_8（イエローケーキ）を得る（原子炉燃料としての精製加工などについては，コラム欄参照）．

ウランはきわめて電気的に陽性なので，金属を得るには，酸化物を金属カルシウムで還元するか，塩化物をナトリウムやリチウムなどで還元するなどの方法が一般に用いられる．

[**性　質**] 金属ウランは銀白色の金属光沢のある物質で，常温では α ウラン（斜方晶系）として存在し，軟らかく展性が大きい．密度は 18950 kg m⁻³．668℃にて β ウラン（正方晶系，密度 18110 kg m⁻³，固くてもろい）に変り，さらに 774℃ で γ ウラン（体心立方晶系，密度 18060 kg m⁻³，きわめて軟らかい）となる．

金属ウランは空気中で加熱すると発火して八酸化三ウラン U_3O_8 となる．粉末の場合は常温で空気中の水分，酸素，窒素とそれぞれ反応する．また，金属ウランは反応性に富み，高温では他のほとんどの元素と反応するが，アルカリには侵されにくい．

[**主な化合物**] ウランは +3 から +6 までの酸化状態をとるが，6 価が一般に最も安定で 4 価がこれに次ぐ．とくに重要な化合

表 92.2　ウランの同位体

同位体	半減期存在比	主な壊変形式
U-228	9.1 m	$\alpha > 95\%$, EC<5%
229	58 m	EC∼80%, $\alpha \sim 20\%$
230	20.8 d	
231	4.2 d	EC, α 0.006%
232	68.9 y	α, (SF)
233	1.592×10^5 y	α, (^{24}Ne)
234	2.45×10^5 y 0.0055%	α
235	7.038×10^8 y 0.7200%	α
235m	∼25 m	IT
236	2.342×10^7 y	α
237	6.75 d	β^-
238	4.468×10^9 y 99.2745%	α, SF 5.4×10^{-5}%
239	23.5 m	β^-
240	14.1 h	β^-

物としては、まず酸化物があげられる。U_3O_8 が最も安定で、どのウランの酸化物も空中で加熱すると U_3O_8 となる。緑色がかった黒色で、融点1450°C、密度は8390 kg m^{-3}。二酸化ウラン(IV) UO_2 も安定な酸化物で、融点が高く原子炉燃料として実用的な面では最も重要な化合物である（黒ないし褐色、融点2800°C、密度10970 kg m^{-3}）。他に三酸化ウラン(VI) UO_3（黄ないし橙色、融点450°C）などがあるが、ウランと酸素は、一般に化学量論的でない化合物をつくる。他の重要な化合物としては、ハロゲン化物がある。その主なものとしては、UF_4（緑色、融点1036°C）、UF_6（白色、64°C）、UCl_4（緑色、590°C）、UBr_4（茶色、519°C）、UI_4（黒色、506°C）などがある。このうちフッ化ウラン(VI) UF_6 は、比較的低温で気体になりやすい性質を利用して、^{235}U の濃縮に用いられるのでとくに重要である。その他、水素化物（UH_3）、炭化物（UC, UC_2

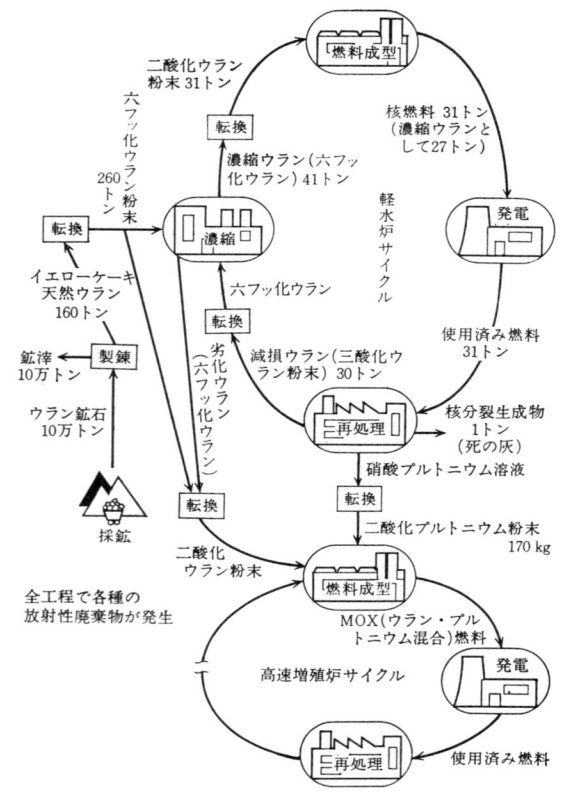

図 92.1 核燃料サイクルの見取図

など) など多くの化合物が知られている. また水溶液中では, U^{3+} (赤紫色), U^{4+} (緑色), UO_2^{2+} (黄色) の形で存在する.

ウランの天然同位体はいずれも半減期が長く, 比放射能は決して高くないが, ウランを大量に取り扱う精錬所, 転換・濃縮工場などでは, その放射能と化学毒性によって健康上の問題が生じる. 化学毒性としては, とくに腎臓を侵すことが知られている.

[用途] 最大の利用は, ^{235}U の核分裂性を利用した核燃料としての用途で, ^{235}U はその核的性質から, とくに熱中性子による核分裂連鎖反応の維持に優れている. 核燃料としては, ふつうは天然ウランをそのまま用い金属ウラン燃料体とするか, ^{235}U を2~4%程度に低濃縮して酸化ウラン燃料体として用いる. 日本の原子力発電所に一般的なのは, 濃縮ウラン酸化物型である (原子炉燃料としての利用については, コラムを参照). その他の用途としては, ウラン黄といってガラスや磁器の黄色の着色に用いられたり, 光電管, 紫外線源用電極, X線管球用の対陰極などに利用される. また, その大きな比重を利用するものとして, 濃縮ウランを分離した後の安価な劣化ウランが各種のおもり (飛行機の翼の中に入れるなど), ふつうの爆弾の弾頭などにも用いられてきたが, 放射能の問題があるため, 最近は用途が制限されてきている.

[コラム] 核燃料サイクル

原子力発電に伴う核燃料の流れを核燃料サイクルと呼ぶ. 日本の原子力発電に一般的な軽水炉の核燃料サイクルを図92.1に示す. 図中の数字は100万キロワット原発を1年間稼働させることに伴うおよその物質の流量である. 図に示すように, 核燃料サイクルは, 鉱山でウランを採掘するところから始まり, ウランを原発の燃料として加工して原発で燃やし, その結果として出る使用済み燃料を再処理して, 燃え残りウランとプルトニウムを取り出すことで, 一応のサイクルを閉じる. このうち採掘から原子炉へ向かう流れを上流 (アッパーストリーム) といい, 原子炉から下の流れを下流 (ダウンストリーム) という. さらに再処理で取り出したプルトニウムを核燃料として, 高速増殖炉などの原子炉を稼働させれば, そのサイクルができる.

核燃料サイクルは, 核物質の流れであると同時に放射能の流れであり, その全体は空間と時間の広い範囲に及び, いわば原子力問題の全体のひろがりを表している. 核物質 (ウランとプルトニウム) の流れに沿っては核管理や核拡散の問題 (プルトニウムの項参照) が生じ, 放射能の流れに沿っては, 事故の危険性, 環境問題が生じ, また労働者被曝の問題なども生じる.

一般に, 核燃料サイクルは, 複数の国にまたがり, 国際的ひろがりをもつ. たとえば, 日本の原発で使用されるウランは, オーストラリア, 南アフリカなどで採掘され, アメリカやフランスで濃縮され, 原発で使用後はフランスやイギリスで再処理される. そして, 抽出されたプルトニウムや廃棄物はまた日本に戻ってくる. さらに, 元素という観点からみると, 核分裂生成物などの放射性物質を含めて何十種類もの元素がこのサイクルに関係している.

このような核燃料サイクルの全体はあまりにも大きな問題を提起しすぎるから望ましくないとして, 使用済み核燃料を再処理しないで直接廃棄物とするサイクルを選択する国が最近は増えてきた. (高木)

93 ネプツニウム Np

neptunium Neptunium néptunium нептуний 錼 ná

[**起　源**] 1934年に E. Fermi らはウランに中性子を照射して得られた放射能を93番元素のものと思い，新元素を発見したと考えた．しかし，実際にはこの放射能の主成分は，核分裂によるものであることが，O. Hahn と F. Strassmann によって明らかにされた（1938年）．93番元素の真の発見は，1940年に E. M. McMillan と P. H. Abelson によってなされた．彼らは，中性子照射したウラン中から化学的に93番元素を分離し，ウラン（Uranus＝天王星にちなむ）に次ぐ元素としてネプツニウム（Neptune＝海王星にちなむ）と名づけた．

$$^{238}U(n, \gamma)^{239}U \xrightarrow[23.5分]{\beta^-} {}^{239}Np \xrightarrow[2.36日]{\beta^-}$$

これは，史上初の超ウラン元素の発見であった．

[**存　在**] 極微量の ^{237}Np は，天然のウラン鉱中にもみつかっている．これは，ウランの自発核分裂による中性子および α 線が周囲の岩石と (α, n) 反応を起こして生成した中性子によって生成したものだが，量は少なく利用上は重要ではない．

$$^{238}U(n, 2n)^{237}U \xrightarrow[6.75日]{\beta^-} {}^{237}Np$$

[**同位体**] 知られているすべての同位体は放射性で，主なものを表93.1に示す．このうち最も重要な核種は，長寿命の ^{237}Np で，前述の $^{238}U(n, 2n)$ 反応か ^{235}U の2回の中性子捕獲によって，原子炉内で生成する．通常の軽水炉の使用済みウラン燃料1トン中には，^{237}Np は，約400g（0.3キュリー，1.0×10^{10} Bq）生成する．通常の研究用などには，長い半減期のため用いられやすい．

[**製　法**] 通常は三フッ化物をカルシウムで還元して得る．

$$2 NpF_3 + 3 Ca \longrightarrow 2 Np + 3 CaF_2$$

[**性　質**] ネプツニウムの化学的性質に関する McMillan と Abelson の初期の研究は，アクチノイド全体の化学の始まりとして，特筆されるべきものであった．というのは，単純な周期表の適用からすれば Np は7族（7A族）に属し，Re に類似の性質を有すると考えられた．しかし，実際には，

表93.1 ネプツニウムの同位体

同位体	半減期	主な壊変形式
Np-234	4.4 d	EC
235	1.085 y	EC, α 0.0014%
236	1.2×10^5 y	EC 91%, β^- 8.9%
236m	22.5 h	EC 52%, β^- 48%
237	2.14×10^6 y	α
238	2.12 d	β^-
239	2.36 d	β^-
240	1.03 h	β^-
240m	7.22 m	β^- 99.68%, IT 0.32%
241	13.9 m	β^-
242	2.2 m	β^-

データ・ノート

原子量	(237)
存在度 地殻	—
宇宙 (Si=10^6)	—
電子構造	$5f^46d7s^2$
原子価	3, 4, 5, 6, (7)
イオン化ポテンシャル(kJ mol^{-1})	597
イオン半径 (pm)	
	$^{3+}$110, $^{4+}$95, $^{5+}$88, $^{6+}$82
密　度 (kg m^{-3})	20450
融　点 (℃)	640
沸　点 (℃)	(4175)
線膨張係数 (10^{-6} K^{-1})	—
熱伝導率 (W m^{-1}K^{-1})	6.3
電気抵抗率 (10^{-8}Ωm)	—
地球埋蔵量 (t)	—
年間生産量 (t)	—

NpはUに類似した化学的性質をもつことが明らかにされ、精力的に行われたPuの化学的性質の究明と相まって、5f電子殻の充填、すなわちランタノイドに次ぐアクチノイド元素の存在という考えの基礎が固められたのである（→アクチニウム）．

金属ネプツニウムは、銀白色で室温ではα型（斜方晶系）が安定で、密度は20450 kg m^{-3}とアクチノイドで知られるかぎり最大である．280℃以上ではβ型（三方晶系）、577℃以上ではγ型（立方格子）に変る．金属ネプツニウムは反応性に富むが、空気中では常温で安定である．酸化状態としては+3から+7までの酸化数が知られているが、最も安定なのはNp(V)である．溶液中のイオン形とその色は、Np^{3+}（青色）、Np^{4+}（黄-緑色）、NpO$_2^+$（緑色）、NpO$_2^{2+}$（ピンク-赤色）である．

ネプツニウムの性質のもう一つの注目すべき点は、近年明らかになったその毒性の大きさである．ネプツニウムは体内に取り込まれると、骨および肝臓に移行しそこに長時間残留して被曝の原因となると考えられる．^{237}Npに関してICRP（国際放射線防護委員会）Pub.30に基づく年摂取限度は、経口の場合3×10^3 Bq、吸入の場合2×10^2 Bqときわめて小さく、毒性が高いと評価されている．

[**主な化合物**]　酸化物としてはNpO$_2$が最も安定で、硝酸塩などを熱分解することによって得られる褐色-緑色の固体である．融点2330℃、密度11110 kg m^{-3}．他の化合物としては、Np(III)ではNpF$_3$（紫色、融点1425℃）、NpCl$_3$（緑色、800℃）、Np(IV)ではNpF$_4$（緑色）、NpCl$_4$（赤褐色、517℃）、Np(V)としてはNp$_2$O$_5$（黒褐色）などがある（融点の表記のないものは、データのないもの）．

[**用　途**]　ネプツニウム自体としては、特別の用途をもたないが、原子力電池などの用途をもつ^{238}Puの製造用の親物質として^{237}Npが用いられる．

$$^{237}Np\ (n, \gamma)\ ^{238}Np\ \xrightarrow[2.12日]{\beta^-}\ ^{238}Pu$$

[**トピックス**]　原子力発電と^{237}Npの生成

性質の項で述べたような大きな毒性とその長い半減期によって、原子力発電の放射性廃棄物中に存在する^{237}Npは、その管理・処分が難題である超ウラン廃棄物の中でも最もめんどうな核種である．とくに、貯蔵中の^{241}Amの崩壊によって^{237}Npは増加し、その崩壊がある限度に達するまでは超ウラン廃棄物の毒性がある期間時間とともに増加するという問題があり、深刻である．

なお、^{237}Npに始まり^{209}Biに終る壊変系列をネプツニウム系列という（→バークリウム）．

（髙木）

94 プルトニウム Pu

plutonium Plutonium plutonium плутоний **钚** bù

[**起　源**] 1940年末，カリフォルニア大学のG. T. Seaborg, J. W. Kennedy と A. C. Wahl はサイクロトロンからの 16 MeV 重陽子をウランに照射し，その生成物の中に原子番号 94 の新元素を確認した.

$$^{238}\text{U}(d, 2n)^{238}\text{Np} \xrightarrow[2.12 \text{日}]{\beta^-} {}^{238}\text{Pu}$$

折からの第二次大戦下の状況でこの発見は秘密にされ，94番元素は"銅"の暗号名で呼ばれたが，正式な命名としては，ネプツニウム（Neptune にちなむ）の外側という意味でプルトニウム（Pluto＝冥王星, Pluto の起源は Pluton＝ギリシャ神話の冥王）と名づけられた. その後数多くの同位体が合成され，確認されている.

[**存　在**] 天然の存在としては痕跡量の ^{239}Pu がピッチブレンドなどの天然ウラン鉱石中に見出されている. それらは天然ウランの中性子捕獲（中性子はウランの自発核分裂および天然放射能の α 線による (α, n)反応などで二次的に生成したもの）によって生成したもので，^{239}Pu/^{238}U の原子比は1兆分の1程度であり，利用上で有意の量ではない.

[**同位体**] 知られているのはすべて放射性同位体である. このうち最も重要なのは ^{239}Pu で，^{238}U の中性子捕獲によりつくられる.

$$^{238}\text{U}(n, \gamma)^{239}\text{U} \xrightarrow[23.5\text{分}]{\beta^-} {}^{239}\text{Np} \xrightarrow[2.36\text{日}]{\beta^-} {}^{239}\text{Pu}$$

原子力発電炉のウラン燃料中では，この反応によって大量の ^{239}Pu が生成するが，さらに中性子を捕獲して，^{240}Pu, ^{241}Pu, ^{242}Pu などに転じる. 一般に原子炉で生成するプルトニウムはこれらの混合物で，軽水炉の

表 94.1　プルトニウムの同位体

同位体	半減期	主な壊変形式
Pu-232	34.1 m	EC～80%, α ～20%
233	20.9 m	EC 99.88%, α 0.12%
234	8.8 h	EC 94%, α 6%
235	25.3 m	EC, α 0.0027%
236	2.87 y	α, SF 8×10^{-8}%
237	45.2 d	EC, α 0.004%
238	87.7 y	α, SF 1.84×10^{-7}%
239	2.41×10^4 y	α, SF 4.4×10^{-10}%
240	6.56×10^3 y	α, SF 5.7×10^{-6}%
241	14.35 y	β^-, α 0.002%
242	3.73×10^5 y	α, SF 5.5×10^{-4}%
243	4.96 h	β^-
244	8.08×10^7 y	α, 99.88%, SF 0.12%
245	10.5 h	β^-
246	10.84 d	β^-
247	2.27 d	β^-

データ・ノート

原子量	(244)
存在度 地殻	—
宇宙 (Si=10⁶)	—
電子構造	5 f⁶7 s²
原子価	3, 4, 6, (7)
イオン化ポテンシャル(kJ mol⁻¹)	585
イオン半径 (pm)	³⁺108, ⁴⁺93, ⁵⁺87, ⁶⁺81
密度 (kg m⁻³)	19860 (α)
融点 (°C)	639.5
沸点 (°C)	3235
線膨張係数 (10⁻⁶K⁻¹)	55
熱伝導率 (W m⁻¹K⁻¹)	6.74
電気抵抗率 (10⁻⁸Ωm)	146
地球埋蔵量 (t)	—
年間生産量 (t)	—

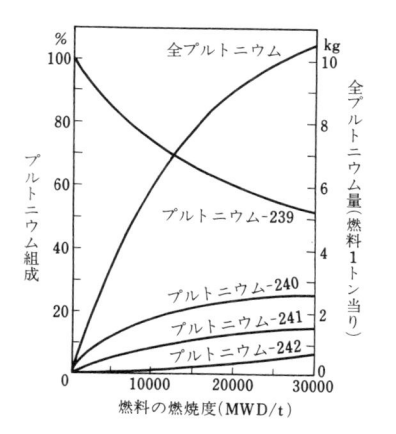

表 94.2 プルトニウムの臨界量(球状のプルトニウムを厚さ 10 cm の天然ウラン反射材で包んだとき)

核分裂性プルトニウム		全プルトニウム量(kg)
純度(%)	臨界量(kg)	
100	4.4	4.4
90	4.5	5.0
80	4.6	5.6
70	4.6	6.7
60	4.7	7.8
50	4.8	9.6

場合は,燃焼度に応じておよそ図 94.1 に示す組成となる.このうち ^{239}Pu, ^{241}Pu は核分裂性であり, ^{240}Pu, ^{242}Pu は非核分裂性(熱中性子に対する核分裂断面積が著しく小さい)である.プルトニウムは,その核的性質と比較的大量に生成しうるという性質によって,核兵器材料や核燃料物質として用いられるが,上のような組成変化によって核物質としての性質が大きく異なることに注意が必要である.とくに問題となる臨界量(核分裂の連鎖反応が起こる最小量)を,一つの形状に対して, ^{239}Pu 純度との関係で表 94.2 に示す.形状とか反射材が変れば臨界量も変るので表 94.2 の値はあくまで一つの目安である.

[**性 質**] プルトニウム金属は,銀白色で温度に応じて物理的性質の違う六つの相をとることが知られ,密度は 16000 から 19860 kg m⁻³ までの変化を示す. 122°C 以下では α 型で密度 19860 kg m⁻³ (単斜晶系).反応性に富み,空気中の湿気でも発火するので取扱いは不活性雰囲気中で行うなど注意を要する.酸化状態としては +3 から +7 までの酸化数が知られているが,一般的で重要なのは Pu (IV) である.

[**主な化合物**] 酸化プルトニウム (IV) PuO_2 は安定な黄緑色ないし褐色の固体で,密度 11460 kg m⁻³, 融点 2390°C で,核燃料などにもこの形で用いられることが多い.水には溶けにくく, HF を含む熱濃硝酸には溶ける.他の Pu (IV) の化合物としては,

Pu(OH)$_4$(緑色),Pu(NO$_3$)$_4$・5 H$_2$O(黄色)などがある.Pu(III)の化合物としては,Pu$_2$O$_3$(銀色),PuCl$_3$(緑色)などがある.Pu(V),Pu(VI)はそれぞれプルトニルPuO$_2^+$,PuO$_2^{2+}$として溶液中に存在し,さまざまな塩をつくる.溶液中のイオンの色はPu^{3+}—黄色,Pu^{4+}—黄褐,PuO$_2^+$—赤紫,PuO$_2^{2+}$—橙黄色.

プルトニウムの特記すべきもう一つの特徴は,高い毒性である.その毒性の強さはα放射能と体内への残留の長さによるものなので,一般にすべての超ウラン元素に共通のものであるが,生成量も利用度も大きいプルトニウムの場合,とくに大きな問題となる.国際放射線防護委員会(ICRP)Pub 30に基づく年摂取限度ALIは,経口の場合2×10^5 Bq,吸入では2×10^2 Bqである.消化器系から摂取されたものの一部は小腸壁から吸収されて骨や肝臓に集まり,また呼吸によって吸入されたプルトニウム(空気中に漂う酸化プルトニウム)は肺に集まり,それぞれのがんの原因となる.

[用 途] ^{239}Pu(核分裂性プルトニウム)は,アメリカの原爆開発の初期から原爆材料として開発され,長崎に投下された原爆ファットマンの主材料となった.現在でも,核兵器の主流である熱核弾頭には,核融合の引き金物質としてプルトニウムが用いられる.軍事目的には90%以上の高純度プルトニウムが専用炉でつくられるが,原子炉級の低純度(核分裂性プルトニウムが60%程度)のものでも,核兵器が製造しうる.このことは,1962年にアメリカが実際に原子炉級のプルトニウムを用いて核実験を行って実証した.

プルトニウムをウランに次ぐ原子力発電の燃料として利用する計画の中心は高速増殖炉である.高速増殖炉は,炉心に20%程度の核分裂性プルトニウムを含むウランとプルトニウムの混合燃料を用い,そのまわりをウラン(^{238}U)のブランケットでとりまき,主として炉心で燃料を燃焼し,ブランケット部で^{238}Uの中性子捕獲により^{239}Puをつくる.炉心で消費されるプルトニウムより生成するプルトニウムのほうが多いので増殖炉と呼ばれ,次世代の核燃料としての期待がかかる.これを可能にするためには,高速中性子による核分裂連鎖反応の維持が必要で,一般にはナトリウムなど液体金属を冷却材とし,密に炉心に燃料を集中したタイプの炉型が必要となる.高速増殖炉は原子力開発の初期から企図されたが,技術的・経済的に困難の多い原子炉で1966年のフェルミ炉(アメリカ・ミシガン州)の燃料溶融事故などトラブルも多く,アメリカでは原型炉クリンチリバー炉の開発が1983年に中止になった.ヨーロッパ諸国でも困難が多く,フランスはフェニックス(25万kW$_e$),スーパーフェニックス(120万kW$_e$)を開発稼働させ,この分野で世界の先端を切ったが,両炉とも事故続きで,満足に稼働していない.ドイツのSNR-300(30万kW$_e$)は建設されたものの運転しないまま廃炉処分が決定し,イギリスもPFR(25万kW$_e$)を閉鎖した.日本でも常陽(実験炉)が稼働中で,もんじゅ(原型炉)も1994年4月に臨界に達した.プルトニウムが核燃料として本格的に利用しうるかどうかは,この高速増殖炉計画の成否にかかる(→ナトリウム).

高速増殖炉が実用化されるにしても21世紀中葉以降になると考えられる現状で,軽水炉でプルトニウムを燃焼する(日本ではプルサーマルと呼ぶ)ことも考えられ,試

験が各国の原子力発電所で始まっている.

[**トピックス I**] 使用済み燃料の再処理

プルトニウムの利用のためには,使用(照射)済み燃料からのプルトニウムの抽出精製が必要となる.この操作は再処理と呼ばれ,その工程は,ふつうは硝酸で使用済み燃料を溶解した後,酸化還元を繰り返しながら,リン酸トリブチル(TBP)による溶媒抽出によってプルトニウム,ウラン,核分裂生成物を相互分離する(Purex 法).使用済み燃料の再処理は,プルトニウム利用にとっては不可欠であるが,使用済み燃料に含まれるぼう大な量の放射能がこの工程によって,気体ないし溶液中に解放されるので,環境中に放出される放射能が少なくないうえ,高濃度の廃液が蓄積するなど,環境上の問題がある.

なお,^{238}Pu はその半減期と α 放射能の性質から,原子力電池などの熱源として用いられている.その製造は,^{237}Np の中性子捕獲による.

[**トピックス II**] ^{244}Pu 年代

^{244}Pu は消滅核種(→ ヨウ素)の一つで,その自発核分裂の生成物であるキセノン同位体が,隕石中に見出される ^{136}Xe などの過剰の原因と考えられる(P. K. Kuroda, 1960).隕石中の ^{244}Pu の核分裂生成物の存在度は,^{244}Pu の元素合成から隕石生成までの年代を表すよい時計となり,この "^{244}Pu 年代" は宇宙の歴史を知るうえで,^{129}I 年代とともに有力な手がかりとなっている.

[**コラム**] プルトニウムと社会

プルトニウム(^{239}Pu)は,非核分裂性の ^{238}U を親物質とし,それを転換して核分裂性物質としたものといえる.したがって核燃料の増殖として,その利用に期待のかかる反面で,猛毒性で半減期も長く,また核兵器物質であるプルトニウムの利用は,大きな社会的問題を提起している.とくに,プルトニウム利用は核拡散を促すとして論議を呼び,アメリカのカーター大統領(1976~1980)は,再処理と高速増殖炉を核拡散への懸念から凍結した.その同じ理由で,核ジャックに対する防護の観点から,プルトニウム施設では一般に厳しい管理体制が敷かれている.プルトニウムをエネルギー源として全面的に利用しようとする社会は,超管理社会にならざるをえないとする議論が広まっている.

1990 年代に入ると,米国の核兵器の削減と解体の動きが急になり,核兵器から出るプルトニウムが核拡散につながらないよう管理・廃棄することが人類的課題となった.高レベル廃棄物と混ぜてガラス固化したり,原子炉で照射するなどして核拡散しにくい形にして廃棄処分することが検討されている.このように世界が脱プルトニウムへの道を探るなかで,日本がプルトニウムの増殖を指向することに対しては,国際的に強い懸念が寄せられている. (高木)

95 アメリシウム Am

americium　Americium　américium　америций　镅 méi

[起源] マンハッタン計画における，プルトニウムを中心とした超ウラン元素の化学的研究の過程で，G. T. Seaborg, R. A. James, L. O. Morgan および A. Ghiorso は，1944年に次のような反応で95番元素に到達したと信じた．

$$^{239}Pu(n, \gamma)^{240}Pu(n, \gamma)^{241}Pu \xrightarrow{\beta^-} {}^{241}(95)$$

しかし，この製造過程は96番元素の生成を伴うため，他の放射性不純物を除去した後に，両者を化学分離しないと95番元素の確認にならない．Seaborgらは，当初は新元素がプルトニウムと同じような化学的性質をもつとして分離を試みたが，成功しなかった．その後，化学的性質が希土類元素と似ているとの観点にたって研究を進め，1945年末になってようやく完全な分離確認に成功した．イオン交換分離法が決定的な役割を果たした．アメリシウムの名は，対応する希土類元素ユウロピウムとの対比から発見者の国にちなんでつけられた．なお，この名前は学界へ正式に提案される前にSeaborgによってラジオ番組の中で披露されたといわれている．

[存在] 発電用原子炉内における生成量は大きい．^{241}Pu(14.35年)の壊変によって生じ，百万キロワット(電気出力)の発電炉を1年間運転し，10年経過後の存在量は5kg(放射能として6×10^{14} Bq)に達する．

[同位体] 知られている同位体はすべて放射性である．このうち最も重要なのは ^{241}Am で，^{241}Pu の崩壊生成物として原子炉燃料中または分離したプルトニウム中に蓄積してくる．また ^{243}Am は最も半減期の長い同位体で，^{241}Am より比放射能が少なく扱いやすいので，ときとして化学的研究に用いられる．

表 95.1 アメリシウムの同位体

同位体	半減期	主な壊変形式
Am-237	1.21 h	EC 99.98%, α 0.02%
238	1.63 h	EC, α 1.0×10^{-4}%
239	11.9 h	EC 99.99%, α 0.01%
240	21.2 d	EC, α 1.9×10^{-4}%
241	433 y	α, SF 3.8×10^{-10}%
242	16.02 h	β^- 82.7%, EC 17.3%
242m	141 y	IT 99.5%, α 0.46%, SF 1.6×10^{-8}%
243	7.38×10^3 y	α
244	10.1 h	β^-
244m	~26 m	β^- 99.96%, EC 0.04%
245	2.05 h	β^-
246	39 m	β^-
246m	25.0 m	β^-
247	23.0 m	β^-

データ・ノート

原子量	(243)
存在度 地殻	—
宇宙 (Si=10^6)	—
電子構造	5 f^7 7 s^2
原子価	2, 3, 4, 5, (6)
イオン化ポテンシャル(kJ mol^{-1})	578.2
イオン半径 (pm)	
	$^{6+}$80, $^{5+}$86, $^{4+}$92, $^{3+}$107
密 度 (kg m^{-3})	13670
融 点 (℃)	1175
沸 点 (℃)	(2060)
線膨張係数 (10^{-6}K^{-1})	—
熱伝導率 (W m^{-1}K^{-1})	—
電気抵抗率 (10^{-8}Ωm)	68
地球埋蔵量 (t)	
年間生産量 (t)	

[**製 法**] フッ化アメリシウム(III)をリチウムないしはバリウムの蒸気によって還元して得られる.

$$AmF_3 + 3 Li \longrightarrow Am + 3 LiF$$

[**性 質**] 金属アメリシウムは白色で,軟らかい.常温では六方最密格子.$a=346.8$ pm,$c=1124.1$ pm.

アメリシウムは反応性に富み,ハロゲン,水素,窒素,酸素,炭素などと直接反応し,多くの金属と合金をつくる.酸化状態としては +2 から +6 までが知られ,溶液中などでは Am (III) が最も安定な状態である.

[**主な化合物**] 酸化物は酸化アメリシウム(IV) AmO_2 が最も安定で,水酸化物を空中で焼いて得られる.他の重要な化合物はハロゲン化物で,AmF_4(黄褐色),AmF_3(ピンク,融点 1395℃),$AmCl_3$(ピンク,500 ℃),$AmCl_2$(黒色)などがある.

溶液中には Am^{3+}(ピンク),Am^{4+}(ピンク),AmO_2^+(黄色),AmO_2^{2+}(褐色)として存在する.また $[AmCl_6]^{3-}$,$[AmF_5]^-$,$[AmF_6]^{2-}$ などのような錯イオンの形成も知られている.アメリシウムの化学は,一般に典型的なアクチノイドのそれであるが,またユウロピウムへの類似性も示す.

[**用 途**] ^{241}Am はその α 放射能の性質と半減期からして,またプルトニウムの副産物として比較的安価に得られることから,α 線源として利用されている.たとえば,Be と組み合わせて Am-Be 中性子源となる.また,一般的な利用としては,火災探知用の煙感知器(煙のイオン化によって電気信号を発生させる)にはアメリシウム線源が,多いときには一感知器当り $3.7×10^6$ Bq 程度用いられる.この煙感知器は一般のビルなどで広く用いられているが,アメリシウムの量は決して少ない量ではないので,注意が必要である.

[**トピックス**] プルトニウム中の^{241}Am

^{241}Pu の半減期が 14.35 年と比較的短いため,精製プルトニウム中には短期間で ^{241}Am が生成し,プルトニウムの品質を落とす.とくに ^{241}Am は低エネルギー γ 線を放出し,取扱い作業者の被曝の原因となるので厄介である.一般に,原子炉級のプルトニウムではこの問題は深刻である.核弾頭用のプルトニウムのように ^{239}Pu の純度が高い場合でも,若干量の ^{241}Pu の混入は避けられず,^{241}Am 問題が生じ,適当な期間での核弾頭のつくり直しの必要が生じるといわれている.

(高木)

96 キュリウム Cm

curium Curium curium кюрий 锔 jú

[**起 源**] 1944年にG. T. Seaborg, R. A. JamesおよびA. Ghiorsoによって60インチ・サイクロトロンを用いたα粒子の反応によって得られ、96番元素と確認された。

$$^{239}\text{Pu}(\alpha, n)^{242}\text{Cm} \xrightarrow[162.8\text{日}]{\alpha}$$

この発見は95番元素アメリシウムのそれに先んじた。キュリウムの名は、Pierre and Marie Curieにちなむが、それは対応するランタノイドが希土類元素研究に大きな功績のあったJ. Gadolinにちなんでガドリニウムと名づけられたことに対応している。

[**存 在**] 発電用原子炉内における生成量はかなり大きい。^{242}Cm, ^{243}Cm, ^{244}Cmなどが生じ、百万キロワット（電気出力）の発電炉を1年間運転し、10年経過した後の存在量は0.7kg（放射能として2×10^{15}Bq）に達する。

[**同位体**] キュリウムの同位体は、多くが知られているが、すべて放射性である。^{242}Cmと^{244}Cmが重要な同位体であるが、現在ではこれら2核種は^{241}Am, ^{243}Amが中性子を捕獲して生ずる^{242}Amおよび^{244}Amのβ壊変によって生成する。長寿命の^{247}Cm, ^{248}Cmは^{241}Amの長期中性子照射によって製造できるが、純粋な^{248}Cmは^{252}Cf (2.65年)のα壊変の生成物として得られる。

[**製 法**] フッ化キュリウム(III)をリチウムないしはバリウムの蒸気によって還元して得られる。

$$\text{CmF}_3 + 3\text{Li} \longrightarrow \text{Cm} + 3\text{LiF}$$

[**性 質**] 金属キュリウムは銀白色で、軟らかく、展性に富む。常温では六方最密格子。$a=349.6$pm, $c=1133.1$pm。

キュリウムは化学的反応性に富み、塩酸にたやすく溶解する。表面は空気中で変色し、温度上昇とともに酸化が進み、酸化キ

表 96.1 キュリウムの同位体

同位体	半減期	主な壊変形式
Cm-240	27 d	α, SF 3.9×10^{-6}%
241	32.8 d	EC 99%, α 1%
242	162.8 d	α, SF 6.2×10^{-6}%
243	29.1 y	α 99.76%, EC 0.24%
244	18.10 y	α, SF 1.4×10^{-4}%
245	8.5×10^3 y	α
246	4.73×10^3 y	α 99.97%, SF 0.03%
247	1.56×10^7 y	
248	3.4×10^5 y	α 91.74%, SF 8.26%
249	1.07 h	β^-
250	$\sim 9.7\times10^3$ y	SF $\sim$80%, $\alpha\sim$11%, $\beta^-\sim$9%
251	16.8 m	β^-

データ・ノート

原子量	(247)
存在度　地殻	—
宇宙（Si=10⁶）	—
電子構造	5 f⁷ 6 d 7 s²
原子価	3
イオン化ポテンシャル(kJ mol⁻¹)	581
イオン半径（pm）	²⁺119, ³⁺99, ⁴⁺88
密　度（kg m⁻³）	13300
融　点（℃）	1340
沸　点（℃）	—
線膨張係数（10⁻⁶K⁻¹）	—
熱伝導率（W m⁻¹K⁻¹）	—
電気抵抗率（10⁻⁸Ωm）	—
地球埋蔵量（t）	—
年間生産量（t）	—

ュリウムが生じる．ハロゲン，水素，硫黄，リンなどと直接反応し，多くの金属と合金をつくる．

[**主な化合物**] ＋2から4価の原子価をとるが，Cm(III)の化合物が重要である．酸化物は酸化キュリウム(III) Cm_2O_3 が安定で，他の酸化物や硝酸キュリウムを空気中で焼くと得られる．Cm_2O_3（白色），CmF_3（白色），$CmCl_3$（白色）などが知られているが，4価の化合物 CmO_2（黒色），CmF_4（褐色）なども得られている．溶液中では Cm^{3+} が安定（無色）だが，Cm^{4+}（淡黄色）も知られている．

[**用　途**] 以前は $^{242}Cm, ^{244}Cm$ が原子力電池として用いられたが，その後 ^{238}Pu がその目的に利用されるようになり，研究用以外の用途はない． (高木)

[**トピックス**] 月表面の化学分析と ^{242}Cm

^{242}Cm は，月探査ロケット Surveyor V にのせられた「α線散乱分析装置」のα線源として用いられた．なお，この装置は有人宇宙船 Apollo 11 号が月に着陸する前に貴重な分析結果をもたらした． (古川)

97 バークリウム Bk

berkelium Berkelium berkélium беркелий 锫 péi

[**起　源**]　1949年に，S. G. Thompson, A. Ghiorso, G. T. Seaborg らによって，60インチ・サイクロトロンを用いた α 粒子の反応によって得られ，97番元素と確認された．

$$^{241}\mathrm{Am}(\alpha, 2\mathrm{n})^{243}\mathrm{Bk}$$

バークリウムの名は，対応する希土類元素テルビウムが地名イッテルビにちなんだことに基づいて，発見地の Berkeley (カリフォルニア大学の所在地) にちなむ．

[**存　在**]　発電用原子炉内における生成量は非常に小さくなる．$^{240}\mathrm{Cm}$ から $^{248}\mathrm{Cm}$ までの同位体は β 壊変をしないので，中性子照射では $^{249}\mathrm{Bk}$ より質量数の大きい同位体のみが生じるが，中性子強度が大きくないとそこまで到達しない．

[**同位体**]　バークリウムの同位体は，多くが知られているが，すべて放射性である．$^{249}\mathrm{Bk}$ が最も重要な同位体であって，現在までに1g程度がつくられているが，半減期が比較的短いためにマクロ量を取り扱うことには困難が伴い，その性質については必ずしも十分に知られていない．

[**製　法**]　フッ化バークリウム (III) をリチウムの蒸気によって還元して得られる．

$$\mathrm{BkF_3 + 3Li \longrightarrow Bk + 3LiF}$$

[**性　質**]　金属バークリウムは銀白色で，軟らかい．常温では六方最密格子 ($a=341.6\mathrm{pm}$, $c=1106.9\mathrm{pm}$) あるいは体心立方格子をとる．

バークリウムは反応性に富み，酸にたやすく溶解する．表面は空気中で変色するが，その速度は大きくない．ハロゲン，水素，硫黄などと直接反応する．

[**主な化合物**]　+3価および+4価の状態が安定に存在することが知られ，酸化物は，酸化バークリウム (III) $\mathrm{Bk_2O_3}$ (黄緑色)，酸化バークリウム (IV) $\mathrm{BkO_2}$ (褐色) が存在し，$\mathrm{BkF_3}$ (白色), $\mathrm{BkCl_3}$ (緑色), $\mathrm{BkBr_3}$ (黄緑色), $\mathrm{BkI_3}$ (黄色), $\mathrm{BkF_4}$ (色は不明) などの化合物が知られている．溶液中では $\mathrm{Bk^{3+}}$ が最も安定な状態だが，$\mathrm{Bk^{4+}}$ に酸化することも可能である．

表 97.1　バークリウムのの同位体

同位体	半減期	主な壊変形式
Bk-242	7.0 m	EC
243	4.5 h	EC 99.85%, α 0.15%
244	4.35 h	EC 99.99%, α 0.006%
245	4.94 d	EC 99.88%, α 0.12%
246	1.80 d	EC
247	1.4×10^3 y	α
248	23.7 h	β^- 70%, EC 30%
249	320 d	β^-, α 0.0014%, SF 5×10^{-8}%
250	3.22 h	β^-
251	55.6 m	β^-, α 1×10^{-5}%

データ・ノート

原子量	(247)
存在度　地殻	—
宇宙（$Si=10^6$）	—
電子構造	$5f^9 7s^2$
原子価	3，4
イオン化ポテンシャル($kJ\ mol^{-1}$)	601
イオン半径（pm）	$^{2+}118$，$^{3+}98$，$^{4+}87$
密　度（$kg\ m^{-3}$）	14790
融　点（℃）	986
沸　点（℃）	—
線膨張係数（$10^{-6} K^{-1}$）	—
熱伝導率（$W\ m^{-1}K^{-1}$）	10（推定）
電気抵抗率（$10^{-8}\Omega m$）	—
地球埋蔵量（t）	—
年間生産量（t）	—

［**用　途**］ 研究用以外の用途はない．

（高木）

［**コラム**］ ネプツニウム系列

天然放射性元素について三つの放射壊変系列（→フランシウム）が存在するが，人工放射性元素についてもネプツニウム系列（4n+1 系列）が考えられる（図 97.1）．^{237}Np より前にさかのぼれば ^{245}Bk もこの系列に属するといえる．　（古川）

ネプツニウム系列												
										^{233}Pa 26.97d β^-	α ←	^{237}Np 2.14My
							^{225}Ra 14.9d β^-	α ←	^{229}Th 7.3ky	α ←	^{233}U 159ky	
^{209}Tl 2.20m β^-	α ← 2.16%	^{213}Bi 45.6m β^-	α ←	^{217}At 32.3ms	α ←	^{221}Fr 4.9m	α ←	^{225}Ac 10.0d				
	^{209}Pb 3.25h β^-	α ←	^{213}Po 4.2μs									
		^{209}Bi 安定										

図 97.1　ネプツニウム系列

98 カリホルニウム Cf

californium　Californium　californium　калифорний　锎 kāi

[**起源**] S. G. Thompson, K. Street, Jr., A. Ghiorso, G. T. Seaborg により ^{242}Cm に 60 インチ・サイクロトロンの 35 MeV α 粒子を反応させて得られた（1950年）のが最初の 98 番元素の同位体で, ^{242}Cm $(\alpha, 2n)^{244}$Cf とされたが, 後にむしろ ^{242}Cm $(\alpha, n)^{245}$Cf と同定された. カリホルニウムの名は, その発見された大学および州名にちなむ.

[**存在**] 発電用原子炉内におけるカリホルニウムの生成量は非常に小さい. 極微量の ^{249}Cf が ^{249}Bk の壊変によって生成しているのみである.

[**同位体**] カリホルニウムの同位体は, 多くが知られているが, すべて放射性である. ^{252}Cf と ^{254}Cf が最も重要な同位体であるが, 高中性子束をもつ原子炉でプルトニウムなどを照射して得られる. とくに注目されることは, この二つの同位体が自発核分裂を起こしやすいことである.

[**製法**] 極微量について操作せねばならないために困難がつきまとうが, フッ化物をリチウム蒸気によって還元するか, 酸化物をトリウムあるいはランタン金属によって還元して得られる.

[**性質**] 金属カリホルニウムは, 常温で六方最密格子をとると考えられているが, 極微量の放射能の強い物質を取り扱う実験上の困難のために結果は明確ではない.

カリホルニウムは反応性に富むはずである. 原子価は 3 価が安定であり, 表面は空気中で変色し, 温度の上昇とともに酸化が進み, 酸化カリホルニウムの生成に至る. ハロゲン, 水素, 硫黄, リンなどと直接反応し, 多くの金属と合金をつくる.

[**主な化合物**] +3 および 4 の原子価をとるが, Cf(III) の化合物が重要である. 酸化カリホルニウム (III) Cf_2O_3 (淡緑色), CfO_2 (黒), CfI_3 (緑色), CfF_4 (緑色), $CfBr_2$

表 98.1 カリホルニウムの同位体

同位体	半減期	主な壊変形式
Cf-243	10.7 m	EC～86%, α～14%
244	19.4 m	α
245	43.6 m	EC～70%, α～30%
246	1.49 d	α, SF 2.0×10^{-4}%
247	3.11 h	EC 99.96%, α 0.035%
248	334 d	α, SF 0.0029%
249	351 y	α, SF 5×10^{-7}%
250	13.1 y	α 99.92%, SF 0.08%
251	9.0×10^2 y	α
252	2.65 y	α 96.91%, SF 3.09%
253	17.8 d	β^- 99.96%, α 0.31%
254	60.5 d	SF 99.69%, α 0.31%
255	1.42 h	β^-
256	12.3 m	SF, (α)

データ・ノート

原子量	(251)
存在度　地殻	—
宇宙（Si=10⁶）	—
電子構造	5 f¹⁰ 7 s²
原子価	3, 4
イオン化ポテンシャル(kJ mol⁻¹)	608
イオン半径（pm）	⁴⁺86, ³⁺98, ²⁺117
密　度（kg m⁻³）	—
融　点（°C）	—
沸　点（°C）	—
線膨張係数（10⁻⁶ K⁻¹）	—
熱伝導率（W m⁻¹ K⁻¹）	—
電気抵抗率（10⁻⁸ Ωm）	—
地球埋蔵量（t）	—
年間生産量（t）	—

（こはく色）などが知られている．

[**用　途**]　1 μg 程度の ^{252}Cf が中性子源として利用された．研究用としては，原子番号が 100 を超える元素を製造するときの出発物質として用いられ，長寿命のキュリウム同位体 ^{248}Cm の親核種としても重要である．

[**トピックス**]　超新星とカリホルニウム

有名な 1054 年の超新星（かに星雲として名残をとどめる）など，記録に残る多くの超新星は，光度の減衰が 50～60 日の半減期に相等するカーブを描くとされる．そしてこの減衰は超新星の外側で ^{254}Cf が生成しその放射能で光度が決まったとしてよく説明されるとする説があるが，必ずしも一般には支持されていない．　　　　　（高木）

99 アインスタイニウム Es

einsteinium　Einsteinium　einsteinium　эйнштейний　锿 āi

[**起　源**]　99番元素は，エニウェトック環礁で行われた，人類初の熱核兵器の爆発の実験「Mike」の反応生成物の中から，S. G. Thompson, B. G. Harvey, A. Ghiorso, G. R. Choppinらによって分離・発見された(1953年)．この発見は，すでに進行中であった実験室における研究に先んじる結果となった．ウランの連続的中性子照射によって，^{253}99など各種の同位体が生成する．アインスタイニウムの名は，もちろんA. Einsteinにちなんだもの．

[**存　在**]　発電用原子炉内にもほとんど存在しない．地球上には，特殊な研究機関以外には存在しないとみてよい．

[**同位体**]　アインスタイニウムの同位体は，多くが知られているが，すべて放射性である．^{253}Esが101番元素製造のときの出発物質に用いられ，現在でも最も大量につくられている同位体である．

[**性　質**]　金属および化合物について十分な実験的研究はない．水溶液中ではEs^{3+}として存在し，アクチノイドとしての性質を示す．

[**用　途**]　研究用以外の用途はない．

[**トピックス**]　初の熱核兵器実験"Mike"

EsおよびFmの発見された原因となった"Mike"実験は，1952年11月1日，エニウェトック環礁のエルゲラップ島で行われた．"Mike"は爆弾というよりも，その一歩手前の爆発装置というべきもので，ロスアラモス国立研究所で開発され，船でエルゲラップに運ばれた．点火は隣の島まで電線を敷いて行われ，午前7時15分，10.4Mtという，これまで人類が経験したことのなかったような壮絶な爆発が生じた．装置の置かれたエルゲラップは完全に吹き飛び，跡かたもなくなった．この実験を待たずと

表 99.1　アインスタイニウムの同位体

同位体	半減期	主な壊変形式
Es-246	7.7 m	EC 90.1%, α 9.9%
247	4.7 m	EC～93%, α～7%
248	27 m	EC>99%, α～0.25%
249	1.7 h	EC 99.43%, α 0.57%
250	2.22 h	EC≧99%, α≦1%
250	8.6 h	EC
251	1.38 d	EC 99.51%, α 0.49%
252	1.29 y	α 76%, EC 24%
253	20.5 d	α, SF 8.7×10^{-6}%
254	276 d	α
254m	1.64 d	β^- 99.59%, α 0.33%, EC 0.08%
255	39.8 d	β^- 92%, α 8%, SF 0.0041%
256	25.4 m	β^-
256	～7.6 h	β^-

データ・ノート

原子量	(254)
存在度 地殻	—
宇宙 (Si=10^6)	—
電子構造	5f^{11}7s^2
原子価	3
イオン化ポテンシャル(kJ mol^{-1})	619
イオン半径 (pm)	$^{2+}$116, $^{3+}$98, $^{4+}$85
密 度 (kg m^{-3})	—
融 点 (℃)	—
沸 点 (℃)	—
線膨張係数 (10^{-6}K^{-1})	—
熱伝導率 (W m^{-1}K^{-1})	—
電気抵抗率 (10^{-8}Ωm)	—
地球埋蔵量 (t)	—
年間生産量 (t)	—

も99番元素は早晩発見されたはずのものではあるが,地上から島を一つ消滅させることになった,乱暴な実験と結びついてこの元素の発見が記録され,しかも晩年は核廃絶の熱烈な希求者であったEinsteinの名がその元素につけられたことは,歴史の皮肉とはいえないだろうか. (高木)

[**コラム**] 熱核兵器実験と超ウラン元素の生成

超ウラン元素の発見は,ふつうは周到な実験計画と注意深い実験操作の遂行によって達成される.しかし,99, 100番元素はまったく予期しない状況のもとで発見された.熱核兵器実験"Mike"の際の爆発の性質,効率などを知るため,多くの化学者が,爆発のときに無人飛行機で採集した試料の放射化学分析に従事していた.その過程で原子番号の大きい元素の存在を示唆する事実に遭遇し,さらに多量の試料を得るために100 kg以上のサンゴを集め,分析を続行した.まず,未知のプルトニウムの重い同位体,^{244}Puおよび^{246}Puが確認され,後に99, 100番元素の確認に至る.また,カリホルニウムの重い同位体,^{252}Cf, ^{253}Cf, ^{254}Cfもこのときに発見された.

この一連の実験は,アルゴンヌ国立研究所,ロスアラモス国立研究所,カリフォルニア大学バークレイ放射線研究所の共同実験の形で進められたために,発見の当事者の数が多く,1955年に*Physical Review*に発表された新元素発見を報ずる論文には16人の名前が連なっている.また,機密保持の観点からこの論文の公開が保留されて,発表が遅れている点も注目すべきである. (古川)

100 フェルミウム Fm

fermium Fermium fermium фермий 镄 fèi

[起源] アインスタイニウムと同じく"Mike"核実験によって100番元素の質量数255の同位体が確かめられた. また^{239}Puの中性子連続捕獲とβ崩壊との組合せの過程により, ^{254}(100)の存在も確かめられた. フェルミウムの名は, "原子力の父"E. Fermiにちなむ.

[同位体] すべてが放射性であるが, ^{258}Fmが短寿命であり, 自発核分裂で崩壊するために, 中性子照射では質量数258以上の核

表 100.1 フェルミウムの同位体

同位体	半減期	主な壊変形式
Fm-249	2.6 m	EC~85%, α~15%
250	30 m	α>90%, EC<2%, SF~6×10^{-4}%
250m	1.8 s	IT
251	5.30 h	EC 98.2%, α 1.8%
252	1.06 d	α, SF 0.0023%
253	3.00 d	EC 88%, α 12%
254	3.24 h	α 99.94%, SF 0.06%
255	20.1 h	α, SF 2.4×10^{-5}%
256	2.63 h	SF 91.9%, α 8.1%
257	101 d	α 99.79%, SF 0.21%
258	0.37 ms	SF
259	1.5 s	SF

データ・ノート

原子量	(257)
存在度 地殻	—
宇宙 (Si=10^6)	—
電子構造	5 f^{12}7 s^2
原子価	3
イオン化ポテンシャル(kJ mol^{-1})	627
イオン半径 (pm)	$^{2+}$115, $^{3+}$97, $^{4+}$84
密度 (kg m^{-3})	—
融点 (°C)	—
沸点 (°C)	—
線膨張係数 (10^{-6}K^{-1})	—
熱伝導率 (W m^{-1}K^{-1})	—
電気抵抗率 (10^{-8}Ωm)	—
地球埋蔵量 (t)	—
年間生産量 (t)	—

種の製造の可能性は非常に小さい.

[存在] 運転中の原子炉の中でも存在量はきわめて小さい.

[性質] 一般的には+3の酸化数をとり, 溶液中でもFm^{3+}として存在する.

[用途] まったくない.   (高木)

101 メンデレビウム Md

mendelevium Mendelevium mendélévium менделевий 钔 mén

[起源] 1955年，バークレイのG. N. Ghiorso, B. H. Harvey, G. R. Choppin, S. G. Thompson および G. T. Seaborg によって ^{253}Es の α粒子照射によって製造された．当時入手できた ^{253}Es は 10^9 原子に過ぎず，予想される半減期と加速粒子の強度を考慮すると，1回の実験で1個の原子しか製造できない目論見であったが，実験は遂行され，非常に薄いターゲットから核反応の際に放出される反跳核を集め，陽イオン交換分離の際の溶離位置からわずか5個の原子の生成に基づいて新元素が発見され，周期律の発見で名高いロシアの大化学者 Mendeleev にちなんで名づけられた．発見の際に新元素の化学的性質が研究された最後の元素である．この研究結果には多少の曖昧な点も残されていて，同一グループの1958年の報文によって初めて新元素が確認されたとする見解が妥当であろう．

データ・ノート

原子量	(258)
存在度　地殻	—
宇宙 (Si=10^6)	—
電子構造	5 f^{13}7 s^2
原子価	3
イオン化ポテンシャル(kJ mol^{-1})	635
イオン半径 (pm)	$^{2+}$114, $^{3+}$96, $^{4+}$84
密度 (kg m^{-3})	—
融点 (°C)	—
沸点 (°C)	—
線膨張係数 (10^{-6}K^{-1})	—
熱伝導率 (W m^{-1}K^{-1})	—
電気抵抗率 (10^{-8}Ωm)	—
地球埋蔵量 (t)	—
年間生産量 (t)	—

反応は ^{253}Es(α, n)^{256}Md と考えられる．

[存在] 地球上では存在しない．

[同位体] すべての同位体が荷電粒子照射でつくられる．^{256}Md が製造しやすい核種であり，μg 程度の ^{253}Es の α粒子照射によって 10^6 原子を得ることができる．化学的研究には ^{256}Md を利用している．長寿命の ^{258}Md の製造は容易でない．

[性質] 当初は原子1個ずつを用いて化学的性質が研究された．3価の原子価をとり，典型的なアクチノイドの性質を示す．

(古川)

表 101.1　メンデレビウムの同位体

同位体	半減期	主な壊変形式
Md-254	10 m	EC
255	27 m	EC 92%, α 8%
256	1.30 h	EC 90.7%, α 9.3%, SF<3%
257	5.3 h	EC 90%, α 10%, SF<4%
258	1.00 h	EC
258	55 d	α
259	1.72 h	SF>97%, α<3%
260	31.8 d	SF～70%, α～30%

102 ノーベリウム No

nobelium　Nobelium　nobélium　нобелий　锘 nuò

[起源] 1957年，スウェーデン，イギリス，アメリカの共同研究グループは，ノーベル研究所において ^{13}C イオンでキュリウムを照射し，反跳生成物をプラスチック膜上に集め，α線を測定した．一部の試料についてはイオン交換分離を試みた．一連の実験結果に基づいて ^{244}Cm(^{13}C, 4n)あるいは ^{244}Cm(^{13}C, 6n)反応による生成を推定し，ノーベルにちなんで命名した．しかしこの実験結果はアメリカおよび旧ソ連の研究者によって確認されず，誤りとわかる．翌年にバークレイの G. N. Ghiorso, T. Sikkeland, J. R. Walton, G. T. Seaborg は，キュリウムを ^{12}C イオンで照射し，反跳により放出された生成物をベルト上に集め，移動させた後に負に帯電した電極にα壊変で放出される娘核種を捕捉し，^{250}Fm の存在の確認によって ^{254}102 が製造されたと結論した．その後に旧ソ連の E. D. Donets らも類似の製造法による発見を報じた．この二つの実験では新元素の化学的性質は確認されていない．この時期の研究結果は第三者を納得させるには不十分であり，元素の存在の確認は 1966 年の Donets らの報告によって初めてなされたとする見解にもそれなりの説得力がある．化学的性質の研究は 1960 年代になって進められた．

[存在] 地球上では存在しない．

[同位体] ^{255}No が，通常は ^{248}Cm(^{12}C, 5n)反応によってつくられ，化学的研究に利用される．^{259}No は生成しにくい．

[性質] 水溶液中で +2 価をとりやすく，対応するランタノイドのイッテルビウムと似た性質を示す．　　　　（古川）

データ・ノート

原子量	(259)
存在度　地殻	—
宇宙（Si=10^6）	—
電子構造	5 f^{14}7 s^2
原子価	2
イオン化ポテンシャル(kJ mol^{-1})	642
イオン半径　(pm)	$^{2+}$113, $^{3+}$95, $^{4+}$83
密度　(kg m^{-3})	—
融点　(°C)	—
沸点　(°C)	—
線膨張係数　(10^{-6}K^{-1})	—
熱伝導率　(W m^{-1}K^{-1})	—
電気抵抗率　(10^{-8}Ωm)	—
地球埋蔵量　(t)	—
年間生産量　(t)	—

表 102.1　ノーベリウムの同位体

同位体	半減期	主な壊変形式
No-254	55 s	α 90%, EC 10%, SF 0.25%
255	3.1 m	α 61.4%, EC 38.6%
256	3.3 s	α 99.8%, SF 0.2%
257	25 s	α
258	~1.2 ms	SF, α 0.001%
259	58 m	α 75%, EC 25%

103 ローレンシウム Lr

lawrencium Lawrencium lawrencium лоуренсий 铹 láo

[起源] 1961年，バークレイのG. N. Ghiorso, T. Sikkeland, A. E. Larsh および R. M. Larimer がカリフォルニウムの ^{10,11}B イオン照射によって製造を試みたが，ターゲットも入射粒子も同位体の混合物であり，得られた結果に不確実な点が残され，少なくとも質量数は確実には決定されていない．純粋に物理的な方法によって製造が確認され，化学的研究は行われていない．元素の発見としては，その後のアメリカおよび旧ソ連の研究者による結果をあわせて考えなければならないとする見解も有力である．命名はサイクロトロンの発明者として知られるアメリカの物理学者E. O. Lawrence にちなんでいる．

[存在] 地球上では存在しない．

[同位体] ^{256}Lr が製造しやすく，通常は ^{243}Am(^{18}O, 5n) 反応によってつくられ，化学的研究に利用される．長寿命の ^{260}Lr は生成しにくい．

データ・ノート

原子量	(261)
存在度　地殻	—
宇宙（Si＝10^6）	—
電子構造	5f^{14}6d7s^2
原子価	3
イオン化ポテンシャル(kJ mol^{-1})	—
イオン半径（pm）	$^{2+}$112, $^{3+}$94, $^{4+}$83
密度（kg m^{-3}）	—
融点（℃）	—
沸点（℃）	—
線膨張係数（10^{-6}K^{-1}）	—
熱伝導率（W m^{-1}K^{-1}）	—
電気抵抗率（10^{-8}Ωm）	—
地球埋蔵量（t）	—
年間生産量（t）	—

[性質] 水溶液中で3価の原子価をとりやすく，最後のアクチノイドにふさわしい性質を示す．

(古川)

表 103.1　ローレンシウムの同位体

同位体	半減期	主な壊変形式
Lr-255	22 s	α 85%, EC<30%
256	28 s	α>80%, EC<20%, (SF)
257	0.65 s	α
258	4.3 s	α>95%, EC<5%
259	5.4 s	α>50%, SF<50%, (EC)
260	3 m	α 75%, EC～15%, (SF)
261	39 m	SF
262	3.6 h	EC

104番以降の元素

この領域の元素の製造は非常に困難である．アメリカ，旧ソ連，ドイツの三つの研究グループが発見を競ったが，生成物の原子数は通常10個以下であり，生成物の半減期が短く，実験結果の追認についても不十分な場合が多く，「元素の発見」と認めるには抵抗がある．109番元素までの発見が学界では認められているが，国際純正応用化学連合(IUPAC)は元素名を定めていない．

104番元素については，塩化物の揮発性，溶液中の挙動などの研究によってアクチノイドと異なる化学的性質をもつことが確認されている．105番元素の化学的研究も進められている．さらに原子番号の大きい元素に属する核種の半減期は一層短くなり，化学的性質の決定は困難である．

107番以後の元素は，新たな装置を開発し，稼働させ，ほぼ確実と思われる実験結果を得たダルムシュタットの研究グループが発見したとするのが妥当である．この領域に入ると，新核種が一層生成しにくいので，製造の際に「冷たい融合(cold fusion)」という新たな着想が役立った．旧ソ連のI. Oganesyanらによって提案され，ダルムシュタットのグループにより採用されたこの方法では，中性子数が閉殻に対応するターゲット核と入射粒子を選び，クーロン障壁に近いエネルギーで反応させる．その結果，比較的大きな確率で両者を融合させることが可能となり，目的核種の製造に成功した．

1960年代後半には，原子番号が110より大きい領域に，「原子核の殻モデル」に基づく考察によって，とくに安定な核種が存在しうるという仮説が提案された．「超重元素」として注目を浴びた新核種の探索は，多くの研究者の努力にもかかわらず，すべて徒労に終った．現在も研究は続けられているが，その存在の可能性は小さくなりつつある．

(古川)

表 104.1 104番以降の元素の同位体

同位体	半減期	主な壊変形式
104-257	4.7 s	α 79.6%，EC 18%，SF 2.4%
258	12 ms	SF~87%，α~13%
259	3.1 s	α 98%，SF 7%，(EC)
260	20.1 ms	SF~98%，α~2%
261	1.1 m	α>80%，EC≤10%，SF<10%
105-258	4.4 s	α 67%，EC 33%，SF
260	1.5 s	α≥90%，SF≤10%，EC
261	1.8 s	α>50%，SF<50%
262	34 s	SF 71%，α 26%，EC~3%
106-260	4 ms	α 50%，SF 50%
261	0.23 s	α 95%，SF<10%
263	0.8 s	SF~70%，α~30%
107-261	12 ms	α 95%，SF <10%
262	102 ms	α≥80%，SF≤20%
262	8.0 ms	α>70%，SF<30%
108-264	0.08 ms	α
265	1.8 ms	α
109-266	~3.4 ms	α

[**コラム**] 超アクチノイド元素の命名法

104番より重い元素は,アメリカと旧ソ連の両グループが合成にしのぎを削ったが,互いの実験の追試が困難なために元素名まで提案されながらIUPACに認められていない.たとえば,104番はアメリカがRutherfordium (Rf),旧ソ連が Kurtchatovium(Ku), 105番はアメリカが Hahnium (Ha),旧ソ連が Nielsbohrium (Ns) とそれぞれ名があがったが採択されなかった.正式名が決まらないうちは,原子番号を次のような数詞の語幹で表し,語尾に-ium をつけるという IUPAC の勧告に従うのがふつうである.0=nil, 1=un, 2=bi, 3=tri, 4=quad, 5=pent, 6=hex, 7=sept, 8=oct, 9=enn. また,元素記号は,語幹の頭のアルファベット3文字で表す.したがって,109番までは次のようになる.

104番　unnilquadium　Unq
105番　unnilpentium　Unp
106番　unnilhexium　Unh
107番　unnilseptium　Uns
108番　unniloctium　Uno
109番　unnilennium　Une　　(馬淵)

解説および出典

a. 結晶構造

　元素は，固体として結晶をつくると，原子が規則的な配置をして，特定の結晶形をとる．そのような結晶形には多くの種類が知られているが，この本ではいくつかの代表的な結晶形に属する元素についてのみ，よりくわしい情報を示した．図 A.1 にそのような結晶形に対する原子の並び方を示す．

　格子定数は，図 A.1 に記してある a, b, c のような結晶格子の単位の寸法を表す長さで，pm (10^{-12}m) で示してある．しばしば用いられるオングストローム (Å) に換算するには，100 で割ればよい．

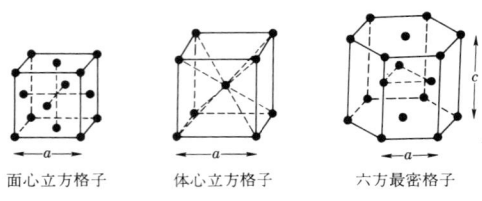

　　　　面心立方格子　　　体心立方格子　　　六方最密格子

図 A.1　主要な結晶構造

b. 同位体表

　現在知られている約 2000 核種の中から 1400 を選び，いくつかの核的性質を記した．大部分の数値は "Nuclear Wallet Cards" (J. K. Tuli, Brookhaven National Laboratory, 1990) によったが，一部のデータについては "Table of Isotopes" (C. M. Lederer, V. S. Shirley (編), John Wiley, New York, 1978) を参照した．放射壊変の分岐比については，Reus と Westmeier の表 (*At. Data Nucl. Data Tables*, 29 巻, p. 193, 1983 年) を参考にした．

　第 1 列には，核種を質量数の順に配置し，天然に存在する核種はゴシック体で表した．原則として 1 秒以上の半減期をもつ核異性体は採用した．m^1, m^2 とある場合は核異性体が 2 種類あり，m^2 は m^1 より高励起状態にあることを示す．

第2列には，天然同位体存在度および放射性核種の半減期を示した．s, m, h, d および y は，それぞれ秒，分，時間，日および年を表す．

第3列には，放射性核種の壊変形式と各壊変形式の分岐比を示した．α, β^+, β^-, EC, IT, SF はそれぞれ α 壊変，β^+ 壊変，β^- 壊変，軌道電子捕獲，核異性体転移，自発核分裂を表す．^{12}C, ^{14}C, ^{24}Ne はそれぞれの粒子の放出を表し，β^-n は遅延中性子放出を表す．分岐比は絶対値を％単位で示したが，とくに強度の低い場合は（ ）を付けた．

c. データ・ノート

元素のさまざまな性質の中から下に記した各項目についての数値などのデータを，表の形にまとめた．

原子量 「原子量表(1991)」（化学と工業，1992年，4月号）による．原子量に関するさまざまな問題は「ホウ素」の項（p. 17）で説明されている．

存在度（地殻） "Environmental Chemistry of the Elements"[3] の Table 3.3 による．この値を得る際の問題点については「ジルコニウム」の項（p. 142）で説明されている．

存在度（宇宙） E. Anders と海老原充の考察によった（*Geochim. Cosmochim. Acta*, 46巻，p. 2363，1982年）．この表の中の不揮発性元素に対する値は，主として代表的な C1 炭素質コンドライトである Orgueil の化学分析の結果に基づいて決定されている．

宇宙存在度と原子番号の関係は図1.1に示してある．

表 A.1 電子状態および収容電子数

電子殻	K	L		M			N				O			
電子状態	1s	2s	2p	3s	3p	3d	4s	4p	4d	4f	5s	5p	5d	5f
電子数	2	2	6	2	6	10	2	6	10	14	2	6	10	14

電子構造 原子は，原子核と核外電子から成り立っている．核外電子は，ある定まった軌道に配置されるが，各々の軌道に収容できる電子の数は定まっていて，そのような軌道は，原子核に近いものから K, L, M, N, O などと呼ばれている．N までの軌道に収容し得る電子数を表 A.1 に示す．ネオン，アルゴンなどの希ガスでは，ある軌道までの電子殻が電子で満たされている．このデータ・ノートでは，希ガスの電子配置の外側に位置する電子の配置についてのみ示した．特定の元素に対する電子配置についての情報は，典型的な無機化学の教科書，たとえば "Chemistry of the Elements"[6] などから得られる．

原子価 ある元素の原子1個が水素原子何個と結合できるかを示す数値を原子価

と呼ぶ. 水素原子の原子価は 1 である. したがって, 原子価は, つねに 0 ないし正の整数となる. 原子価と同じような数に「酸化数」がある. これは, 化合物の中の一つの原子に注目した場合にその原子の酸化状態を表す量であり, 負の整数もとることができる.

原子価および酸化数は, どのような化合物がつくられているかによるので, 正確な数を示すことは意外に難しい. この本に挙げられている数値は, "Chemistry of the Elements"[6] などに基づいているが, 確定したものと考えることはできない.

イオン化ポテンシャル　第一イオン化ポテンシャルの値を kJ mol^{-1} 単位で示した. 元素の周期性などについての考察では, この値が有効である. 表の中の値は "The Elements"[4] の中の数値に従ったが, eV 単位に換算するには, 96.486 で割ればよい.

イオン半径　イオン結晶中に存在するイオンの間の距離に基づいて, 各元素に対するイオン半径が決定できる. イオン半径に基礎をおく考察は, 構造化学のみならず, 化学の多くの分野, あるいは地球科学の諸分野で非常に有効であった. しかし, イオン半径の決定の過程では, いくつかの仮定などが必要であり, 必ずしも一義的には決まらない. ここでは, "The Elements"[4] の中の数値を載せたが, 以前は V. M. Goldschmidt や L. Pauling による値が用いられ, 最近では R. D. Shannon と C. T. Prewitt による解析 (*Acta Cryst.*, 25 巻, p. 925, 1969 年および 26 巻, p. 1046, 1970 年) が利用されている. しかし, 異なる文献の中の数値を混同して用いることは望ましくない.

密　度　ここでいう密度は「単位体積に含まれる物質の質量」である. 密度の SI 単位は kg m^{-3} である. 広く用いられている g cm^{-3} に換算するには, 1000 で割ればよい. 表の中の数値は, 25°C における値で, "The Elements"[4] の中の値に従った. また, ある体積を占める物質の質量と, それと同体積を占める標準物質の質量の比を「比重」という. この定義からわかる通り, 比重の単位は無名数になる. ふつうは, 4°C の水を標準物質とする. 4°C における水の密度は 999.973 kg m^{-3} であるから, ある物質の比重の 0.999973 倍がその物質の密度の値 (g cm^{-3}) になる. 数値の上では, 密度 (g cm^{-3}) と比重の差は無視できるほど小さい.

融　点　単体の融点を °C 単位で表した. 数値は "The Elements"[4] の中の値に従ったが, "CRC Handbook of Chemistry and Physics"[5], p. **12**-130 も参照した.

沸　点　単体の沸点を °C 単位で表した. 値は "The Elements"[4] の中の数値に従ったが, ときには, "CRC Handbook of Chemistry and Physics"[5], p. **12**-130 によって訂正した. 融点の場合に比べて, 測定が困難であり, とくに高い沸点をもつ元素については, 今後数値が大きく変更される可能性もある.

線膨張係数　この量に対する単位は K^{-1} である．表の中の数値は，25℃における値で，"CRC Handbook of Chemistry and Physics"[5]，p. 12-130 によった．

熱伝導率　SI 単位は $W\,m^{-1}\,K^{-1}$ である．$W\,cm^{-1}\,K^{-1}$ に換算するには，100 で割ればよい．表の中の数値は，25℃ における値で，"CRC Handbook of Chemistry and Physics"[5]，p. 12-130 によった．

電気抵抗率　SI 単位は $\Omega\,m$ である．表の中には 25℃ に対する値を示し，半導体の性質を示す元素については，値を載せなかった．典型的な金属の電気抵抗率は 10^{-8} $\Omega\,m$ の桁にある．ふつうに用いられている $\mu\Omega\,cm$ に換算するには，10^8 を乗ずればよい．

地球埋蔵量　現在の地球上における埋蔵量を示した．掲げた数値は "The Elements"[4] の中の値に従った．しかし，このような数値は技術の発展，需要の変化などの要因によって絶えず変動する可能性があり，固定したものとするべきではない．

年間生産量　最近の世界的な年間生産量を示した．掲げた数値は "The Elements"[4] の中の値に従った．しかし，この値についても政治情勢を含む種々の事情のために決して十分に信頼できる値は得にくい．一部の元素に対する値については，「世界国勢図会　1994-1995」（国勢社）および J. R. Craig, D. J. Vaughan, B. J. Skinner, "Resources of the Earth" (Prentice Hall, 1988) によって修正した．その場合には，数値に下線を付した．年間生産量を世界埋蔵量で割ると，その元素の採掘可能な年代（可採年代）が得られる．元素によっては，可採年代が非常に短く，銅では 50 年程度の値が得られる．

（古川）

参考文献

本書の執筆にあたっては，多くの既刊の出版物を参考にした．その主なものを以下に記す．

1) M. F. Weeks, H. M. Leicester, "Discovery of the Elements" 7 th Ed., Journal of Chemical Education., 1968（「元素発見の歴史」，大沼正則監訳，朝倉書店，1988）．
2) 地学辞典，改訂版，平凡社 (1981).
3) H. J. M. Bowen, "Environmental Chemistry of the Elements" Academic Press, 1979（「環境無機化学」，浅見・茅野共訳，博友社，1983）．
4) J. Emsley, "The Elements", Pergamon Press, 1991.
5) D. R. Lide（編），"CRC Handbook of Chemistry and Physics" 73 rd Ed., CRC Press, 1992.
6) N. N. Greenwood, A. Earnshaw, "Chemistry of the Elements" Pergamon

Press, 1984.
 7) 近角聡信・木越邦彦・田沼静一,「最新元素知識」改訂版, 東京書籍 (1985).
 8) 理化学辞典, 第三版, 岩波書店 (1981).
 9) 化学大辞典, 共立出版 (1964).
10) 化学大辞典, 東京化学同人 (1989).
11) 物理学辞典, 培風館 (1986).

索　　引

事 項 索 引

α 壊変　8, 89
ATP　59
β^+ 壊変　89
β^- 壊変　89
BHC　70
^{14}C 年代決定法　76
^{137}Cs　180
DDT　70
DNA　59, 63
GaAs　119, 126
^{129}I　175
^{129}I 年代　275
^{85}Kr　133
MHD 発電　135
Mike　284
mussel watch プロジェクト　149
NO$_x$　24
^{244}Pu　175
^{244}Pu 年代　275
RNA　59, 63
^{90}Sr　137, 180
X 線管の窓　13
X 線管の対陰性　223
X 線の造影剤　183
X 線の直接撮影　201, 205
YAG　139
YAG レーザー　195
Ziegler-Natta 触媒　50

ア 行

亜鉛華　116
アクアマリン　12
アクセプター　57
アクチニウム系列　257, 260
足尾鉱毒事件　112
亜ヒ酸　124
アポロ 17 号　84
アモルファス　56
亜硫酸ガス　64

アルカリ金属　11, 43, 74
アルカリ土類金属　47, 79
アルシン　125
アルニコ　105
アルミナ　50
アルミナ繊維　50
アルミニウム工業　119
アルメル　108
安全マッチ　169
アンチノック剤　246
アンデスの金冠　236
アンモニア　4, 25
アンモニウムイオン　26

イエローケーキ　267
イオン結合　42
イオン交換　141
イオン交換分離法　197, 276
イソポリ酸　147
イタイイタイ病　161
一酸化炭素　22
医薬品　126
医　療　255
岩絵具　112
石見銀山ねずみ取り　127
インコネル　92
インコネル合金　108
印刷インキ　101
隕　石　49, 76, 95, 108
　　——の化学組成　108
隕石孔　54
隕石中のキセノン同位体　177
隕　鉄　98, 108

ウィッティッヒ反応　63
宇宙機器　85
宇宙線　69, 95
ウラン系列　257, 267
ウラン鉱石　258
ウラン採掘　255

ウラン製造　258
ウラン濃縮　36

栄　養　58
エカケイ素　122
液　体　130
　　——の金属　179
液体アンモニア　26, 41, 74, 179
液体空気　30, 38, 132
　　——の分留　176
液体酸素　32
液体状態　119
液体窒素　29
エコンドライト　108
エニウェトック環礁　284
絵の具　101
エピタクシアル成長　53
エメラルド　12, 56, 90
塩化水素　69
塩化ナトリウム　41
塩　基　4
塩湖水　130
塩　酸　69
炎色反応　41, 43, 74, 135, 136
煙　塵　224
塩素酸カリウム　75
煙　灰　122, 124

黄血塩　100
黄色顔料　161
王　水　28
黄　銅　112
黄銅鉱　110
黄リン　59
汚染の監視　149
オゾン　32, 33
オゾン層破壊　33
オルガンパイプ　165, 167, 246
オルト水素　2
温室効果　23

カ 行

温度計 240
　　極地用の―― 243

海王星 270
灰重石 222
海水 68, 130, 172
海水中の元素の存在量 71
海藻 152
海草 172
壊変系列 250, 257, 281
海洋設備 85
家屋内におけるラドン 255
化学肥料 75
化学兵器 63, 70
鏡 112
核医学 151
核酸 59
核弾頭 274
核燃料 17, 63, 181, 186, 263
核燃料サイクル 133, 269
核燃料再処理工場 152
核燃料物質 273
核物質 269
核分裂 180
　　――の発見 182
核分裂生成物 137
核分裂性プルトニウム 274
核兵器材料 273
化合物半導体 57, 126
火災報知器 249
過酸化水素 32
火山活動 66, 68
過酸化物 75
ガスタービン 85, 105
ガス放電管 263
ガスマントル 263
化石燃料の燃焼 65
カセットテープ 93
加速器質量分析法 77
かたつむり 131
活字 169
活字合金 249
活性アルミナ 50
活性炭 20, 23
褐鉄鉱 99
ガドリン石 138, 184
鐘 112
可燃性毒物 203
カーバイド 22
貨幣 112, 159, 165
過マンガン酸カリウム 96
ガラス 52, 55, 56, 141

ガラス繊維 56
カラット 235
カラーブラウン管 137
カリウム-アルゴン法 72
カリ硝石 172
カルボニル化合物 100
がん 255
岩塩 40
岩塩型構造 42
環境基準 161
緩下剤 45
還元剤 80
還元鉄 99
乾式潤滑剤 148
乾式複写機 121
緩衝溶液 62
乾電池 96
ガンマ線シンチレーター 174
ガンマ線測定 123
カンラン石 56
顔料 102, 183, 193

輝アン鉱 168
希ガス 38, 73, 132, 176, 254
貴金属製品 157
輝水鉛鉱 146, 224
キセノン学 (xenology) 177
希土類元素 82, 184, 260
　　――の相互分離 187
旧約聖書 131, 234
キュリー点 100, 107
強磁性金属 99
強誘電体 183
恐竜の絶滅 229
漁場 58
ギリシャ神話 196
金印 234
金印偽物説 236
金管楽器 116
銀器 159
銀線 159
金属酵素 149
金属の表面処理 62
金属表面の浄化 62
金鍍金 236
金のめっき液 235
金本位制 236

空気液化 72
クラウンエーテル 46
グラファイト 19, 20
クリスタルガラス 211
クリストバル石 54

グリニャール試薬 45, 123
クロム 90
クロム酸カリウム 92
クロム酸混液 93
クロム鉄鉱 90
クロムめっき 92
クロメル 108
クロロフィル 44, 45, 46

ケイ化物 53
けい光X線分析 116, 236
けい光体 139, 201
けい光灯 73
けい光ランプ 201, 223
ケイ酸塩 55
軽水炉 42, 133, 273
軽水炉水に存在する放射性核種 181
ケイ石 52
外科手術用具 221
化粧 168
ゲッター 137, 179, 183, 219
月面岩石 95
煙感知器 277
原子核構造 150
原子核の安定性 88
原子核の発見 121
原子質量 19
原子時計 135, 180
原子量 10, 14, 17
原子力電池 271, 275, 279
原子力発電 142
原子炉 142
原子炉燃料 268
原子炉級プルトニウム 277
元素合成 6
元素の宇宙存在度 6
建築材料 50
原爆開発 274
顕微鏡観察 227

汞 238
高温酸化物超伝導体 139
高温用抵抗体 155
光学異性 105
光学機械 155
抗がん性 232
合金 92, 108, 166, 169
航空機 46, 51, 85, 105
考古遺物 76
光合成 30, 46
考古試料の産地推定 246
甲状腺 174

索　引　*299*

甲状腺ホルモン　149
高真空装置　163
合成樹脂　29
合成繊維　29
恒星内部の核融合反応　99
高速増殖炉　42, 269
高速列車　51
高速論理回路　126
光電管　135, 179, 263, 269
高熱伝導性セラミックス　139
鉱物分離　174
高　炉　99
国産銅　110
極低温　9
コーサイト　54
五酸化二リン　60
古代オリエント　98
古代中国青銅器　116
固体燃料　69
古代ローマの水道　247
古銅貨　117
コバルト(III)化合物　104
コーラ　62
コルンプ石　144, 220
コロイド　265
コンデンサー　137
コンドライト　108

サ 行

再処理　63, 269, 274
錯イオン　92, 111, 115
錯　塩　100, 104
錯　体　155
サッカーボール型の分子C_{60}　21
殺鼠剤　243
殺虫剤　125, 131, 243
サルバルサン　126
酸　2, 4
酸化アンチモン(III)　169
酸化ウラン燃料体　269
酸化クロム(III)　91
酸化クロム(VI)　92
酸化テルル(IV)　171
酸化物　31
酸化プルトニウム(IV)　273
酸化マンガン(IV)　95
酸化ルテニウム(VIII)　152, 153
酸化ロジウム(III)　155
産業革命　100
サンゴ　77
酸素センサー　139

シアン化水素　22
塩　68
志賀島　234, 237
四酸化オスミウム　226
シス・トランス異性　105
シスプラチン　232
磁性合金　105
磁性材料　199
磁性体　93
自然銅　110
質量分析器　38
質量分析計　246
磁鉄鉱　99
自発核分裂　177
写真感光材料　131
写真乾板　159
蛇紋石　56
朱　238, 240
周期表　39, 121, 189
周期表上の対角線の関係　10
重晶石　182
集積回路(IC)　57
自由電子　41
硝　酸　28
使用済み(核)燃料　150, 173, 178, 196, 269, 274
───の再処理　133
照明工業　51
消滅放射性核種　173, 175, 275
縄文時代　77
食　塩　40
触　媒　83, 148, 153, 155, 157, 225, 231
触媒活性　232
シラン　53
シリカ　54
シリカゲル　55, 56
シリコーン　54, 56
ジルコン　140, 218
深海堆積物　77
真空管の熱陰極　263
真空炉　221
人工放射性元素　252
辰　砂　238
真　鍮　112, 116, 117
新約聖書　66

水銀電池　240
水銀灯　240
水質汚染　161
水素化物　4
水素吸蔵合金　5
水素結合　4, 33, 63

水素‐酸素型燃料電池　5
水素の吸収　156
水素の分離　156
水素発生　153
スズ石　164
スティショブ石　54
スペースシャトル　69

正確な時計　76
制御棒　16, 161, 163, 219
青酸カリ　22
制酸剤　45
製　鉄　98
静電複写　128, 129
青　銅　110, 164
青銅器時代　110
青銅器の象嵌　158
生物起源　58
生物濃縮　148
生物無機化学　149
生物を構成する元素　148
整流器　128
製錬の副産物　160
ゼオライト　56
赤外吸収測定用の窓材　243
赤外線用の窓　123
赤血塩　100
石質隕石　108
赤色顔料　161, 245
赤鉄鉱　99
赤リン　59
石灰窒素　22
セッコウ　64, 80
切削器具(道具)　85, 105
絶対年代　76
絶対零度　9
接点材料　155
セベソ　71
セラミックス　56
セルフクリーニング・オーブン　191
セレン　128
閃亜鉛鉱　114, 162
遷移元素　100, 106
洗　剤　62
洗剤中のリン化合物　59
銑　鉄　99
染　料　131

粗アルゴン　132, 176
装飾品　153, 159
装飾用被覆　169
増殖炉　42

続日本紀 234

タ 行

ダイオキシン 71
体温計 240
耐火合金 148
ダイカスト 116
大気 29
──の組成 29
帯精製法 122
ダイヤモンド 18, 20, 22
太陽 2, 8, 18
太陽系の起源 177
太陽系の生成過程 156
太陽系の年齢 76
太陽光 153
帯溶融法 169
大陸間弾道弾 46
大理石 79
高い反射性 51
多核錯体 92
多中心結合 15
ダルムシュタット 290
炭化タングステン 223
炭酸カルシウム 79
炭酸ナトリウム 42
炭素繊維 20, 23
炭素年代 77
タンタル 144
タンタル石 144, 220

チェルノブイリ原発事故 174
地殻中の元素存在量 142
チッソ 240
窒素固定 24
窒素酸化物 24
チタン酸バリウム 85
遅発中性子放出 81
着色ガラス 96
中性子
──の検出 16
──の発見 13, 259
中性子源 251, 259, 277, 282
中性子ラジオグラフィー 203, 207
鋳鉄 98
中毒症状 126
超硬合金 223
超酸化物 75, 135
超重元素 290
超新星 7, 283
超伝導 88, 119
超伝導コイル 88

超伝導磁石 145
超伝導性 141, 145
超流動 8
直接撮影 203
チリ硝石 172
チロキシン 172
「沈黙の春」 126

月探査ロケット 279
冷たい融合 290

抵抗線 157
低軟化点のガラス 243
低融点合金 121, 161, 163
鉄器 98
鉄鋼業 100
鉄マンガン重石 222
テフロン 36
テルミット 51
テルミット法 90
電解コンデンサー 221
電解製錬法 48
点火プラグ 229
電気接点 155, 157, 159, 227
電気伝導率 111, 235
電気の缶詰 49
電気配線 159
電球のフィラメント 223
電気炉 99
電子機器 163
電子工業への応用 119
電子スピン共鳴 77
電子捕獲 89
天然放射性核種 76
天王星 266
デンプン反応 173
天変地異 229

同位体効果 10
同位体組成 245
同位体存在比 17
同位体比の変動 17
陶器 102
銅鏡 116
道教 241
刀剣 101
動植物 115
導線 112
同素体 15, 18, 65
銅 113, 246
動物細胞 115
毒ガス 70
特殊ガラス 215

毒性 13, 69, 125, 171, 274
毒物 126
トタン板 115
ドナー 57
トランジスター 57, 123
トランジスター接合 163
トリウム系列 257, 262
トリチウム 2
トリハロメタン 70
トリプチルスズ 167
トレーサー 59, 64, 103
トロイライト 64
土呂久鉱山 127

ナ 行

ナポレオンの頭髪 124, 126
鉛蓄電池 169, 246
鉛同位体比 113
鉛同位体比変動 246
鉛同位体比法 159
鉛の毒性 245

にがり 45
ニクロム 92, 108
ニクロム酸カリウム 92
二酸化ケイ素 54
二酸化炭素 19, 22
二酸化炭素問題 23
二酸化チタン 85
二酸化ウラン(IV) 268
二酸化ウラン燃料棒 142
二重ベータ崩壊 171
二重マジック 246
ニッケル・カルボニル 107
日本書紀 158
尿素 27

ヌクレオシド 63
ヌクレオチド 63

ネオンサイン 38
熱核兵器 284
熱核兵器実験 285
熱電 155
熱電対 157, 225
熱伝導率 111, 235
熱ルミネッセンス法 77
練歯磨 62
年摂取限度 181, 251, 271, 274
年代決定法 76, 216
燃料電池 5

濃縮係数 149

索 引

ハ 行

煤 煙 162
排気ガスの制御 155
白雲母 56
白 銅 112
白熱電球 73, 219
白リン 59
バストネサイト 185
発煙硝酸 28
発火合金 191
白金海綿 231
白金製るつぼ 232
白金族元素 232
白金容器 231
発光スペクトル 134
発光ダイオード 119
発光分光分析 178
発熱体 92
花 火 137, 183
刃 物 101
パラ水素 2
ハロゲン 35, 36, 252
反磁性 112
はんだ 249
半導体 53, 57, 123, 128
半導体レーザー 119

ヒ化インジウム 126
ヒ化ガリウム 57, 126
皮革のなめし 93
光電池 135, 243
光伝導性 128
光伝導体 129
ヒ 酸 125
ヒーター 225
ビタミン B_{12} 105
ビッグ・バン 9
必 須 149
ヒッタイト 98
非鉄金属 112
非破壊検査 228, 255
皮膚病 249
氷晶石 48
漂白剤 70
肥 料 29, 62, 75
——の三要素 62

フィラメント 225
フィルム 159

封管型中性子発生装置 211, 213
富栄養化 59
フェライト 97, 105
フェロシリコン 52, 56
フェロバナジウム 87
フェロマンガン 96
フォイル 51
不活性ガス(気体) 73, 176
不斉有機合成 153
フッ化水素 34, 35
フッ化物 35
物質の変換 180
仏 像 112
フッ素化剤 249
ブラウン管 139
フランス 256
プリサーマル 274
プルシアンブルー 101
フロジストン x, 2, 24, 30, 68
フロン 23, 33, 36, 70
ブロンズ病 112
分光学 72
分光学的方法 118
分光器 162
分光分析 185
分子ふるい 56
分別結晶 258
分別沈澱 184
分 留 38

ベアリングメタル 166
ベーキングパウダー 42, 62
ヘッドホンステレオ 199
ヘテロポリ酸 147
ヘモグロビン 105
ヘモシアニン 110
ヘリコプター 229
ベリリウムの特異な性質 47

ボーアの原子構造理論 122
ホウ化物 16
ホウ砂 14
ホウ酸 16
放射化分析(法) 82, 95, 124, 229
放射性元素 150, 262
放射性毒性 251
放射性ヨウ素 174
放射線源 137
放射線遮蔽 246
放射線損傷 77
放射線治療 259

放射線被曝 255
放射能 88, 150, 266
放射能生成 180
放射能毒性 269
宝 石 12
包接化合物 72
放電灯 132
ボーキサイト 49, 119
ホスフィン 60
ホタル石 34, 80
ホトダイオード 123
ホ ヤ 86
ボラン 16
ポーランド 250
ポリ酸 147
ポリリン酸 61
ポルトランドセメント 80
ポルフィン 46
ボンベの安全弁 249

マ 行

マイクロ波発振素子 119
マジックナンバー 80, 106, 143, 165, 182, 244, 246, 248
マンガン団塊 94, 97
万年筆 153, 227

水 3, 32
水ガラス 54
三つ組元素 121
ミッシュメタル 187, 191
水俣病 240
ミョウバン 48

紫外線源用電極 269

冥王星 272
メスバウアー効果 103
メスバウアー分光学 171
メスバウアー分光法 99
めっき 108, 166, 167
メートルの定義 133
メートル原器 229
メノウ 54

モーズリーの法則 xiii, 122
モナズ石 185, 262
モネル 108
森永砒素ミルク事件 127
モルタル 79
もんじゅ 42, 274

ヤ 行

夜光塗料 259
弥生人 113

有機化合物の合成 18
有機スズ化合物の害 167
有機ハロゲン化合物 70
有機半導体 57
有機リン酸エステル 60, 62
輸送機関 50

陽イオン交換分離 187
陽イオン交換分離法 197
ヨウ化水素 174
窯業 87
陽極泥 170
溶接用メガネ 193, 195
溶媒抽出法 187
溶融塩 69

ヨードチンキ 174
四エチル鉛 42, 246

ラ 行

ラテライト 106
ランタニド 189
ランタノイド元素 188
ランタノイド収縮 145, 188, 220

硫安 29
硫化鉱 97
硫化水素 64, 66
硫化物 66
硫酸 66
硫酸バリウム 47, 183
両性元素 50
緑柱石 12
リン灰石 58
リン化物 60

リンケイ石 54
リン酸 61
リン酸カルシウム 59
リンの循環 58

ルビー 90
ルビジウム-ストロンチウム法 135

レーザー 139
劣化ウラン 17, 269
錬金術 180
練丹術 241

六価クロム汚染 93
六価クロムの毒性 93

ワ 行

和同開珎 159

人 名 索 引

ア 行

アインシュタイン A. Einstein xiii, 285
アストン F. W. Aston 38
アチソン E. G. Acheson 20
アナクシメネス Anaximenēs vii
アユイ R. J. Haüy 12
アリストテレス Aristotelēs viii
アルヴァレツ L. Alvarez 229
アルファー R. A. Alpher 6
アルフェドソン J. A. Arfvedson 10
アンペール A.-M. Ampère 34

イェルム P. J. Hjelm 146

ヴァレンタイン B. Valentine 168
ヴァン・アルケル A. E. van Arkel 140
ウィトルウィウス Vitruvius 247
ヴィンクラー C. A. Winkler 122

ヴェーラー F. Wöhler 12, 18, 48, 86, 138
ウェルナー A. G. Werner 18
ヴォークラン L. N. Vauquelin 12, 90
ウォラストン W. H. Wollaston 154, 156, 230
ウォール A. C. Wahl 272
ウォルトン J. R. Walton 288
ウッド C. Wood 230

エーケベリ A. G. Ekeberg 138, 144, 184, 220
エベルソン P. H. Abelson 270
エル P. L. T. Héroult 48
エールステッド H. C. Oersted 48
エンペドクレス Empedoklēs vii

オガネシアン I. Oganesyan 290
オサン G. W. Osann 152
オルター D. Alter xii

カ 行

カイユテ L. Cailletet 9

カーソン R. Carson 126
ガドリン J. Gadolin 83, 138, 184, 202, 278
カナーダ Kanāda viii
カピラ Kapila viii
カマリング-オンネス Kamerling-Onnes 9
ガモフ G. Gamov 6
カールソン C. F. Carlson 129
ガーン J. G. Gahn 58, 94, 128, 182

ギオルソ A. Ghiorso 276, 278, 280, 282, 284, 287, 288, 289
ギーセル F. Giesel 260
キャヴェンディッシュ H. Cavendish 2, 24, 33, 73
キュリー夫妻 P. & M.-S. Curie xii, 250, 251, 254, 258, 260, 262, 266, 278
キルヒホッフ G. R. Kirchhoff xii, 134, 178, 242

グーテンベルク J. G. Gutenberg 248
クラウス K. K. Klaus 152
クラプロート M. H. Klaproth

xii, 84, 94, 140, 170, 184, 190, 266
クランストン J. A. Cranston 264
クリック F. C. Crick 63
クルックス W. Crookes 242
クールトア B. Courtois 172
グレイ R. Gray 254
グレゴール W. Gregor 84
クレッチマー W. Krätschmer 21
クレーヴェ P. T. Cleve 82, 208, 212
クレマン F. N. Clément 172
グレンデニン L. E. Glendenin 196
クロダ P. K. Kuroda 275
クロート H. E. Kroto 21
クロフォード A. Crawford 136
クロル W. Kroll 84
クロンステッド A. F. Cronstedt 106
ゲイ-リュサック J. L. Gay-Lussac 14, 34, 67, 172
ケネディ J. W. Kennedy 272
ゲーリング O. H. Göhring 264

コスター D. Coster xiii, 218
コーソン D. R. Corson 252
コリエル C. D. Coryell 196
ゴールドシュミット H. Goldschmidt 90
ゴールドシュミット V. M. Goldschmidt 188

サ　行

サマルスキー C. Samarski 198
サント-クレール-ドゥヴィル H. E. Sainte-Claire-Deville 48
ジェームズ C. James 216
ジェームズ R. A. James 276, 278
シェーレ C. W. Scheele x, 18, 24, 30, 58, 68, 94, 146, 182, 222
ジェンセン J. H. D. Jensen 81
シッケランド T. Sikkeland 288, 289

シーボーグ G. T. Seaborg xiv, 272, 276, 278, 280, 282, 287, 288
ジャービル Jabir ibn Hayyan ix, 241
シャプタル J. A. C. Chaptal 24
シュヴァイガー J. S. C. Schweigger 36
シュース H. E. Suess 81
シュタール G. E. Stahl x
シュトラスマン F. Strassmann xiv, 270
シュトロマイヤー F. Stromeyer 160
シュミット G. C. Schmidt 262
ショックレー W. Shockley 57
ジョリオ・キュリー夫妻 J. F. & I. Joliot Curie xiii

ストリート K. Street 282
スペッディング F. H. Spedding 197
スモーレイ R. E. Smalley 21

セグレ E. G. Segré xiv, 150, 252
セフシュトローム N. G. Sefström 86
セーレンセン S. P. L. Sørensen 2

ソディー F. Soddy xii, 264

タ　行

ダ・ヴィンチ Leonardo da Vinci 102
田中正造 113
タレス Thalēs vi
チャドウィック J. Chadwick xiv, 13, 259
チョピン G. R. Choppin 284, 287

ツァイゼ W. C. Zeise 232
ツィメルマン J. I. C. Zimmerman 266

テイラー S. R. Taylor 142

デーヴィー H. Davy xi, 2, 10, 14, 34, 40, 44, 48, 68, 74, 78, 136, 182
デーヴィス R. Davis 70
デ・ウロア A. de Ulloa 230
デ・エルヤルト兄弟 de Elhuyart 222
テナール L. J. Thénard 14, 67
テナント S. Tennant 18, 226, 228
デ・ボエル J. H. de Boer 140
デモクリトス Dēmokritos ix
デューア J. Dewar 9, 73
デル・リオ A. M. del Rio 86

ドーヴィリエ A. Dauvillier 218
ドゥビエルヌ A. Debierne 258, 260
ドゥマルセイ E. A. Demargay 200
ドネッツ E. D. Donets 288
ド・ボアボードラン P. E. Lecoq de Boisbaudran 118, 198, 206
ド・マリニャック J. C. G. de Marignac 145, 202, 214
トムソン J. J. Thomson 38
ド・モルヴォ L. B. G. de Morveau 48
トラヴァース M. W. Travers 38, 132, 176
ドルトン J. Dalton xi
ドルベライナー J. W. Dorbereiner 121
ドルン F. Dorn 254
トンプソン S. G. Thompson 280, 282, 284, 287

ナ　行

ニューランズ J. A. R. Newlands 121, 122
ニルソン L. F. Nilson 82

ノダック夫妻 W. Noddack & I. Tacke i, 150, 224

ハ　行

ハイゼンベルグ W. Heisenberg 2
ハーヴェイ B. G. Harvey 284, 287

ハーゲマン F. T. Hagemann 260
ハーステン D. L. G. Harsten 18
ハクセル O. Haxel 81
ハーシェル W. Herschel 266
ハッチェット C. Hatchett 144, 220
バーデーン J. Bardeen 57
バートレット N. Bartlett 176
バービッジ E. M. Burbidge 6
バービッジ G. Burbidge 6
ハフマン D. R. Huffman 21
林忠四郎 6
パラケルスス P. A. Paracelsus ix
バラール A. J. Balard 130
ハーン O. Hahn xiv, 264, 270
ハンター M. A. Hunter 84

ピクテ R. Pictet 9
ピーターソン S. Peterson 260
ビュシー A. A. B. Bussy 44

ファウラー W. A. Fowler 6
ファヤンス K. Fajans xiii, 264
フェルミ E. Fermi 270, 286
フォン・ウェルスバッハ C. A. von Welsbach 192, 194, 216
フォン・フンボルト A. von Humbolt 86
フォン・ヘヴェシー G. von Hevesy xiii, 218
フォン・リヒター H. T. von Richter 122
フォン・リービッヒ J. von Liebig 130
フラウンホーファー J. von Fraunhofer xi
ブラック J. Black 18
ブラッテイン W. Brattain 57
フランクランド E. Frankland 8
ブラント H. Brand 58
ブラント G. Brandt 102
プリゴ E. M. Peligot 266
プリーストリー J. Priestley x, 18, 30
プリニウス(大) Plinius Major 66

プルースト J. L. Proust 58
ブレンステッド J. N. Brϕnsted 2
フロンティヌス Frontinus 247
ブンゼン R. W. Bunsen xii, 134, 178, 242
ベクレル A. H. Becquerel xii, 266
ベーコン R. Bacon 67
ヘシオドス Hēsiodos vi
ベーテ H. A. Bethe 6
ペデルセン C. J. Pedersen 46
ヘラクレイトス Hērakleitos vii
ペリエ C. Perrier xiv, 150
ベリマン J. Bergman 58
ベリマン T. O. Bergman 102
ベルグ O. Berg 224
ベルセリウス J. J. Berzelius 10, 18, 52, 84, 128, 140, 184, 190, 262
ペレイ M. Perey 256
ヘロドトス Hērodotos 24
ボーア N. Bohr xiii, 121, 218
ホイル F. Hoyle 6
ボイル R. Boyle x, 2, 58
ボーエン N. L. Bowen 56
ボーエン H. J. M. Bowen 142
ホープ T. C. Hope 136
ポーリング L. C. Pauling 37
ホール C. M. Hall 48

マ 行

マイトナー L. Meitner 264
マイヤー M. G. Mayer 81
マイヤー J. L. Meyer xii, 121
マグヌス A. Magnus 124
マクミラン E. M. McMillan 270
マッケンジー K. R. Mackenzie 252
マリンスキー J. A. Marinsky 196

ミュラー F. J. Müller 170

メーソン B. Mason 142
メッケ R. Mecke 2
メンデレーエフ D. I. Mendeleev xii, 39, 82, 118, 121, 122, 266, 287

モアサン H. Moissan 14, 34, 35
モーガン L. O. Morgan 276
モサンデル C. G. Mosander 138, 184, 192, 194, 204, 210
モーズリー H. G. J. Moseley xiii, 2, 121
モンド L. Mond 107

ヤ 行

ユーリー H. C. Urey 2, 80
ユルバン G. Urbain 216, 218

ラ 行

ライヒ F. Reich 162
ラヴォアジェ A. L. Lavoisier x, 2, 18, 24, 30, 48, 58, 68
ラザフォード E. Rutherford xiii, 2, 121, 254
ラザフォード D. Rutherford 24
ラーシュ A. E. Larch 289
ラッセル A. S. Russel xii
ラミー C. A. Lamy 242
ラムゼー W. Ramsay 8, 38, 72, 132, 176
ラリマー R. M. Larimer 289

リチャード T. W. Richards 17
リヒター J. B. Richter 106
リヒテル H. T. Richtel 162

ルイエ P. L. C. E. Louyet 34

レイノルズ J. H. Reynolds 177
レイリー L. Rayleigh 72
レントゲン W. K. von Röntgen xii

ローズ H. Rose 144, 198, 220
ロスコー H. E. Roscoe 86
ロックイヤー J. N. Lockyer 8
ローレンス E. O. Lawrence xiv, 289

ワ 行

ワトソン J. D. Watson 63

元 素 の 事 典 （縮刷版）　　　　定価はカバーに表示

1994 年 5 月 15 日　初　版第 1 刷
2007 年 9 月 25 日　　　　第 8 刷
2011 年 10 月 25 日　縮刷版第 1 刷

編集者　馬　淵　久　夫
発行者　朝　倉　邦　造
発行所　株式会社　朝倉書店
　　　　東京都新宿区新小川町6-29
　　　　郵便番号　162-8707
　　　　電　話　03（3260）0141
　　　　FAX　03（3260）0180
　　　　http://www.asakura.co.jp

〈検印省略〉

© 1994 〈無断複写・転載を禁ず〉　　　新日本印刷・渡辺製本
ISBN 978-4-254-14092-7　C 3543　　Printed in Japan

M.E.ウィークス・H.M.レスター著
大沼正則監訳

元素発見の歴史 1 （普及版）

10217-8 C3040　　　　　　Ａ５判 388頁 本体5500円

化学史の大著Discovery of the Elements第7版の全訳。〔内容〕古代から知られた元素（金・銀など）／炭素とその化合物／錬金術師の元素／18世紀の金属／三つの重要な気体／タングステン・モリブデン・ウラン・クロム／テルルとセレン

M.E.ウィークス・H.M.レスター著
大沼正則監訳

元素発見の歴史 2 （普及版）

10218-5 C3040　　　　　　Ａ５判 392頁 本体5500円

〔内容〕ニオブ・タンタル・ヴァナジウム／白金族／三種のアルカリ金属／アルカリ土金属・マグネシウム・カドミウム／カリウムとナトリウムを利用して単離された元素／分光器による元素発見／元素の周期系

M.E.ウィークス・H.M.レスター著
大沼正則監訳

元素発見の歴史 3 （普及版）

10219-2 C3040　　　　　　Ａ５判 316頁 本体5500円

〔内容〕メンデレーエフが予言した元素／希土類元素／ハロゲン族、希ガス、天然放射性元素／X線スペクトル分析による発見／現代の錬金術／付録（元素一覧表，年表）／総索引

くらしき作陽大 馬淵久夫・前お茶の水大 冨田　功・
前名大 古川路明・前防衛大 菅野　等訳
科学史ライブラリー

周　　期　　表 成り立ちと思索

10644-2 C3340　　　　　　Ａ５判 352頁 本体5400円

懇切丁寧な歴史の解説書。〔内容〕周期系／元素間の量的関係と周期表の起源／周期系の発見者たち／メンデレーエフ／元素の予言と配置／原子核と周期表／電子と化学的周期性／周期系の電子論的解釈／量子力学と周期表／天体物理、原子核合成

東大 渡辺　正監訳

元素大百科事典

14078-1 C3543　　　　　Ｂ５判 712頁 本体26000円

すべての元素について，元素ごとにその性質，発見史，現代の採取・生産法，抽出・製造法，用途，主な化合物・合金，生化学と環境問題等の面から平易に解説。読みやすさと教育に強く配慮するとともに，各元素の冒頭には化学的・物理的・熱力学的・磁気的性質の定量的データを掲載し，専門家の需要に耐えるデータブック的役割も担う。"科学教師のみならず社会学・歴史学の教師にとって金鉱に等しい本"と絶賛されたP. Enghag著の翻訳。日本が直面する資源問題の理解にも役立つ。

首都大 伊与田正彦・東工大 榎　敏明・東工大 玉浦　裕編

炭　素　の　事　典

14076-7 C3543　　　　　Ａ５判 660頁 本体22000円

幅広く利用されている炭素について，いかに身近な存在かを明らかにすることに力点を置き，平易に解説。〔内容〕炭素の科学：基礎（原子の性質／同素体／グラファイト層間化合物／メタロフラーレン／他）無機化合物（一酸化炭素／二酸化炭素／炭酸塩／コークス）有機化合物（天然ガス／石油／コールタール／石炭）炭素の科学：応用（素材としての利用／ナノ材料としての利用／吸着特性／導電体，半導体／燃料電池／複合材料／他）環境エネルギー関連の科学（新燃料／地球環境／処理技術）

前日赤看護大 山崎　昶監訳
お茶の水大 森　幸恵・お茶の水大 宮本惠子訳

ペンギン化学辞典

14081-1 C3543　　　　　Ａ５判 664頁 本体6700円

定評あるペンギンの辞典シリーズの一冊"Chemistry (Third Edition)"（2003年）の完訳版。サイエンス系のすべての学生だけでなく，日常業務で化学用語に出会う社会人（翻訳家，特許関連者など）に理想的な情報源を供する。近年の生化学や固体化学，物理学の進展も反映。包括的かつコンパクトに8600項目を収録。特色は①全分野（原子吸光分析から両性イオンまで）を網羅，②元素，化合物その他の物質の簡潔な記載，③重要なプロセスも収載，④巻末に農薬一覧など付録を収録。

上記価格（税別）は 2011 年 9 月現在

原子量表 (1991)　　$A_r(^{12}C) = 12$

多くの元素の原子量は不変ではなく，物質の起源と処理に依存している。脚注は個々の元素について考えられる変動の様式を詳細に示している。本表に記した原子量 $A_r(E)$ および不確かさ $U_r(E)$ の値は地球上に存在することが知られている元素に適用される。

元素名	元素記号	原子記号	原子量	脚注	元素名	元素記号	原子記号	原子量	脚注
アインスタイニウム*	Es	99			チタン	Ti	22	47.88(3)	
亜鉛	Zn	30	65.39(2)		窒素	N	7	14.00674(7)	g r
アクチニウム*	Ac	89			ツリウム	Tm	69	168.93421(3)	
アスタチン*	At	85			テクネチウム*	Tc	43		
アメリシウム*	Am	95			鉄	Fe	26	55.847(3)	
アルゴン	Ar	18	39.948(1)	g r	テルビウム	Tb	65	158.92534(3)	
アルミニウム	Al	13	26.981539(5)		テルル	Te	52	127.60(3)	g
アンチモン	Sb	51	121.757(3)	g	銅	Cu	29	63.546(3)	r
硫黄	S	16	32.066(6)	g r	トリウム	Th	90	232.0381(1)	
イッテルビウム	Yb	70	173.04(3)	g	ナトリウム	Na	11	22.989768(6)	
イットリウム	Y	39	88.90585(2)		鉛	Pb	82	207.2(1)	g r
イリジウム	Ir	77	192.22(3)		ニオブ	Nb	41	92.90638(2)	
インジウム	In	49	114.818(3)		ニッケル	Ni	28	58.6934(2)	
ウラン	U	92	238.0289(1)	gm	ネオジム	Nd	60	144.24(3)	g
ウンニルエンニウム*	Une	109			ネオン	Ne	10	20.1797(6)	gm
ウンニルオクチウム*	Uno	108			ネプツニウム*	Np	93		
ウンニルクアジウム*	Unq	104			ノーベリウム*	No	102		
ウンニルセプチウム*	Uns	107			バークリウム*	Bk	97		
ウンニルヘキシウム*	Unh	106			白金	Pt	78	195.08(3)	
ウンニルペンチウム*	Unp	105			バナジウム	V	23	50.9415(1)	
エルビウム	Er	68	167.26(3)		ハフニウム	Hf	72	178.49(2)	
塩素	Cl	17	35.4527(9)	m	パラジウム	Pd	46	106.42(1)	g
オスミウム	Os	76	190.23(3)	g	バリウム	Ba	56	137.327(7)	
カドミウム	Cd	48	112.411(8)	g	ビスマス	Bi	83	208.98037(3)	
ガドリニウム	Gd	64	157.25(3)	g	ヒ素	As	33	74.92159(2)	
カリウム	K	19	39.0983(1)		フェルミウム*	Fm	100		
ガリウム	Ga	31	69.723(1)		フッ素	F	9	18.9984032(9)	
カリホルニウム*	Cf	98			プラセオジム	Pr	59	140.90765(3)	
カルシウム	Ca	20	40.078(4)	g	フランシウム*	Fr	87		
キセノン	Xe	54	131.29(2)	gm	プルトニウム*	Pu	94		
キュリウム*	Cm	96			プロトアクチニウム*	Pa	91	231.03588(2)	
金	Au	79	196.96654(3)		プロメチウム*	Pm	61		
銀	Ag	47	107.8682(2)	g	ヘリウム	He	2	4.002602(2)	g r
クリプトン	Kr	36	83.80(1)	gm	ベリリウム	Be	4	9.012182(3)	
クロム	Cr	24	51.9961(6)		ホウ素	B	5	10.811(5)	gmr
ケイ素	Si	14	28.0855(3)	r	ホルミウム	Ho	67	164.93032(3)	
ゲルマニウム	Ge	32	72.61(2)		ポロニウム*	Po	84		
コバルト	Co	27	58.93320(1)		マグネシウム	Mg	12	24.3050(6)	
サマリウム	Sm	62	150.36(3)	g	マンガン	Mn	25	54.93805(1)	
酸素	O	8	15.9994(3)	g r	メンデレビウム*	Md	101		
ジスプロシウム	Dy	66	162.50(3)	g	モリブデン	Mo	42	95.94(1)	g
臭素	Br	35	79.904(1)		ユウロピウム	Eu	63	151.965(9)	g
ジルコニウム	Zr	40	91.224(2)		ヨウ素	I	53	126.90447(3)	
水銀	Hg	80	200.59(2)		ラジウム*	Ra	88		
水素	H	1	1.00794(7)	gmr	ラドン*	Rn	86		
スカンジウム	Sc	21	44.955910(9)		ランタン	La	57	138.9055(2)	g
スズ	Sn	50	118.710(7)	g	リチウム	Li	3	6.941(2)	gmr
ストロンチウム	Sr	38	87.62(1)	g r	リン	P	15	30.973762(4)	
セシウム	Cs	55	132.90543(5)		ルテチウム	Lu	71	174.967(1)	
セリウム	Ce	58	140.115(4)	g	ルテニウム	Ru	44	101.07(2)	g
セレン	Se	34	78.96(3)		ルビジウム	Rb	37	85.4678(3)	g
タリウム	Tl	81	204.3833(2)		レニウム	Re	75	186.207(1)	
タングステン	W	74	183.84(1)		ロジウム	Rh	45	102.90550(3)	
炭素	C	6	12.011(1)	g r	ローレンシウム*	Lr	103		
タンタル	Ta	73	180.9479(1)						

*: 安定同位体のない元素。

g: その元素の同位体組成が正常な物質に対する限界値の外にあるような地質学的試料が知られている。そのような試料中の当該元素の原子量と，この表に記した値との差が，表記の不確かさを越えることがある。

m: 不明の，あるいは不注意な同位体分別をうけたために，異なった同位体組成をもつものが市販品中に見出されることがある。そのため当該元素の原子量が表記の値とかなり異なることがある。

r: 正常な地球物質の同位体組成に幅があるため，さらに精度のよい原子量値を示すことができない。$A_r(E)$ 値は正常な物質すべてに適用されるものとする。

( ) の中に表示した数字は，その原子量の最後の桁の値に対する不確かさである。

Ⓒ日本化学会　原子量小委員会

(化学と工業，4月号，1992より)